普通高等院校"十四五"规划教材

大学物理实验

程自强◎主　编
石海泉　艾剑锋　陈　渊◎副主编
钟文学◎主　审

中国铁道出版社有限公司
CHINA RAILWAY PUBLISHING HOUSE CO., LTD.

内 容 简 介

本书根据教育部高等学校大学物理课程教学指导委员会发布的《理工科类大学物理实验课程教学基本要求》(2023 年版)编写而成,分为四部分七章。本书系统介绍了与大学物理实验有关的测量的基本知识、常用的数据处理方法、物理实验基本知识和常用实验仪器的工作原理与使用方法等。根据教学需要,设置了验证性实验Ⅰ、验证性实验Ⅱ、验证性实验Ⅲ、综合性设计性实验以及扩展实验项目,实验项目按照总体难易程度由易到难进行分级。

本书适合作为高等理工科学校各专业物理实验课程教材或教学参考用书,也可作为实验技术人员和有关课程教师的参考用书。

图书在版编目(CIP)数据

大学物理实验 / 程自强主编. -- 北京:中国铁道出版社有限公司, 2025. 2. -- (普通高等院校"十四五"规划教材). -- ISBN 978-7-113-31816-1

Ⅰ. O4-33

中国国家版本馆 CIP 数据核字第 2024FS7760 号

书　　名:	**大学物理实验**
作　　者:	程自强

策　　划:	曹莉群	编辑部电话:	(010)63549501
责任编辑:	贾　星　徐盼欣		
封面设计:	刘　颖		
责任校对:	苗　丹		
责任印制:	赵星辰		

出版发行:	中国铁道出版社有限公司(100054,北京市西城区右安门西街 8 号)
网　　址:	https://www.tdpress.com/51eds
印　　刷:	河北宝昌佳彩印刷有限公司
版　　次:	2025 年 2 月第 1 版　2025 年 2 月第 1 次印刷
开　　本:	787 mm×1 092 mm　1/16　印张: 18.75　字数: 505 千
书　　号:	ISBN 978-7-113-31816-1
定　　价:	52.00 元

版权所有　侵权必究

凡购买铁道版图书,如有印制质量问题,请与本社教材图书营销部联系调换。电话:(010)63550836
打击盗版举报电话:(010)63549461

前言

大学物理实验课程在高等学校理工科专业的教学体系中具有重要的地位，是理工科各专业本科学生一门重要的必修基础课，其主要任务是让学生系统地学习实验方法、仪器使用、数据处理等知识，培养学生基本实验技能、实践能力和创新能力，提高学生对理论知识的运用能力、分析问题和解决问题的能力。

自20世纪90年代末以来，我国高校在物理实验教学领域进行了全面深入的改革，涉及教学内容、教学方式、实验室环境等实验教学的全环节、全要素。目前已经形成分层次教学，基础性、综合性、设计性、研究性多类型实验相结合，实体实验和虚拟仿真实验相结合，教学实验和科研实验相结合，注重学生实验能力和创新能力培养的教学体系。本书根据教育部高等学校大学物理课程教学指导委员会发布的《理工科类大学物理实验课程教学基本要求》（2023年版），借鉴国内外近年来物理实验教学内容和课程体系改革与研究成果，结合华东交通大学大学物理实验中心开设的大学物理实验课程和实验仪器设备情况编写而成。

本书共分为四部分七章，主要内容如下：

（1）第1部分包括第1、2章，为实验基础知识，详细介绍测量的基本知识、常用的数据处理方法、物理实验基本知识和常用实验仪器的工作原理与使用方法等。

（2）第2部分包括第3~5章，为验证性实验项目，其中第3章为验证性实验Ⅰ，这部分实验主要让学生掌握基本物理量的测量、基本实验仪器的使用和实验探究的基本方法，并熟练掌握常用的数据处理方法，为后续的实验课程奠定基础；第4、5章为验证性实验Ⅱ和验证性实验Ⅲ，为大学物理实验的主体内容。学习过程中需要学生对实验中的问题进行独立思考，从而激发学生的创新思维。

（3）第3部分包括第6章，为综合性设计性实验项目，在同一个实验中涉及力学、热学、电磁学、光学和近代物理等多个知识领域，学生根据给定的实验题目、要求和实验条件，自己设计实验方案并基本独立完成实验全过程。旨在帮助学生全面了解科学实验的全过程，逐步掌握科学思想和科学方法，提高学生对实验方法和实验技术的综合运用能力，培养学生独立设计实验和运用所学知识解决给定问题的能力，增强学生的创新意识和动手能力，为其将来的科研工作打下坚实基础。

（4）第4部分包括第7章，为扩展实验项目，目的是缓冲实验教学改革对实验教材建设的冲击，避免教材的频繁更新，体现了实验教材建设的前瞻性，以更好地满足未来教育需求和科技发展的趋势。

考虑到各院校的实验条件与仪器设备上的差异，在实验项目的选取上留有一定余地。在涉及仪器介绍时，结合几种常用型号仪器的特征，尽量突出仪器的基本原理与使用方法，以方便各兄弟院校参考。

为了方便教师教学和学生自学，部分实验原理和仪器操作配有微视频讲解，扫描书中二维码即可观看。

本书是在华东交通大学物理教研室和大学物理实验中心的协作组织下编写完成的。本书由程自强任主编，石海泉、艾剑锋、陈渊任副主编，由钟文学主审，参与编写工作的还有朱莉华、雷宇、余萍、吕珂、徐玮等老师，最后由程自强负责统稿定稿。在本书编写过程中，得到了华东交通大学理学院的大力支持，并参阅了许多兄弟院校的实验教材和仪器厂家的仪器说明书。在此，谨向所有给予帮助和支持的单位和个人表示衷心的感谢。

由于编者水平有限，本书难免会有疏漏和不妥之处，恳请广大读者批评指正，以便再版时修改订正。

编　者
2024 年 9 月

目 录

绪论 ··· 1

第 1 部分　实验基础知识

第 1 章　测量的基本知识 ··· 5
第 1 节　实验测量、误差和不确定度 ··· 5
第 2 节　有效数字及其运算 ·· 12
第 3 节　常用数据处理方法 ·· 15

第 2 章　常用仪器与基本物理量测量 ·· 19
第 1 节　力学、热学基本仪器 ··· 19
第 2 节　电磁学基本仪器 ·· 32
第 3 节　光源与光学仪器 ·· 48

第 2 部分　验证性实验项目

第 3 章　验证性实验 Ⅰ ··· 62
实验 1　固体密度测量 ··· 62
实验 2　拉伸法测定金属丝的杨氏模量 ··· 66
实验 3　自由落体法测量重力加速度 ··· 70
实验 4　单臂电桥法测量电阻 ·· 74
实验 5　电学元件的伏安特性的研究 ··· 78
实验 6　静电场的描绘 ··· 83
实验 7　气垫导轨实验 ··· 89
实验 8　冲击电流计法测磁场 ·· 97
实验 9　电表改装与校正 ··· 101

第 4 章　验证性实验 Ⅱ ··· 106
实验 1　固体线热膨胀系数的测量 ·· 106
实验 2　气体比热容比的测定 ··· 110
实验 3　分光计的调整和使用 ··· 113
实验 4　牛顿环测球面曲率半径 ··· 119
实验 5　迈克耳孙干涉仪的调整和使用 ·· 122
实验 6　光的偏振 ··· 127
实验 7　导热系数的测定 ··· 134
实验 8　落球法测黏滞系数 ·· 138

第 5 章　验证性实验 Ⅲ ··· 141
实验 1　电子荷质比的测量 ·· 141

Ⅰ

实验 2　灵敏电流计特性的研究 ·· 149
  实验 3　电位差计的原理和使用 ·· 154
  实验 4　霍尔效应测磁场 ··· 159
  实验 5　单缝衍射的相对光强分布 ·· 168
  实验 6　弗兰克-赫兹实验 ··· 172
  实验 7　光电效应测普朗克常量 ·· 176
  实验 8　密立根油滴实验 ··· 182
  实验 9　金属电子逸出功 ··· 189
  实验 10　测薄透镜焦距 ·· 192
  实验 11　铁磁材料的磁化曲线与磁滞回线 ··································· 199
  实验 12　红外传感实验 ·· 204
  实验 13　全息照相技术 ·· 209
  实验 14　多光束干涉和法布里-珀罗干涉仪 ·································· 213
  实验 15　阿贝成像原理和空间滤波 ··· 218
  实验 16　光谱测量与光谱分析 ·· 225

第 3 部分　综合性设计性实验项目

第 6 章　综合性设计性实验 ··· 233
  实验 1　刚体转动惯量的研究 ··· 233
  实验 2　折射率的测定 ·· 237
  实验 3　欧姆表的制作 ·· 238
  实验 4　乱团漆包线电阻率的测定 ··· 241
  实验 5　滑动变阻器特性的研究 ·· 243
  实验 6　光电传感器特性的研究 ·· 246

第 4 部分　扩展实验项目

第 7 章　扩展实验 ··· 252
  实验 1　用拉脱法测定液体表面张力系数 ···································· 252
  实验 2　声速的测量 ··· 255
  实验 3　多普勒效应实验 ·· 258
  实验 4　用双电桥测低电阻 ··· 264
  实验 5　电子示波器及其应用 ··· 270
  实验 6　用示波器测量相位差及频率 ··· 274
  实验 7　用热敏电阻测量温度 ··· 277
  实验 8　光栅衍射 ··· 281
  实验 9　驻波——弦振动实验 ·· 284
  实验 10　磁悬浮实验 ·· 288

绪 论

物理学作为研究物质基本结构、相互作用、运动和转化规律的自然科学,其基本理论渗透在自然科学的各个领域,应用于生产技术的各个方面,是其他自然科学和工程技术的基础。物理学是一门以实验为基础的自然科学,人们借助一定的测量仪器和测量方法,通过实验来探索各种物理量之间的数量关系,再运用逻辑推理和数学演算,发现变化规律,建立物理理论。一切物理理论最终都要以观测或实验事实为准则。新理论需要不断接受实验和实践的检验。当有新的观测结果与原有的物理理论相矛盾时,人们会用新的观点重新审视原有理论,并根据实验结果界定原有理论的适用范围,进而建立更加完善的理论和定律。物理学是经过不断反复的"实践—理论—实践"的过程才发展到今天的水平的。毫无疑义,物理实验既是物理学发展的基础,又是研究物理学的一种基本且重要的手段。通过物理实验,我们能够验证理论预测、探索未知现象,并在此过程中推动技术进步和科学创新。实验不仅帮助科学家检验已有物理理论的精确性,还为提出新理论提供关键数据和灵感。因此,物理实验在理论与实际应用之间架起了桥梁,是推动物理学不断向前发展的重要动力。

大学物理实验课程涵盖了力学、热学、电磁学、光学和原子物理学的重要内容,与大学物理理论课程紧密结合,是理工科各专业学生一门重要的必修基础课,是学生本科阶段进行科学实验基础训练和学习科学实验知识的开端。物理实验可以为学生系统地打好必要的物理基础,提高学生通过实验手段发现、分析与解决物理问题的能力,在培养学生的科学实验能力和科学素质,培养学生树立科学的世界观、严谨的治学态度、活跃的创新意识,增强学生理论联系实际、分析问题和解决问题的综合能力等方面具有不可替代的重要作用。

一、大学物理实验课程的目标、任务与要求

经过长期的发展和完善,实验物理已经形成独特的内容体系,是物理学教育中的重要组成部分。物理实验课程的设置源于其实践性强的特点,学生通过亲自动手完成实验,不仅可以深入理解物理理论,还能培养实验动手能力和科学思维方式。在大学阶段,这些实验课为物理类专业学生后续的基础物理实验、近代物理实验及专业实验课程奠定了扎实的基础。通过这些实践,学生能够熟悉实验设备的使用与操作,理解实验数据的分析与处理,并掌握实验设计的基本原则。对于非物理类专业的学生而言,物理实验同样具有重要价值。现代自然科学研究中,许多测量和分析手段都建立在物理学的原理之上,物理实验课程可以帮助他们提升在各自领域中运用现代测量技术的能力。这对他们的学术研究和职业发展都是至关重要的。整体来看,物理实验课程不仅促进了学生理论与实践的结合,也为跨学科应用奠定了良好的基础。

本课程的具体目标与任务主要包括以下几个方面:

(1)掌握基本科学实验技能:使学生学会掌握各种实验仪器(设备)操作的基本技能和实验研究的基本方法,包括正确使用测量工具、数据采集与处理、误差分析等。

(2)深化理论理解:通过实际的物理实验,使学生加深对课堂理论知识的理解。实验课程提供了一个将理论应用于实践的机会,可以帮助学生更好地理解物理现象和原理。

(3)培养科学思维:训练学生的科学思维能力,培养他们从实验中发现问题、分析问题和解决

问题的能力。通过实验设计、数据分析,学生可以锻炼批判性思维和逻辑推理能力。

(4)发展创新能力:鼓励学生在实验中发挥创造力,尝试设计自己的实验方案,或者对现有实验进行改进,从而激发创新意识。

(5)提高团队合作与沟通能力:许多实验需要团队合作完成,通过小组实验,学生可以提高协作能力,学会如何有效地沟通和分配任务。

(6)培养科学态度与责任感:在实验过程中,要求学生细心、耐心,养成认真严谨的科学作风、坚持不懈的刻苦钻研精神,并遵守实验室规章制度,确保安全操作。

大学物理实验课程的教学要求主要包括以下几个方面:

(1)测量误差与不确定度评估:学生要掌握测量误差和不确定度的评估与表示方法,能够分析其来源和大小,能判断实验结果的可靠性和潜在问题,并提出改进建议。

(2)实验数据处理能力:学生要具备处理实验数据的基本能力,包括掌握有效数字运算法则、列表法、作图法、最小二乘法,以及使用计算机软件处理数据的方法。

(3)仪器设备使用与维护:学生应熟悉和掌握实验室常用仪器设备的使用,包括装配、调整、标定和操作,还需具备设计和制定简单实验方案、选择仪器设备进行实验的能力,并能排除实验中出现的一般故障。

(4)基本物理量测控技术:学生需掌握基本物理量(如长度、质量、时间、温度等)的测量和控制方法及技术,注重传感器技术、数字化测量技术和计算机技术在物理实验中的应用。

(5)实验方法和操作技能:学生应了解并掌握常用的物理实验方法和操作技术,如比较法、转换法、放大法、模拟法、补偿法等,以及零位调节、光路共轴调节等实验调节方法。

(6)科学报告撰写能力:学生通过实验报告的撰写,学习科学文献的写作规范和图表制作方法,培养用科学语言描述实验目的、过程、现象和结果的能力,为以后的科学论文写作打下基础。

二、物理实验课程的主要环节

每一个教学实验项目,从准备工作开始,经过在实验室进行实验直到提交实验报告为止才算最后完成,要取得良好的学习效果,就需按照一定的要求,认真做好每一个环节的工作。

(1)实验预约。通过大学物理实验管理系统对已开放的物理实验项目按大学物理实验课程要求进行网络预约。

(2)实验预习阶段。在进入实验室进行实验之前,学生必须通过仔细阅读实验教材、讲义、仪器使用说明书、视频资料等,复习相关理论,明确实验目的和内容,理解实验原理。明确实验条件,初步了解主要仪器的调节、使用和操作要点,熟悉实验步骤和注意事项。若有可能,还可使用仿真实验软件辅助预习。撰写预习报告,制作数据记录表格。

(3)课堂实验阶段。通过课堂上实验教师的指导性讲解,进一步明确实验要求以及注意事项,掌握仪器的正确使用方法。依照拟定的实验步骤,独立地实施操作。实验时应随时注意仪器设备的工作情况,当发现异常现象或故障时(如用电仪器冒烟、发出焦煳气味、仪表超出量程、温度上升过快等),应立即终止实验(应立即切断电源、热源等),及时向教师报告,经检查原因加以排除并确认所有仪器工作均正常后,方可继续实验。实验过程中认真观察物理现象,真实、完整、准确、科学地记录观察的实验现象和实验测量所得到的原始数据(不得编造和篡改实验结果)。测试完毕后,先将数据记录交给指导教师审阅,经指导教师认可(指导教师在报告上签字)后,按要求整理好实验仪器后方可离开。如有实验仪器损坏,应及时报告。

(4)数据处理与实验报告书写阶段。实验报告是实验结果的书面总结。实验操作结束后,应对实验过程中所采集的实验数据按实验要求进行数据处理(计算实验结果和图表等),包括计算实验结果、平均值、误差、评估不确定度和绘制必要的图表等。计算实验结果时应详细写出计算步骤,并按实验教材中不确定度计算的具体要求计算不确定度。简要写出不确定度计算的过程和依据。如计算过程中要用到实验记录以外的数据,应该对其来源及依据作出说明。所作图表应符合规范。实验结果中有效数字的位数应正确反映实验结果的精密度或不确定度。实验结果应该用标准格式给出。在结果与讨论部分,要对实验结果进行详细的分析讨论,阐述物理量之间的函数关系、误差和不确定度的来源,误差和不确定度系统因素分区及改进方法等。

(5)如果学校实现了实验报告电子化,须按电子报告要求上传实验报告并提交指导教师批改。

(6)前往实验室规定地点上交纸质报告,本实验完成。

三、学生物理实验规程

(1)在规定时间内进行实验预约,因特殊情况需要变更实验项目的,须提前向实验室提供书面申请。

(2)按照预约时间准时进行实验,不得无故缺席或迟到,迟到或旷课将根据实验室规定进行扣分处理。凡因病、因事不能准时参加实验者,应事先请假,病假要有医生证明,事假要持请假证明交给指导教师备案,后期进行实验补做。

(3)实验前学生对实验内容必须进行预习,明确实验目的、原理、步骤、操作方法和注意事项,写好预习报告,设计记录表格,经指导教师检查后,方可进行实验。

(4)进入实验室后,按指导教师指定位置入座,依据教材所列仪器进行核对,如有缺损,应及时向教师报告,不准擅自挪用其他组的仪器。

(5)在指导教师讲解前不可随意操作实验仪器设备,特别是电学仪器不可擅自接通电源,以免发生仪器损坏或安全事故。

(6)实验前细心观察仪器构造,操作时应谨慎细心,严格遵守操作规程及注意事项,尤其是电学实验,线路接好后要仔细检查,经指导教师许可后方可接通电源,以免发生意外。

(7)学生必须按照实验要求,严肃认真,独立完成实验,仔细观察,认真分析实验现象、记录实验数据、总结实验规律,培养分析问题和解决问题的能力,实验数据结果严禁造假或抄袭。

(8)在实验过程中,必须爱护仪器、设备,注意节约实验材料,培养爱护公共财产的优良品德,若遇仪器发生故障,立即向指导教师报告。

(9)注意保持实验室整洁、肃静,严禁穿拖鞋进入实验室,严禁在室内吃零食、吸烟,严禁接听手机。

(10)实验完毕后将数据记录交指导教师审阅签字,并填写仪器使用登记卡,将仪器、桌椅恢复原状,安置整齐后方可离开。

(11)如损坏仪器应及时向指导教师报告,填写实验仪器损坏登记表,并根据相关规定进行赔偿。

(12)在规定时间期限内提交电子实验报告和纸质实验报告,不得无故迟交或不交,迟交或不交实验报告将根据实验室规定进行扣分处理。

第1部分 实验基础知识

第1章 测量的基本知识

第1节 实验测量、误差和不确定度

一、测量的定义与分类

对物理量进行测量是物理实验的重要任务之一。以确定被测量对象量值为目的的全部操作称为测量,它是物理实验的基础。测量的本质是用某种实验方法将待测物理量直接或间接地与作为基准的同类物理量进行比较得出结果的过程。比较的结果确定了测量数值的大小。物理量的单位与用作标准量的物理量相同。测量结果减去物理量的参考值(如标准样品的参数、基本物理常数等)称为测量误差。而表征测量结果的分散性的参数就称为测量不确定度,凡测量必须分析测量结果的不确定度。一个完整的测量数据应该由测量数值、单位和准确度几部分组成。

测量与误差的基本概念

测量对象、测量单位、测量方法和测量准确度通称为测量的四要素,在进行测量前必须先明确这四个要素。测量方法和准确度随着科学技术的发展而不断地丰富和提高。

在科学实验中常常会遇到各种类型的测量,如果考虑问题的角度不同,那么对各种类型的测量的分类也不同。例如,根据测量次数的不同,测量可以分为单次测量和多次测量;根据获取数据方式的不同,测量可以分为直接测量和间接测量;根据结果的精密度不同,测量可以分为重复性测量和重现性测量。

1. 单次测量和多次测量

有些测量比较简单,随机因素影响很小,测量误差主要源于仪器并且对该测量结果的准确度要求不是很高,这时只需要进行单次测量。例如,用磅秤称重或用钢卷尺测窗台的长度,单次测量与多次测量结果几乎一致,为简化操作,一般只进行单次测量。

如果测量的随机因素对测量误差有较大影响,为了减少偶然误差对实验结果的影响,则需要进行多次测量,多次测量就是在单次测量的基础上重复进行。

2. 直接测量和间接测量

直接测量是将待测量同作为标准单位的物理量进行比较,直接从仪器或量具上读出量值的大小。例如,用米尺测量长度,用电表测量电压电流,用秒表或数字毫秒计测量时间,用温度计测量温度,等等。

间接测量是由直接测量测得数据后,利用一定的函数关系经过运算后得到待测量数值。例如,测量一长方体体积 $V=abh$,利用激光测距 $L=ct/2$,其中,体积 V 和距离 L 都是间接测量量,长宽高 a、b、h 和时间 t 是直接测量量。

3. 重复性测量和重现性测量

重复性与重现性(再现性)二者都用于评价分析结果的精密度。重复性是指在相同的操作条件下,由同一测量人员使用同一设备对同一被测对象进行的多次测量,其结果的变动情况。重现性测量指在变化了操作条件(如不同的测量人员、不同的测量设备、不同的测量时间或场所等)情况下,对同一被测对象进行的多次测量,其结果的变动情况。两者反映了测量过程中的不同误差来源。重复性主要关注的是在控制变量条件下的精度,而重现性则涉及更广泛的影响因素,衡量的是测量方法的一致性和可靠性。

二、测量误差的定义与分类

测量误差就是用测量结果减去被测量的真值,即 $\Delta x = x_{测} - x_{真}$;它反映的是测量值偏离真值的大小和方向。真值是待测物理量具有的或客观存在的真实数值,也称理论值或定义值。实际上,真值是一个理想的概念,因为在实际测量中不可避免地会存在误差,即使同一个人使用同一台仪器,在相同的条件下进行多次测量,各次的测量结果一般也不会完全相同,更不会刚好等于真值,因此有测量就会伴随存在误差。

误差的来源一般可归纳为以下几点:

(1)仪器误差。仪器误差是指在测量时由于所用的测量仪器仪表不准确而引起的误差,误差的大小根据仪器本身的准确度来确定,任何仪器都会存在误差。

(2)环境误差。环境误差是指由于仪器偏离了仪器本身规定的使用环境或者测量条件所引起的误差。例如,电源电压不稳定,温度不均匀,气流扰动,外界电磁场干扰,等等,此类因素都会对测量带来误差。

(3)方法误差。方法误差的产生是由于测量方法的不完善或者所依据的理论不严密而导致。例如,用伏安法测电阻,不管使用外接法还是内接法,测量值总是会比待测电阻的阻值偏小或偏大。

(4)人为误差。人为误差是由于作为实验参与者的主观因素和实验者的感官分辨能力有限而引起的误差。例如,实验者操作不够熟练,实验者长时间进行实验眼睛疲劳导致读数偏差,等等。

1. 系统误差、随机(偶然)误差和粗大误差

根据误差的性质和来源,误差一般可以归结为三大类,即系统误差、随机(偶然)误差和粗大(过失)误差。

1)系统误差

使用同一种仪器同一测量方法且在相同的实验条件下对某一物体进行多次测量,一般各次的测量值不会完全相同,若每次测量误差的绝对值和符号保持恒定或能以可预知的规律变化,这类误差就称为系统误差。系统误差的特征是其确定性,表现在具体的测量中,它总是使测量结果一致偏大或者一致偏小。

从系统误差产生的原因来看,它的来源主要有:

(1)仪器的误差,它是由于仪器本身具有缺陷或没有按规定条件使用仪器而造成的误差。例如,电表的零点未在零位、天平的不等臂、秒表指针偏离表盘中心等。

(2)观测误差,在测量过程中由于观测者主观臆断所引起的误差。例如,使用读数显微镜时,对目镜成像对称性判断。

(3)理论(方法)误差,实验方法的不完善或者所依据方法的理论本身具有近似性而带来的误差,例如,伏安法测电阻没有考虑电表内阻的影响、自由落体测加速度没有考虑空气阻力的影响;实验者个人的习惯或偏好,例如,有的人习惯于以倾斜的坐姿对指针式电表读数,使得测量值要偏大都偏大要偏小都偏小。

由于系统误差表现出具有一致偏大或一致偏小的特点,因此在同一测量条件下采用多次测量取平均值不能达到减小或消除它的目的;要减小或消除系统误差,必须找出其产生的原因,针对原因采取相应办法或引入修正,针对具体情况采取具体的处理措施。一般可以遵循以下方法:

(1)从系统误差根源上消除。在测量之前,仔细检查,正确调整和安装实验仪器,保证仪器在最佳状态下工作;测量中,尽量防止环境的干扰;记录数据时,选好观测位置,尽量避免视差。

(2) 在测量系统中采取补偿措施等。例如,使用分光计测量角度时,因存在偏心差这样的系统误差,故在测量时采用双向读取角度来消除偏心差。

(3) 在测量结果中进行修正。当已知系统误差是恒定值时,可以利用恒定值对测量结果直接修正;当系统误差是变值时,可以设法先找出可能存在的变化规律,再利用满足误差变化的公式对其进行修正,达到减小系统误差的目的。

2) 随机(偶然)误差

在相同的测量条件下,多次测量同一物理量时,误差时大时小、时正时负,以不可预定方式变化着的误差称为随机误差,有时也称偶然误差。在实验中,系统误差和随机误差往往是同时存在的,即使实验者在测量过程中消除了所有产生系统误差的可能因素,进行精心的观察和测量,仍然会存在一些不确定的因素,这些突发的微小变化因素会使在同一条件下对同一物理量进行多次重复测量时,得到不完全一致的测量值。这些测量值和真值间的差别,数值和符号都是随机变化的。随机误差是由实验中诸多不确定因素造成的,如环境温度湿度的随机波动、空气的无规则流动、电压不稳定、被测物不均匀性等。根据随机误差的随机性特点可知,随机误差就单次测量而言是不确定的,但其总体服从统计规律,因此可用统计方法估计其对测量的影响。多次测量伴随的随机误差服从统计中的正态分布,其分布曲线如图 1-1-1 所示,概率分布密度函数为

$$P(\delta) = \frac{1}{\sigma\sqrt{2\pi}} e^{-\frac{\delta^2}{2\sigma^2}}$$

式中,σ 为测量列的标准偏差。

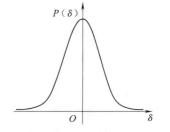

图 1-1-1 正态分布曲线

随机误差分布具有以下性质:

(1) 单峰性:绝对值小的误差出现的概率比绝对值大的误差出现的概率大。

(2) 对称性:绝对值相等的正负误差出现的概率相等。

(3) 有界性:绝对值大的误差出现的概率近于零,误差的绝对值不会超过某一界限。

(4) 抵偿性:在一定测量条件下,测量值误差的算术平均值随测量次数的增加而趋于零。

随机误差产生的因素一般是不确定的。减小随机误差的方法一般如下:

(1) 增加测量次数,由于偶然误差服从统计规律,因此多次测量取平均值是减小随机误差最有效的方法。

(2) 选用稳定性更好的仪器,减少仪器给实验结果带来的波动。

(3) 选择合适的观测时间,在仪器运行较稳定的时刻进行读数。

3) 粗大误差

粗大误差又称过失误差,它是由于测量者主观因素或者由于测量条件突然改变引起的明显与测量结果不符的误差。引起粗大误差的原因有:实验方法不合理、仪器操作不当、读数错误、记录和计算错误、仪器突然故障、环境条件不恰当等一系列人为疏忽。粗大误差会明显地歪曲实验结果。在实验中,测量者应避免粗大误差的出现,在处理数据时应首先检验出含有粗大误差的测量值并将其剔除。对于粗大误差,除了设法从测量结果中发现鉴别加以剔除外,更重要的是测量者需具有认真严谨的科学态度,此外还要保证测量条件的稳定,应避免在外界条件发生剧烈变化时进行测量。当测量出现不能明显鉴别是否具有粗大误差的数据时,往往要根据判别粗大的准则进行判定,常用的有拉依达准则或称 3σ 准则(在测量次数较少的情况下,最好不要选用该准则)。它是先假设一次多次测量数据只含有随机误差,对其进行计算处理得到标准偏差,根据偶然误差的正态分布规律判定测量值的误差是否落在 $\pm 3\sigma$(σ 是该测量列的标准偏差)范围内,凡

超过 ±3σ 区间的,就不属于随机误差而是粗大误差。由于出现在 $(\bar{x}-3\sigma,\bar{x}+3\sigma)$ 区间以内的数据应该占全部测量数据的 99.7%,超出这个区间的数据只占全部测量数据的 0.3%,因此,可认为落在该区间以外的数据都是异常数据,应予以剔除。

2. 绝对误差和相对误差

不管利用何种量具或仪器进行测量,总存在误差,测量结果总不可能准确地等于被测量的真值,而只是它的近似值。测量的质量高低以测量精确度为指标,根据测量误差的大小来估计测量的精确度。测量结果的误差越小,则认为测量就越精确。为了评价一个测量结果的好坏,需要使用绝对误差和相对误差来衡量。绝对误差反映了误差本身的大小,而相对误差反映了误差的严重程度。

三、精密度、准确度和精确度

对测量结果进行总体评价时,一般需要将系统误差和偶然误差联系在一起考虑,这便有了测量的精密度、准确度和精确度三个概念。这三个概念在具体的使用中代表着不同的含义。

(1) 精密度是指在相同条件下进行多次重复实验,测量数据的集中程度或复现性的大小,它反映的是多次测量中偶然误差的大小,精密度高表明测量值的重复性好,偶然误差较小。

(2) 准确度是指测量值与真值的符合程度。它能反映误差分量中系统误差的大小,准确度高说明测量值更接近真值,这时系统误差较小。

(3) 精确度是精密度和准确度的综合反映,精确度高表明测量值都分布在真值附近,此时,系统误差和偶然误差都比较小。如果一个实验中的偶然误差可以小到不计,那么此时的精确度就等于准确度;如果系统误差可以忽略或被完全消除,那么此时的精确度就等于精密度。

为了更形象地描述精密度、准确度和精确度三者之间的关系,下面利用三张射击打靶图来说明。图 1-1-2(a) 表示枪手中靶的精密度高;图 1-1-2(b) 表示枪手中靶的准确度高;图 1-1-2(c) 表示枪手中靶的精确度高。

(a) 精密度高　　(b) 准确度高　　(c) 精确度高

图 1-1-2　三张射击打靶图

四、误差的估算及测量结果的表示

1. 单次直接测量

对于单次直接测量,测量值($x_{测}$)是测量工具测量待测物理量一次时的读数,单次直接测量的误差(Δx)一般以测量仪器的误差($\Delta_{仪}$)来评定。单次直接测量的测量结果则应该表示为

$$x = (x_{测} \pm \Delta_{仪}) \quad (单位)$$

测量结果表示及误差估算

对于实际使用中的测量仪器,有些仪器标明了误差,那么单次直接测量误差就用仪器标定的误差。对于没有标明误差的仪器,一般通过以下方法来确定:

(1) 可取仪器及表盘上最小刻度的一半;

(2) 数字仪表取显示表最后位数的一个单位。

例如，用 20 分度游标卡尺测量一物体长度为 10.00 mm，那么其测量值 $x_{测}$ = 10.00 mm，测量误差 $\Delta x = 0.05$ mm；测量结果表示为 $x = (10.00 \pm 0.05)$ mm。

2. 多次直接测量

为了减小测量的偶然误差，统计理论指出，多次测量的算术平均值 $\bar{x} = \sum\limits_{i=1}^{n} \dfrac{x_i}{n}$ 是用来代替真值的最佳值，因此，在可能的情况下，需要以多次测量的平均值作为多次直接测量结果，它是真值的最好近似。多次直接测量的误差通常使用算术平均绝对误差 Δx 或标准偏差 σ_x（方均根偏差）进行估算。

1）算术平均绝对误差 Δx

如果对某一物理量测量 n 次，求得算术平均值为 $\bar{x}$，则算术平均绝对误差 Δx 为

$$\Delta x = \frac{|x_1 - \bar{x}| + |x_2 - \bar{x}| + \cdots + |x_n - \bar{x}|}{n} = \frac{1}{n} \sum_{i=0}^{n} |x_i - \bar{x}|$$

式中，$x_i (i=1,2,\cdots,n)$ 表示第 i 次测量值。

2）标准偏差

根据统计理论，多次测量中产生的误差遵循正态分布，在描述服从正态分布的测量值及随机误差时，应采用算术平均值和标准偏差（方均根偏差）。在有限次测量和被测量真值未知的情况下，测量列的标准偏差可利用贝塞尔公式表示，即

$$\sigma_x = \sqrt{\frac{(x_1 - \bar{x})^2 + (x_2 - \bar{x})^2 + \cdots + (x_n - \bar{x})^2}{n-1}} = \sqrt{\frac{\sum\limits_{i=1}^{n}(x_i - \bar{x})^2}{n-1}}$$

测量列平均值的标准偏差表示为

$$\sigma_{\bar{x}} = \frac{\sigma_x}{\sqrt{n}} = \sqrt{\frac{\sum\limits_{i=1}^{n}(x_i - \bar{x})^2}{n(n-1)}}$$

多次直接测量的测量结果应该表示为

$$x = (\bar{x} \pm \Delta x)(\text{单位}) \quad \text{或} \quad x = (\bar{x} \pm \sigma_x)(\text{单位})$$

例如，用 50 分度游标卡尺测量某物体长度，共测 10 次，测量值分别为 10.06、10.04、10.00、10.02、10.00、10.06、10.06、10.04、10.00、10.00（单位：mm），测量列的测量值为

$$\bar{x} = \frac{10.06 + 10.04 + 10.00 + 10.02 + 10.00 + 10.06 + 10.06 + 10.04 + 10.00 + 10.00}{10} \text{mm}$$

$$\approx 10.03 \text{ mm}$$

测量列的算术平均绝对误差为

$$\Delta x = \frac{|x_1 - \bar{x}| + |x_2 - \bar{x}| + \cdots + |x_{10} - \bar{x}|}{10} \approx 0.024 \text{ mm}$$

测量列的标准偏差为

$$\sigma_x = \sqrt{\frac{(x_1 - \bar{x})^2 + (x_2 - \bar{x})^2 + \cdots + (x_{10} - \bar{x})^2}{9}} \approx 0.027 \text{ mm}$$

测量结果应该表示为

$$x = (\bar{x} \pm \Delta x) = (10.03 \pm 0.03) \text{ mm}$$

或

$$x = (\bar{x} \pm \sigma_x) = (10.03 \pm 0.03) \text{ mm}$$

3. 间接测量与误差传递

间接测量的测量值是由直接测量值通过已知的函数关系运算得到的,由于直接测量存在误差,因此间接测量的测量值必定受到直接测量的影响,其结果也一定存在误差,这便是误差的传递。

1) 一般误差的传递公式

假设间接测量量 q 与直接测量量 $x, y, z, \cdots$ 满足如下函数关系:

$$q = f(x, y, z, \cdots) \tag{1-1-1}$$

根据多元函数的微分方法对式(1-1-1)进行全微分,则

$$\mathrm{d}q = \frac{\partial f}{\partial x}\mathrm{d}x + \frac{\partial f}{\partial y}\mathrm{d}y + \frac{\partial f}{\partial z}\mathrm{d}z + \cdots \tag{1-1-2}$$

式(1-1-2)表示,直接测量量有微小变化 $\mathrm{d}x, \mathrm{d}y, \mathrm{d}z, \cdots$ 会导致间接测量量 q 受到微小的改变 $\mathrm{d}q$,这里 $\mathrm{d}x, \mathrm{d}y, \mathrm{d}z, \cdots$ 都是小量,故可以将其看作误差,并将 $\mathrm{d}x, \mathrm{d}y, \mathrm{d}z, \cdots$ 改写成 $\Delta x, \Delta y, \Delta z, \cdots$,可以得到算术平均绝对误差传递公式(算术合成法),即

$$\Delta q = \left|\frac{\partial f}{\partial x}\right|\Delta x + \left|\frac{\partial f}{\partial y}\right|\Delta y + \left|\frac{\partial f}{\partial z}\right|\Delta z + \cdots \tag{1-1-3}$$

式中, $\left|\frac{\partial f}{\partial x}\right|, \left|\frac{\partial f}{\partial y}\right|, \left|\frac{\partial f}{\partial z}\right|, \cdots$ 为误差传递系数; $\Delta x, \Delta y, \Delta z, \cdots$ 为直接测量量的误差。

当间接测量式为和差形式,如 $q = x - y + z$ 时,按式(1-1-3)计算比较方便;如果间接测量式为复杂乘除形式,如 $q = xz/\sqrt{y}$,那么在计算误差传递系数时会比较烦琐,这时,可以先对式(1-1-1)等式两边取自然对数再进行全微分,则

$$\ln q = \ln f(x, y, z, \cdots) \tag{1-1-4}$$

这时算术平均绝对误差传递公式为相对误差形式,即

$$\frac{\Delta q}{q} = \left|\frac{\partial \ln f}{\partial x}\right|\Delta x + \left|\frac{\partial \ln f}{\partial y}\right|\Delta y + \left|\frac{\partial \ln f}{\partial z}\right|\Delta z + \cdots \tag{1-1-5}$$

2) 标准偏差的传递公式

如果直接测量量 $x, y, z, \cdots$ 的误差采用标准偏差的形式,即 $\sigma_x, \sigma_y, \sigma_z, \cdots$,那么间接测量量的误差应该按方和根的形式合成

$$\sigma_q = \sqrt{\left(\frac{\partial f}{\partial x} \cdot \sigma_x\right)^2 + \left(\frac{\partial f}{\partial y} \cdot \sigma_y\right)^2 + \left(\frac{\partial f}{\partial z} \cdot \sigma_z\right)^2 + \cdots} \tag{1-1-6}$$

如果间接测量式为复杂乘除形式,可以先求得相对标准偏差

$$\frac{\sigma_q}{q} = \sqrt{\left(\frac{\partial \ln f}{\partial x} \cdot \sigma_x\right)^2 + \left(\frac{\partial \ln f}{\partial y} \cdot \sigma_y\right)^2 + \left(\frac{\partial \ln f}{\partial z} \cdot \sigma_z\right)^2 + \cdots} \tag{1-1-7}$$

五、不确定度和测量结果的表示

1. 不确定度的含义

在物理实验中,不但要测量待测物理量的值,而且要对测量结果的可靠性做出评定。测量不确定度简称不确定度,是用于表征测量结果的分散性。与测量相联系的参数,是测量

值不确定程度的量度,或者说是对待测物理量真值的估计。其含义是由于测量误差的存在,对被测量值的不能肯定的程度(即表明结果的可信赖程度),它是测量结果质量的指标。不确定度越小,所述结果与被测量的真值越接近,测量结果可信赖程度就越高,其使用价值越高;不确定度越大,测量结果可信赖程度就越低,其使用价值也越低。

要注意,测量不确定度与测量误差是完全不同的概念,它不是误差,也不等于误差。误差是指测量值与真值之差,而不确定度是指真值以一定的包含概率出现的包含区间的半高半宽。用不确定度评定实验结果的误差,包含了来源不同的误差对结果的影响,而它们的计算又反映了这些误差所服从的分布规律,这更准确地表述了测量结果的可靠程度,因而有必要采用不确定度的概念。在测量过程中,随机效应及系统效应均会引入不确定度,数据处理中的修约处理也会引入不确定度,可以说,一切测量结果都不可避免地具有不确定度。

2. 不确定度的评定

在测量过程中,存在多种不确定度的来源,这些因素共同影响着测量结果的准确性和可靠性。对每个不确定度来源评定的标准偏差,称为标准不确定度分量。

不确定度的评定方法将不确定度分为 A、B 两类。A、B 分类的目的只是指出评定不确定度分量的两种不同方法,不是指这两类分量本身性质上有差别。两类评定都基于概率分布,并且由两类评定得到的不确定度分量都是用方差或标准差定量表示。

1)不确定度的 A 类评定

用对观测列进行统计分析的方法来评定标准不确定度,称为不确定度 A 类评定,是一个统计过程;所得到的相应标准不确定度称为 A 类不确定度分量(统计不确定度),用符号 u_A 表示。它是用实验标准偏差的形式来定量表征。

例如,对于被测量 a 进行 n 次独立测量,a_k 是相同测量条件下得到的第 k 次观测值,对于由 n 次独立重复观测值 a_k 确定的被测量 a,其估计值 $\bar{a}$ 的标准不确定度 $u(\bar{a})$ 由下式确定:

$$u(\bar{a}) = s(\bar{a}) = \frac{\sqrt{s^2(\bar{a})}}{n}$$

式中,$s(\bar{a})$ 为平均值的实验标准差,$s^2(\bar{a})$ 为测量值的方差。

2)不确定度的 B 类评定

用不同于对观测列进行统计分析的方法来评定标准不确定度,称为不确定度 B 类评定;所得到的相应标准不确定度称为 B 类不确定度分量(非统计不确定度),用符号 u_B 表示。这种评定不是基于实验数据,而是依赖实验或其他可用信息源来估计,这些信息源可能包括以往的测量数据、对相关技术材料和测量仪器特性的经验认识、生产厂家提供的技术说明书、校准证书或其他认证数据,以及手册中提供的参考数据及其不确定度,含有主观鉴别的成分。

虽然 B 类评定不是基于直接的观测数据,但它在某些情况下可以和基于统计独立观测的 A 类评定一样可靠。尤其是在 A 类评定的数据基于较少的观测次数时,B 类评定的重要性和可靠性变得尤为显著。对于某一项不确定度分量究竟是用 A 类方法评定,还是用 B 类方法评定,应由测量人员根据具体情况选择。

3)合成标准不确定度

当测量结果受多种因素共同影响并形成若干不确定度分量时,按其各不确定度分量的方差和协方差算得的标准不确定度称为合成标准不确定度,用符号 u_c 表示。方差是标准偏差的平方,协方差是相关性导致的方差。计入协方差会扩大合成标准不确定度。合成标准不确定度仍然是标准偏差,它表征了测量结果的分散性。

在不确定度的合成问题中,主要是从系统误差和随机误差等方面进行综合考虑的,提出了统计不确定度和非统计不确定度的概念。合成不确定度 u_c 是由不确定度的两类分量(A 类和 B 类)求方和根计算而得到的。为使问题简化,这里只讨论简单情况下(即 A 类和 B 类)分量保持各自独立变化、互不相关的合成不确定度。

$$u_c = \sqrt{u_A^2 + u_B^2}$$

4) 扩展不确定度

扩展不确定度是确定测量结果区间的量,合理赋予被测量之值分布的大部分可望含于此区间,有时也称范围不确定度。扩展不确定度是由合成标准不确定度 u_c 乘以含因子 k 得到的,通常用符号 U 表示。通常,k 值的选取范围为 2~3,意味着测量结果的扩展不确定度区间会覆盖被测量值的一个相对较大的概率范围。而测量结果的取值区间在被测量值概率分布中所包含的百分数,称为该区间的置信概率、置信水准或置信水平。如果 k 被设定为 2,所形成的区间通常具有约 95% 的置信水平;若 k 被设定为 3,则置信水平为 99%。

5) 测量结果的表示

若用不确定度表征测量结果的可靠程度,则测量结果表示中既要包含待测量的算术平均值 $\bar{x}$,又要包含测量结果的不确定度 u_c,还要反映出物理量的单位。因此,要写成物理含义深刻的标准表达式,即

$$x = \bar{x} \pm u_c (单位)$$

式中,x 为待测量;$\bar{x}$ 是测量的算术平均值;u_c 是合成不确定度,一般保留一位有效数字。这种表达形式反映了三个基本要素:测量值、合成不确定度和单位。在上述标准式中,算术平均值、合成不确定度、单位三个要素缺一不可,否则就不能全面表达测量结果。同时,算术平均值 $\bar{x}$ 的末位数应该与不确定度的所在位数对齐,算术平均值 $\bar{x}$ 与不确定度 u_c 的数量级、单位要相同。

在测量结果的标准表达式中,给出了一个范围 $(\bar{x} - u_c) \sim (\bar{x} + u_c)$,它表示待测量的真值在 $(\bar{x} - u_c) \sim (\bar{x} + u_c)$ 的概率为 68.3%。不要误认为真值一定就会落在 $(\bar{x} - u_c) \sim (\bar{x} + u_c)$ 上,认为误差在 $-u_c \sim +u_c$ 上是错误的。

第 2 节 有效数字及其运算

实验中为了得到准确的测量结果,不仅要准确地进行测量,而且要正确地记录和运算。正确地记录和运算是指正确记录测量过程中所有的有效数字和按有效数字运算规则进行计算。要科学合理地反映测量结果,涉及如何正确使用有效数字、有效数字运算应该遵循什么规则等一系列问题。

一、有效数字

有效数字是指在实验过程中测量得到的所有有实际物理意义的数值,它由实验仪器读到的准确数字和最后一位可疑数字组成。通常把通过量具及仪器仪表直接读数获得的数字称为准确数字,把通过估读获得的数字称为可疑数字。数据的位数不仅能表示出实际数量的大小,也能反映出测量的精度。例如,用最小分度值为 1 mm 的米尺测物体长度记录为 12.53 cm;这四个数字中,前三位 1、2、5 是从刻度尺上准确读出的准确数值,最末位的 3 是在米尺最小分度值的下一位估读得到的(称为可疑数字),如果此时记录为 12.5 cm 或 12.530 cm,其物理意义就被人为改变了。有效数字是对测量结果的一种准确表示,确保所呈现的数字具有意义,而不是展示无用的细节。例如,把测量结果写成 $(15.172\ 6 \pm 0.03)$ cm

是错误的,由不确定度 0.03 cm 可以得知,数据的第二位小数 0.07 已不可靠,把它后面的数字写出来没有多大意义。正确的写法应当是(15.17 ± 0.03)cm。有效数字的位数能体现出测量的精确程度,因此,读数、记录和运算时必须严格按照有效数字的规定进行。

1. 有效数字位数的确定方法

方法法则:从该数左边第一个非零数字算起到最末一位数字的个数,与该数是否有小数点没有关系。

例如,1.058 有 4 位有效数字,0.0280 有 3 位有效数字,10.000 有 5 位有效数字。

确定有效数字应该注意的事项:

(1)如果数字中含有 0,在确定有效数字的位数时,应该认清哪些 0 是有效数字,哪些 0 不是有效数字。可以按"前零不算后零算"的基本原则来记忆,即有效数字中最左端第一个非零数字前的 0 都不算有效数字,之后的 0 才计入有效数字。

(2)记录数据时不能因转换单位而改变有效数字位,即有效数字的位数与十进制单位的变换无关。例如,0.025 00 m 将其转化成 mm 为单位,这时需写成 25.00 mm,写成科学记数法形式为 2.500×10 mm,它们都为 4 位有效数字,前三位 2、5、0 为准确数字,最后位 0 为可疑数字。

(3)实验中往往会遇到测量值的位数特别多的情况,为了书写简洁,通常需要采用科学记数法的形式。当将测量值写成标准科学记数法形式时,切记不可改变有效数字的位数。例如,0.025 00 m 有 4 位有效数字,其中前三位有效数字 2、5、0 为准确数字,最后一个 0 为可疑数字,采用科学记数法应该写为 2.500×10^{-2} m,如果写成 2.5×10^{-2} m,这时 2 是准确数字,5 变成了可疑数字,物理意义已经完全改变。

(4)物理实验中仪器上显示的数字通常均为有效数字(包括最后一位估计读数),都应读出并记录下来。仪器上显示的最后一位数字是 0 时也要读出并记录。对于分度式的仪表,读数要根据人眼的分辨能力读到最小分度的十分之几。根据有效数字的规定,测量值的最末一位一定是可疑数字,这一位应与仪器误差的位数对齐,仪器误差在哪一位发生,测量数据的可疑数字位就记录到哪一位,即使估计数字是 0 也必须写上,否则与有效数字的规定不相符。例如,用米尺测量物体长分别为 12.5 cm 与 12.50 cm,这是两个不同的测量值,也是不同仪器测量的两个值,误差也不相同,不能将它们等同看待。从这两个值可以看出,前者的测量仪器精度低,后者的测量仪器精度高出一个数量级。凡是仪器上读出的数值,有效数字中间与末尾的 0 均应算作有效位数。例如,3.04 cm 和 5.20 cm 均有 3 位有效数字。

2. 有效数字的修约法则

在实验过程中可能涉及使用数种准确度不同的仪器或量器,因而所得数据的有效数字位数也不尽相同。在进行具体的数学计算时,必须按照统一的规则确定一致的位数,再进行某些数据多余的数字的取舍,这个过程称为数值修约。人们惯用的数值修约规则主要有"四舍五入",具体使用方法是:拟舍弃数字最左位为 4 的全部舍去,拟舍弃数字最左位为 5 的往上进一位,也就是逢 4 舍、逢 5 进。这种修约方式逢 5 就进位必然会造成结果的误差偏大,为了避免这样的情况出现,修约时需要尽量减小因修约而产生的误差。在实际实验中需要按"四舍六入五凑偶"的法则来进行,即拟舍弃数字最左位小于 5 时将其舍弃,大于 5 时就进一位;如果拟舍弃数字最左位刚好等于 5(或者 5 后全是 0),这时需要看 5 的前面一位,若前一位为偶数时则舍弃,若前一位为奇数时则进位。

例如,2.305 1、2.305、2.315、2.305 0、2.304 8 分别保留 3 位有效数字有:2.305 1→2.31,2.305→2.30,2.315→2.32,2.305 0→2.30,2.304 8→2.30。

注意:进行数值修约时只能一次修约到指定的位数,不能多次修约,否则会得出错误的结果。

二、有效数字的运算法则

在测量中大多数情况都是间接测量,也就是说,测量数据本身并不是实验所需要的最终结果,而是需要通过一系列运算后才能获得所需数据。在进行运算时,参加运算的分量可能有很多,各分量数值的大小及有效数字的位数也不相同,而且在运算过程中有效数字的位数会越来越多,除不尽时的有效数字的位数也会无止境。那么,有效数字的四则运算就显得非常重要。其基本原则是:要保证计算结果不能丢失有效数字,也不可添加有效数字。

注意:在混合计算中,有效数字的保留以最后一步计算的规则执行。

1. 加减运算

在加减计算中,它们的和或差的运算结果必须保留到参与运算各数中的最大可疑位。(下画线表示可疑数字)

例如:$10.\underline{1} + 1.35\underline{0} = 11.\underline{4}$

$2.\underline{8} - 1.2\underline{6} = 1.\underline{5}$

2. 乘除运算

(1)将所有参与运算的各数用科学记数法表示。

(2)对几个数进行乘除运算时,运算结果的有效数字位数与参与运算的有效数字位数最小的那个数相同。

例如:$302.\underline{0} \times 10.\underline{0} = 3.02\underline{0} \times 10^2 \times 1.0\underline{0} \times 10 = 3.0\underline{2} \times 10^3$

$724.7\underline{6} \div 4.3\underline{2} = (7.247\underline{6} \div 4.3\underline{2}) \times 10^2 = 1.6\underline{8} \times 10^2$

特例:对于乘法运算,如果遇到参与运算各数的首位相乘大于10即含有进位,有效数字需要多保留一位;对于除法运算,如果遇到参与运算各数的首位不够除的,有效数字需要少保留一位。即保证小数点后的位数(不包括整数部分)应与原数据的有效数字的位数相同。

例如:$302.\underline{0} \times 4.\underline{2} = 3.02\underline{0} \times 4.\underline{2} \times 10^2 = 12.\underline{7} \times 10^2$(首位数相乘大于10有进位,多保留一位)

$224.7\underline{6} \div 4.3\underline{2} = (2.247\underline{6} \div 4.3\underline{2}) \times 10^2 = 0.5\underline{2} \times 10^2$(被除数不够除,少保留一位)

3. 乘方、开方和对数运算

运算结果的有效数字位数与其底数或真数的有效数字的位数相同。

特例:如果遇到乘方有进位时,有效数字需要多保留一位;对于开方运算,如果遇到整数(可以看成有很多位有效数,后面的0没有写)开方结果含有小数部分时,小数点后的位数应保留与运算各数中的最大可疑位相同。

例如:$3.0^2 = 9.0$

$4.0^2 = 16.0$

$\sqrt{9.0} = 3.0$

4. 指定数式常数、无理常数和自然数

如果间接测量函数关系式中存在指定数式常数、无理常数或自然数(1,2,3,4,…),可以视为有无穷多位有效数字,书写时可不必写出后面的0,确定运算结果时不必考虑它的位数。

例如,直径 $D = 2R$,D 的有效数字仅由 R 的有效数字位决定。

又如,圆的周长 $S = 2\pi R$,运算时 π 的有效数字应取与 R 的位数相同,假设 $R = 1.000$ mm,那

么 π 应该取 3.142，计算后 $S = 6.284$ mm，运算中遇到其他常数(如 g、e 等)均按此方法取位。

第 3 节　常用数据处理方法

当一个实验测量的环节完成后，就要进入定量计算阶段。每次实验都会得到大量的测量数据，对于这些数据通常需要采用一些方法来处理才能得到最终的实验结果。数据处理就是从实验数据获得实验结果的过程，其中包含了数据记录、数据整理、计算、误差分析等。数据处理要运用正确的数学方法和计算工具，在保证数据原有的精度条件下得到合理的实验结果。本节主要介绍几种基本的数据处理方法，为日后各实验中找到物体量之间正确关系提供依据。

一、列表法

列表法就是用表格来表示实验数据和实验结果的方法，它是最常用、最简单的数据处理方法。列表法的优点是可以简单明确地表示出实验所涉及物理量之间的关系，有助于检查测量结果是否合理，有助于找出有关量之间的联系从而建立经验公式。在使用列表法处理数据时，表格没有统一的格式要求，可根据具体实验自行设计，但是设计表格应该遵循以下几点要求：

(1)表格的设计应排列有序、简洁明了，便于数据记录、运算、处理、检查和发现有关物理量之间的关系。

(2)表格中的各栏目要有符号标明，数据代表的物理量、单位、量值的数量级要交代清楚，并采用"物理量符号/单位"或"物理量符号(单位)"的标注方式。

(3)表格中的数据应正确反映测量结果的精度，按有效数字的规则书写。

(4)应区分测量值和计算值，计算值应简单注明计算依据。

(5)表格中要能体现主要仪器名称、规格和相关参数。

二、作图法

作图法就是用图线的形式表示各物理量之间的对应和变化关系。作图法是采用描点的方式将实验数据用几何图像表示出来，优点是直观、形象，便于比较研究实验结果并建立函数关系。为了能够清楚地反映物理现象的变化规律，并能比较准确地确定有关物理量的量值或求出有关常数，使用作图法时需要遵循以下几点要求：

(1)作图要在坐标纸上进行，常用的坐标纸有直角坐标纸，此外还有单对数坐标纸、双对数坐标纸、极坐标纸等。

(2)坐标纸的大小及坐标轴的比例，应根据所测数据的有效数字和结果的需要来确定，要适当选取横轴和纵轴的比例和坐标的分度值，使图线的间隔为 1、2、5、10 等，这样便于读数和计算，除特殊需要外，分度值的起点不必从零点开始。

(3)要清楚标注坐标轴，一般自变量为横轴，因变量为纵轴，采用粗实线描出坐标轴，并用箭头表示出方向，注明所有物理量的名称、单位和分度值。

(4)所有数据应先用列表法列成表格，再根据表格中的数据依次描点，数据点用标记符号"×"或"○"进行准确标记，一张图像上有多条曲线时应采用不同的标记点体现。

(5)用直尺或曲线板将描好的点连接成直线或者光滑的曲线，图线不一定要通过所有的点，但应尽量保证观测点均匀分布在图线两侧，个别偏离较大的点应当舍去，原始数据应保留在图中。

(6)在图纸的下方或空白位置写好图名，需要标注的图中还应适当标注。

三、图解法

测出数据并绘制出图像并不是实验的最终目的,实验的最终目的是要由实验数据和实验曲线求得经验公式,从而反映出各物理量之间的变化规律。图解法是根据作好的实验数据图线,用解析法找出相应的函数形式。实验中常出现的曲线类型有直线、抛物线、双曲线、指数函数曲线等。建立经验公式一般分为以下几个步骤:

(1)根据事先掌握的知识和对几何知识的了解,判断出图线的类型。
(2)由图线类型判定公式可能具有的特点。
(3)作变量代换,利用半对数、对数或倒数尽量将原图线改变为直线。
(4)确定公式形式,并用实验数据检验公式的准确性。

1. 情形一举例:直线方程的建立

如果作出的实验曲线为直线,则可判定经验公式为直线方程,即

$$y = k \cdot x + b$$

首先,确定公式中的参数 b。找到曲线横坐标为 0 的点,该点对应的纵坐标的值即为 b,也就是直线在纵坐标的截距,如果原实验图未给出横坐标为 0 对应的点,可以将直线用虚线延长至与纵轴相交,再量取截距。

其次,确定公式中参数 k。要确定 k 值就是要求解直线的斜率,这时,需要在直线上任意选取两个点 (x_1, y_1) 和 (x_2, y_2),此时斜率可以按两个点的坐标值求得,即

$$k = \frac{y_2 - y_1}{x_2 - x_1}$$

注意:所选取的点一般不应为原始数据点,并且两个点的距离不能相距太近。

2. 情形二举例:非直线方程的建立

在实验工作中,许多物理量之间的关系并不是线性的,由曲线图直接建立经验公式一般是比较困难的,但仍可通过适当的变换而成为线性关系,即把曲线变换成直线,再利用建立直线方程的方法来解决问题。这种方法称为曲线改直。做这样的变换不仅是由于直线容易描绘,还由于直线的斜率和截距所包含的物理内涵是我们所需要的。例如,在研究阻尼振动的实验中绘制出了弹簧的振幅 A 与时间 t 的关系,由振动理论可以知道,弹簧振动的振幅应该随时间指数衰减,有

$$A(t) = A_0 \exp(-\gamma t)$$

式中,$A(t)$ 为弹簧随时间变化的振幅值;A_0 为初始时刻弹簧的振幅;γ 为弹簧的阻尼系数。为了将曲线改直线,需要对原式两边取对数,有

$$\ln[A(t)] = \ln[A_0 \exp(-\gamma t)] = \ln A_0 - \gamma t$$

在坐标纸上用单对数作图,以时间 t 为横坐标,以 $\ln[A(t)]$ 为纵坐标,这样就得到直线 $\ln[A(t)]$-t,再通过处理直线方程的方法就可以确定出 A_0 和 γ 的数值大小。

四、逐差法

在实验中,常常会遇到等间距变化的测量量,处理这样的测量量通常需要采用逐差法。逐差法就是把测量数据中的因变量进行逐项相减或按顺序分为两组进行对应项相减,然后将所得差值作为因变量的多次测量值进行数据处理的方法。采用逐差法处理数据优点有:充分利用测量数据,提高实验数据的利用率,减小随机误差的影响,另外也可减小实验中仪器误差分量,具有对数据取平均的效果,可及时发现差错或数据的分布规律,及时纠正差错或及时总结数据规律。

下面以一个最简单的线性函数 $y = kx + b$（k 和 b 均为常数）来说明逐差法的基本思想：假设测得的 8 个数据点分别为

$$(x_1, y_1), (x_2, y_2), (x_3, y_3), \cdots, (x_8, y_8)$$

首先,需要将这 8 个数据点分为两组,第一组为 $(x_1, y_1), (x_2, y_2), (x_3, y_3), (x_4, y_4)$,第二组为 $(x_5, y_5), (x_6, y_6), (x_7, y_7), (x_8, y_8)$。

其次,将两组数据点的对应数据进行逐步差得到

$$\Delta x_{1,5} = x_5 - x_1; \quad \Delta y_{1,5} = y_5 - y_1$$
$$\Delta x_{2,6} = x_6 - x_2; \quad \Delta y_{2,6} = y_6 - y_2$$
$$\Delta x_{3,7} = x_7 - x_3; \quad \Delta y_{3,7} = y_7 - y_3$$
$$\Delta x_{4,8} = x_8 - x_4; \quad \Delta y_{4,8} = y_8 - y_4$$

最后,求得增量的平均值为

$$\overline{\Delta x} = (\Delta x_{1,5} + \Delta x_{2,6} + \Delta x_{3,7} + \Delta x_{4,8})/4$$
$$\overline{\Delta y} = (\Delta y_{1,5} + \Delta y_{2,6} + \Delta y_{3,7} + \Delta y_{4,8})/4$$

五、最小二乘法

图解法虽然在数据处理和公式求解方面简单、直观,但是在图线的绘制上往往具有较大的随意性,且精度不高,线性拟合不佳。为了克服这个缺点,在数理统计中研究直线的拟合问题常用一种以最小二乘法为基础的实验数据处理方法,这也是解决方程回归问题最常用的数学方法。

下面以一最简单的情况来了解怎样用最小二乘法确定参数。设已知函数形式为

$$y = k \cdot x + b \quad (k \text{ 和 } b \text{ 均为常数})$$

这是一个一元线性回归方程,由实验测得的数据点为

$$(x_1, y_1), (x_2, y_2), (x_3, y_3), \cdots, (x_n, y_n)$$

由最小二乘法,应该使表达式

$$Q = \sum_{i=1}^{n} [y_i - (kx_i + b)]^2 = \text{最小值}$$

由微分学可知,Q 要取极小值,Q 对 k 和 b 的偏导数要为 0,即

$$\partial Q/\partial k = -2 \sum_{i=1}^{n} [y_i - (kx_i + b)] = 0$$

$$\partial Q/\partial b = -2 \sum_{i=1}^{n} [y_i - (kx_i + b)] \cdot x_i = 0$$

由上式可得含待定参数 k 和 b 的方程组,即

$$\begin{cases} \overline{y} - b - k\overline{x} = 0 \\ \overline{xy} - b\overline{x} - k\overline{x^2} = 0 \end{cases}$$

式中,$\overline{x}$ 和 $\overline{y}$ 分别表示 x 和 y 的平均值;$\overline{x^2}$ 表示 x^2 的平均值;$\overline{xy}$ 表示 xy 的平均值,即 $\overline{xy} = \dfrac{1}{n} \sum_{i=1}^{n} x_i y_i$。

解此联立方程组即可得到参数,即

$$k = \frac{\overline{xy} - \overline{x}\,\overline{y}}{\overline{x^2} - \overline{x}^2}$$

$$b = \overline{y} - b\overline{x}$$

六、微机法

随着计算机技术的不断进步,实验者获得了更为强大的数据处理工具和方法,这大幅提升了计算的速度、效率和精度,这就是微机法。计算机可以高效地收集大量的实验数据,并将其安全地存储在数据库中,以便于后续处理和分析。使用计算机进行复杂的数据分析,可以通过编程、软件(Python、MATLAB 等)、计算图形和数据可视化工具(如 Excel、Origin、Matplotlib、Tableau 等),帮助进行数值计算、实验数据的曲线拟合、误差与不确定度的计算、图表的绘制、辅助归纳经验公式以及数学公式的推导等工作。近年来,机器学习算法也开始被广泛应用于识别数据中的模式和规律。这使科研和工程技术人员能够从烦琐的计算中解放出来,更专注于新原理和新规律的探索。如今,计算物理学已成为物理学一门重要学科分支,与理论物理和实验物理具有同等地位。

目前,能用于物理实验数据处理的软件很多,在具体问题中可以应用现有的软件,也可以结合具体实验练习编写或开发一些简单实用的小程序来满足实验中数据处理的需要。

第2章 常用仪器与基本物理量测量

物理学作为一门实验学科,常常需要对各种物理量(如力学、热学、电磁学、光学等物理量)进行测量。对一个物理量的测量结果通常包括数据和单位两部分,只有极少数的物理量是无单位的纯数值。根据物理量之间存在的相互联系,按照一定的物理规律,只需要测量一些最基本的物理量作为基本量,并为每个基本量规定一个基本单位,其他物理量可以根据它们之间与基本物理量之间的关系式(定义或定律)导出。国际单位制中规定了七个基本物理量,它们是长度(米,m)、质量(千克,kg)、时间(秒,s)、电流(安培,A)、热力学温度(开尔文,K)、发光强度(坎德拉,cd)和物质的量(摩尔,mol)。另外,还规定了两个辅助单位:平面角(弧度,rad)和立体角(球面度,sr)。其余物理量的单位可以通过这些基本单位按照一定的计算关系导出,称为导出单位。例如,力的单位可以根据牛顿第二定律和加速度的定义导出,即根据 $F = ma$,可得 $1 \text{ N} = 1 \text{ kg} \cdot \text{m/s}^2$。常用的导出单位参阅中华人民共和国国家标准《国际单位制及其应用》(GB 3100—1993)。

国际计量局和国际计量委员会在2018年11月召开的第26届国际计量大会上,发布了新定义的国际单位制,并从2019年5月开始执行。新的国际单位制中用自然界的"常数"替代了实物原器,将基本单位与物理常数相关联。例如,长度的单位"米"定义为当真空中的光速 c 以单位 m/s 表示时,取其固定数值为 299 792 485,其中秒用铯-133 原子钟不受干扰的基态超精细跃迁频率。通过这样定义,就将基本单位"米"与物理常数之一的光速 c 相关联。新定义的国际单位制极大地提升了单位制的稳定性、通用性、准确性和适用性,具有划时代的重要意义。

第1节 力学、热学基本仪器

一、长度测量器具

长度是最基本的物理量之一。长度是构成空间的最基本的要素,长度的测量是物理实验中最基本的测量,是一切实验测量的基础。在国际单位制(SI)中,长度的单位是米(m)。现在公认米的定义是:1 米是光在真空中 1/299 792 458 秒的时间间隔内所走过的距离。常用的长度测量器具有米尺、游标卡尺、螺旋测微器等。当被测长度小到一定程度时,只凭人眼(分辨率极限为 0.1 ~ 0.25 mm)观察很难保证测量的精度,需要采取一定的方法将被测的长度加以放大(放大测量法),或将长度量转换为其他更容易测量的物理量,再进行测量。不同的器具精密度不同,亦即分度值大小不同,分度越小,器具越精密,其本身允许的测量误差也越小。我们要能够正确地使用测量仪器,还要能够根据对长度测量的不同精度要求合理地选择仪器,能够根据测量对象和测量条件采用适当的测量手段。

1. 米尺

米尺是测量长度的仪器,在测量精度要求不太高的情况下,通常用米尺来测量物体长度。米尺的最小分度值为 1 mm,测量时可准确读到毫米,测量长度时可估读至 0.1 mm。米尺的仪器误差是 0.5 mm,可见它的误差比较大,因此,在测量微小长度或精确度要求高的情况下,就不能使用米尺。使用米尺时,一般不用米尺的端边作为测量起点,以免由于边缘磨损而引入误差,可选择某一刻度线(如刻线)作为起点。另外,由于米尺有一定厚度,测量时应尽可能使米尺刻度面紧贴待测物,否则会由于测量者的视差而引入误差。

2. 游标卡尺

游标卡尺是一种常用的较为精密的长度测量仪器。游标卡尺主要由两部分组成,即有毫米刻度线的主尺和附加的一个可以沿尺身移动的有刻度的小尺,该小尺称为游标,利用它可以把米尺估读的那一位准确地读出来。根据游标上的分度数不同,游标卡尺大致可分为10分度、20分度、50分度三种规格。

1) 游标卡尺的构造

游标卡尺主要由主尺 D 和可移动的副尺(游标)E 两部分构成,如图2-1-1所示。主尺 D 与量爪 A、A' 相连,游标 E 与量爪 B、B' 及深度尺 C 相连,游标可紧贴在主尺上滑动。量爪 A'、B' 用来测量物体的内径;外量爪 A、B 用来测量物体的外径或厚度;深度尺 C 用来测量槽的深度;F 为紧固螺钉。

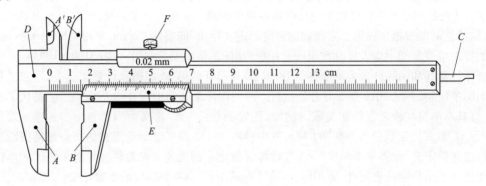

D—主尺;C—深度尺;E—游标;F—紧固螺钉;A、B—外量爪;A'、B'—刀口内量爪。

图2-1-1 游标卡尺

2) 读数原理

读数时,主尺上直接读出主尺最小刻度以上的整数部分,游标上读出主尺最小刻度以下的数值。设 a 表示主尺上一个分度长度,b 表示游标上一个分度长度,游标上 n 个分度格与主尺上 $(vn-1)$ 个分度格的总长相等,即

$$nb = (vn-1)a \tag{2-1-1}$$

式中,v 代表模数,$v=1$ 表示主尺上一个分度格与游标上一个分度格相当;$v=2$ 表示主尺上两个分度格与游标上一个分度格相当。由式(2-1-1)得

$$\delta = va - b = \frac{a}{n} \tag{2-1-2}$$

式中,δ 称为游标的精度,它表示游标卡尺能读准的最小值,即游标的最小分度值。主尺的最小分格为1 mm,若游标的分格数 $n=10$(见图2-1-2),则游标的分度值为 $(1/10)$ mm $= 0.1$ mm,这种游标卡尺称为10分度游标卡尺;若 $n=20$(见图2-1-3),则游标分度值为 $(1/20)$ mm $= 0.05$ mm,称为20分度游标卡尺;常用的还有一种50分度游标卡尺,$n=50$(见图2-1-4),游标分度值为 $(1/50)$ mm $= 0.02$ mm。

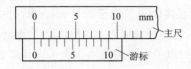

图2-1-2 10分度游标卡尺

图2-1-3 20分度游标卡尺

图 2-1-4　50 分度游标卡尺

测量时,根据游标 0 刻度线所对主尺位置,先从主尺上读出整数刻度值,再从游标上读出以毫米为单位的小数位。用游标尺测长度 L 的普遍表达式为

$$L = ka + n\delta \tag{2-1-3}$$

式中,k 为游标的 0 刻度线所在处主尺上刻度的整毫米数;n 为游标的第 n 条线与主尺的某一条线重合。例如,用 50 分度游标卡尺测某物体长度时,若游标上第 15 条线与主尺的一个刻度对齐,如图 2-1-5 所示,则待测值为

$$L = ka + n\delta = (20 \times 1 + 15 \times 0.02)\ \text{mm} = 20.30\ \text{mm}$$

图 2-1-5 中游标上 0,1,2,…,10 的标度已经是 $n\delta$,可直接读出而不必再计算 $n\delta$ 这一项。10 分度游标卡尺、20 分度游标卡尺的游标上同样标有可直接读出的标度。

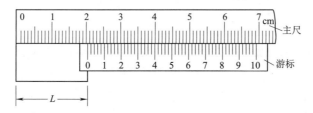

图 2-1-5　测量示例

3) 使用注意事项

(1) 使用前必须检查零线是否对齐,若未对齐应记录下初读数。
(2) 使用时,轻轻推动游标把物体卡住,固定螺钉 F,即可读数。
(3) 注意保护量爪,切忌被测物在卡口内挪动、摩擦。
(4) 使用完毕应立即放回盒内,两刀口稍许离开。

4) 弯游标

在游标卡尺中使用的游标称为直游标。除此之外,在物理实验仪器中还常用到一种弯游标,主要用于角度的精确测量。一般的测角游标装置有一个圆形的主刻度盘和一个与其同心转动的小弧尺(称为弯游标)。主刻度盘的最小分度值为 $30'(0.5°)$,角游标为 30 分度,由式(2-1-2)可得角游标的测角精度 $\delta = 1'$。其测量原理、读数方法与游标卡尺基本相同。

3. 螺旋测微器

螺旋测微器又称千分尺,是比游标卡尺更精密的长度测量仪器。它是根据螺旋推进原理和机械放大原理设计的,主要用于精确测量较小的长度,如测量金属丝的直径、薄板的厚度等。千分尺分零级、一级和二级三种级别,通常实验室使用的为一级千分尺,在 0~100 mm 范围内其示值误差为 0.004 mm。

1) 螺旋测微器的构造

常用螺旋测微器的量程为 25 mm,分度值为 0.01 mm。螺旋测微器的外形如图 2-1-6 所示。

螺旋测微器的主要部分是测微螺旋,它由一根精密的测微螺杆和螺母套管组成。当螺母套管固定时,螺旋柄旋转一周则螺杆会移动一个螺距,螺杆的螺距为 0.5 mm,与螺杆连成一体的微分筒圆周上均匀刻着 50 条线,共有 50 个分格。微分筒旋转一周,测微螺杆即前进(或退后) 0.5 mm,则微分筒旋过 1 个分格时,测微螺杆移动 $\frac{1}{50} \times 0.5$ mm = 0.01 mm。因此,微分筒上的最小分度为 0.01 mm,可估读到 0.001 mm,仪器误差为 0.005 mm。固定套管中央沿轴线方向有一条刻线称为准线,一侧有毫米刻度,另一侧有半毫米刻度,这是主尺。读数时,从主尺上可读出测微螺杆移动的整数格(每格 0.5 mm),再从固定套管上的横线所对微分筒上的分格读出 0.5 mm 以下的数值,两部分相加即可。螺旋测微器测量范围通常为数十毫米,有机械式和数显式两种类型。

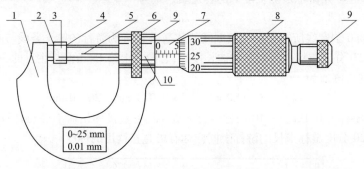

1—尺架;2—测砧测量面;3—待测物体;4—螺杆测量面;5—测微螺杆;
6—锁紧装置;7—固定套管;8—微分筒;9—测力装置;10—螺母套管。

图 2-1-6　螺旋测微计

2) 读数方法

测量前对仪器进行零点校准(记下初读数)。轻轻转动棘轮旋柄推进螺杆,当螺杆刚刚好和测砧接合时,可听见"咔咔"声,应立即停止转动棘轮。这时微分筒上的零线应对准固定套管上的水平线,若未对准则应读出初读数,这是仪器的零差。测量时应减去零点读数,但要注意读数的正负,如图 2-1-7 所示。

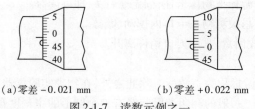

(a)零差 −0.021 mm　　　　(b)零差 +0.022 mm

图 2-1-7　读数示例之一

旋动棘轮后退测微螺杆,在两测量面间放置待测物,然后再转动棘轮推进螺杆,听到"咔咔"声时可开始进行读数。0.5 mm 以上的部分由主尺读出,0.5 mm 以下的部分由微分筒周边上的刻度读出。如图 2-1-8(a)和图 2-1-8(b)所示,其读数分别为 5.750 mm 和 5.250 mm,两者的区别在于微分筒边缘的位置,前者超过 5.5 mm,而后者没有超过 5.5 mm。

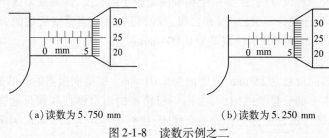

(a)读数为 5.750 mm　　　　(b)读数为 5.250 mm

图 2-1-8　读数示例之二

3）使用注意事项

（1）要进行零点校准，并应注意初读数的正负。微分筒的零线在水平准线以下取正值，在水平准线以上取负值。在测量后要根据零点读数对数据进行修正。

（2）夹紧待测物体时，不要直接拧转微分筒，应转动棘轮驱动螺杆，当听到"咔咔"声时应立即停止转动，以免夹得过紧或多次测量时松紧不一，影响测量准确度，甚至损坏仪器。

（3）测量完毕应使测砧和测微螺杆的两个测量面留一间隙，以免热膨胀而损坏仪器。

4. 千分表

千分表是通过齿轮或杠杆将量杆（或称测杆、细轴等）微小的直线位移放大并转换成旋转运动，并用指针在刻度盘上或用数字显示位移距离的长度测量仪器。千分表主要由表体部分、传动系统、读数装置三部分构成，是一种高精度的微小长度变化测量仪器。套管可用以固定千分表，触头等连接表盘中心的指针，当套管被固定后，触头每被压缩 1 mm 时，指针就旋转一圈，表盘等分 100 小格，精度为 0.001 mm。与螺旋测微器和游标卡尺相同，千分表也有指针式（见图 2-1-9）和数显式两种。数显式由于触头在任何位置时都可以将读数清零，因此在测量长度的变化量时使用更为方便。

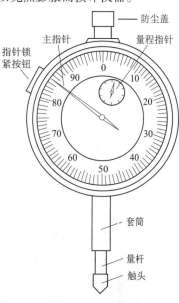

图 2-1-9 指针式千分表

5. 光杠杆

光杠杆的测量原理如图 2-1-10 所示。光杠杆是一种利用平面镜的反射原理将微位移加以放大的装置，整个测量系统由标尺、望远镜和光杠杆组成，可测出微小位移的具体数值。望远镜和光杠杆反射镜心大致在同一水平面上，距离为 D，光杠杆可在垂直于水平面的方向上下移动。调节光杠杆使得从望远镜中可看到直尺的像，设水平叉丝的初始位置读数为 A_0。当有微小伸长 ΔL 时，则光杠杆的镜面转过一微小角度 θ。由于 θ 很小，可近似认为 $\tan\theta = \sin\theta = \theta$。若光杠杆转动后望远镜中水平叉丝位置的读数为 A_m，则 $\Delta A = A_m - A_0$，根据几何关系可得

$$\tan\theta = \frac{\Delta L}{b}, \quad \tan 2\theta = \frac{A_m - A_0}{D}$$

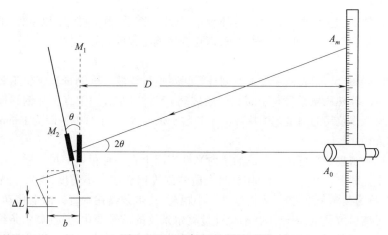

图 2-1-10 光杠杆的测量原理

由于伸长量 ΔL 是一个微小量,则 θ 很小,所以有

$$\theta \simeq \frac{\Delta L}{b}, \quad 2\theta \simeq \frac{A_m - A_0}{D}$$

因此

$$\frac{\Delta L}{b} = \frac{A_m - A_0}{D}$$

这样就可测得微小伸长量

$$\Delta L = \frac{A_m - A_0}{2D} b$$

微小的位移 ΔL 被放大了 $2D/b$ 倍。以 $D=2.0$ m,$b=4$ cm 估算,放大倍数为 100。若直尺的最小分度为 1 mm,则在上述实验条件下,测量精度可达 0.01 mm,最小读数可达 0.001 mm。1789 年英国物理学家卡文迪什测量万有引力常量的扭秤实验和当前精度足以测出单个原子的原子力显微镜都采用了光杠杆。

6. 读数显微镜

读数显微镜是将显微镜和螺旋测微装置组合起来,用于测量长度的精密仪器。它主要用来测量微小的或不能用夹持仪器(如游标卡尺和螺旋测微器)测量的对象,如狭缝、毛细管的内径、干涉条纹的宽度等。

7. 其他各种测量长度的仪器

测量长度的仪器种类较多,其结构和技术性能差别很大,每种仪器都有自身的特点、使用条件和应用范围。如需测量 100 nm 以下尺寸的物体时,可采用电子显微镜、扫描隧道显微镜、原子力显微镜等。由于大学物理实验中不都使用这些仪器,因此在这里不做详细介绍。下面仅列出一些测长仪器的名称、技术性能和特点,以供参考。

1)激光测距仪

激光测距仪是利用激光对被测目标的距离进行准确测定的仪器。测量时将测距仪的激光出射口对准被测物体,发射的一束激光照射被测物体表面并检测反射光,测出激光从发射到反射光被接收所用的时间 t,就可根据光速 c 计算出被测物体与测距仪之间的距离 $S=ct/2$。便携式小型激光测距仪的测量范围可达数百米,精度可达 1 mm,是长距离精确测量中常用的仪器。大功率测距仪甚至被用来测量地球与月球之间的距离。

使用注意事项:

(1)使用时严禁眼睛直视激光发射口,也不要用望远镜观察光滑的反射面,以免对人眼造成损伤。

(2)严禁将测距仪激光检测口正对太阳,以免损坏测距仪的光敏元件。

2)线纹尺

线纹尺,也称刻线尺,指表面上准确地刻有等间距平行线的长度测量和定位工具,常用金属、有机玻璃、光学玻璃(热膨胀系数与金属相同的玻璃)等材料制成。钢直尺和钢卷尺是实验室常用的两种线纹尺。线纹尺的测量范围从数厘米到数十米不等,最小分度一般为 1 mm。

3)线位移光栅

在玻璃上刻画密集的平行条纹制成的透射光栅实际上是一种很密的尺。用一小块光栅做指示光栅覆盖在主光栅上,中间留一小间隙,两光栅的刻线相交成一小角度,在近于光栅的垂直方向上出现条纹,称为莫尔条纹,指示光栅移动一小距离,莫尔条纹在垂直方向上移动一较大距离,通过光电计数可测出位移量,由于可自动化计量莫尔条纹的信号变化,并且莫尔条纹是由许多光栅刻线形成的,个别刻线的缺陷对条纹的影响很小,因此常用于精密测量。测量范围可达 1 m,分

辨率为 1 μm 或 0.1 μm，甚至更高。

4）干涉装置

干涉装置测长是以两个相邻的干涉条纹在实际物体上对应位置的空间距作为测长的标准。干涉计量的分辨能力很高，可达 0.1 μm。常用的有单频激光干涉仪和双频激光干涉仪。

将激光作为光源，借助一个光学干涉系统可将位移量转变成干涉条纹数目。其通过光电计数和电子计算机直接给出位移量，测量精度高，但需要防震较好的环境条件。

二、质量测量仪器

物体质量的测定是科研及实验中一个重要的物理基本量测定。在国际单位制中，质量的单位是千克（kg）。1 千克就是"保存在法国巴黎国际度量衡局的一个含有 10% 铱（误差达 0.000 1 左右）的铂圆柱体的质量"。物理实验中常用天平来称衡物体的质量，它是利用等臂杠杆原理和零位法，采取比较测量进行质量测定的仪器。天平的种类很多，大致可分为双盘式天平、置换式天平、扭力天平、电子天平等。最大称量和分度值是天平的两个重要的技术指标。天平的最大称量是指天平允许称衡的最大质量；天平的分度值是指天平的指针从平衡位置偏转一个分度时，称盘上应增加的最小质量；分度值的倒数称为天平的灵敏度，分度值越小，灵敏度越高。实验室常用的天平分为物理天平、分析天平和精密天平三种。下面介绍在大学物理实验中常用的物理天平和分析天平。

1. 物理天平

物理天平采用比对法，将标准质量的砝码与被测物进行对比，测量的是质量，在不同位置的测量值是相同的。

1）物理天平的构造

常见物理天平如图 2-1-11 所示。其中横梁为等臂杠杆，上有三个刀口，中间刀口置于支柱上，两侧刀口各悬挂一只质量相等的称盘。横梁下面固定了一根指针，横梁摆动时，指针尖端就在支柱下方的标尺前摆动，横梁水平时，指针应在标尺的中央刻线上。横梁两端的平衡螺母是天平空载时调平衡用的。支柱底部有一制动旋钮，旋钮右旋横梁升起，天平启动；旋钮左旋横梁下降，支柱上的制动支架会将它托住，以避免刀口磨损，天平处于制动状态。

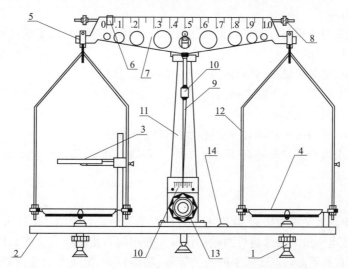

1—水平调节螺栓；2—底板；3—杯托盘；4—托盘；5—吊耳；6—游码；7—横梁；8—平衡调节螺栓；9—指针；10—感量调节器；11—中柱；12—盘梁；13—止动螺栓；14—水平仪。

图 2-1-11 常用物理天平

天平在质量测量中是一个比较器,体现质量单位标准的是砝码。不同精确度级别的天平配用不同等级的砝码,使用时不能混淆。根据《砝码检定规程》(JJG 99—2022)规定,砝码的精度分为 5 等。实验室使用的物理天平配用的是 5 等砝码,最小砝码为 1 g,1 g 以下的砝码用横梁上的游码代替。当使用天平时,先将游码放在零刻度线上,再将空盘的天平调到平衡。在称衡时,当游码向左移动一大格就等于在右盘内增加 0.1 g 的砝码,移动 10 大格就等于增加 1 g 砝码。横梁上每一大格又分为 5 小格,因此利用游码可以测读到 0.02 g。

天平的重要技术参数如下:

(1)最大称量:天平允许称衡的最大质量。

(2)分度值(也称感量):空载时为使天平的指针从平衡位置偏转一格在一盘中所加的最小质量。单位是毫克每分度,习惯上称为毫克。

天平分度值与最大称量之比定义为天平的准确度等级,国家计量部门将单杠杆天平分 10 级,见表 2-1-1。

表 2-1-1 天平的准确度等级表

级别	1	2	3	4	5	6	7	8	9	10
分度值/最大称量	1×10^{-7}	2×10^{-7}	5×10^{-7}	1×10^{-6}	2×10^{-6}	5×10^{-6}	1×10^{-5}	2×10^{-5}	5×10^{-5}	1×10^{-4}

2)物理天平的调节与使用

(1)调水平。调节水平调节螺栓,使水平仪的气泡居中。

(2)调零点。将游码移到左端零刻度处,两称盘悬挂端挂到刀口上,右旋制动旋钮启动天平,观察天平是否平衡。当指针指在标尺的中线位置,即可认为零点调好,否则左旋制动旋钮使之处于制动位置,调整平衡调节螺栓,直到调好零点。

(3)称衡。先让横梁在制动位置,将待测物放入左盘,砝码放入右盘,旋动制动旋钮试探平衡与否,若不平衡则旋回制动处,调右盘砝码和游码,直到平衡。此时测得待测物的质量就是右盘砝码与游码的质量之和。

3)使用注意事项

(1)天平的载荷量不得超过天平的最大称量;取放物体、砝码、移动游码或调节天平时,必须在天平制动后进行。

(2)取放砝码时必须用镊子,砝码使用完应立即放回盒内。

(3)称盘、砝码要一致,不得随意调用。

(4)加砝码应按从大到小的次序进行。

(5)测量完毕天平应处于制动处,两端称盘挂口应摘离刀口。

(6)天平各部分和砝码均须防潮、防锈、防蚀。高温物、液体、腐蚀性化学品严禁直接放在称盘上。

2. 分析天平

分析天平比物理天平更为精密,现以电子分析天平为例进行介绍。电子天平是用力传感器将物体质量转换成电压量之后再进行测量的仪器。常用的力传感器有应变式传感器、电容式传感器、电磁平衡式传感器等。电子天平的种类繁多、功能各异,最主要的参数是天平的最大称量质量 m_{max} 和最小称量质量 m_{min}。根据衡量范围和最小称量质量可将天平分为超微量(m_{max} = 2 ~ 5 g,m_{min} = 0.1 g 以下)、微量(m_{max} = 3 ~ 50 g,m_{min} = 0.1 ~ 1 g)、半微量(m_{max} = 20 ~ 100 g,m_{min} = 1 ~

10 g)和常量($m_{max}=100\sim200$ g,$m_{min}=0.01\sim1$ mg)几种类型,其中前三种统称为精密天平,根据精度可分为百万分之一、十万分之一、万分之一、千分之一、百分之一等,如图2-1-12所示。

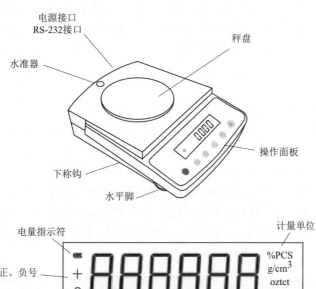

(a)百分之一电子分析天平

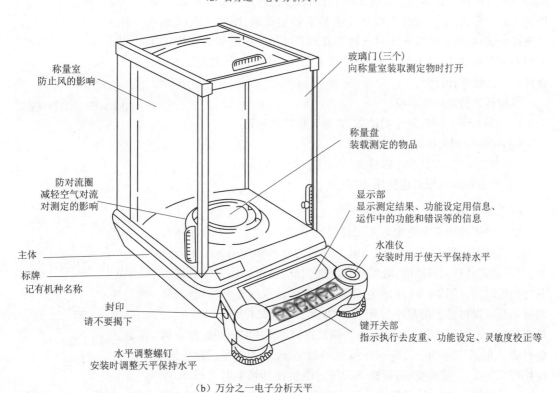

(b)万分之一电子分析天平

图2-1-12 电子分析天平

三、时间测量器具

时间是七个国际基本单位之一,也是人类测量得最精密的物理量,许多物理量的测量都归结为时间的测量。在国际单位制(SI)中,时间的单位是秒(s)。现在秒的定义是:1 秒是铯-133 原子基态的两个超精机械秒表细能级之间跃迁辐射周期的 9 192 631 770 倍。巴黎的国际时间局根据几个国家标准实验室里的铯原子钟所提供的数据维持着这个标准时间,而美国国家标准局的铯原子钟在 370 000 年内的误差不到 1 s。

时间测量在现代科技、工农业和国防等领域中占据着重要地位。计量技术、激光测距、速度测量、制导系统以及卫星的发射与回收等都依赖对时间的精确测定。测量和记录时间的设备统称为计时器。人类曾发明了日晷、滴漏和各种各样的计时器来测量较短的时间间隔。随着物理学的发展,人们学会把单摆吊在时钟上,做出了摆钟,将计时精度提高了约 3 个数量级;随后,人们用石英晶体振荡牵引时钟钟面,做出了石英钟,将计时精度提高了近 6 个数量级;把铯原子用在了时钟上,做成了世界上第一架铯原子钟(量子频标),到 1975 年铯原子钟的测量精度已达 10^{-9} s。在物理实验中常用的计时仪器有机械秒表、电子秒表、数字毫秒计、原子钟等。

1. 机械秒表

机械秒表结构如图 2-1-13 所示,表面上有两个指针,长针为秒针(大圈内表示秒),短针为分针(小圈内表示分)。秒针转一周为 30 s,最小分度值为 0.1 s。分针转一周为 15 min,秒针转两周,分针走一格。秒表上端的可旋转按钮 A 是给发条上弦和控制秒表走时、停止和回零用的。使用时先旋紧发条,第一次按下按钮 A 若秒表开始走动,则第二次按下 A 秒表停止走动,第三次按下 A 时指针全部回到零位。有的秒表在按钮 A 旁安有累计键钮 B,向上推 B,秒表停止走动;向下推 B,秒表继续走动,这样可以连续累计计时。

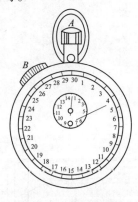

图 2-1-13 机械秒表

机械秒表使用注意事项:
(1)指针不指零时,计下初读数,并对读数加以修正。
(2)实验中切勿摔碰,以免震坏。
(3)使用完毕,应让秒表继续走动而使发条全部放松。
(4)严禁在强磁场附近使用和存放。

2. 电子秒表

电子秒表的机芯全部由电子元件组成,其时间基准是依靠晶体振荡器,常用液晶显示器显示时间。电子秒表的外形和使用方法千差万别,但一般都具有众多功能,既可以计时间间隔,也可以作为钟表显示其时刻的时间。图 2-1-14 所示为 SET-1 型电子秒表的外形结构,表面的液晶显示器可显示的最小时间为 0.01 s。S_1 按钮控制"走/停",S_3 按钮控制"回零"和"功能选择",S_2 为调整按钮。使用时一般把秒表调到秒表状态,只需使用 S_1、S_3 两个按钮的起动、停止和复零三种功能。使用时应先按 S_1 使其复零,再按 S_1 开始计秒,计秒结束时再按 S_1 停止。如果在按 S_1 停止计秒后按一下 S_3 则开始累加计时,如此可以重复累加。按钮均有一定的机械寿命,实验时应注意爱护仪器。

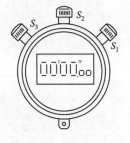

图 2-1-14 SET-1 型电子秒表

3. 数字毫秒计

数字毫秒计是一种测量时间间隔的数字式电子仪器,它采用高精度的石英晶体振荡周期控制计时。数字毫秒计的种类很多,功能也有差别,但基本原理大体相同。图2-1-15所示为一种数字毫秒计的外形。

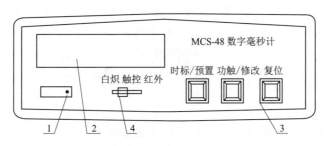

1—电源开关;2—显示屏;3—控制键;4—输入选择开关。

图 2-1-15　数字毫秒计

数字毫秒计主要由晶体振荡器、分频电路、控制电路和计数电路等组成。晶体振荡器产生的高频脉冲经分频电路转换成频率较低的计数脉冲,在主控门打开时,计数脉冲进入计数电路开始计数,并由数码管直接显示出来;当主控门关闭时,停止计数。

数字毫秒计有两种计时控制方法:

(1)机控。用手动来控制开关的通和断,使数字毫秒计"开始计时"和"停止计时"。

(2)光控。利用光信号来控制"开始计时"和"停止计时",它又可分为S_1和S_2两挡。

①S_1挡:光电门被遮光瞬间计时,遮光结束瞬间停止计时,即记录光电门被遮光的时间。

②S_2挡:光电门第一次被遮光时开始计时,第二次被遮光计时停止计时,即记录两次遮光信号时间间隔。

另外,数字毫秒计上还有手动和自动复位装置,可在一次测量之后,消去显示的数字,便于下一次计时。

4. 原子钟

原子频率标准简称原子钟,是根据原子物理学及量子力学的原理制造的高准确度和高稳定度的振荡器,是目前显示时间或频率准确度最高的计时器。原子钟的工作原理是利用微观的原子或分子能级之间的跃迁,产生高准确度和高稳定的周期振荡,输出一定的参考频率,控制石英晶体振荡器,使它锁定在一定频率上。由受控的石英晶体振荡器输出的高稳定频率信号再经放大、分频、门控电路到数显电路,显示出时间或频率。1955 年,英国把铯原子用在时钟上做成了世界上第一架铯原子钟(量子频标),到 1975 年铯原子钟的测量精度已达 10^{-9}s。目前,铯原子钟的准确度已达 10^{-14}s 量级,我国的国家授时中心用的氢原子钟稳定度已接近 10^{-15}s 量级。

四、温度测量器具

温度是表征物体冷热程度的一个物理量,即物质热运动的一个状态参量。热力学温度是国际基本量之一的温度标准,其单位是开尔文(K),简称开。其定义是:1 K 等于水的三相点(水、水蒸气、冰平衡共存的状态)热力学温度的 1/273.16。现代统计学虽然建立了温度和分子动能之间的函数关系,但由于目前难以直接测量物体内部的分子动能,只能利用物质的某些性质(如体积、密度、辐射强度等)随温度变化的规律,对温度进行间接测量。

用来测量和判断物体温度的仪器称为温度计。当一个热力学系统达到热平衡时,系统具有相同温度,这是采用温度计测量温度的原理。因而让温度计与待测系统接触并经过一段时间达到热平衡,则温度计所示的温度即为该待测系统的温度。在物理实验中常用的温度计有液体温度计、气体温度计、热电偶温度计、电阻温度计、红外温度计等。

1. 液体温度计

以汞、乙醇或其他有机液体作为测温工作物质,将其装在细长均匀的毛细玻璃管中,这类玻璃柱状温度计统称液体温度计。液体温度计是利用测温液体的热胀冷缩性质来测量温度的。测温液体封闭在一支下端为球泡、上接一内径均匀的毛细管玻璃柱体内。液体受热后,毛细管中的液柱升高,从管壁的标度可读出相应的温度值。一般体积随温度呈线性变化。

由于水银具有不浸润玻璃,随温度上升而均匀地膨胀,热传导性能良好,容易纯净,且在一个标准大气压下可在 -38.87(汞的凝固点)~ $+356.58$ ℃(汞的沸点)较广的温度范围内保持液态等优点,因此较精密的液体温度计多为汞温度计(水银温度计)。

另外,总的来说,液体温度计存在测温范围窄、玻璃热滞的缺点。

在使用液体温度计时应该特别注意:

(1)使用前要先看明温度计的最大刻度(量限)是多少,使用时被测温度不得超过量限,以免损坏温度计。

(2)温度计浸入被测介质深度应该等于温度计上刻线标明的深度。

(3)为了减小误差,测量时眼睛应在温度计前与水银面同一高度处读数。

(4)温度计下端水银泡管壁很薄,极易破碎,使用时要特别小心。

(5)实验时安装仪器过程中应最后插上温度计,做完实验后应首先取下温度计,装入盒中,不要随便放在桌上。

2. 气体温度计

气体温度计的测温物质为某种气体,如氢气、二氧化碳等。气体温度计分两种:一种是一定质量的气体,保持体积不变,用压强随温度的变化来标志温度,称为定容气体温度计;另一种是保持压强不变,用体积随温度的变化来标识温度,称为定压温度计。

3. 热电偶温度计

热电偶亦称温差电偶,是由两种不同材料导体的端点彼此紧密接触而组成的。当两个接点处于不同温度时,回路中会产生电动势,该电动势称为温差电动势。热电偶温度计就是根据上述原理制成的。热电偶温度计测温范围很广,在 -200 ~ $2\,000$ ℃ 之间。测量不太高的温度时,可使用康铜-铜和康铜-铁温差电偶温度计;测量较高温度时,使用铂-铂铑合金温差电偶温度计。

4. 电阻温度计

电阻温度计用某种导体作为测温物质,根据导体的电阻随温度的变化规律来标识温度。电阻温度计的测量精度高,测温范围在 -260 ~ $1\,000$ ℃ 之间。一般常用的有铂电阻温度计、铜电阻温度计,低温下使用铑铁、碳和锗电阻温度计。

5. 红外温度计

红外温度计也称红外测温仪。由于温度高于绝对零度的物体会向外辐射红外线,辐射能量的光谱分布特性与表面温度密切相关,因此可根据红外辐射确定物体表面的温度。红外测温仪的种类很多。根据测温点的多少,可分为单点测温仪和面阵测温仪两种。单点测温仪只测量一个点的温度;面阵测温仪测量被测物体表面温度的分布情况,并将表面温度分布用图片的形式记录和保持下来,称为红外热像仪。根据测量辐射的波段数,可分为单色测温仪和双色测温仪。单色测温仪只测量一个段的红外辐射,测温时要求被测目标充满测温仪的视场;双色测温仪由两个独立波长范围内辐射能量的比值来确定,也称辐射比色测温仪,由于基本不受被测目标大小、测量通烟尘阻挡的影响,因此特别适合于振动物体或运动物体温度的测量。

五、湿度计

目前实验室用得较多的是干湿球湿度计,它由两支相同的温度计 A 和 B 组成,如图 2-1-16 所示。温度计 B 的测温球上裹着细纱布,纱布的下端浸在水槽中。由于水蒸发而吸热,使温度计 B 所指示的温度低于温度计 A 所指示的温度。环境空气的湿度小,水蒸发就快,吸取的热量就多,两支温度计指示温度的差就大;反之,环境空气的湿度就越大,水蒸发就越慢,吸取的热量就最小,两支温度计指示温度的差就越小。各温度下温度差与相对湿度的关系可以从湿度计的使用说明书的附表中查出,有的湿度计中间有一个标尺筒列出了这个表,有的湿度计是在下方中间的一个转盘上列出此表。

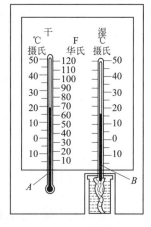

图 2-1-16 湿度计

六、气压计

实验室中常用的气压计是福廷式汞气压计,其结构如图 2-1-17 所示。图 2-1-17(a)为整体图,图 2-1-17(b)为上、下部分的断面图。水银槽的上部为玻璃圆筒 A,下部为水银囊 R,螺旋 S 可调节水银槽中水银面的高度。水银槽的盖上有一向下的象牙尖 I,测气压和定零点时,必须使象牙尖和水银面刚好接触。装水银的玻璃管 G 置于黄铜保护管套 B 内,玻璃管一端封口,灌满水银后垂直地倒插在水银槽中,当有标准大气压作用在杯内水银面上时,管内水银柱将会下降到 76 cm 高度,气压变化,汞柱高度也随之变化,据此原理可测得大气压。

1. 测量步骤

(1)读出气压计上温度计 T 的数值。

(2)调节气压计铅垂。

(3)用螺旋 S 仔细调节水银面的位置达到和象牙尖 I 刚接触为止。这一步对准确测定大气压很关键,要仔细调节。

(4)旋动 P 慢慢下移游标,直至 VV' 的连线与汞柱凸面的顶端相切。

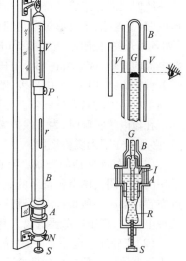

(a)整体图　(b)断面图

图 2-1-17 气压计

(5)从游标上读出汞柱高度值。

(6)对读数进行温度修正和引力修正,具体修正方法如下所述。

2. 温度修正

由于汞的密度随温度升高而变小以及标尺受热而膨胀等因素影响读数,须对上述示值 P 进行修正。一般以 0 ℃时汞的密度和黄铜标尺的长度为准,而汞的体膨胀系数 $\alpha = 182 \times 10^{-4}/℃$,黄铜的线膨胀系数 $\beta = 1.9 \times 10^{-5}/℃$,则修正值为

$$c_t = -p(\alpha - \beta)t = -1.63 \times 10^{-4} pt$$

式中,t 为气压计上附属温度计的示值。

3. 引力修正

国际上用汞气压计测定大气压强时,是以纬度45°的海平面上的重力加速度 $g_0 = 9.80665 \text{ m/s}^2$ 为标准的。由于各地区纬度不同,海拔不同,重力加速度值也就不同,这就会使同样高度的汞柱具有不同的压强,所以要进行引力修正。引力修正包括纬度修正和高度修正两部分。修正式为

$$c_g = -p(2.65 \times 10^{-3} \cos 2\varphi + 3.15 \times 10^{-1} h)$$

式中,φ 为实验当地的纬度;h 为海拔。

另外,由于汞表面张力和毛细管作用将导致汞面降低,象牙尖位置与标尺零点不一致等原因也会引起测量结果的不准确,这些综合起来作为仪器的系统误差,标在仪器的鉴定书上,可以查阅。

第2节 电磁学基本仪器

电磁学实验是大学物理实验的一个重要组成部分。在电磁学实验中,被测的物理量可以分成两大类:一类是场量,如空间电场分布、磁感应强度、电磁波辐射强度等,产生这类场量的物体和测量设备通常是不接触的;另一类是非场量,如电压、电流、电阻等,通常需要测量仪器与产生这些量的物体直接接触或通过导线进行连接。电磁学实验一般由电源、调节控制、测量仪器和被测系统四大部分组成。每部分在电路中起着不同的作用,但又不能互相分离。常用的电源有稳压电源、蓄电池、干电池等。它们是电路中能量供给者,维持电路中的电流和电压。调节控制器(如各种开关、变阻器、电阻箱和电位器等)主要是根据实验需要,用来接通或断开电路,或改变电路电流的大小,或调节各部分电压的高低,或改变电路中电流的方向,等等。测量仪器部分主要是各种检流计、电流表、电压表、欧姆表、磁通表等电气仪表和其他指示、检测装置,用来指示或定量测出电路中的状态或参量。被测系统是各种用电装置、负载等。

在做电学实验时,为了保护实验者的安全,防止实验仪器损坏,同时也为了使实验能顺利进行,必须遵守下列实验规则:

(1)做好实验前的准备。明确实验要测量的物理量;了解实验所需的仪器及其规格;清楚所采用的电路图及图上各符号的意义。然后按照"走线合理,操作方便,易于观察,实验安全"的原则布置仪器。一般是将需要调整或要读数的仪器放在近处,其他仪器放在远处;使用电压不同的几种电源时,高压电源要远离人身。

(2)正确连接电路。按照"先接电路,后接电源;先拆电源,后拆电路"的原则进行。一般从电源正极开始按电位从高到低的顺序接线。对于复杂电路,可将其分成几个回路,再一个回路一个回路地逐一连接,按此方法逐一连接其他回路。接线时应充分利用电路中的等位点,避免在一个接线柱上集中过多的导线接头,一般一个接线柱上不应超过三个接头。

(3)检查电路。接好电路后,要按要求自行仔细检查一遍,并把电源输出电压调至最小;限流电阻放在最大位置;分压电阻放在输出电压最小位置等。经教师复查同意,才能接通电源。接通电源时,观察各仪表工作是否正常,若有异常,应立即断电进行检查,如无异常,才可正式实验。

(4)实验完毕后的整理。测得实验数据后,应先断开电源,把仪器拨到安全位置,根据理论判断数据是否合理,有无遗漏,能否达到预期目的。再将实验数据给教师审阅,教师认为合格后才能拆除线路,并要整理好仪器。

(5)注意安全。一般人体接触36 V以上的电压就有触电危险,因此做电磁学实验时要特别注意用电安全。拆、接电路必须在断电状态下进行;人体不能直接接触电路中的导体部位;做高

压实验时,要穿绝缘鞋,并用单手操作。

本节主要介绍一些电磁学实验中常用的基本仪器及其使用方法。

一、电源

任何电学实验都离不开电源,电源是指能持续为其他用电设备提供直流或交流电能,保持用电设备连续工作的装置。实验室中常用的电源有如下几种:

1. 直流电源

常用的直流电源有晶体管稳压电源、干电池、蓄电池等。

晶体管稳压电源是经交流电整流的直流电源,它是实验室常用的直流电源。其型号很多,外形各异,但结构上都是由变压器、晶体管、电阻和电容等电子组件按一定的线路组装而成。这种电源稳定性好,输出电压基本上不随交流电源电压的波动和负载电流的变化而有所起伏,而且内阻低、功率较大、使用方便,只要接到交流 220 V、50 Hz 电源上,就能输出连续可调的直流电压。输出电压和电流的大小可由仪器上的电表读出,使用时切不可超过其最大允许输出电压和电流。

将化学能转变为电能的装置称为化学电池,分为原电池和蓄电池两种。原电池在使用过后,其原化学材料就被消耗而不能复原;而蓄电池则可经充电复原而循环使用。干电池属于原电池,在小功率、稳定度要求不高的情况下,它是很方便的直流电源。干电池的型号有很多,如实验室常用的甲电池、1 号电池。它们的电动势都是 1.5 V,随着使用时间的增加,电动势会不断下降,内阻不断增大,一般电动势降到 1.3 V 以下就不能再使用。蓄电池的正常电动势为 2 V,最大允许供电电流一般为 2 A。多个蓄电池并联,可得到较大的供电电流,串联则可得到较大的供电电压。蓄电池的电动势降到 1.8 V 时就要及时充电,即使在不使用时也须每隔 2~3 星期充电一次,否则蓄电池易损坏。

2. 电池

1) 标准电池

标准电池的电动势稳定、内阻高,不能作为电源来使用,而是作为直流电动势的参考标准。标准电池是一种汞镉电池(见图 2-2-1),用汞作为电池正极,汞-镉合金作为负极,硫酸亚汞的糊状物作为极化剂,电解液为硫酸镉溶液。按电解液的浓度标准电池分为饱和式和不饱和式两种。饱和式标准电池只要温度稳定,其电动势就稳定,但受温度变化的影响较大;不饱和式标准电池的电动势则受温度影响较小。

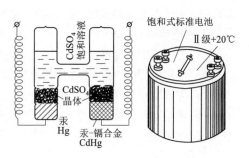

图 2-2-1　标准电池

标准电池按准确度可分为三个等级:Ⅰ级标准电池的最大允许电流为 1 μA,内阻不大于 1 000 Ω,相对误差为 0.000 5%;Ⅱ级标准电池的最大允许电流为 1 μA,内阻不大于 1 000 Ω,相对误差为 0.001%;Ⅲ级标准电池的最大允许电流为 10 μA,内阻不大于 600 Ω,相对误差为 0.005%。

一般标准电池在 20 ℃时的电动势 E_{20} 为 1.018 55 ~ 1.018 68 V,具体实际值由标准电池出厂时给出,一般情况下可取 E_{20} = 1.018 60 V。当温度变化时,电动势也会发生变化(尤其是饱和式标准电池)。实际使用时应根据当时的温度予以修正。国际上各国采用的修正公式略有不同,一般在我国规定:若已知 20℃时的电动势为 E_{20},t℃时的电动势可用以下修正公式计算

$$E_t = E_{20} - [39.94(t-20) + 0.929(t-20)^2 - 0.009\,0(t-20)^3] \times 10^{-6} \text{V} \quad (2\text{-}2\text{-}1)$$

另外，标准电池电动势随温度的变化还可以通过查阅表 2-2-1 得出。

表 2-2-1 标准电池电动势随温度的变化

$t/℃$	E_{Nt}/V	$t/℃$	E_{Nt}/V
5	1.018 96	21	1.018 56
6	1.018 95	22	1.018 52
7	1.018 94	23	1.018 47
8	1.018 93	24	1.018 43
9	1.018 91	25	1.018 38
10	1.018 90	26	1.018 33
11	1.018 88	27	1.018 28
12	1.018 86	28	1.018 23
13	1.018 83	29	1.018 17
14	1.018 80	30	1.018 12
15	1.018 78	31	1.018 06
16	1.018 74	32	1.018 00
17	1.018 71	33	1.017 94
18	1.018 68	34	1.017 88
19	1.018 64	35	1.017 82
20	1.018 60	36	1.017 76

使用标准电池的注意事项：

(1) 标准电池不能作为供电电源，只能作为电动势的比较标准。标准电池最大允许电流为 0.1~10 μA（视电池精确度等级而异），使用过程中不应超过，否则电极上发生的反应将改变其成分而失去电动势的标准性质。

(2) 绝对不能使标准电池短路，也不允许用电压表（或万用表）去测量其电压值。

(3) 使用过程中，标准电池应轻拿轻放，不得震动和倒置。

(4) 应该防止阳光照射及与其他光源、热源直接作用，使用温度范围为 0~40 ℃。

(5) 实验室用的标准电池在同一外壳内装有 A、B 两组，B 组供实验时使用，A 组平时不用，只在校核 B 组时使用。

2) 原电池

原电池利用两个电极的电势的不同，产生电势差，从而使电子流动，产生电流。原电池由两个具有不同活性的电极、电解质溶液和闭合回路组成。其内部进行的电化学反应是不可逆的，也就是只能将化学能转化为电能，而不能相反，在放电后不能恢复（不可充电）。日常使用的原电池按大小可分为 1、2、3、5、7 号电池，或分为 D、C、AA（5 号）、AAA（7 号）、AA/2 型等。

3) 蓄电池

蓄电池也称可充电电池或二次电池。放电后，能够通过充电的方式使内部活性物质再生（把电能存储为化学能），需要放电时再次把化学能转换为电能。

3. 交流电源

交流电源是电压（或电流）随时间周期性变化的电源。通常使用的市用交流电源频率为

50 Hz,单相电源电压为 220 V,三相电源的相间电压为 380 V。交流电源用符号"AC"或者"~"表示,电路图中用"~"表示。

4. 调压变压器

调压变压器是一种自耦变压器,通过它可获得连续可调的交流电压,实验中所用的调压变压器能在 0～250 V 范围内连续调节输出电压。调压变压器的原理是利用变压器的变压原理,将接入的交流电源电压转换成满足实验要求的电压。调压变压器的结构主要由变压器、调压装置和控制装置组成。在调压变压器的外壳上,一般印有一个使用标志牌,如图 2-2-2 所示。从①、④两接线端输入 220 V 的单相交流市电,转动手柄从②、③两接线端可输出 0～250 V 连续可调的交流电。其主要技术指标有容量(用 kV 表示)和最大允许电流。

另外,对任何电源来说,在使用的时候都应该注意:
(1)任何电源都不允许短路。
(2)各种电源都有额定功率,不允许实际输出功率超过额定输出功率。
(3)直流电源有"+""-"极性,不可接反。
(4)实验时,应先接线路,后接电源;先断电源,后拆线路。

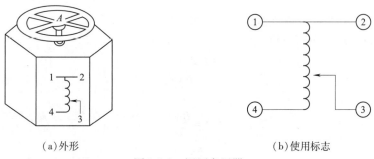

(a)外形　　　　　　　　　　(b)使用标志

图 2-2-2　调压变压器

二、电表

电表是测量电学参量的主要仪器之一,按结构原理不同,可分为磁电系仪表、电磁系仪表、电动系仪表和感应系仪表等。在物理实验中应用最多的是磁电系仪表,如常用的电流表、电压表和万用表。磁电系仪表不但可直接用于测量直流电参量,而且可与附加整流器结合用于测量交流电参量;加上换能器,可以对非电量进行测量;加上特殊结构,可以构成测量极微弱电流的灵敏电流计。下面对磁电系仪表的结构原理进行简单介绍。

1. 电流计(表头)

(1)结构。磁电系仪表是根据通电线圈在磁场中受力矩作用而发生偏转的原理制成的。其结构如图 2-2-3(a)所示。1 是强磁力的永久磁铁;2 是接在永久磁铁两端的半圆筒形的"极掌";3 是圆柱形铁芯,它与两极掌间形成较小的气隙,以便减小磁阻,增强磁感应强度,并使磁场形成均匀的辐射状,如图 2-2-3(b)所示;4 是处于气隙中的活动线圈(简称"动圈"),它是在一个矩形铝框上用很细的绝缘铜线绕制成的;5 是装在转轴上的指针;6 是产生反作用力矩的两个螺旋方向相反的"游丝",游丝的一端固定在仪表内部的支架上,另一端固定在转轴上,并兼作电流的引线;7 是固定在动圈两端的"半轴",其轴尖支持在宝石轴承里,可以自由转动;8 为调零螺杆;9 为平衡锤。

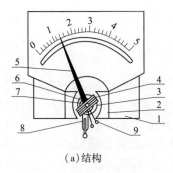 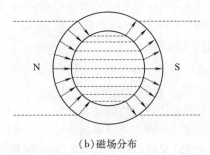

(a)结构　　　　　　　　　　(b)磁场分布

图 2-2-3　电流计

(2)工作原理。当动圈通有电流 I 时,动圈在磁感应强度为 B 的磁场中将受到磁力矩作用使之发生偏转。设 N 为动圈的匝数,A 为动圈的横截面积,则动圈所受的磁力矩为

$$M_m = BINA \tag{2-2-2}$$

同时,和动圈固定在一起的游丝因动圈偏转而发生形变,产生恢复力矩,阻止动圈转动。当动圈转动了 θ 角而停止转动时,它所受的磁力矩和游丝的恢复力矩相等。游丝的恢复力矩为

$$M_\theta = D\theta \tag{2-2-3}$$

式中,D 是游丝的弹性恢复系数,它的大小与游丝材料的性质和尺寸有关。

由式(2-2-2)和式(2-2-3)可得

$$BINA = D\theta$$

$$\theta = \frac{BNA}{D}I$$

令

$$S = \frac{BNA}{D}$$

则

$$\theta = SI \tag{2-2-4}$$

系数 S 的值只与电表的结构有关,所以式(2-2-4)表明动圈的偏转角和通过动圈的电流强度成正比,因此可以用动圈的偏转角来标度待测电流的大小。系数 S 在数值上等于动圈中通过单位电流所引起的偏转角度值,故 S 称为电表的灵敏度。

2. 检流计

检流计是专门用来检测电路中有无电流通过的电流计,分指针式和光点反射式两类。在检流计中用悬丝代替了普通磁电系仪表中的转轴、游丝系统。悬丝的扭转系数比游丝的扭转系数小得多,因此,检流计具有较高的灵敏度,可检测出微小电流。

(1)指针式检流计。图 2-2-4 所示为 AC5 型指针式检流计的面板图,其指针零点位于刻度盘中央,这样可检测出不同方向的直流电。面板上还有零位调节旋钮和标有红、白圆点的锁扣。当锁扣拨向红色圆点时,指针被制动;锁扣拨向白色圆点时,指针被释放。注意只有在指针释放时才能调节零位调节旋钮。面板上有标有"+""-"字样的接线端,若电流从"+"接线端流进,则指针向右偏转。标有"短路"字样的按钮是一个阻尼开关,当指针摆动较快时,按下"短路"按钮然后放开,可使指针尽快停下。标有"电计"字样的按钮是接通线路的开关。指针式检流计允许通过的电流大约为几十微安,只能作为电桥、电位差计的指零仪器。

(2)光点反射式检流计。光点反射式检流计是利用镜尺方法读数,灵敏度高。分为墙式和便携式两种,其数量级可达 $10^{-6} \sim 10^{-12}$ A/格。图 2-2-5 所示为便携式 AC15 型光点反射式检流计的面板图。面板上除有接线柱、标尺、照明电源开关外,还有分流器旋钮和零点调节旋钮这两个重要旋钮。

图 2-2-4 指针式检流计

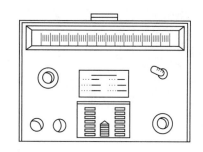
图 2-2-5 光点反射式检流计

零点调节旋钮位于面板的右下方,旋动它可以调整光点在标尺上的平衡位置,用做光点零位粗调。另外,标尺也可在小范围(约 5 mm)内活动,用做细调光点零位点。

分流器旋钮位于面板的左偏上方,共有五个挡位:

①短路。当旋在该挡时,检流计线圈两端直接相连而被短路。若轻推检流计欲引起光点运动时会发现,光点的运动极其缓慢,这是由于运动的线圈受到了极大的电磁阻尼力矩作用。可利用这个规律防止因震动检流计而拉断悬丝。在连接线路、移动检流计或使用完毕时,分流器旋钮应置于短路挡。

②直接。当旋在该挡时,线圈没有并联任何电阻。此挡常用来寻找光点,方法:在标尺上无光点的情况下,将分流器置于此挡再轻轻晃动检流计,若光点出现在标尺上,便可确定光点所在的平衡位置偏向哪一边,再用零点调节旋钮将光点的平衡位置调到零刻度线附近。

③×1 是用于测量读数的挡位,置于此挡的读数值为

$$光点偏移格数 \times 分度值$$

④×0.1 是用于测量较大电流读数的挡位,置于此挡的读数值为

$$光点偏移格数 \times 分度值 \times \frac{1}{0.1}$$

⑤×0.01 是用于测量更大电流读数的挡位,置于此挡的读数值为

$$光点偏移格数 \times 分度值 \times \frac{1}{0.01}$$

测量时应从灵敏度最低的"×0.01"挡开始,当偏转不大时,才可以逐步换到灵敏度高的"×0.1"或"×1"挡进行测量。

3. 电流表

电流表是指用来测量交、直流电路中电流的仪表。直接使用磁电系测量机构只能做成微安表或毫安表(因为动圈允许通过的电流一般是微安级)。实际测量中的待测电流一般都较大,因此要扩大表头的量程。在表头两端并联一个低阻值的分流电阻,就改装成了一定量程的电流表。若要得到多量程的电流表,可在表头上并联不同的分流电阻。多量程电流表的线路原理如图 2-2-6 所示。电流表必须串联在电路上使用。直流电流表要注意正负端的接法,应使电流从电流表的"＋"端流入,从"－"端流出。若配上整流器则可构成交流电流表。

4. 电压表

电压也称电位差或电势差,实验中常用电压表来测量电压。磁电系测量机构的动圈和游丝有一定电阻,当电流通过时两端有压降,因此动圈转角也与电压成正比,也就是说,表头也可用来测电压。表头可承受的电压一般也只在毫伏量级,用一只表头测量电压同样存在量程太小的问

题,也需扩大量程。给表头串联一个高阻值的分压电阻,就改装成了一定量程的电压表。在表头上串联的分压电阻不同,得到的量程也不同。多量程电压表的线路原理如图 2-2-7 所示。

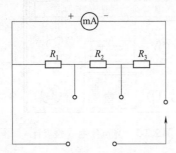

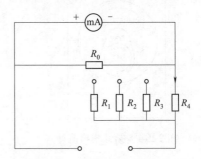

图 2-2-6　多量程电流表线路原理　　　　图 2-2-7　多量程电压表线路原理

电压表必须并联在电路上使用。对于直流电压表,也要将"＋"端接在线路中的高电位端,"－"端接在线路中的低电位端。若配上整流器则可构成交流电压表。

5. 万用表

电流计(表头)配上电源(一般用电池)表头还可以改装成欧姆表。把电流表、电压表和欧姆表组装在一起构成的多用电表称为万用表。万用表是电学实验使用率最高的测量仪器之一,它利用一个可转动的开关变换测量项目和量程,可完成交直流电压、交直流电流、电阻的测量。一些功能较强的万用表还可以测量二极管、三极管、电容、频率、温度、相对湿度、照度等参数。万用表的种类很多,根据体积和使用的电源,可分为便携式(或称手持式)和台式两种;根据测量的电路方式,可分为指针式、数显式和数字式等;根据换挡调节的方式,可分为手动换挡和自动换挡等。

各种仪表都有一定的规格,其主要技术性能都以一定的符号表示,并标记在仪表的面板上。一些常见电气仪表面板上的符号标记见表 2-2-2。

表 2-2-2　常见电气仪表面板上的符号标记

名　称	符　号	名　称	符　号
指示测量仪表的一般符号	○	磁电系仪表	
检流计		静电系仪器	
安培表	A	直流	—
毫安表	mA	交流(单相)	~
微安表	μA	直流和交流	≃
伏特表	V	以标度尺量限百分数表示的准确度,如 1.5 级	1.5
毫伏表	mV	以指示值的百分数表示的准确度等级,如 1.5 级	⑴.5
千伏表	kV	标度尺位置为垂直	⊥
欧姆表	Ω	标度尺位置为水平	⊓

续上表

名　称	符　号	名　称	符　号
兆欧表	MΩ	绝缘强度实验电压为 2 kV	☆
负端钮	−	接地用电端钮	⏚
正端钮	+	调零器	⌢
公共端钮	∗	Ⅱ级防外磁场及电场	Ⅱ

6. 磁电系仪表的主要技术特性

（1）灵敏度。设通过仪表的被测量为 x，指针偏转角为 θ，则单位待测量所对应的指针偏转角，即灵敏度 S_i 为

$$S_i = \frac{\theta}{x} \tag{2-2-5}$$

灵敏度 S_i 的倒数称为仪表常数 K_i，即

$$K_i = \frac{1}{S_i}$$

（2）量程。量程是指仪表可以测量的最大值，一般来说，仪表的满刻度值就是该仪表的量程。

（3）内阻。仪表线圈的绕线电阻就是该仪表的内阻。

（4）基本误差和准确度。仪表在规定的正常工作条件下进行测量时，由于仪表本身的内部结构和制造技术上的不完善所引起的误差称为基本误差。它是仪表的主要特性，决定了仪表读数对被测量值的实际值的接近程度，即准确度。仪表的准确度等级是根据仪表的最大基本绝对误差与仪表量程的比值来确定的。若用 ΔA_{max} 表示最大基本绝对误差，用 A_{max} 表示仪表的量程，用 α 表示仪表的准确度等级，则

$$\alpha\% = \frac{\Delta A_{max}}{A_{max}} \times 100\% \tag{2-2-6}$$

根据国家标准规定，仪表的准确度分为 0.1、0.2、0.5、1.0、1.5、2.5、5.0 共 7 级。用仪表进行测量时，测量结果可能出现的最大绝对误差由下式计算

$$\Delta A_{max} = A_{max} \cdot \alpha\% \tag{2-2-7}$$

可见，最大绝对误差只与仪表的量程和仪表的准确度有关，与测量本身的大小无关。

若用仪表测得的测量值为 A_x，则测量结果可能出现的最大相对误差为

$$E = \frac{\Delta A_{max}}{A_x} \times 100\% = \frac{A_{max}\alpha\%}{A_x} \times 100\% \tag{2-2-8}$$

可见，最大相对误差不仅与仪表的量程和准确度有关，而且与测量值有关。

例如，用量程为 30 mA、准确度为 1.0 级和量程为 150 mA、准确度为 0.5 级的两块电流表去测量同一电路的电流，若测量值均为 30 mA，则测量结果可能出现的最大相对误差为

$$E_1 = \frac{30 \times 1.0\%}{30} \times 100\% = 1.0\%$$

$$E_2 = \frac{150 \times 0.5\%}{30} \times 100\% = 2.5\%$$

可见，仪表准确度高，测量结果的准确度不一定就高，这还要看仪表选择的量程大小。所以，在选

择电表时,应根据测量值的大小和对测量结果的准确度要求,合理选择电表的准确度等级和量程。一般来说,应尽量使电表所指示的测量值大于量程的 2/3,这样

$$E = \frac{A_{max}\alpha\%}{A_x} \times 100\% \leqslant 1.5\alpha\%$$

即测量结果的最大相对误差不会超过电表基本相对误差的 1.5 倍。

电表使用的注意事项:

(1)电流表必须串联到待测电路中;电压表必须并联在待测电路的两端。

(2)使用直流电表时要注意电表的"＋""－"极性,不可接反,以免损坏电表。

(3)合理选择电表的量程,使得测量时指针偏转超过满刻度尺的 2/3 位置。

(4)读数时要避免视差,正确读数。应使视线垂直于刻度面读数,一般精密的电表刻度槽装有反光镜,读数时应使指针与镜中像重合。

三、电阻

电荷在导体中运动时,会受到分子和原子等其他粒子的碰撞与摩擦,碰撞和摩擦的结果形成了导体对电流的阻碍,物体对电流的这种阻碍作用,称为该物体的电阻。

电阻是电路中最基本的元件之一,分为固定的和可变的两类。

1. 固定电阻

固定电阻的阻值固定,可分为碳膜电阻、金属膜电阻、绕线电阻等多种类型。电阻规格直接标在电阻上,但标注方式有两种,如图 2-2-8 所示:一种是把参数直接写在电阻上;另一种是将不同颜色的色环按一定顺序印在电阻上,表示阻值的大小。颜色与数字的对应关系见表 2-2-3。电阻上的前三个色环表示这个电阻的阻值,其大小为

$$R = (m \times 10 + n) \times 10^l \ \Omega \tag{2-2-9}$$

例如,一色环电阻,其前三个色环颜色分别为棕、黑、红,则该电阻阻值为

$$R = (1 \times 10 + 0) \times 10^2 \ \Omega$$

第四环表示误差,金色表示误差为 5%,银色表示误差为 10%。

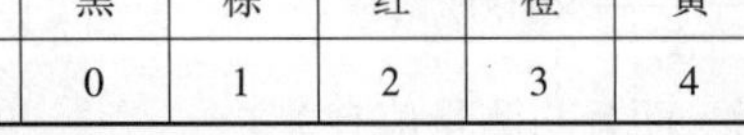

(a)参数标注 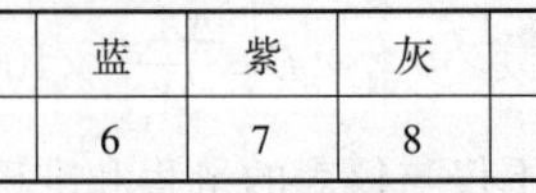　　　　　　　　　　　(b)色环标注

图 2-2-8　固定电阻的标注方式

表 2-2-3　颜色与数字的对应关系

颜色	黑	棕	红	橙	黄	绿	蓝	紫	灰	白	金	银
数字	0	1	2	3	4	5	6	7	8	9	5%	10%

2. 标准电阻

标准电阻也是一种固定电阻,一般用温度系数很小但电阻系数较高的锰铜丝双线并绕而成,通常用于测量和校准。

标准电阻的结构如图 2-2-9 所示。为了减小引线电阻和接触电阻对测量的影响,标准电阻有四个接线柱。较粗的一对接线柱 C_1、C_2 为电流端,接入电路后通入电流;较细的一对接线柱 P_1、P_2 为电压端,用以测量电阻两端的电压。标准电阻的标称值是温度为 20 ℃ 时的电压端的阻值。当

温度偏离20 ℃时,标准电阻的阻值可由下式修正

$$R_t = R_{20}\left[1 + \alpha(t-20) + \beta(t-20)^2\right] \quad (2\text{-}2\text{-}10)$$

式中,R_t为温度为t(单位:℃)时标准电阻的实际值;R_{20}为温度为20 ℃时的阻值;α、β为该标准电阻的温度系数(1/℃),在标准电阻出厂时会有说明。

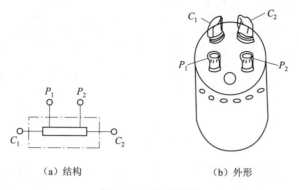

(a) 结构　　　　　　　(b) 外形

图 2-2-9　标准电阻

标准电阻有额定功率,使用时不要使功率超过额定值;长期在额定功率下使用也将导致电阻误差增大。

3. 可变电阻

可变电阻包括电阻箱、滑动变阻器、电位器等。

1) 电阻箱

电阻箱是一种实验室常用的较高精度阻值可调节的电阻组件。一般可用它作为标准电阻检定欧姆表、万用表的欧姆挡和低准确度的直流单臂电桥,也可作为精度要求不高的标准电阻使用。

电阻箱是由若干数值准确的固定电阻按一定的组合方式连接在换向开关上组成的。电阻箱的型号较多,但其基本结构都相似,图2-2-10所示的是ZX21型电阻箱的外形图和内部线路原理图。箱面上有六个旋钮,每个旋钮的边缘上都标有0,1,2,…,9等数字,表示每挡所用到的电阻个数;旋钮下面的面板上刻有×0.1,×1,×10,…,×10 000等字样(称为倍率),标示此旋钮挡1个电阻的阻值。箱面上还有四个接线柱,0 Ω 和0.9 Ω 两接线柱间的电阻在0~0.9 Ω 范围内可调;0 Ω 和9.9 Ω 两接线柱间的电阻在0~9.9 Ω 范围内可调;0 Ω 和99 999.9 Ω 两接线柱间的电阻在0~99 999.9 Ω 范围内可调。在使用时若只需要0~0.9 Ω 或9.9 Ω 的阻值变化,则把导线接到0 Ω 和0.9 Ω 或9.9 Ω 两接线柱上,这样可以避免电阻箱其余部分的接触电阻和导线电阻对低阻带来的不可忽略的误差。使用时,根据所需阻值范围选择适当的接线柱,并使各旋钮上所需数字对准箭头,该数字乘以倍率所得数值即为所选电阻阻值。

电阻箱的主要技术参数:

(1) 可输出的最大阻值,如ZX21型电阻箱的最大阻值为99 999.9 Ω。

(2) 额定功率,一般为0.25 W。因此,最大允许电流为

$$I_{\max} = \sqrt{\frac{P}{R}} = \sqrt{\frac{0.25}{R}}$$

式中,R为所用倍率挡的一个电阻的阻值。例如,若使用×100这一挡,则该挡电阻的最大允许电流为

$$I_{\max} = \sqrt{\frac{0.25}{100}}\,\text{A} = 0.05\,\text{A}$$

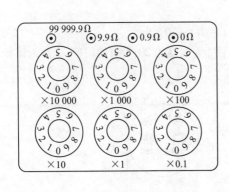 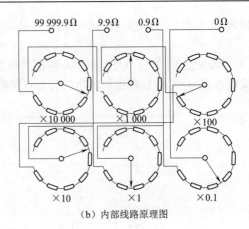

（a）外形图　　　　　　　　　（b）内部线路原理图

图 2-2-10　ZX21 型电阻箱

（3）准确度等级。电阻箱根据其误差大小分为若干准确度等级，按标准将准确度分为 0.02、0.05、0.1、0.2 和 0.5 等级。电阻箱的基本绝对误差计算公式为

$$\Delta R = \pm (Ra + bm)\% \tag{2-2-11}$$

基本相对误差计算公式为

$$\frac{\Delta R}{R} = \left(a + b\frac{m}{R}\right)\% \tag{2-2-12}$$

式中，a 为电阻箱的准确度等级；R 为电阻箱指示值；b 为与准确度等级有关的系数；m 为所使用的电阻箱的旋钮数。不同等级的电阻箱的基本相对误差见表 2-2-4。

表 2-2-4　电阻箱的相对误差

电阻箱等级	0.02	0.05	0.1	0.2
$\dfrac{\Delta R}{R}$	$\pm\left(0.02+0.1\dfrac{m}{R}\right)\%$	$\pm\left(0.05+0.1\dfrac{m}{R}\right)\%$	$\pm\left(0.1+0.2\dfrac{m}{R}\right)\%$	$\pm\left(0.2+0.5\dfrac{m}{R}\right)\%$

2）滑动变阻器

在电磁学实验中，常使用滑动变阻器来调节电路的电压和电流，以满足实验的要求。

滑动变阻器的结构如图 2-2-11 所示。把涂有绝缘漆的电阻丝密绕在瓷管上，电阻丝的两端由接线柱 A 和 B 接出。瓷管上方装有一根与瓷管平行的金属杆，杆上套有滑动接触器 C，C 与瓷管上的电阻丝保持良好的电接触，杆的端部由一接线柱 C' 引出。当接触器沿金属杆滑动时，就可以连续改变 AC 和 BC 之间的电阻阻值。

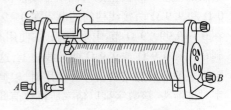

图 2-2-11　滑动变阻器

滑动变阻器的主要技术参数：

（1）总电阻，即 A、B 两端间的全部电阻。

（2）额定电流，即允许通过的最大电流。

滑动变阻器在电路中的两种接法：

（1）限流接法。如图 2-2-12 所示，将滑动变阻器的任一固定端（如 A 端）和滑动端 C 串联在电路中，移动接触器 C，就可以改变 AC 间的电阻，也就使得电路中的总电阻改变，从而改变电路中的电流。

（2）分压接法。如图 2-2-13 所示，将滑动变阻器的两固定端 A、B 分别与电源的两极相连，从滑动端 C 和任一固定端（如 B 端）引出电压 U_{BC}，改变接触器 C 的位置，就改变了 B、C 间的电压。

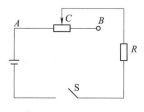
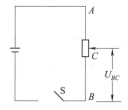

图 2-2-12　限流接法　　　　　图 2-2-13　分压接法

注意：接通电路前,在限流接法中,应将滑动变阻器的滑动接触器 C 放在使其电阻最大的位置上;在分压接法中,应将滑动变阻器的滑动接触器 C 放在使其输出电压为零的位置上。

3)电位器

电位器是一种小型的圆形变阻器,外形如图 2-2-14 所示。其内部结构与工作原理与滑动变阻器大体相同,A、B 为固定端,C 为滑动端。电位器的额定功率很小,只有零点几瓦到数瓦,视其体积大小而定。根据电位器使用的材料不同,又可以分为用电阻丝绕制成的线绕电位器和用碳质薄膜制成的碳膜电位器,前者阻值较小,后者阻值较大,可达千欧到兆欧。电位器在电子线路中应用广泛。

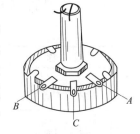

图 2-2-14　电位器

四、电容

电容亦称电容量,是指在给定电位差下的电荷储藏量,国际单位是法拉(F)。电容是电子设备中大量使用的电子元件之一,广泛应用于隔直、耦合、旁路、滤波、调谐回路、能量转换、控制电路等方面。电磁学实验中为了获得精确的电容值常采用标准电容和电容箱,前者为电容量为定值电容,后者电容值可调并可直接读数。

1. 标准电容

标准电容是用于保存电磁单位制中电容单位 F 的量值的标准量具,其特点是稳定性好,但电容量不易做大,电容量一般为 1 pF ~ 1 μF。标准电容器的量值通常是十进制的,特殊情况下也可做成更小或更大的量值,或非十进制数值。标准电容器按准确度分级,我国的标准电容器分为 0.01、0.02、0.05、0.10、0.20 等五个级别。例如,0.01 级标准电容,其电容值年变化量在规定的参考条件下小于 0.01%。

使用标准电容时应确保工作电压不超过其额定值。对于小容量的标准电容,要采取屏蔽防护措施以减少误差影响,并尽量降低和消除杂散电容的影响。在交流电条件下使用大容量标准电容时,也应注意引线阻抗可能带来的误差。

2. 电容箱

电容箱的外形和内部结构与电阻箱类似,箱内装有多个精密的定值电器并联在一起,通过旋钮对不同倍率的电容加以选择。与电阻箱不同的是,电容箱通常有三个接线柱,分别用 0、1、2 三个数字标识。1 和 2 接线柱之间的电容值为几个旋钮电容值的线性叠加。为了消除杂散电容的影响,常用金属屏蔽罩将电容器屏蔽起来,并在屏蔽罩上设置接线柱 0,称为屏蔽端钮。

五、开关

开关是电磁学实验中不可缺少的元件,常用来对电路进行控制和切换。常用开关符号如图 2-2-15 所示。

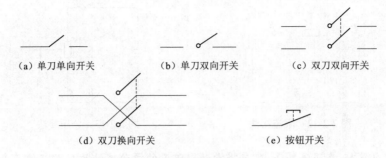

(a) 单刀单向开关　　(b) 单刀双向开关　　(c) 双刀双向开关

(d) 双刀换向开关　　(e) 按钮开关

图 2-2-15　开关

在电气原理图中，常用不同的图形符号来代表各个元件。表 2-2-5 列举了常用的电气元件符号。

表 2-2-5　常用的电气元件符号

名　称	符　号	名　称	符　号
原电池或蓄电池		单极开关	
电阻的一般符号(固定电阻)			
变阻器(可调电阻) (1) 一般符号		双极转换开关	
(2) 可断开电路的		灯，指示灯	
(3) 不断开电路的			
电容器的一般符号		不连接的交叉导线	
可调电容器		连接的交叉导线	
电感线圈		二极管	
有铁芯的电感线圈		稳压管	
有铁氧体芯不可调线圈			
有铁芯的单相双线变压器		晶体三极管 (PNP 型)	

六、示波器的使用

示波器是用来直接显示、观察和测量电压波形及其参数的电子仪器。一切可转化为电压的电学量(如电流、电阻等)和非电学量(如温度、压力、磁场、光强等),只要转化后的电压信号的大小和频率落在示波器的响应范围内,就可用示波器来观察和测量。示波器实际上是一台电压信号的二维显示设备,其主要由电源系统、信号检测和放大系统、扫描触发系统、波形显示系统等四部分组成。

1. YB4328 示波器的面板结构(见图 2-2-16)

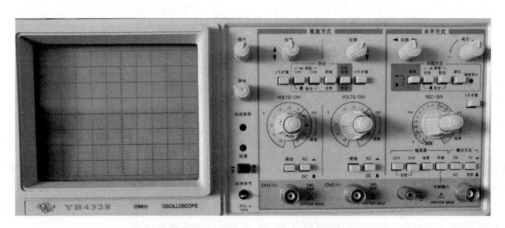

图 2-2-16 YB4328 示波器的面板结构

2. 面板上各个开关、旋钮的作用

(1)电源开关(POWER):按下此开关,仪器电源接通,指示灯亮。

(2)亮度(INTENSITY):光迹亮度调节,顺时针旋转光迹增亮。

(3)聚焦(FOCUS):调节示波管电子束的焦点,使显示的光点成为细而清晰的圆点。

(4)光迹旋转(TRACE ROTATION):调节光迹与水平线平行。

(5)探极校准信号(PROBE ADJUST):此端口输出幅度为 0.5 V,频率为 1 kHz 的方波信号,用于校准 Y 轴偏转系数和扫描时间系数。

(6)耦合方式(AC GND DC):垂直通道 1 的输入耦合方式选择。AC:信号中的直流分量被隔开,用于观察信号的交流成分;DC:信号与仪器通道直接耦合,当需要观察信号的直流分量或被测信号的频率较低时选用;GND:输入端处于接地状态,用于确定输入端为零电位时光迹所在位置。

(7)通道 1 输入插座 CH1(X):双功能端口,常规使用时此端口作为垂直通道 1 的输入口,仪器工作在 X-Y 方式时此端口作为水平轴信号输入口。

(8)通道 1 灵敏度选择开关(VOLTS/DIV):选择垂直轴的偏转系数,从 5 mV/div ~ 10 V/div 分 11 个挡级调整,可根据被测信号的电压幅度选择合适的挡级。

(9)微调(VARIABLE):用于连续调节垂直轴的偏转系数,调节范围≥2.5 倍,该旋钮顺时针旋足时为校准位置,此时可根据 VOLTS/DIV 开关度盘位置和屏幕显示幅度读取该信号的电压值。

(10)通道扩展开关(PULL ×5):按入此开关,增益扩展 5 倍。

(11)垂直位移(POSITION):用于调节光迹在垂直方向的位置,选择垂直系统的工作方式。

(12)垂直方式(MODE):选择垂直系统的工作方式。

①CH1:只显示 CH1 通道的信号。

②CH2：只显示 CH2 通道的信号。
- 交替：用于同时观察两路信号,此时两路信号交替显示,该方式适合于在扫描速率较快时使用。
- 断续：两路信号断续工作,适合于在扫描速率较慢时同时观察两路信号。
- 叠加：用于显示两路信号相加的结果,当 CH2 极性开关被按入时,则两信号相减。
- CH2 反相：未按下此键时,CH2 的信号为常态显示；按下此键时,CH2 的信号被反相。

(13) 耦合方式(AC GND DC)：作用于 CH2,功能同(6)。

(14) 通道 2 输入插座：垂直通道 2 的输入端口,在 X-Y 方式时,作为 Y 轴输入口。

(15) 垂直位移(POSITION)：用于调节光迹在垂直方向的位置。

(16) 通道 2 灵敏度选择开关：功能同(8)。

(17) 微调：功能同(9)。

(18) 通道 2 扩展(×5)：功能同(10)。

(19) 水平位移(POSITION)：用于调节光迹在水平方向的位置。

(20) 极性(SLOPE)：用于选择被测信号在上升沿或下降沿触发扫描。

(21) 电平(LEVEL)：用于调节被测信号在变化至某一电平时触发扫描。

(22) 扫描方式(SWEEP MODE)：选择产生扫描的方式。
- 自动(AUTO)：当无触发信号输入时,屏幕上显示扫描光迹,一旦有触发信号输入,电路自动转换为触发扫描状态,调节电平可使波形稳定的显示在屏幕上,此方式适合观察频率在 50 Hz 以上的信号。
- 常态(NORM)：无信号输入时,屏幕上无光迹显示,有信号输入且触发电平旋钮在合适位置上时,电路被触发扫描,当被测信号频率低于 50 Hz 时,必须选择该方式。
- 锁定：仪器工作在锁定状态后,无须调节电平即可使波形稳定地显示在屏幕上。
- 单次：用于产生单次扫描,进入单次状态后,按动复位键,电路工作在单次扫描方式,扫描电路处于等待状态,当触发信号输入时,扫描只产生一次,下次扫描需再次按动复位按键。

(23) 触发指示(TRIG'D READY)：该指示灯具有两种功能指示,当仪器工作在非单次扫描方式时,该灯亮表示扫描电路工作在被触发状态,当仪器工作在单次扫描方式时,该灯亮表示扫描电路在准备状态,此时若有信号输入将产生一次扫描,指示灯随之熄灭。

(24) 扫描速率(SEC/DIV)：根据被测信号的频率高低,选择合适的挡级。当扫速"微调"置校准位置时,可根据度盘的位置和波形在水平轴的距离读出被测信号的时间参数。

(25) 微调(VARIABLE)：用于连续调节扫描速率,调节范围≥2.5 倍,顺时针旋足为校准位置。

(26) 扫描扩展开关(×5)：按下此按键,水平速率扩展 5 倍。

(27) 慢扫描开关：用于观察低频脉冲信号。

(28) 触发源(TRIGGER SOURCE)：用于选择不同的触发源。
- CH1：在双踪显示时,触发信号来自 CH1 通道；单踪显示时,触发信号则来自被显示的通道。
- CH2：在双踪显示时,触发信号来自 CH2 通道；单踪显示时,触发信号则来自被显示的通道。
- 交替：在双踪交替显示时,触发信号交替来自两个 Y 通道,此方式用于同时观察两路不相关的信号。
- 电源：触发信号来自市电。
- 外接：触发信号来自触发输入端口。

(29) ⊥：机壳接地端。

(30) AC/DC：外触发信号的耦合方式,当选择外触发源且信号频率很低时,应将开关置 DC 位置。

(31) 常态/TV(NORM/TV)：一般测量此开关置常态位置,当需观察电视信号时,应将此开关置 TV 位置。

(32) 外触发输入(EXT INPUT)：当选择外触发方式时,触发信号由此端口输入。

(33) Z 轴输入：亮度调制信号输入端口。

(34) 触发输出(TRIGGER SIGNAL OUTPUT)：随触发选择输出约 100 mV/div 的 CH1 或 CH2 通道输出信号,方便于外加频率计等。

(35) 带熔丝电源插座：仪器电源进线插口。

3. 探头输入电缆线

探头输入电缆线外形结构如图 2-2-17 所示。

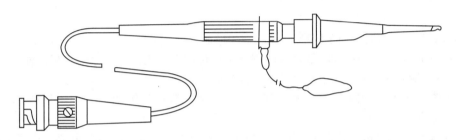

图 2-2-17　探头输入电缆线外形结构

使用方法如下：

(1) 将探头线装在示波器的 CH1(或 CH2)插座上。安装时插座上的卡与探头插头上的卡对位,推进后外圈活动部分旋转 90°使之固定。旋转时应手握插头的外圈活动部分,不能旋转内圈,以免探头芯线断线。

(2) 根据被测信号的电压幅值大小选择探头衰减器开关置 ×1 或置 ×10。

(3) 轻压探头钩盖,露出探钩,将探钩勾在测试点上,这样就能将所要测试的信号送入示波器。

求电压幅值公式如下：

(1) 探头衰减器开关置于 ×1 时：

$$V_{PP} = 格式 \times volts/div 值$$

(2) 探头衰减器开关置于 ×10 时：

$$V_{PP} = 格式 \times volts/div 值 \times 10$$

4. 示波器测量电压、幅度、周期的方法

Y 通道的选择：把垂直操作模块中的 MODE 开关打到 CH1(或 CH2),选择 CH1 通道,将探头电缆线装在 CH1 插座上。同时,将输入耦合选择开关打到 AC 或 DC。

5. 示波器的种类

(1) 根据示波器的电路形式,可分为模拟示波器、数字示波器、虚拟示波器等。

(2) 根据示波器显示屏的种类,可分为阴极射线管(CRT)示波器、液晶显示示波器、数字荧光示波器等。

(3) 根据示波器的带宽,可以分为超低频示波器、低频示波器、普通示波器、高频示波器等。

(4) 根据示波器输入电压通道数,可分为单通道(单踪)示波器、双通道(双踪)示波器、四通道示波器、数字逻辑示波器(有八个以上数字逻辑输入通道)、混合信号示波器(既有模拟信号通道也有数字信号通道)等。

第3节　光源与光学仪器

光学是物理学中最早发展起来的一门科学,如今依然是科学领域中最活跃的前沿领域之一。光学实验方法、技术和仪器在科研、生产以及国防等方面具有广泛应用,它们能够放大或缩小图像,还可以进行记录和存储,实现非接触式高精度测量,并用于研究原子、分子以及固体的结构,测量各种物质的成分和含量等。然而,由于光学仪器通常较为昂贵且光学元件质量要求极高,因此在进行光学实验时必须严格遵守操作规程:

(1)大部分光学元件是由玻璃制造而成,使用时要轻拿轻放,使用完后要及时放回光学元件保护盒中或加罩隔尘,以免元件碰撞、摔坏或玷污。

(2)爱护光学表面。光学表面是指光学元件中光线透射、折射、反射等的表面,是经过仔细抛光或镀膜而成的,制造时为便于区别,一般将非光学表面磨成毛面。使用时不允许用手直接接触光学表面,拿取时只能触及毛面,如透镜的侧面和棱镜的上下表面等。除实验规定外,不允许使用任何溶液接触光学表面特别是有镀膜的光学表面。

(3)严禁对着光学表面说话、咳嗽、打喷嚏等,如遇光学表面有污渍,切忌用手帕、衣服、纸巾等擦拭,应立即报告教师,在教师的指导下进行处理。

(4)光学仪器的机械部分大多数都经过精密加工,严禁私自拆卸。使用前必须先了解仪器的结构、使用方法和操作规则,各种旋钮不可随意乱动,以免造成严重损坏。操作时动作要轻缓,旋动螺钉等可动零件时切忌用力过大、速度过快。

(5)对有狭缝等的精密光学零件(如平行光管狭缝),要注意保护刀口。使用时不允许使狭缝紧闭,否则零件会由于刀口互相挤压而受损。

(6)各种光源都有各自所需的额定电源电压值,应正确使用;各种光源都有一定的使用寿命,每燃熄一次对寿命有很大影响,因此,使用时不要过早点燃,使用中须抓紧时间操作,用完立即熄灭,不要时开时关。另外,为保护灯丝,切断电源后不要立刻拔下灯管。

本节主要介绍一些在物理实验中常用到的光学仪器和设备。

一、光源

能够自己发光的物质习惯上称为光源。光源可分为天然光源和人造光源。电光源是指将电能转换为光能的光源,它属于人造光源,是实验室中的常用光源。电光源的种类繁多,按其从电能到光能的转化形式来区分,大致可以将其分为热辐射光源和气体放电光源两类。除电光源外,还有两类光源也是实验室中常用的,即激光光源和固体发光光源。在此仅着重介绍其中常用的一些型号或种类。

1. 辐射光源

辐射光源依靠电流通过物体使物体温度升高而发光。如钨丝白炽灯及在其基础上发展起来的卤素灯就属于热辐射光源。

1) 白炽光源

当电流通过灯丝时,灯丝会被加热至白炽状态,从而产生热辐射。灯丝在将电能转化为可见光的同时,也会产生大量红外和紫外辐射,导致大量电能以热能的形式损失。应尽量减少热损失来提高灯的发光效率。因此,应选择高熔点材料制作灯丝,并让其工作于尽可能高的温度。钨丝不仅具有高熔点,还具有高温时蒸发率小、机械加工性能好、可见光辐射率高等优点,因而常选钨丝作灯丝。钨的熔点虽高达3 655 K,但当温度很高时,钨在真空中极易蒸发,于是缩短了使用寿命,而且蒸发的钨沉积在玻璃壳上使泡壳发黑。要想使钨丝灯既有高的发光效率,又有合理的使用寿命,必须减少钨丝的蒸发,将灯泡内充入氩、氮等气体,可有效抑制钨的蒸发,从而使工作温度提高到 2 700 ~ 3 000 K。钨丝灯除用于照明外,由于其光谱是可见及近红外的各种波长组成的连续光谱,因而在可见及近红外光谱研究中作为光源。

白炽灯的特点:显色性能好,用白炽灯照明时颜色失真小;光色柔和,使用方便,启动性能好,可随开随关,不需任何附件;亮度调节方便;品种规格较多。其不足之处是发光效率低,寿命短。

2) 卤钨灯

卤钨灯是填充气体内含有部分卤族元素或卤化物的充气白炽灯。卤钨灯点亮后,从灯丝蒸发出来的钨与卤族元素反应生成卤化物,当它们扩散到炽热的灯丝周围时又分解成卤族元素和钨,钨又重新沉积到灯丝上,这种卤钨循环使钨的蒸发受到更有力的抑制,同时卤钨循环消除了泡壳的发黑,灯丝工作温度和光效就可大为提高,而灯的寿命也得到相应延长。为了使卤化物在灯丝周围分解,管壁温度要比白炽灯高得多。相应地,卤钨灯的泡壳尺寸就要小得多,必须使用耐高温的石英玻璃或硬玻璃。由于玻壳尺寸小,强度高,灯内允许的气压就高,加之工作温度高,故灯内的工作气压要比普通充气灯泡高得多。

与普通的白炽灯相比,卤钨灯具有体积小、亮度高、寿命长、发光效率高等特点。其光谱是可见连续光谱,且相比而言短波成分增多,所以它所发的光较白炽灯的光更近于白色。目前使用的产品主要是碘钨灯和溴钨灯。其作为强光源广泛用于摄影灯、汽车雾灯、前照灯、尾灯、放映灯等方面。实验室用作光谱仪器及投影仪等光源。

2. 气体放电光源

气体放电光源是利用气体放电发光原理制成的,即外界电场加速放电管中的电子,与气体(包括某些金属蒸气)原子或分子碰撞使其激发和电离而导致原子发光。气体放电光源是紫外辐射源迄今的主要形式,其电弧单位长度功率为 0.1 W/cm,辐射光谱范围覆盖紫外区域,效率最高达 60%,寿命为 100 ~ 1 000 h。各种气体放电灯的基本结构和工作原理基本相同,如图 2-3-1(a) 所示。在硬玻璃或石英的泡壳 B 内装有电极(阳极 A 及阴极 C),充以某种气体 G。其工作电路如图 2-3-1(b) 所示。其发光过程是:由阴极发射电子,并被外场加速,运动的电子与气体原子碰撞,气体原子接受了动能而激发,当受激发原子返回基态时,它吸收的能量又以辐射的形式(发光)释放出来。电子不断地产生及被加速,以上过程也就不断进行。按照所充的气体,灯就发射出其特有的原子光谱或分子光谱。气体放电种类很多,在光源中,用得较多的是辉光放电和弧光放电。

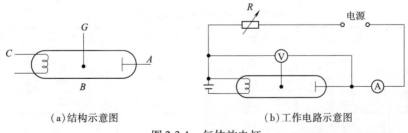

(a) 结构示意图　　　　　　　　(b) 工作电路示意图

图 2-3-1　气体放电灯

1) 辉光放电管

辉光放电管是利用气体辉光放电的光源。人们熟知的盖斯勒放电管就是代表。通常工作在较低气压和较小电流下,需要用高压电源(5 ~ 15 kV)才能点亮。发射的光谱为所充气体的特征光谱,由于谱线锐细,因此常用于作为光谱波长标准的参考。实验室中常见的有氢灯和氦灯。

表 2-3-1 列出了它们的主要特点。

表 2-3-1　氢灯和氦灯概况

光源名称	发光物质及工作原理	光谱特征(波长单位:nm)	电源要求	特点及使用注意事项
氢灯 (氢气放电管)	氢气辉光放电发光。通常氢气压约为 10^3 Pa	线光谱。较强谱线有 653.6、486.1、434.0、410.2 等	可用高压感应圈作电源。现实验室用直流稳压电源，启辉电压约为 5 kV，工作电压为 1～1.5 kV，电流为 8 mA 左右	使用时注意高压安全，不能触摸电极
氦灯 (氦气放电管)	氦气辉光放电发光，通常氦气压为 600～700 Pa	线光谱。较强谱线有 706.6、667.8、587.6、504.8、501.6、492.2、471.3、447.1、438.8 等	实验室用直流稳压电源，启辉电压约为 5 kV，工作电压为 1.5～2.0 kV，电流为 4～6 mA	使用时注意高压安全，不能触摸电极

2) 汞灯

利用汞蒸气放电而发光的灯统称为汞灯(水银灯)，其中辉光放电型汞灯属于盖斯勒放电管；而通常所说的汞灯是指弧光放电型汞灯。汞蒸气气压不同，汞灯辐射的光谱的组成和亮度都不同，按其工作时的汞蒸气压的高低，分为低压汞灯、高压汞灯和超高压汞灯。

(1) 低压汞灯。通常在等于或低于一个大气压下工作的汞灯称为低压汞灯。在汞蒸气压较低时，汞原子被激发到 6^3P_1 能级的机会最多，当返回基态时，便会产生波长为 253.65 nm 的共振辐射，汞蒸气压一般在 6×10^{-3} mmHg 时发射效率最高，可达输入电能的 60%，低压汞灯辐射能量几乎集中在 253.65 nm 这一波长上，所以，低压汞灯常作为紫外单色光源用，也用于灭菌、荧光分析和光化学反应上。实验室常用的 GP20Hg 低压汞灯，主要技术指标见表 2-3-2，低压汞灯光谱线波长见表 2-3-3。

表 2-3-2　实验室常用的低压汞灯主要技术指标

型号	主谱线波长/nm	电源电压/V		工作电流/mA	工作电压/V
		AC	DC		
GP20Hg	253.65	220	700	4～10	150

表 2-3-3　低压汞灯光谱线波长

颜色	波长/nm	相对强度	颜色	波长/nm	相对强度
紫	404.66	弱	绿	546.07	很强
紫	407.78	弱	黄	576.96	强
蓝	435.83	很强	黄	579.07	强
青	491.61	弱			

低压汞灯的结构如图 2-3-2(a)所示。由于低压汞灯在额定的电压点燃，且有一定的工作电压、工作电流，因而当以交流电源工作时，其工作电路如图 2-3-2(b)所示，需用一漏磁变压器限制其工作电压和工作电流；而工作在直流电源下时，其工作电路如图 2-3-2(c)所示，整流器输出电压为 700 V 左右，电路中串联一电阻，以稳定和限制其工作电流，使电弧稳定。

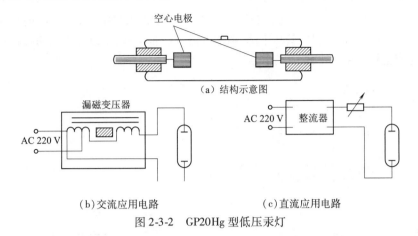

图 2-3-2　GP20Hg 型低压汞灯

由于低压汞灯辐射出的 253.65 nm 的紫外线对人眼有损害,因此,使用短波紫外光源时,应尽量避免眼睛直接注视光源。使用时必须保持适当的通风或散热,否则会影响灯泡的正常工作。

在低压汞灯的内管壁上涂上一层荧光粉。灯点亮后,汞蒸气发出的紫外线照射在荧光物质上使其发射出波长较长的可见光。选择适当的荧光物质,便可使其发的光与日光接近,这种灯俗称日光灯。日光灯光线柔和明亮,是常用的照明光源。日光灯在可见光区辐射连续光谱,在此背景上汞的四根特征光谱尤为显著,所以有时也可以代替汞灯使用。

(2)高压汞灯。增加管内的气压,便可制成高压、超高压汞灯。高压汞灯内的气压采用几个甚至几十个大气压,当气压超过 25 个大气压时,就称为超高压汞灯。管内气压的增加提高了灯的发光效率,从而大大提高了灯的亮度。高压汞灯的光谱成分中包括长波紫外线、中波紫外线、可见光谱及近红外光谱,总辐射能量中约有 37% 是可见光,其中一半以上的能量集中在四根汞的特征谱线上,其光谱和相对光谱能量分布如图 2-3-3 和图 2-3-4 所示。

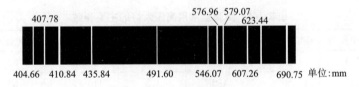

图 2-3-3　高压汞灯光谱

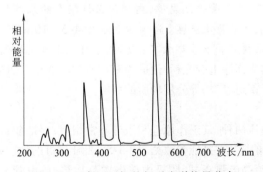

图 2-3-4　高压汞灯的相对光谱能量分布

图 2-3-5(a)所示为高压汞灯的结构示意图。圆柱形石英管的两端各有一个电极(其中主电极上涂有氧化物),旁边还有一个辅助电极,辅助电极通过一只 40~60 kΩ 的电阻与不相邻的主电极相连。石英管被抽成真空,外有硬玻璃壳保护和防护作用,管内充有惰性气体(如氩、氖等)。

图 2-3-5(b)所示为其工作电路,镇流器起稳定工作电流的作用。因为弧光放电的伏安特性有负阻现象,即随着管中电流的增加,管压下降,引起电流进一步增长,所以要求电路接入一定阻抗来镇流,否则电流会越来越大,会烧坏灯管。

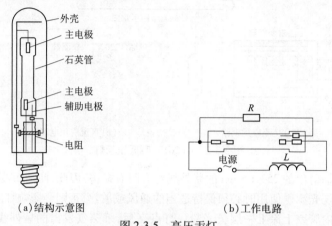

(a)结构示意图　　　　(b)工作电路

图 2-3-5　高压汞灯

当汞灯接入电路并通电时,在主电极和辅助电极间就加上了交流 220 V 的电压。由于这两个电极距离很近(通常只有 2~3 mm),在强电场作用下,两极间的辅助气体被击穿而电离,产生辉光放电,放电电流被电阻 R 限制。辉光放电产生大量的电子和离子,在两主极之间的电场作用下,产生繁流过程,使主电极之间产生弧光放电。刚点燃时,是低压汞蒸气和辅助气体放电。随着温度的升高,汞逐渐被气化,汞蒸气气压逐渐升高,放电逐渐向高压放电过渡。当汞全部蒸发后,管开始稳定,发出正常的青白色光。从启动到正常工作需要 5~10 min。实验室常用高压汞灯的主要参数见表 2-3-4。

表 2-3-4　实验室常用高压汞灯的主要参数

型　　号	额定电压/V	额定功率/W	起动电压/V	起动电流/A	工作电压/V	工作电流/A	光通量/lm
GGO50	220	50	180	1.0	95±15	0.62	1 500
GGQ80	220	80	180	1.3	110±15	0.85	2 800

注意:高压汞灯熄灭后,因灯管仍然发烫,内部仍保持较高的汞蒸气气压,故必须要等冷却、汞蒸气气压降到一定程度,才能再次点燃。冷却过程也需要 5~10 min,汞灯辐射紫外线较强,为防止眼睛受伤,不要直接注视它。如果要求不太高时,也可以用日光灯代替。

在高压汞灯的外壳内表面涂上荧光粉,便成为高压水银荧光灯。其特点是发光效率高、寿命长、光线柔和明亮,常用于街道、广场等公用场所的照明。

3)钠灯

国产钠灯有低压和高压两种,其工作原理和汞灯非常相似,都是金属蒸气弧光放电,其从点燃到工作大约需要 10 min。钠灯主要技能参数见表 2-3-5。低压钠灯的构造如图 2-3-6(a)所示。其外壳采用托钠玻璃,有低电流高电弧正柱,阴极由放电本身加热,放电管和外界有双重玻璃壁。当管壁温度为 260 ℃时,管内钠蒸气压为 $3×10^{-3}$ mmHg,在 589.0 nm 和 589.6 nm 处两条谱线最强,可达总辐射能量的 85%,因此钠光灯的效率高,一般是荧光灯的 4 倍,可达 300 lm。在放电管外侧有一些小窝,其目的是使钠凝固在那里,否则钠在管壁上形成薄膜将挡住光的发射。钠灯要用氖作为填充气体才能得到最高发光效率,主要是因为氖作为填充气体的体积损耗正好得到所需的管壁的温度。低压钠灯光效高,损耗小,可作为实验室的重要单色光源。

表 2-3-5　钠灯主要技术参数

型　号	电源电压/V	额定功率/W	工作电压/V	工作电流/A	起动电压/V
GP20Na	220	20	20	1.3	220
N45	220	45	80	0.6	470
N75	220	75	120	0.6	470
N140	220	140	160	0.9	470

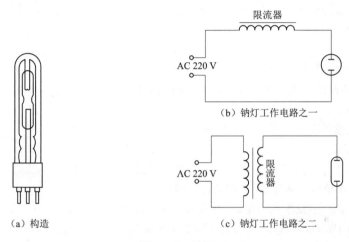

图 2-3-6　钠灯

由于弧光放电有负阻现象,故需配用符合灯管要求的镇流器,实验室常用低压钠灯工作电路如图 2-3-6(b)及图 2-3-6(c)所示,关灯后须待冷却后方可重新开启或搬动,以免烧断熔丝,并影响灯管的寿命。

3. 激光光源

激光是 20 世纪以来,继原子能、计算机、半导体之后,人类的又一重大发明,被称为"最快的刀""最准的尺""最亮的光""奇异的激光"。激光的理论基础起源于物理学家爱因斯坦,1916 年爱因斯坦提出了一套全新的技术理论——"光与物质相互作用"。这一理论是说,在组成物质的原子中,有不同数量的粒子(电子)分布在不同的能级上,在高能级上的粒子受到某种光子的激发,会从高能级跳到(跃迁)到低能级上,这时将会辐射出与激发它的光相同性质的光,而且在某种状态下,能出现一个弱光激发出一个强光的现象。这称为"受激辐射的光放大",简称激光。1960 年,激光被首次成功制造。激光是在有理论准备和生产实践迫切需要的背景下应运而生的,它一问世,就获得了异乎寻常的飞快发展。激光的发展不仅使古老的光学科学和光学技术获得了新生,而且引致一门新兴产业的出现。

与普通光源相比,激光具有以下优点:光谱亮度高,能量高度集中;方向性好(发散角小),几乎近于理想的平行光束;单色性强,基谱线宽度很窄,相干性好。在光学研究中,激光被用来研究光的干涉、衍射和偏振等现象。通过利用激光的高相干性和单色性,科学家能够更加精确地观察和分析这些光学现象。此外,以激光器为基础的激光工业在全球发展迅猛,已广泛应用于工业生产、通信、信息处理、医疗卫生、军事、文化教育以及科研等方面。

激光已成为光学实验中不可或缺的重要工具。普通物理实验室中最常用的激光器是 DN-1

型氦-氖激光器，发出波长为 632.8 nm 的红色激光。它由激光电源和氦-氖激光管两部分组成。激光管由下述三个基本部分组成：

(1) 起光放大作用的工作物质。

(2) 激励能源。

(3) 具有选频（或者说滤波）和正反馈作用的光学谐振腔。

激光发光机理与前面讲过的光源都不相同，普通光源自发射而发光，而激光器是受激发射而发光。在气体放电时，其中氦原子能级中出现粒子数反转，氖原子因受激发射而辐射光能并且产生激光，经谐振腔加强到一定程度后，从谐振腔的一块反射镜反射出去。谐振腔的两块反射镜是面对面地平行放置的，两块反射镜可以是凹球面镜和平面镜，也可以是一块凹球面镜和一块平面镜，如图 2-3-7 所示。

氦-氖激光器使用高压直流电源的要求与管长及毛细管截面有关。按需要选用不同型号的电源。实验室用 200～300 mm 激光管所需管压降为 1.5 kV 左右。激光管的着火电压远高于工作电压，约为 5 kV，它的最佳工作电流为 4～6 mA，此时激光输出（光强）最大。使用时应注意：

(1) 激光管点燃后应使其工作电流为最佳工作电流。否则，会影响其输出功率和寿命。

(2) 使用激光器时，管子阳极（钨棒）接电源正极，管子阴极（铝筒）接电源负极。正负极不能接错，否则会损坏管子。

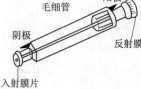

图 2-3-7 激光器结构图

(3) 由于实验室的氦-氖激光约在 2 mm² 面积上 1～2 mW 的辐射功率，相当于 0.05～0.1 W/cm² 的能流；太阳大概为 0.135 W/cm²，因此正像直接看太阳可以引起眼睛损伤一样，激光束的强度足以对人眼视网膜产生永久性损伤。所以，切忌直接对着聚焦的激光束及镜反射观看。

(4) 使用时，不要用手触摸接线头，以防电击。由于激光光源一般都有大电容，即使电源已切断，高压也会维持相当长时间，因此电源切断后不能用手去触摸接线头。为安全计，可以将电源的输出端短接（即先取下阴极接头，并立即与阳极接触一下，让电容放电），否则将有触电危险。

4. 固体发光光源

固体发光材料在电场激发下产生的发光现象称为场致发光，它是将电能直接转换成光能的过程，又称电致发光。利用这种现象制成的器件称为电致发光器件。这类光源以发光二极管（LED）为例做介绍。

LED 是一种半导体固体发光器件，其核心是 PN 结。当在 PN 结上施加正电压时，被注入的少数载流子穿过 PN 结，在 PN 结区形成大量电子、空穴的复合，复合时以热和光的形式辐射出光子，光子的能量满足 $E_g = h\nu$。E_g 为半导体材料的禁带宽度，不同材料的 E_g 不同，因而 ν 不同。

几种半导体材料的 E_g 和发光波长 λ 见表 2-3-6。一般在可见光区域用 GaP，波长 550 nm。LED 被称为第四代照明光源或绿色光源，具有节能、环保、寿命长、体积小等特点，广泛应用于各种指示、显示、装饰、背光源、普通照明和城市夜景等领域。

表 2-3-6 几种半导体材料的技术参数

材 料	Ge	Si	GaAs	GaP	GaAs$_{1-x}$P$_x$	SiC
E_g/eV	0.67	1.11	1.43	2.26	1.43～2.26	2.86
λ/nm	1 850	1 110	867	550	867～550	435

二、常用光学仪器

光学仪器是利用光的折射、反射和衍射等原理来辅助人类观察和测量物体的重要工具。常见的光学仪器包括显微镜、望远镜、相机和激光测距仪等。这些仪器在科学研究、天文观测、生物医学以及日常生活中扮演着重要角色，极大地拓宽了人类的视野和认知范围。随着科技的不断进步，光学仪器的性能和精度也在不断提升，为各领域的发展带来了新的可能性。下面介绍几种常用的光学仪器，并对其结构、调节和读数方法作详细的讨论。

1. 平行光管

平行光管主要是用来产生平行光束的光学仪器，是装校调整光学仪器的重要工具，也是光学量度仪器中的重要组成部分。平行光管的种类很多，下面介绍实验室中常用的 CPG-550 型平行光管。如图 2-3-8 所示，它主要由物镜、分划板、毛玻璃和灯泡构成，也可以由物镜及狭缝构成。为了保证平行光管出射的是平行光，分划板或者狭缝应严格位于物镜的焦平面上。通常平行光管配有数种分划板，以适应不同的用途，如十字叉丝、玻罗板、鉴别率板和星点板等。

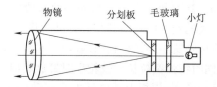

图 2-3-8 CPG-550 型平行光管组成

平行光管常与测微目镜或测微显微镜等组合使用。如果把平行光管的灯室换成自准直目镜，就可以构成自准直平行光管，进行多种自准直测量。图 2-3-9 所示为有自准直功能的 CPG-550 型平行光管的光学系统，它将上面平行光管的灯室换成了高斯式自准直目镜（还可以是阿贝式或双分划板式自准直目镜），在普通物理光学实验室中用于测定透镜或透镜组的焦距、分辨率及玻璃基板的平行度。

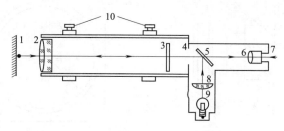

1—可调反射镜；2—物镜；3—分划板；4—光阑；5—分光板；6—目镜；7—观察孔；
8—聚焦透镜；9—光源；10—固定螺钉。

图 2-3-9 CPG-550 型平行光管光学系统

在该光学系统中，分划板应严格位于物镜的焦平面上，且分光板（即半反射镜）与系统主光轴成 45°。灯泡发出的光线经半反射镜反射后照亮分划板。由于分划板位于物镜的焦平面上，因此分划板上的每一个发光点发出的光线经物镜后都成为一束平行光线。

当分划板的位置稍微偏离物镜的焦平面时，可利用下面的方法进行调整。在平行光管的前面放一平面镜，并使其反射面和光轴严格垂直。这样照射在平面镜上的光束就会被反射回来，经物镜后成像在物镜的焦平面附近，这时从目镜中便能看到在分划板平面上有一模糊的十字像（该像称为"自准像"），微调分划板与物镜间的距离，使该十字像清晰，且无视差。这说明像和分划板共面,且都位于物镜的焦平面上。

视差现象:尽管在较远而又无参考的情况下,眼睛无法区别哪个物体远哪个物体近,但还是有办法判断这两个物体是否位于同样远的距离。观察时,只要让头稍许左右摇摆地观看这两个物体间的距离是否有变化。如果有变化,说明它们的距离远近不同;如没有变化,则说明它们位于同样远,这种现象称为视差现象。这种观测方法称为视差法。

2. 测微目镜

测微目镜又称测微头,经常用作光学仪器的部件。例如,在显微系统、望远系统及内调焦平行光管中,都装有这种目镜。其特点是:量程较小,但准确度较高。测微目镜的基本原理和结构大体是相同的,现介绍其中典型的丝杆式测微目镜。

1)结构

丝杆式测微目镜的结构如图 2-3-10 所示。带有复合目镜的镜筒与本体盒相连,而利用螺钉,即可将接头套筒与另一带物镜的镜筒相套接,以构成一台显微镜。靠近物镜焦平面的内侧,固定了一块量程为 8 mm 的刻线玻璃标尺,其分度值为 1 mm。与该尺相距 0.1 mm 处平行地放置一块分划板,分划板由薄玻璃片制成,其上刻有十字叉丝和一组双线。人眼贴近目镜筒观察时,即可在明视距离处看到玻璃尺上放大的刻线像及与其相叠的准线像(见图 2-3-10)。因为分划板的框架与由读数鼓轮带动的丝杆通过弹簧相连,故当读数鼓轮顺时针旋转时,丝杆就会推动分划板沿导轨垂直于光轴而向左移动,同时将弹簧拉长。鼓轮反时针旋转时,分划板在弹簧的回复力作用下向右移动。读数鼓轮每转动一圈,分划板上的测量准线移动 1 mm。在读数鼓轮周上均匀刻有 100 条线,分成 100 小格,所以每转过 1 小格,准线相应地移动 0.01 mm。测微目镜的读数方法与螺旋测微计相似,双线或十字叉丝的位置的毫米数,由固定分划板上读出,毫米以下的读数由测微鼓轮得到。例如,图 2-3-11 所示的读数是 3.438 mm。它是固定分划板上的读数与鼓轮上 0.438 mm 之和。

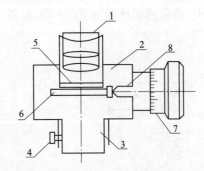

1—目镜;2—本体盒;3—接头套筒;4—螺钉;
5—玻璃标尺;6—分划板;7—读数鼓轮;8—丝杆。

图 2-3-10 丝杆式测微目镜结构示意图

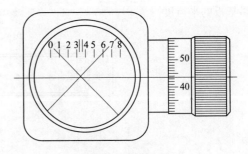

图 2-3-11 读数示例

2)调节与测量

(1)调节目镜与分划板的距离,直到能清楚看见测量准线。

(2)调节整个测微头与被测实像的距离,使视场中能同时清晰看到被测像,即调焦。

(3)为使被测实像能准确地落在分划板上,还需仔细调节,即消除视差。判断无视差的方法是:当左右或上下稍微改变视线方向时,两个像之间无相对移动。至此,测微目镜已调节好。

(4)测量时,转动鼓轮,使十字叉丝活力双线对准被测物的一端,记下读数。

(5)旋转鼓轮,使叉丝或双线对齐被测物的另一端,又可得一读数,两读数之差便是该像的长度。

3) 注意事项

(1) 由于真实物体不可能移到分划板所在的平面,故测微目镜不能用来直接观察微小物体。

(2) 在测量过程中,由于丝杆与螺母的螺纹间有空隙(螺距差或间隙差),故只能沿着同一方向依次移到测量准线进行测量。否则,会出现鼓轮开始反转(读数变化),分划板因必须等到螺旋转过这个间隙后才能移到,而出现分划板(准线)尚未被带动的现象。因此,若旋过了头,必须退回一圈,再向原方向旋转,重测。

(3) 在测量前,要尽量克服视差,只有这样才能保证测量精度。

(4) 旋转测微螺旋时,动作要平稳、缓慢。如果已达到一端,则不能再强行旋转,否则会损坏螺旋。

3. 望远镜

望远镜是一种利用透镜或反射镜以及其他光学器件观测遥远物体的光学仪器。其利用通过透镜的光线折射或光线被凹镜反射使之进入小孔并会聚成像,再经过一个放大目镜而被看到,又称"千里镜"。望远镜的第一个作用是放大远处物体的张角,使人眼能看清角距更小的细节。望远镜第二个作用是把物镜收集到的比瞳孔直径(最大 8 mm)粗得多的光束,送入人眼,使观测者能看到原来看不到的暗弱物体。

1) 结构及原理

实验室所用的望远镜由物镜、叉丝和目镜三部分组成(见图 2-3-12)。它的物镜通常是复合的消色差会聚透镜组,目镜通常也是一组会聚透镜,因而它属于开普勒透镜。它们分别装在三个套筒上,前后移动套筒可以前后改变它们的相对位置。

图 2-3-13 所示为望远镜的基本光学系统。观察无穷远处的物体时,望远镜物镜的像方焦点 F_0' 和物镜的物方焦点 F_e 重合。由物体发出的光经过物镜后在物镜的像方焦平面上成一个倒立缩小的实像,此实像虽然比原物小,但较原物大大地接近了人眼。然后再利用一目镜(小焦距)将此实像成像于无穷远处,使视角(物或像对人眼的张角称为视角)增大。可见,望远镜实质上起视角放大作用。一般用视放大率表示其放大能力。视放大率被定义为:目视光学仪器所成的像对人眼的张角(记为 ω')的正切与物体直接对人眼的张角(记为 ω)的正切之比。即 $\Gamma = \dfrac{\tan \omega'}{\tan \omega}$。为了确定物和像对人眼的张角,必须规定物和像的位置。对于望远镜,通常规定无和像都在无穷远。由图 2-3-13 可知

$$\tan \omega = \frac{y'}{f_0'}$$

$$\tan \omega' = \frac{y'}{f_e} = \frac{y'}{f_e'}$$

所以,望远镜的视放大率为

$$\Gamma_T = \frac{f_0'}{f_e'}$$

式中,$f_e' = f_e$。如果物镜和目镜的焦距已知,则由上式就可以计算出望远镜的视放大率。

2) 调节方法

(1) 推动目镜改变目镜和叉丝之间的距离,使之在目镜中能清晰地看见叉丝。

(2) 推动叉丝套筒,改变叉丝与物镜间的距离,使叉丝位于物镜的焦平面上。这一步可以通过以下方法来实现:将望远镜对准极远的物体,推动叉丝套筒,改变叉丝和物镜之间的距离,从望远镜中便能清楚地看见物体。

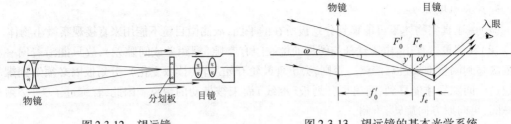

图 2-3-12　望远镜　　　　　　　　　图 2-3-13　望远镜的基本光学系统

4. 读数显微镜

读数显微镜是光学精密机械仪器中的一种读数装置,利用显微镜光学系统对线纹尺的分度进行放大、细分和读数的长度测量工具。它常被用作比长仪、测长机和工具显微镜等的读数部件,或作为坐标镗床和坐标磨床等的定位部件,也可单独用于测量较小的尺寸,如线纹间距、硬度测试中的压痕直径、裂缝和小孔直径等。其分度值有 10 μm、1 μm 和 0.5 μm 几种。

1) 结构及原理

读数显微镜的型式比较多,实验室常用的 JXD-Ⅰ 型读数显微镜,其规格如下：

总放大率　　　　30 倍（物镜 3×,目镜 10×）
数值孔径　　　　0.10
测量范围　　　　0～50 mm
测微鼓轮最小读数　0.01 mm
测量精度　　　　0.01 mm

JXD-Ⅰ 型读数显微镜的外形结构如图 2-3-14 所示,其是由螺旋测微装置和显微镜两部分组成的,显微镜装在一个较精密的移动装置上,使其可在垂直于光轴的某一个方向上移动,移动的距离可以从其螺旋测微计装置中读出。显微镜的物镜和目镜都是会聚透镜。

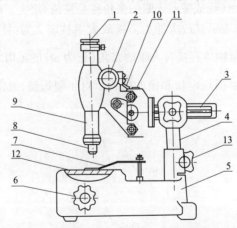

1—目镜;2—调焦手轮;3—横轴;4—立柱;5—底座;6—反光镜调节手轮;7—工作台压簧;
8—物镜;9—镜筒;10—指标;11—标尺;12—毛玻璃;13—底座手轮。

图 2-3-14　读数显微镜结构示意图

显微镜是用于观测近处微小物体的,故它的物镜焦距很短。显微镜的基本光学系统如图 2-3-15 所示。位于物镜焦距之外的物体,经物镜后在目镜的物方焦平面上成一个放大的实像,同时视角也放大了。此实像再经目镜成像在无穷远处。所以,显微镜起视角放大作用。

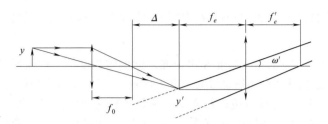

图 2-3-15 显微镜的基本光学系统

物镜的像方焦点和目镜的物方焦点之间的距离 Δ 称为显微镜的光学间隔。显微镜的分划板应安装在物镜的像平面上。

对于显微镜的视角放大作用,通常规定像仍在无穷远时对人眼的张角定义 ω',而物在明视距离 D 时直接对人眼的张角定义 ω,即 $\tan\omega = y/D$。明视距离指在一般照明条件下正常人眼习惯的工作距离,一般 D 取 250 mm。由图 2-3-15 可知

$$\tan\omega' = \frac{y'}{f'_e}$$

$$\frac{y'}{y} = \frac{\Delta}{f'_0}$$

所以显微镜的视角放大率 Γ_M 为

$$\Gamma_M = \frac{\omega'}{\omega} \approx \frac{\tan\omega'}{\tan\omega} = \frac{y'}{y} \cdot \frac{D}{f'_e} = \frac{D\Delta}{f'_e f'_0} = \beta\Gamma_e$$

式中,Γ_e 为目镜的视放大率,$\Gamma_e = \frac{D}{f'_e}$;$\beta$ 为物镜的线放大率,$\beta = \frac{y'}{y} = \frac{\Delta}{f'_0}$。由于显微镜的筒长是固定的,所以物镜的线放大率是一定的。

2) 调节与测量

由于 JXD-Ⅰ 型读数显微镜的量程为 0~50 mm,连接测微目镜鼓轮和显微镜丝杆的螺距为 1 mm,鼓轮上有 100 个等分格,鼓轮转动一个分格,显微镜移动 0.01 mm,故测量精度为 0.01 mm。读数时,毫米部分在水平刻度尺上读出,小于毫米部分的数值由鼓轮读出,要估读一位。读数装置如图 2-3-16 所示。图中示值为 $L = (29.000 + 0.725)$ mm $= 29.725$ mm。

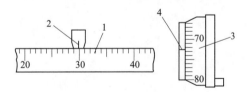

1—标尺;2—标尺读数准线;3—测微鼓轮;4—测微鼓轮读数准线。

图 2-3-16 读数装置

读数显微镜使用方法:

(1) 调节显微镜目镜,使看到的叉丝最清晰。

(2) 调节显微镜调焦手轮,使待测物成像清楚,并消除视差。即眼睛左右移动时,看到叉丝与待测物的像之间无相对移动。

(3) 旋转目镜镜筒,使十字叉丝的一条丝与主尺的位置平行,另一条丝对准待测物上一点(或一条线),记下读数,转动丝杆,对准另一点(或另一条线),再记下读数,两次读数之差为两者间距离。注意两次读数时丝杆必须只向一个方向移动,避免螺距差。

(4)当眼睛注视目镜时,只准使镜筒移离待测物体,以防止碰破显微镜物镜。

5. 分光计

分光计是一种用来精确测量入射光和出射光之间偏转角度的一种仪器,又称测角仪。其基本原理是:让光线通过狭缝和聚焦透镜形成一束平行光线,经过反射或折射后进入望远镜物镜并成像在望远镜的焦平面上,通过目镜进行观察和测量各种光线的偏转角度,从而得到光学参量等。用它可以把许多光学量,如折射率、色散率、光波波长等的测量转化为角度的测量,是光学测量中常用的仪器之一。分光计主要由三角底座、平行光管、望远镜、刻度圆盘和载物台五部件组成。分光计的基本部件和调节原理与其他更复杂的光学仪器(如摄谱仪、单色仪等)有许多相似之处,学习和使用分光计也可以为今后使用精密光学仪器打下良好基础。关于分光计的构造和调节使用方法详见实验"分光计的调整及使用"。

第 2 部分 验证性实验项目

第3章 验证性实验 I

实验1 固体密度测量

密度是材料最基本的物理性质之一,特别在工业和工程上,有时为了分析某种材料的组分以及鉴定物质纯度,往往需要精确测量物体密度,因此,在工科基础物理实验中,掌握物体密度测量的方法有着十分重要的意义。本实验一方面可以让学生了解测量物体长度和质量的基本量具以及测量固体密度的方法;另一方面可以加深学生对有效数字及误差理论的认识。

一、实验目的

(1)熟悉游标卡尺、螺旋测微器、物理天平等基本测量仪器的构造,学习并掌握它们的调节和使用。

(2)掌握物体质量的精确称量方法和基本量具读数规则。

(3)理解流体静力称衡法的原理,掌握固体密度测量的基本方法。

二、实验仪器与装置

游标卡尺、螺旋测微器、物理天平、烧杯、棉线、长方体铝块、塑料块、水。

固体密度测量实验原理

三、实验原理

对于密度均匀的物体,若其质量为 m,体积为 V,那么该物体的密度 ρ 定义为单位体积内物质的质量,即

$$\rho = \frac{m}{V} \tag{3-1-1}$$

由式(3-1-1)可知,物质的密度同物体质量和体积满足一定的函数关系,也就是说,密度的测量是一个间接测量的过程,需要先分别测量物体的质量和体积。对于固体密度测量,一般有以下几种常见的测量方法:

1. 卡尺法

对于几何形状简单且规则的物体,可用物理天平准确测量物体的质量 m,使用游标卡尺或千分尺等量具进行长度测量,求出待测物体体积 V,再由式(3-1-1)计算得出密度。

2. 流体静力称衡法

1) 可浸没于液体的形状不规则物体

对于几何形状不规则的物体,其体积无法用量具进行测定,为了克服这一困难,可以利用阿基米德原理,先测量物体在空气中的质量 m,再将该物体浸没在密度为 ρ_0 的某液体(一般用水)中,测得其质量 m_0,那么该物体在液体中所受到的浮力 F 等于它所排开液体的质量 $(m-m_0)g$,即

$$F = \rho_0 V g = (m - m_0)g \tag{3-1-2}$$

由式(3-1-2)得到物体的体积为

$$V = \frac{m - m_0}{\rho_0} \tag{3-1-3}$$

把式(3-1-3)代入式(3-1-1)即可得到物体的密度为

$$\rho = \frac{m}{m - m_0}\rho_0 \quad (3\text{-}1\text{-}4)$$

式中,ρ_0 为液体的密度。在某一温度下的密度通常可以从物理学常数表中查出,因此,求物体密度就转化为测量质量 m 和 m_0 的问题。

2) 不可浸没于液体的形状不规则物体

当遇到几何形状不规则且不能浸没于液体的物体时,上述方法不再适用,这时可利用棉线把待测物与配重物体相连,再测量待测物与配重物一并浸入液体中的质量 m_2[见图 3-1-1(a)],以及待测物提升到液面之上而配重物仍浸入液体中的质量 m_3[见图 3-1-1(b)],利用阿基米德原理即可以得到不规则待测物的体积为

$$V = \frac{m_3 - m_2}{\rho_0} \quad (3\text{-}1\text{-}5)$$

再测量出待测物体在空气中的质量 m,利用式(3-1-1)就可到物体的密度为

$$\rho = \frac{m}{m_3 - m_2}\rho_0 \quad (3\text{-}1\text{-}6)$$

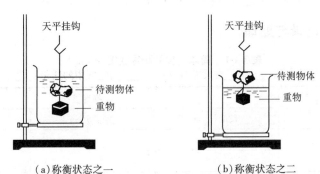

(a) 称衡状态之一　　　　(b) 称衡状态之二

图 3-1-1　用流体静力称衡法称不可浸没于液体的形状不规则物

3. 比重瓶法

比重瓶(见图 3-1-2)是利用玻璃制成的具有固定容积的容器。玻璃容器具有不易与待测物起化学反应、热膨胀系数小、容易清洗等优点。比重瓶瓶口与磨口瓶塞密合且瓶塞中间有毛细管,当瓶中装满液体后,塞住瓶塞,多余的液体会从毛细管溢出,这样瓶内液体的体积是确定的,即比重瓶的容积。用比重瓶测不溶于水的固态物体密度,首先用天平测量小块待测物在空气中的质量 $m_物$ 以及装满密度为 ρ_0 的液体的比重瓶质量 m_0,再将待测固体投入装满液体的比重瓶中称量质量 $m_总$,显然此时排出瓶外液体的体积 V 即为待测固体的体积,排出水的质量可由 $m_物 + m_0 - m_总$ 得到,那么待测固体体积为

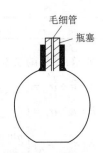

图 3-1-2　比重瓶

$$V = \frac{m_物 + m_0 - m_总}{\rho_0} \quad (3\text{-}1\text{-}7)$$

由式(3-1-1)即可得到物体的密度为

$$\rho = \frac{m_物}{m_物 + m_0 - m_总}\rho_0 \quad (3\text{-}1\text{-}8)$$

四、实验内容与步骤

1. 用卡尺法测量长方体铝块的密度

（1）观察并记录天平的感量，按天平使用说明将物理天平调节平衡，单次测量待测铝块的质量 m。

（2）用 50 分度游标卡尺分别测量铝块的长度 a 和宽度 b，各测五次。

（3）用螺旋测微器测量铝块高度 h，测五次，将各测量值记录于表 3-1-1 中。

2. 用流体静力称衡法测量塑料块密度（液体选用蒸馏水，密度为 ρ_0，具体数值查表可得）

（1）将物理天平调节平衡，测量待测塑料块的质量 m_1。

（2）将装好蒸馏水的烧杯放在天平左边的杯托盘上，再用棉线依次将待测塑料块与配重物（铝块）绑好（塑料块在上，铝块在下）放入装好蒸馏水的烧杯，使它们完全浸没于水中，棉线的另一端挂在天平左边的吊钩上，测出此时的质量 m_2。

（3）将待测塑料块提升出水面，铝块仍然浸没于水中，测出此时的质量 m_3，将各测量值记录于表 3-1-2 中。

（4）用温度计测量当时的水温，从附表中查出对应水温时纯水的密度。

五、实验数据记录与处理

表 3-1-1 固体密度的测量数据($\rho > \rho_0$)

待测固体名称：_____；天平感量：_____；空气中的质量：_____

次数	测量量		
	长度 a/cm	宽度 b/cm	高度 h/cm
1			
2			
3			
4			
5			

要求：结果的误差用标准偏差形式表示。

$a = \bar{a} \pm \sigma_a = ($ _____ $\pm$ _____ $)$ cm；$b = \bar{b} \pm \sigma_b = ($ _____ $\pm$ _____ $)$ cm；

$h = \bar{h} \pm \sigma_h = ($ _____ $\pm$ _____ $)$ cm；$\bar{\rho} = m/(\bar{a} \cdot \bar{b} \cdot \bar{h})$；

$E_\rho = \dfrac{\sigma_\rho}{\bar{\rho}} = \sqrt{\left(\dfrac{\partial \ln \rho}{\partial m} \cdot \sigma_m\right)^2 + \left(\dfrac{\partial \ln \rho}{\partial a} \cdot \sigma_a\right)^2 + \left(\dfrac{\partial \ln \rho}{\partial b} \cdot \sigma_b\right)^2 + \left(\dfrac{\partial \ln \rho}{\partial h} \cdot \sigma_h\right)^2}$；

$\sigma_\rho = \bar{\rho} \cdot E_\rho$；$\rho = \bar{\rho} \pm \sigma_\rho = ($ _____ $\pm$ _____ $)$ g/cm^3。

表 3-1-2 固体密度的测量数据($\rho < \rho_0$)

待测固体名称：_____；天平感量：_____；水温：_____；ρ_0：_____

待测物在空气中的质量 m/g	
待测物与配重物完全浸没于水中的质量 m_2/g	
待测物在水面上配重物浸没于水中的质量 m_3/g	

待测物体密度测量结果：

$$\rho \pm \sigma_\rho = (\underline{\qquad} \pm \underline{\qquad})\,\text{g/cm}^3;$$

$$\rho = \frac{m}{(m_3 - m_2)}\rho_0;$$

$$E_\rho = \frac{\sigma_\rho}{\rho} = \sqrt{\left(\frac{\partial \ln \rho}{\partial m} \cdot \sigma_m\right)^2 + \left(\frac{\partial \ln \rho}{\partial m_2} \cdot \sigma_{m_2}\right)^2 + \left(\frac{\partial \ln \rho}{\partial m_3} \cdot \sigma_{m_3}\right)^2}$$

$$= \sqrt{\left(\frac{\sigma_m}{m}\right)^2 + \left(\frac{\sigma_{m_2}}{m_3 - m_2}\right)^2 + \left(\frac{\sigma_{m_3}}{m_3 - m_2}\right)^2}$$

$$= \sigma_m \sqrt{\left(\frac{1}{m}\right)^2 + 2\left(\frac{1}{m_3 - m_2}\right)^2};$$

$$\sigma_\rho = \rho \cdot E_\rho。$$

六、分析与讨论

（1）如何消除天平的不等臂误差？

（2）如果螺旋测微器初始值不为零时，应该如何读数？

（3）当待测物放入水中时物体表现有气泡，是否会对测量结果产生影响？如果产生影响，会导致什么样的结果？

七、相关资料

标准大气压下不同温度纯水的密度见表3-1-3。

表3-1-3 标准大气压下不同温度纯水的密度

温度 $T/℃$	密度 $\rho/(\text{kg/m}^3)$	温度 $T/℃$	密度 $\rho/(\text{kg/m}^3)$	温度 $T/℃$	密度 $\rho/(\text{kg/m}^3)$
1.0	999.900	13.0	999.377	25.0	997.044
2.0	999.941	14.0	999.244	26.0	996.783
3.0	999.965	15.0	999.099	27.0	996.512
4.0	999.973	16.0	998.943	28.0	996.232
5.0	999.965	17.0	998.774	29.0	995.944
6.0	999.941	18.0	998.595	30.0	995.646
7.0	999.902	19.0	998.405	31.0	995.340
8.0	999.849	20.0	998.203	32.0	995.025
9.0	999.781	21.0	997.992	33.0	994.702
10.0	999.700	22.0	997.770	34.0	994.371
11.0	999.605	23.0	997.538	35.0	994.031
12.0	999.489	24.0	997.296	36.0	993.68

实验 2 拉伸法测定金属丝的杨氏模量

杨氏模量是工程材料的一个基本力学参数,它标志着材料在弹性限度内抵抗弹性形变的能力,是物质材料沿纵向的弹性模量。杨氏模量大小与待测物体具体尺寸无关,仅取决于材料本身的物理性质,它标志了材料的刚性。杨氏模量越大,材料越不容易发生形变。测量杨氏模量常用方法有拉伸法、梁弯曲法、振动法等;本实验采用最基本的静态拉伸法并利用光杠杆获取长度微小变化量,从而实现对金属丝杨氏模量的测定。

一、实验目的

(1)学习使用拉伸法测量金属丝杨氏模量的方法。
(2)了解光杠杆法的放大原理及适用条件并掌握用光杠杆测量微小伸长量的方法。
(3)学会用逐差法处理实验数据,计算弹性模量和不确定度。

二、实验仪器与装置

杨氏模量仪、光杠杆装置、尺读望远镜、钢直尺、卷尺、螺旋测微器、游标卡尺、一套砝码(每个砝码质量为 1 kg)。

三、实验原理

1. 杨氏模量

任何固体材料在外力作用下都会发生形变。形变从是否可以恢复到原来的形状和大小来看,可分为弹性形变和塑性形变。当外力撤离作用材料时,物体可以恢复原状,这种形变称为弹性形变;若不能恢复原状即会留下剩余形变,就称为塑性形变。衡量材料的弹性,通常用"模量"这个物理参数来描述。由于外力可作用于材料不同位置,对应于不同形变类型,因此又定义了不同的模量。本实验所要测量的杨氏模量是用来表征线性材料在其长度方向上受力而产生的拉伸或者压缩弹性大小的。

实验中所选取的弹性材料为一粗细均匀长度为 L、横截面积为 S 的金属丝,当金属丝沿着伸长方向受到外力 F 作用时,其伸长量为 δL;此时在外力作用下,金属丝单位长度的伸长量 $\delta L/L$ 称为拉伸应变,金属丝截面上单位面积的内力 F/S 称为拉应力,根据胡克定律可知,在材料弹性限度内,应力与应变成正比关系,即

$$\frac{F}{S} = Y \cdot \frac{\delta L}{L} \tag{3-2-1}$$

式中,比例系数 Y 称为杨氏模量,在国际单位制中它的单位为帕($1\ \text{Pa} = 1\ \text{N/m}^2$)。

几种常用材料的杨氏模量值:钢为 2.0×10^{11} Pa,铜为 1.0×10^{11} Pa,铝为 7.0×10^{10} Pa,铁为 $(1.15 \sim 1.60) \times 10^{11}$ Pa。由式(3-2-1)可得

$$Y = \frac{4FL}{\pi d^2 \delta L} \tag{3-2-2}$$

式中,d 为金属丝的直径。

对于式(3-2-2)表示的间接测量,直接测量量 F、L、d 都是很容易用基本量具测量得到的,但是金属丝的伸长量 δL 其值很小,普通量具很难准确测出,为此实验采用光杠杆放大原理来测量形变时的微小伸长量。

实验中所用的杨氏模量实验装置如图 3-2-1 所示。

2. 光杠杆放大的原理

光杠杆放大法是借助光学光路将所要观测的对象通过一定的关系变换成另一个放大了的现象进行测量,此种方法提高了实验的可观测性和测量的准确度,是一种实用性很强的实验方法。实验中所用到的光学光路是由光杠杆和尺读望远镜构成的,光杠杆的结构如图 3-2-2(a)所示,它是附有三个足尖具有 T 形结构的圆形平面镜,其中两个前足 a 和 b 与平面镜位于同一平面内,后足 c 位于两前足连线的中垂线上,且长度 l_{cd} 可以调节。尺读望远镜由望远镜和一把紧靠望远镜竖直放置的刻度尺组成。将光杠杆和尺读望远镜按图 3-2-1 所示位置摆放好,把光杠杆前足尖置于杨氏模量仪平台的沟槽里,后足尖置于滑动夹头上,调整光杠杆的镜面与望远镜距离约为 1.50 m,这时调节好光路就可从望远镜中观察到由平面镜反射回的标尺上的刻度 l_0。当金属丝有微小伸长 δl,后足 c 会向下移动,这时光杠杆以 ab 的连线为轴发生转动,从望远镜中观察的标尺刻度变为 l_1,前后两次标尺的刻度差 $\Delta l = l_1 - l_0$,由图 3-2-2(b) 左侧光路的几何关系可以得到

$$\tan\theta \approx \theta \approx \delta l / l_{cd} \tag{3-2-3}$$

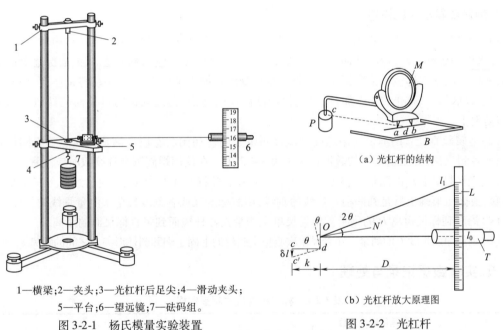

1—横梁;2—夹头;3—光杠杆后足尖;4—滑动夹头;
5—平台;6—望远镜;7—砝码组。

图 3-2-1 杨氏模量实验装置   图 3-2-2 光杠杆

根据光的反射定律,当镜面转动 θ 角时,反射光线会转动 2θ 角,那么根据图 3-2-2 右侧光路有

$$\tan 2\theta \approx 2\theta \approx \Delta l / D \tag{3-2-4}$$

由式(3-2-3)和式(3-2-4)消去 θ,得

$$\delta l = \frac{l_{cd}}{2D} \Delta l \tag{3-2-5}$$

于是,金属丝的伸长量 δl 就转化为测量 l_{cd}、Δl 和 D。式(3-2-5)中,$\frac{2D}{l_{cd}}$ 称为光杠杆的放大系数,通常 l_{cd} 为 5~10 cm,D 约为 1.5 m,光杠杆的放大倍数为 30~60。

将式(3-2-5)代入式(3-2-2)中,得金属丝杨氏模量为

$$Y = \frac{8FLD}{\pi d^2 l_{cd} \Delta l} \tag{3-2-6}$$

四、实验内容与步骤

1. 实验装置准备

(1) 检查水准泡,调节杨氏模量仪的底脚螺钉,使整个装置平台处于水平状态。

(2) 在金属丝末端的砝码盘上预置一个砝码(这部分质量不计入作用力 F 中),使金属丝拉直,金属丝只有处于伸直状态才可以进行测量,检查平台圆柱形缺口处的夹头是否能无摩擦地上下移动。

拉伸法测定金属丝的杨氏模量仪器操作

(3) 将光杠杆两个前足尖置于平台的沟槽里,后足尖置于圆柱形滑动夹头上,使三个足尖起始时位于同一个水平面上。

(4) 在距离光杠杆镜面约 1.50 m 位置处放置尺读望远镜。

(5) 调节望远镜目镜的焦距,使视野内能清晰观察到镜内分划板上的十字叉丝刻线,而后调节固定望远镜的滑套,使望远镜光轴与光杠杆的反射镜在同一水平高度,再仔细调节望远镜的横向和纵向角度,使望远镜能够看到光杠杆镜面反射回的标尺像,调节望远镜物镜焦距,使标尺的刻度能清晰地读出。

2. 测量金属丝杨氏模量

(1) 望远镜中标尺刻度值的测量。调节好实验装置后,从望远镜中读取标尺初始刻度值 l_0,之后逐次增加砝码七次,每次增加 1 kg(一个砝码)并记录标尺对应的刻度值 l_i;再依次逐个取下砝码,每取一次从望远镜中读取标尺 l_i'。将测量得到的数据记录于表 3-2-1 中。特别注意,摆放砝码时注意轻取轻放,防止拉断金属丝;尽量保持砝码座的稳定,摆放砝码时可使砝码缺口交错堆叠,以防倒下。

(2) 金属丝直径 d 的测量。用螺旋测微计测量金属丝初始状态以及满负荷状态下不同位置的直径,各测三次,将测量得到的数据记录于表 3-2-2 中。在使用螺旋测微计读数时应注意零差。

(3) 光杠杆臂长 l_{cd} 的测量。将光杠杆从平台上取下并将其压在白纸上,使白纸留下三个足尖的压痕,根据压痕画出后足到两前足连线的垂线,用游标卡尺或者刻度尺单次测量垂线的长度。

(4) 镜面到标尺距离 D 的测量。用卷尺单次测量光杠杆镜面到竖直标尺面的距离 D。

(5) 钢丝原始长度 L 的测量。用卷尺单次测量金属丝的上固定端和圆柱形夹头之间的距离 L。

五、实验数据记录与处理

表 3-2-1 标尺标度值的测量数据

次数	负荷/N	望远镜标尺读数		l_i 和 l_i' 的平均值 $\overline{l_i}/10^{-2}$ m	负荷增加 4 kg 时 $\Delta l_i = |\overline{l_{i+4}} - \overline{l_i}|$ /10^{-2} m	Δl_i 的绝对误差 $\Delta(\Delta l_i)/10^{-2}$ m
		加砝码时 $l_i/10^{-2}$ m	减砝码时 $l_i'/10^{-2}$ m			
0						
1						
2						
3						
4					0	
5					1	
6					2	
7					3	
—					平均值	

表 3-2-2　金属丝直径的测量数据

螺旋测微计零差：_____

次数	金属丝直径 $d/10^{-3}$ m			绝对误差 $\Delta d/10^{-3}$ m
	初始状态读数	满负荷读数	$\overline{d_i}/10^{-3}$ m	
1				
2				
3				
平均值				

光杠杆臂长：$l_{cd} = $ _____ ；$\Delta l_{cd} = $ _____ ；

镜面到标尺距离：$D = $ _____ ；$\Delta D = $ _____ ；

钢丝原始长度：$L = $ _____ ；$\Delta L = $ _____ ；

$$\overline{Y} = \frac{8FLD}{\pi \overline{d}^2 l_{cd} \overline{\Delta l}};$$

$$E_Y = \frac{\Delta Y}{\overline{Y}} = \left|\frac{\partial \ln Y}{\partial D}\right| \cdot \Delta D + \left|\frac{\partial \ln Y}{\partial L}\right| \cdot \Delta L + \left|\frac{\partial \ln Y}{\partial d}\right| \cdot \Delta d + \left|\frac{\partial \ln Y}{\partial l_{cd}}\right| \cdot \Delta l_{cd} + \left|\frac{\partial \ln Y}{\partial \Delta l}\right| \cdot \Delta(\Delta l)$$

$$= \frac{\Delta D}{D} + \frac{\Delta L}{L} + 2\frac{\overline{\Delta d}}{\overline{d}} + \frac{\Delta l_{cd}}{l_{cd}} + \frac{\overline{\Delta(\Delta l)}}{\overline{\Delta l}};$$

$\Delta Y = \overline{Y} \cdot E_Y$;

金属丝杨氏模量 Y 的测量结果：$Y = (\overline{Y} \pm \Delta Y)$。

六、分析与讨论

(1) 什么是杨氏模量？材料相同、粗细不同的两根金属丝，它们的杨氏模量是否相同？

(2) 实验中如何更快更好地调节几何光路？

(3) 如果在测量前不用配重物将金属丝拉直，是否会对测量结果造成影响？会有什么影响？

(4) 实验中测量标尺标度的时候，增减砝码时都进行了测量，如果只在增加砝码时进行测量，对结果有什么影响？

七、相关资料

不同的固体材料由于其内部的微观结构不同，内部各单元的相互作用也不相同，因而杨氏模量也不相同。反之，如果不同物质的杨氏模量在数值上存在差异，则物质内部各单元之间的相互作用不同，机械波在物质内的波速和传播（共振）性质也不同。这说明，物质对不同阶谐波的共振特性与物质的杨氏模量紧密相关。因此，可以用共振法来测定杨氏模量，即通过对材料共振参数的测量来间接测量杨氏模量，这也是国家标准《金属材料　弹性模量和泊松比试验方法》（GB/T 22315—2008）所推荐的杨氏模量标准测量方法。拉伸法测量杨氏模量只能测量形变较大的情况，并且在外力加载过程中，材料内部的结构已经随外力发生改变，不能真实反映原始状态下材料的特性。而共振法测定杨氏模量响应快，不仅适用于脆性材料，而且对测量样品的形状限制小，实用性较强。另外，在用拉伸法测量杨氏模量时，也可利用传感器技术，把待测材料在长度上的变化转化为电阻的变化、电容的变化和电感的变化等电学参量的测量，以及转化为光学参量的测量。

实验3 自由落体法测量重力加速度

重力加速度是一个物体受重力作用情况下所具有的加速度大小,它是反映地球引力强弱的物理常量。地球上各个地区重力加速度的数值,随该地区的地理纬度和相对海平面的高度而稍有差异。一般来说,赤道附近重力加速度值最小,越靠近两极,重力加速度的值越大,最大值与最小值之差约为1/300。测量重力加速度的方法有很多种,常用的有自由落体法、单摆法、斜气垫导轨法等。准确测定重力加速度对于计量学、地球物理学、地震预报、重力探矿和空间科学有着十分重要的意义。

一、实验目的

(1)掌握自由落体法测量重力加速度的方法。
(2)学会用误差分析的方法选择最有利的测量条件减小测量误差。
(3)掌握光电门计时计数器调试及使用。

二、实验仪器与装置

自由落体仪、计时计数器、光电门、钢球。

三、实验原理

物体仅只在重力作用下,下落的过程是匀加速直线运动,这种运动状态可表示为

$$s = v_0 t + gt^2/2 \tag{3-3-1}$$

式中,s 为下落时间 t 的距离;v_0 为下落物体的初速度;g 为重力加速度。

如果物体是满足初速度为零的自由下落,则可表示为

$$s = gt^2/2 \tag{3-3-2}$$

1. 通过光电门1小球速度为零的两种测量方式

方法1:假设小球的下落是初速度为零的自由下落,如图3-3-1所示,那么根据式(3-3-2),从初始时刻开始计时,只要测量 t 时间内小球下落的距离 s,就可以测得重力加速度 g。这种方法测量过程量最少,从原理上来看非常容易测得,但是我们所使用的 MUJ 型计时计数器在控制小球下落时电磁铁无法与计时器联动,为此若采用此方法只有将光电门1上移到小球刚好不挡光的位置,从而保证小球下落的初速度为零,这样处理的后果是上光电门位置极不容易确定,且由于装配工艺等原因没法保证光电门上的光敏电阻和上光电门位置对应的标尺读数刻线在同一条水平线上,那么小球下落的实际距离 s 就无法测准,这种测量方法会引入较大的系统误差。

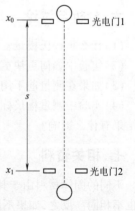

图3-3-1 方法1原理图

方法2:为了解决方法1中小球下落的实际距离 s 无法测准的问题,可以采用两次下落的方法,如图3-3-2所示,光电门1和方法1一样放置于 x_0 处且使小球刚好不挡光,第一次下落将光电门调整至位置 x_1 处,对应的下落距离 $s_1 = x_1 - x_0$,使小球静止下落测量对应的下落时间 t_1,再将光电门2下移至位置 x_2 处,对应的下落距离 $s_2 = x_2 - x_0$,仍然使小球静止下落测量对应的下落时间 t_2,那么就有

$$s_1 = gt_1^2/2$$
$$s_2 = gt_2^2/2$$
$$g = 2(x_2 - x_1)/(t_2^2 - t_1^2) \quad (3\text{-}3\text{-}3)$$

由式(3-3-3)可以看出，这种方法只要测得两次下落时对应光电门2移动的距离$x_2 - x_1$以及两次下落的时间t_1和t_2，就可以测得重力加速度g，避免了方法1中小球下落的实际距离s无法测准而引入的系统误差。

2. 通过光电门1不需要限制小球下落速度的两种测量方式

方法3：以上两种方法都需要小球做初速度为零的自由下落，由于MUJ型计时计数器控制小球下落的电磁铁无法与计时器联动，即使是将光电门1上移到小球刚好不挡光的位置，也很难保证初速度为零，为此，需要进一步改进实验方法。如图3-3-3所示，首先将光电门1放置在标杆较上方任意位置x_0处，仍然采用两次下落法，小球第一次下落时，将光电门2放置在光电门1下方任意位置x_1处，这样第一次下落时小球通过两光电门的距离$s_1 = x_1 - x_0$，对应的下落时间为t_1；小球第二次下落时，将光电门2移动至下方x_2处，第二次下落时小球通过两光电门的距离$s_2 = x_2 - x_0$，对应的下落时间为t_2，假设小球通过光电门1的速度为v_0，那么就有

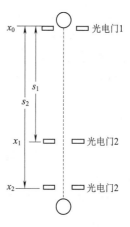

图 3-3-2　方法 2 原理图

$$s_1 = v_0 t_1 + gt_1^2/2$$
$$s_2 = v_0 t_2 + gt_2^2/2$$

将上面两式相减，消去过程量v_0可得到

$$g = \frac{2\left(\dfrac{s_2}{t_2} - \dfrac{s_1}{t_1}\right)}{t_2 - t_1} \quad (3\text{-}3\text{-}4)$$

方法4：在方法3的基础上，将两次下落改成采用多次下落法，且每次下落将光电门2逐次下移固定距离，如5.00 cm或10.00 cm，测量每次下落小球通过两光电门的距离$s_i = x_i - x_0$和对应的时间t_i，假设小球通过光电门1的速度为v_0，那么就有

$$s_1 = v_0 t_1 + gt_1^2/2$$
$$s_2 = v_0 t_2 + gt_2^2/2$$
$$\vdots$$
$$s_i = v_0 t_i + gt_i^2/2$$

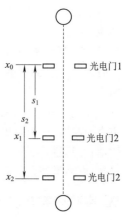

图 3-3-3　方法 3 原理图

若下落次数i为偶数，则采用逐差法公式可得

$$g = \frac{2\left(\dfrac{s_{i+k}}{t_{i+k}} - \dfrac{s_i}{t_i}\right)}{t_{i+k} - t_i} \quad (3\text{-}3\text{-}5)$$

四、实验器材介绍

1. 自由落体仪

自由落体仪主要由立柱、吸球器和光电门组成。如图3-3-4所示，立柱固定在三脚底座上，顶端有一个磁性吸球器，立柱上有标尺，用来测量小球下落的距离，立柱上

自由落体法测量重力加速度仪器操作

固定有两个光电门(1和2)且可以自由上下调节,光电门与MUJ型计时计数器连接。光电门由一个小的聚光灯泡和一个光敏管组成,聚光灯泡对准光敏管,光敏管前面有一个小孔可以接收光的照射,光敏门与计时计数器是按以下方式工作的:当两个光电门的任一个被挡住时,计时计数器开始计时;当两个光电门中任一个被再次挡光时,计时终止,计时计数器显示的是两次挡光之间的时间间隔。

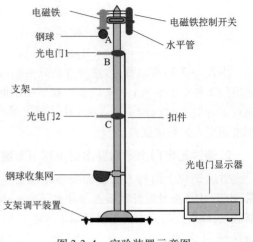

图 3-3-4　实验装置示意图

2. MUJ 型计时计数器

MUJ 型计时计数器能与气垫导轨、自由落体仪、斜槽轨道、单摆配合使用,可测得并记忆、存储多组实验数据。

MUJ 型计时计数器面板有功能、转换和电磁铁三个按键:

(1)功能键:当显示表内没有测量值,按此键可用于七种功能的切换;当显示表存有当前测量值时,按此键清除已测数据,当前功能复位。

(2)转换键:切换仪器已自动存入测量值的显示。

(3)电磁铁键:可改变吸球器上电磁铁的通断电,控制小球的下落。

功能说明:

计时1:可连续测量每个光电门的挡光时间,并可存储20次的时间测量值。

计时2:可连续测量两次挡光时间的间隔,并可存储20次的时间测量值。

碰撞:可一次完成气垫导轨碰撞实验四个时间值的测量。

加速度:使用两只光电门可测得每个门的平均速度及该路程的加速度。

重力加速度:可用同步计时方法测量重力加速度 g。

周期:可测量单摆实验中 1~100 个周期时间,并可存储前24个周期中单个周期的时间。

计数:可测量挡光次数。

五、实验内容与步骤

1. 实验装置准备

(1)将铅垂线悬挂于电磁铁铁心上,调节底座的三个螺钉,让垂线穿过两个光电门挡光空隙的中心处,并使下端铅垂对准钢球收集网,保证小球下落时能顺利挡光两次且最终能掉进收集网,如发现实验中计时器无法计时或者开始计时无法停止,应重新调整铅垂线。

(2)检查控制吸球器的线束以及光电门1、2的线束是否接入MUJ型计时计数器后端插口。

(3)打开MUJ型计时计数器电源开关,按功能键将测量状态切换至计时2,再按转换键将单位切换至ms,用手或笔模拟小球下落时两次挡光过程,看计时计数器是否可以正常计时。调试完成后,按复位键消除当前调试数据。

(4)按电磁铁键使指示灯亮起,将小钢球悬吸于吸球器下,再次按电磁铁键释放小球,重复调试几次看整个装置是否可以正常测量。

2. 测量重力加速度

(1)使用方法2测量重力加速度,分别测量两次下落时光电门2的标尺刻度,以及每次下落对应的时间,下落时间重复测量七次,将数据填入表 3-3-1 中。

(2)使用方法 3 测量重力加速度,测量光电门 1 的标尺刻度和两次下落时光电门 2 的标尺刻度,以及每次下落对应的时间,下落时间重复测量七次,将数据填入表 3-3-2 中。

(3)使用方法 4 测量重力加速度,测量光电门 1 的标尺刻度和每次下落时光电门 2 的标尺刻度,下落时间重复测量七次,将数据填入表 3-3-3 中。

六、实验数据记录与处理

表 3-3-1　方法 2 的测量数据

$x_1 = $ _____ mm;$x_2 = $ _____ mm;$x_2 - x_1 = $ _____ mm

次数	1	2	3	4	5	6	7	平均值
t_1/ms								
t_2/ms								

$$g = \frac{2(x_2 - x_1)}{(\bar{t}_2^2 - \bar{t}_1^2)}; E_2 = \frac{|\bar{g} - g_{标准}|}{g_{标准}} \times 100\% 。$$

表 3-3-2　方法 3 的测量数据

$x_0 = $ _____ mm;$x_1 = $ _____ mm;$x_2 = $ _____ mm;$s_1 = $ _____ mm;$s_2 = $ _____ mm

次数	1	2	3	4	5	6	7	平均值
t_1/ms								
t_2/ms								

$$g = \frac{2\left(\frac{s_2}{t_2} - \frac{s_1}{t_1}\right)}{t_2 - t_1}; E_3 = \frac{|\bar{g} - g_{标准}|}{g_{标准}} \times 100\% 。$$

表 3-3-3　方法 4 的测量数据

$x_i - x_0$/mm	次数 t_i/ms	测量							平均值
		1	2	3	4	5	6	7	
	t_1								
	t_2								
	t_3								
	t_4								
	t_5								
	t_6								
	t_7								
	t_8								

$$g = \frac{2\left(\frac{s_{i+4}}{t_{i+4}} - \frac{s_i}{t_i}\right)}{t_{i+4} - t_i}; \bar{g} = \frac{g_1 + g_2 + g_3 + g_4}{4}; E_4 = \frac{|\bar{g} - g_{标准}|}{g_{标准}} \times 100\% 。$$

七、分析与讨论

(1) 如果自由落体仪没有调整铅直会对测量有什么影响?

(2) 如果小球在释放时处于摆动状态,那么会对测量产生什么影响?

(3) 若方法 3 和方法 4 采用图解法处理数据,则应如何测得重力加速度?

实验 4　单臂电桥法测量电阻

测量电阻常用方法有伏安法和电桥法。伏安法测量电阻虽然电路简单易操作,但电表的内阻以及标称误差会对实验产生附加的系统误差,测量精度受到限制。电桥是利用比较法测量电阻的,它的特点是灵敏、准确和使用方便,因此被广泛应用于电阻、电感、电容等电学参量的测量。电桥按其结构来看,可以分为单臂电桥和双臂电桥;单臂电桥又称惠斯通电桥,可用来测量阻值为 $1 \sim 10^7 \Omega$ 的中值电阻,双臂电桥又称开尔文电桥,可测量阻值在 1Ω 以下的低值电阻,对于 $10^7 \Omega$ 以上的高值电阻可由高阻计进行测量。

一、实验目的

(1) 理解并掌握单臂电桥电路的基本原理。

(2) 学习使用箱式单臂电桥实际测量电阻的阻值。

二、实验仪器与装置

QJ-23 型直流电阻电桥(市电型)、待测电阻。

单臂电桥法
测量电阻
实验原理

三、实验原理

在伏安法测电阻的实验中,无论是将电流表内接还是外接,都会因电表内阻的引入而引入接入误差,故无法较准确地测量电阻阻值。为精确测量中值电阻阻值,可采用单臂电桥法。

1. 单臂电桥法测电阻的原理

直流单臂电桥的原理如图 3-4-1 所示,电阻 R_0、R_1、R_2 和 R_x 所在的四条支路组成电桥的四个臂,其中 R_1、R_2 是比例臂,R_0 是比较臂,R_x 是待测电阻;四个臂间 b 点和 d 点的连线称为桥,b 点和 d 点连线间接有检流计 G,它的作用是检验电路 b 点和 d 点的电势是否相同,从而判断电桥是否达到平衡。

按图 3-4-1 所示将电源接通后,电流从电源正极出发,在 a 点分流为两个部分分别经过 b 点和 d 点,在 c 点汇合回到负极,若选择合适的比例臂 R_1、R_2 和比较臂 R_0,这时 b 点和 d 点连线构成的桥没有电流通过,$I_g = 0$,整个电路会达到一个特殊状态,称为电桥的平衡状态。直流单臂电桥就是利用电桥的平衡来实现测量电阻阻值的。

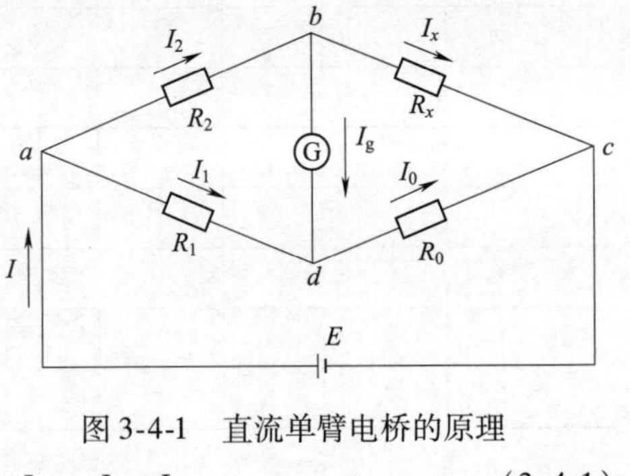

图 3-4-1　直流单臂电桥的原理

当电桥处于平衡时,可以得到以下关系

$$U_{ab} = U_{ad}, \quad U_{bc} = U_{dc}, \quad I_1 = I_0, \quad I_2 = I_x \tag{3-4-1}$$

$$I_1 R_1 = I_2 R_2, \quad I_0 R_0 = I_x R_x \tag{3-4-2}$$

式(3-4-2)中两式相除,可得

$$\frac{R_1}{R_0} = \frac{R_2}{R_x} \quad \text{或} \quad R_x = \frac{R_2}{R_1}R_0 = kR_0 \tag{3-4-3}$$

式中,$k = R_2/R_1$ 称为比例臂倍率。

2. 电桥的灵敏度

实验中,电桥是否达到平衡,是通过检流计是否发生偏转来判断的,然而检流计的灵敏度是有限的,实验中所使用的检流计指针偏转一格所对应的电流大小约为 10^{-6} A,若测量中通过它的电流小于 10^{-7} A,这时指针偏转不到 0.1 格,人眼很难觉察,这就限制了对电桥是否达到平衡的判断。我们不妨假设电桥平衡后,把 R_0 增加一个小量 ΔR_0,电桥必然失去平衡,也就是说会有电流 I_g 流过检流计,如果 I_g 小到使检流计的偏转 Δn 无法分辨,则认为 $R_x = kR_0$,实际上 $R_x = k(R_0 + \Delta R_0)$,$\Delta R_x = k\Delta R_0$ 就是由于检流计灵敏度不够而进入的系统误差,所以有必要了解电桥的灵敏度。

电桥的灵敏度 S 定义如下

$$S = \frac{\Delta n}{\dfrac{\Delta R_x}{R_x}} \tag{3-4-4}$$

式中,Δn 为电桥偏离平衡而引起检流计偏转的格数。

根据以上内容可知,电桥的灵敏度 S 和检流计灵敏度是有直接关系的,检流计的灵敏度 $S_{检}$ 是由电流变化量所引起的检流计指针偏转格数 Δn 与电流变化量 ΔI_g 比值来定义的,即可表示为

$$S_{检} = \Delta n / \Delta I_g \tag{3-4-5}$$

将式(3-4-5)代入式(3-4-4),有

$$S = R_x \left(\frac{\Delta n}{\Delta I_g}\right)\left(\frac{\Delta I_g}{\Delta R_x}\right) = R_x S_{检} \left(\frac{\Delta I_g}{\Delta R_x}\right) \tag{3-4-6}$$

由于 ΔI_g 和 ΔR_x 为微小变化量,可用其偏微分形式表示

$$S = R_x S_{检} \left(\frac{\partial I_g}{\partial R_x}\right) \tag{3-4-7}$$

利用基尔霍夫定律联立方程,求解出 I_g 和 R_x 关系代入式(3-4-7),整理可得

$$S = \frac{S_{检} \cdot E}{R_0 + R_1 + R_2 + R_x + R_g\left[2 + \left(\dfrac{R_1}{R_2} + \dfrac{R_x}{R_0}\right)\right]} \tag{3-4-8}$$

式中,R_g 为检流计内阻;E 为电源电动势。

由式(3-4-8)分析可知:

(1)电桥灵敏度与检流计灵敏度以及电源电动势成正比,检流计灵敏度越高,则电桥灵敏度越高;在确保桥臂电阻安全的情况下,适当提高电源电动势也可提高电桥灵敏度。

(2)电桥灵敏度随四个桥臂总阻值增大而减小,随 $\dfrac{R_1}{R_2} + \dfrac{R_x}{R_0}$ 增大而减小,也就是说,桥臂电阻选得过大会大大降低电桥的灵敏度,R_1 和 R_2 阻值相差过大也会影响到电桥灵敏度。由于 $\dfrac{R_x}{R_0}$ 是 $\dfrac{R_1}{R_2}$ 的倒数,很容易证明只有 $\dfrac{R_1}{R_2} = 1$,$\dfrac{R_1}{R_2} + \dfrac{R_x}{R_0}$ 才是最小值,电桥灵敏度才会更高。但即便 R_1 和 R_2 选取一样,也存在 R_1、R_2 实际阻值不等,由此会产生系统误差,这时通常通过交换 R_0 和 R_x 分别测两次的方法来消除。接好线路,调节 R_0 使电桥达到平衡,记下 R_0 的值,随后交换 R_0 和 R_x,调节 R_0 再使电桥达到平衡,记下此时 R_0 的值 R'_0,则

$$R_x = kR_0, \quad R_x = R'_0/k \tag{3-4-9}$$

联立式(3-4-9)则有

$$R_x = \sqrt{R_0 R'_0} \tag{3-4-10}$$

四、实验器材介绍

单臂电桥法测量电阻仪器操作

QJ-23 型直流电阻电桥(市电型)采用单臂电桥线路,具有内附检流计及直流稳压电源,其稳压电源可同时提供电桥工作需要的检流计工作电源及电桥测量工作电源,只要接上市电(220 V)即可工作,免除了更换干电池的麻烦,使用极为方便。其适用于测量 1～9 999 000 Ω 范围的直流电阻,适宜在实验室及现场使用。

QJ-23 型直流电阻电桥(市电型)由比例臂、比较臂、内附检流计、电桥工作电源、调零电位器、电源开关、控制按钮等组合而成,除了稳压电源以外,其他主要部件均安装在金属面板上,面板布置如图 3-4-2 所示。

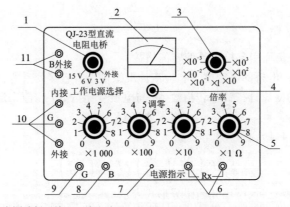

1—工作电源选择开关;2—检流计;3—倍率开关;4—检流计调零旋钮;5—测量盘;
6—接被测电阻端钮;7—电源指示灯;8—工作电源控制按钮;9—检流计控制按钮;
10—内附、外接检流计端钮;11—外接工作电源端钮。

图 3-4-2　QJ-23 型直流电阻电桥面板示意图

QJ-23 型直流电阻电桥(市电型)电气原理图如图 3-4-3 所示。

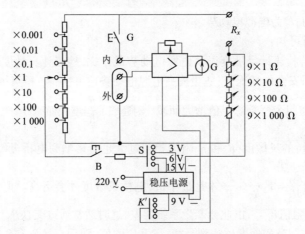

图 3-4-3　QJ-23 型直流电阻电桥电气原理图

五、实验内容与步骤

1. 熟悉 QJ-23 型直流电阻电桥结构及使用方法

（1）将被测电阻接到待测电阻接线端两接线柱上，在仪器后部插座接通 220 V 电源，打开电源开关，指示灯亮。然后根据被测对象，转动"工作电源选择"开关，选择合适的工作电源，再转动检流计"调零"旋钮，使检流计指零。

（2）在测量之前，首先要测试待测电阻阻值的约数，在一般正常情况下，量程倍率开关放在 ×1 上，测量盘放在 1 000 Ω 上，按下按钮"B"，然后按检流计按钮"G"。这时观察检流计，如果指针往"＋"的一边偏转，应增加电桥测量盘的步进值，如检流计指针仍向"＋"的一边偏转，说明被测电阻器大于 11 110 Ω，可把量程倍率开关放在 ×10 上，再按动"B"按钮，如果仍在"＋"的一边，可把量程倍率开关放在 ×100 上。如果开始测试检流计指针向"－"的一边偏转，则可知测试电阻小于 1 000 Ω，可把量程倍率开关放在 ×0.1 或 ×0.01 上，指针就会往"＋"的一方移动。为此可得到待测电阻的大致数值，然后选定一个量程倍率开关的倍率准备测量。

2. 使用 QJ-23 型直流电阻电桥测量待测电阻阻值

（1）选择三种不同的倍率，对电阻 1 进行测量，记录测量值于表 3-4-1 中。

（2）选择三种不同的倍率，对电阻 2 进行测量，记录测量值于表 3-4-1 中。

（3）选择三种不同的倍率，对电阻 1 和电阻 2 的串联电阻进行测量，记录测量值于表 3-4-2 中。

（4）选择三种不同的倍率，对电阻 1 和电阻 2 的并联电阻进行测量，记录测量值于表 3-4-2 中。

六、实验数据记录与处理

表 3-4-1　单个电阻的测量数据

电阻	电压/V			
R_{x1}	k			
	R_0/Ω			
	R_{x1}/Ω			
	$\overline{R_{x1}}/\Omega$			
	标准偏差 $\sigma_{R_{x1}}/\Omega$			
R_{x2}	k			
	R_0/Ω			
	R_{x2}/Ω			
	$\overline{R_{x2}}/\Omega$			
	标准偏差 $\sigma_{R_{x2}}/\Omega$			

表 3-4-2　串/并联电阻的测量数据

电阻	电压/V			
R_{x1} 与 R_{x2} 串联	k			
	R_0/Ω			

续上表

电阻	电压/V			
R_{x1} 与 R_{x2} 串联	$R_串/\Omega$			
	$\overline{R_串}/\Omega$			
	标准偏差 $\sigma_{R串}/\Omega$			
R_{x1} 与 R_{x2} 并联	k			
	R_0/Ω			
	$R_并/\Omega$			
	$\overline{R_并}/\Omega$			
	标准偏差 $\sigma_{R并}/\Omega$			

七、注意事项

(1) 使用完毕后将"B"和"G"按钮松开。

(2) 在测量含有电感的被测电阻器(如电机、变压器等)时,必须先按"B"按钮,再按"G"按钮。如果先按"G"按钮,当再按"B"按钮时的一瞬间,会因自感而引起逆电势对检流计产生冲击而损坏检流计。断开时,先放开"G",再放开"B"。

(3) 当使用外接电源时,应同时使用外接检流计,并且拔去 220 V 电源插头。

(4) 电桥使用完毕后,应拔去电源插头,切断电源。

(5) 电桥应存放在周围温度 5~35 ℃且空气内不含有腐蚀气体的室内。

八、分析与讨论

(1) 电桥的平衡条件是什么?

(2) 如何更快地使检流计指向中间位置?

(3) 测量时有效数字位越多越好还是越少越好?

(4) 如何选择倍率才能使有效数字位最多?

实验5 电学元件的伏安特性的研究

电路中有各种电学元件,如线性电阻、半导体二极管和三极管,以及光敏、热敏和压敏元件等。知道这些元件的伏安特性,对正确地使用它们至关重要。利用滑动变阻器的分压或限流接法,通过电压表和电流表正确地测出它们的电压与电流的变化关系,称为伏安测量法(简称伏安法)。将电压电流的关系通过作图表示称为该元件的伏安特性曲线。伏安法是电学中最常用的基本测量方法之一。

一、实验目的

(1) 掌握测量伏安特性的基本方法。

(2) 学会直流电源、电压表、电流表、电阻箱等仪器的正确使用方法。

(3) 学会识别常用电路元件。

二、实验仪器与装置

FB321 型电阻元件 U-I 特性实验仪一台(测试元件、专用连接线等)。

三、实验原理

1. 电学元件的 U-I 特性

在某一电学元件两端加上直流电压,在元件内就会有电流通过,通过元件的电流与端电压之间的关系称为电学元件的伏安特性。在欧姆定律 $U = IR$ 中,电压 U 的单位为伏,电流 I 的单位为安,电阻 R 的单位为欧。一般以电压为横坐标和电流为纵坐标作出元件的电压-电流关系曲线,称为该元件的伏安特性曲线。

电学元件的伏安特性的研究实验原理

对于碳膜电阻、金属膜电阻、线绕电阻等电学元件,在通常情况下,通过元件的电流与加在元件两端的电压成正比关系变化,即其伏安特性曲线为一直线。这类元件称为线性元件,如图 3-5-1 所示。至于半导体二极管、稳压管等元件,通过元件的电流与加在元件两端的电压不成线性关系变化,其伏安特性为一曲线。这类元件称为非线性元件,图 3-5-2 所示为某非线性元件的伏安特性。

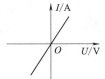

图 3-5-1 线性元件的伏安特性　　图 3-5-2 非线性元件的伏安特性

在设计测量电学元件伏安特性的线路时,必须了解待测元件的规格,使加在它上面的电压和通过的电流均不超过额定值。此外,还必须了解测量时所需其他仪器的规格(如电源、电压表、电流表、滑动变阻器等的规格),也不得超过其量程或使用范围。根据这些条件所设计的线路,可以将测量误差减到最小。

2. 实验线路的比较与选择

在测量电阻 R 的伏安特性的线路中,常有两种接法,即图 3-5-3(a)所示电流表内接法和图 3-5-3(b)所示电流表外接法。电压表和电流表都有一定的内阻(分别设为 R_V 和 R_A)。简化处理时一般直接用电压表读数 U 除以电流表读数 I 来得到被测电阻值 R,即 $R = U/I$,这样会引入一定的系统误差。

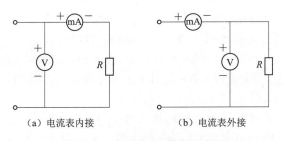

(a)电流表内接　　(b)电流表外接

图 3-5-3 电流表内、外接示意图

当电流表内接时,电流表所测的是流过待测电阻的电流,而电压表测到的是待测电阻与电流表内阻串联时的总电压,那么待测电阻阻值应满足

$$R = U/I - R_A \qquad (3\text{-}5\text{-}1)$$

若以 U/I 作为此时待测电阻的阻值，那么由电流表内接带来的系统误差为

$$E = \frac{U/I - R}{R} \times 100\% = \frac{R_A}{R} \times 100\% \qquad (3\text{-}5\text{-}2)$$

当电流表外接时，电压表所测的电压是待测电阻两端的电压，而电流测到的是待测电阻与电压表内阻并联时的总电流，这时待测电阻阻值应有

$$R = UR_V/(IR_V - U) = U/(I - U/R_V) \qquad (3\text{-}5\text{-}3)$$

若以 U/I 作为此时待测电阻的阻值，那么由电流表外接带来的系统误差为

$$E = \frac{U/I - R}{R} \times 100\% = -\frac{R}{R + R_V} \times 100\% \qquad (3\text{-}5\text{-}4)$$

在式(3-5-1)和式(3-5-3)中，R_A 和 R_V 分别代表电流表和电压表的内阻。如果简单地用 U/I 值作为被测电阻值，电流表内接法的结果偏大，而电流表外接法的结果偏小，比较电流表的内接法和外接法，显然，都有一定的系统性误差。在需要作这样简化处理的实验场合，为了尽量减少上述系统误差，测量电阻的线路方案可以粗略地按以下办法来判断选择：

① 当 $R \ll R_V$，且 R 较 R_A 大得不多时，宜选用电流表外接。
② 当 $R \gg R_A$，且 R 和 R_V 相差不多时，宜选用电流表内接。
③ 当 $R \gg R_A$，且 $R \ll R_V$ 时，则必须先用电流表内接法和外接法分别测量几组数据，然后再比较电流表的读数变化大还是电压表的读数变化大，若电流表示值有显著变化（增大），R 即为高阻值（相对电流表内阻而言），则采用电流表内接法；若电压表有显著变化（减小），R 即为低阻（相对电压表内阻而言），则采用电流表外接法。

如果要得到待测电阻的准确值，则必须测出电表内阻并按式(3-5-1)和式(3-5-3)进行修正，修正后测量结果的准确度就只和仪器误差的大小有关，即由所用电表的准确度级别和量程决定，相对误差表示为

$$\frac{\Delta R}{R} = \left(\left| \frac{\Delta U}{U} \right| + \left| \frac{\Delta I}{I} \right| \right) \times 100\% \qquad (3\text{-}5\text{-}5)$$

式中，$\Delta U = U_{max} \cdot k_1\%$ 和 $\Delta I = I_{max} \cdot k_2\%$ 分别为电压表和电流表最大示值误差；U_{max} 和 I_{max} 分别为电压表和电流表的量程；k_1 和 k_2 分别为电压表和电流表的级别；U 和 I 分别为电压和电流的读值。

四、实验器材介绍

FB321 型电阻元件 U-I 特性实验仪由直流稳压电源、可变电阻箱、电流表、电压表及被测元件五部分组成，电压表和电流表采用 4 位半数显表头，可以独立完成对线性电阻元件、半导体二极管、钨丝灯泡等电学元件的伏安特性测量。

电学元件的伏安特性的研究仪器操作

FB321 型电阻元件 U-I 特性实验仪组成部分技术指标如下：

(1) 直流稳压电源输出电压：$0\sim 2$ V、$0\sim 10$ V 两挡（连续可调）。
(2) 可变电阻箱由 $(0\sim 10)1$ kΩ，$(0\sim 10)100$ Ω，$(0\sim 10)10$ Ω 可变电阻开关盘构成，如图 3-5-4 所示，电阻变化范围为 $0\sim 11\ 100$ Ω，最小步进量为 10 Ω。

可变电阻箱使用方法：

① 作变阻器使用：0 号和 2 号端之间电阻等于三个位电阻盘电阻值之和，电阻值为 $0\sim 11\ 100$ Ω，最小步进值为 10 Ω；0 号和 1 号端子间电阻值为 $0\sim 1\ 100$ Ω，最小步进量为 10 Ω；1 号和 2 号端子间电阻值为 $0\sim 10$ kΩ，步进量为 1 kΩ。

② 构成分压器：当电源正极接于 2 号端子，负极接于 0 号端子，从 0 号端 1 号端子上获得电源

电压的分压输出,由电压表显示出分电压值。

(3)数字电压表满量程电压:2 V、20 V,量程变换由调节转换开关完成,表头最大显示19 999,各量程对应内阻如下:

2 V对应10 MΩ,20 V对应1 MΩ。

图3-5-4　FB321型电阻元件伏安特性实验仪面板图

(4)数字电流表满量程电流:2 mA、20 mA、200 mA,量程变换由调节转换开关完成,表头最大显示19 999,各量程内阻如下:

2 mA对应100 Ω,20 mA对应10 Ω,200 mA对应1 Ω。

数字电压表及电流表的准确度级别均为1.5。

五、实验内容与步骤

1. 测定线性电阻(10 Ω 和 10 kΩ)的伏安特性,并作出伏安特性曲线

(1)将变阻器电阻调至最大以及电压表和电流表量程调至最大,按图3-5-5所示连接电路,调节滑动变阻器电阻观察电压表、电流表值的变化,选取合适的量程,选定量程后将电表的参数填入表3-5-1中。

(2)分别测量10 Ω 和 10 kΩ 伏安特性,每个电阻记录四个测量值,填入表3-5-1中。

(3)在方格坐标纸上画出所测量线性电阻的伏安特性曲线。

2. 测定半导体二极管的伏安特性,并作出伏安特性曲线

因为二极管正向电阻小,可用图3-5-6所示的电路,图中$R_2 = 100\ \Omega$为保护电阻,用以限制电流,避免电压到达二极管的正向导通电压值时电流太大,损坏二极管或电流表。

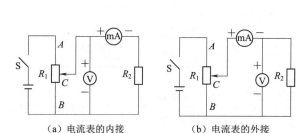

图3-5-5　线性电阻伏安特性连线

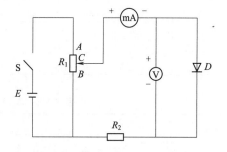

图3-5-6　测量二极管正向特性电路

（1）接通电源前应调节电源 E 使其输出电压为 3 V 左右，并将分压输出滑动端 C 置于 B 端。然后缓慢增加电压，如取 0.00 V、0.10 V、0.20 V、……（到电流变化大的地方，可适当减小测量间隔）。

（2）读出相应电流值，将数据记入表3-5-2中。

（3）在方格坐标纸上画出所测二极管的伏安特性曲线。

六、数据记录与处理

表 3-5-1　伏安法测线性电阻内/外接测量数据

电压表级别 k_1 = _____；电流表级别 k_2 = _____；
电压表的仪器误差 ΔU = _____；电流表的仪器误差 ΔI = _____

	待测电阻标称值	10 Ω				10 kΩ			
电流表内接	电压表量程 U_{max}/V								
	电流表量程 I_{max}/mA								
	电流表内阻 R_A/Ω								
	电压读数 U/V								
	电流读数 I/mA								
	$R = U/I$ /Ω								
	$\overline{R}$/Ω								
	修正后 $R' = (U/I - R_A)$/Ω								
	$\overline{R'}$/Ω								
	$\dfrac{\Delta R}{R} = \left\lvert \dfrac{\Delta U}{U_{min}} \right\rvert + \left\lvert \dfrac{\Delta I}{I_{min}} \right\rvert$								
	$\Delta R = \overline{R} - \overline{R'}$/Ω								
电流表外接	电压表量程 U_{max}/V								
	电流表量程 I_{max}/mA								
	电压读数 U/V								
	电流读数 I/mA								
	电压表内阻 R_V/Ω								
	$R = U/I$ /Ω								
	$\overline{R}$/Ω								
	修正后 $R' = [U/(I - U/R_V)]$/Ω								
	$\overline{R'}$/Ω								
	$\dfrac{\Delta R}{R} = \left\lvert \dfrac{\Delta U}{U_{min}} \right\rvert + \left\lvert \dfrac{\Delta I}{I_{min}} \right\rvert$								
	$\Delta R = (\overline{R} - \overline{R'})$/Ω								

表 3-5-2　半导体二极管正向伏安特性测量数据

电压读数 U/V						
电流读数 I/mA						

七、分析与讨论

（1）电流表或电压表面板上的符号各代表什么意义？电表的准确度等级是怎样定义的？怎样确定电表读数的示值误差和读数的有效数字？

（2）滑动变阻器在电路中主要有几种基本接法？它们的功能分别是什么？在图 3-5-5 和图 3-5-7 的线路中滑动变阻器各起什么作用？在图 3-5-5 中，当滑动端 C 移至 A 或 B 时，电压表读数的变化与图 3-5-7 中移动 C 点时的变化是否相同？

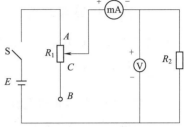

图 3-5-7　电阻器限流接法

（3）1.5 级 0～3 V 的电压表表面共有 60 分格，如以 V 为单位，它的读数应读到小数点后第几位？2.5 级 0～10 mA 的毫安表表面共有 50 分格，如以 mA 为单位，它的读数应读到小数点后第几位？

（4）有一个 0.5 级、量程为 100 mA 的电流表，它的最小分度值一般应是多少？最大绝对误差是多少？当读数为 50.0 mA，此时的相对误差是多少？若电表还有 200 mA 的量程，上述各项分别是多少？

（5）用量程为 1.5/3.0/7.5/15 V 的电压表和 50/500/1 000 mA 的电流表测量额定电压为 6.3 V、额定电流为 300 mA 的小电珠的伏安特性，电压表和电流表应选哪种量程？若测另一额定电压为 12 V 的小灯泡，额定电流不知道，这时电压表和电流表的量程如何选取？

（6）提供下列仪表：0～6 V 可调直流稳压电源；滑动变阻器 $R_0 = 100\ \Omega(2\ A)$ 及 $1\ k\Omega(0.5\ A)$ 各一只；0.5 级多量程电流表；0.5 级多量程电压表；待测电阻一只；待校 1.5 级电压表一只。

已知电表内阻：

电流表 $\begin{cases} 量程(mA) & 7.5 & 15 & 30 & 75 \\ 内阻\ R_A(\Omega) & 3.43 & 2.31 & 1.26 & 0.4 \end{cases}$

电压表 $\begin{cases} 量程(V) & 3 & 7.5 & 15 \\ 内阻\ R_V(\Omega) & 500 & & \end{cases}$

①设计一个伏安法测电阻的控制电路，待测电阻 200 Ω，电流表内接，电流调节范围为 20～30 mA，画出电路，并注明电路中各元件的参数。

②设计一个校正电压表的控制电路，待校表量程 5 V，内阻 50 kΩ，画出电路，并注明电路中各元件的参数。

实验 6　静电场的描绘

一组带电电极产生的静电场原则上可以用理论方法进行计算，但实际工作中常常会遇到复杂的电极形状及电位分布，故用理论计算相当困难；当然，这时可以用实验方法直接测量静电场，但静电测量的灵敏度往往较低，只有存在强电场的情况下才适用，而且探测电极的引入会破坏原电场的分布，使得测量误差很大。为解决此类问题，通常需要以相似理论为依据，找出一个类似于研究对象的物理现象或过程模拟实际的情况，通过对模拟的模型进行测试来达到对研究对象的研究和测量，这种研究方法称为"模拟法"。由于在一定条件下，导电介质中的稳恒电流场与静电场服从类似的规律，故可以用稳恒电流场来模拟静电场的分布。

一、实验目的

(1) 了解并掌握模拟法测绘静电场的原理和方法。
(2) 描绘出静电场分布曲线及场量的分布特点。
(3) 理解对电场强度、电场线和电位等概念。

二、实验仪器与装置

静电场描绘仪(包括电极架、电极、探针、导电玻璃)、15 V 稳压电源。

三、实验原理

1. 稳恒电流场模拟静电场

稳恒电流场与静电场本质上是两种性质完全不同的场,但是两者在一定条件下具有高度相似的空间分布,即两种场遵守规律在形式上相似:①两种场物理量一一对应;②物理量所满足的数学表达形式基本相同,见表3-6-1。

表 3-6-1 稳恒电流场与静电场的形式比较

场	稳恒电流场		静电场	
物理量	电位	V	电位	U
	电场强度	E	电场强度	E
	电流密度	J	电位移矢量	D
数学表达形式	$J = \sigma E$		$D = \varepsilon E$	
	$\oint_S \boldsymbol{J} \cdot \mathrm{d}\boldsymbol{s} = 0$ (无源区域)		$\oint_C \boldsymbol{D} \cdot \mathrm{d}\boldsymbol{l} = 0$ (无源区域)	
	$\oint_l \boldsymbol{J} \cdot \mathrm{d}\boldsymbol{l} = 0$ (无源区域)		$\oint_l \boldsymbol{J} \cdot \mathrm{d}\boldsymbol{l} = 0$ (无源区域)	
	$\frac{\partial^2 U}{\partial x^2} + \frac{\partial^2 U}{\partial y^2} + \frac{\partial^2 U}{\partial z^2} = 0$		$\frac{\partial^2 U}{\partial x^2} + \frac{\partial^2 U}{\partial y^2} + \frac{\partial^2 U}{\partial z^2} = 0$	

由此可见,E 和 J 在各自区域中满足同样的数学规律。在相同边界条件下,二者具有相同的解析解,因此可以用稳恒电流场来模拟静电场。当采用稳恒电流场来模拟研究静电场时,还必须注意以下使用条件:

(1) 稳恒电流场中的导电质分布必须相应于静电场中的介质分布。具体地说,如果被模拟的是真空或空气中的静电场,则要求电流场中的导电质应是均匀分布的,即导电质中各处的电阻率必须相等;如果被模拟的静电场中的介质不是均匀分布的,则电流场中的导电质应有相应的电阻分布。

(2) 如果产生静电场的带电体表面是等位面,则产生电流场的电极表面也应是等位面。为此,可采用良导体做成电流场的电极,而用电阻率远大于电极电阻率的不良导体(如石墨粉、自来水或稀硫酸铜溶液等)充当导电质。

(3) 电流场中的电极形状及分布,要与静电场中的带电导体形状及分布相似。

2. 同轴电缆及其静电场分布

如图 3-6-1(a) 所示,在真空中有一半径为 r_a 的长圆柱形导体 A 和一内半径为 r_b 的长圆筒形导体 B,它们同轴放置,分别带等量异号电荷。由高斯定理知,在垂直于轴线的任一截面 S 内,都有均匀分布的辐射状电场线,这是一个与坐标 z 无关的二维场。在二维场中,电场强度 E 平行于 xy 平面,其等位面为一簇同轴圆柱面。因此只要研究 S 面上的电场分布即可。

由静电场中的高斯定理可知,距轴线的距离为 r 处[见图 3-6-1(b)]各点电场强度为 $E = \dfrac{\lambda}{2\pi\varepsilon_0 r}$,式中 λ 为柱面单位长度的电荷量,其电位为

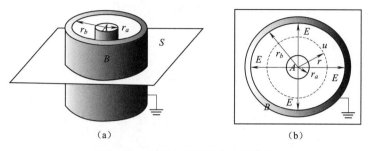

(a)　　　　　　　　　　　(b)

图 3-6-1　同轴电缆及其静电场分布

$$U_r = U_a - \int_{r_a}^{r} \boldsymbol{E} \cdot \mathrm{d}\boldsymbol{r} = U_a - \frac{\lambda}{2\pi\varepsilon_0}\ln\frac{r}{r_a} \tag{3-6-1}$$

设 $r = r_b$ 时,$U_b = 0$,则有

$$\frac{\lambda}{2\pi\varepsilon_0} = \frac{U_a}{\ln\dfrac{r_b}{r_a}} \tag{3-6-2}$$

将式(3-6-2)代入式(3-6-1),得

$$U_r = U_a \frac{\ln\dfrac{r_b}{r}}{\ln\dfrac{r_b}{r_a}} \tag{3-6-3}$$

$$E_r = -\frac{\mathrm{d}U_r}{\mathrm{d}r} = \frac{U_a}{\ln\dfrac{r_b}{r_a}} \cdot \frac{1}{r} \tag{3-6-4}$$

3. 同柱圆柱面电极间的电流分布

若上述圆柱形导体 A 与圆筒形导体 B 之间充满了电导率为 σ 的不良导体,A、B 与电流电源正负极相连接(见图 3-6-2),A、B 间将形成径向电流,建立稳恒电流场 E'_r,可以证明在均匀的导体中的电场强度 E'_r 与原真空中的静电场 E_r 的分布规律是相似的。

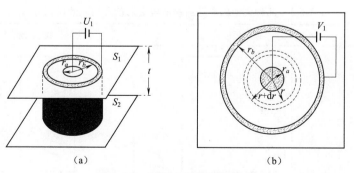

(a)　　　　　　　　　　　(b)

图 3-6-2　同轴电缆的模拟模型

取厚度为 t 的圆轴形同轴不良导体片为研究对象，设材料电阻率为 $\rho(\rho=1/\sigma)$，则任意半径 r 到 $r+\mathrm{d}r$ 的圆周间的电阻是

$$\mathrm{d}R = \rho\frac{\mathrm{d}r}{s} = \rho\frac{\mathrm{d}r}{2\pi r t} = \frac{\rho}{2\pi t}\cdot\frac{\mathrm{d}r}{r} \tag{3-6-5}$$

半径为 r 到 r_b 之间的圆柱片的电阻为

$$R_{rr_b} = \frac{\rho}{2\pi t}\int_r^{r_b}\frac{\mathrm{d}r}{r} = \frac{\rho}{2\pi t}\ln\frac{r_b}{r} \tag{3-6-6}$$

总电阻为（半径 r_a 到 r_b 之间圆柱片的电阻）

$$R_{r_a r_b} = \frac{\rho}{2\pi t}\ln\frac{r_b}{r_a} \tag{3-6-7}$$

设 $U_b=0$，则两圆柱面间所加电压为 U_a，径向电流为

$$I = \frac{U_a}{R_{r_a r_b}} = \frac{2\pi t\, U_a}{\rho\ln\frac{r_b}{r_a}} \tag{3-6-8}$$

距轴线 r 处的电位为

$$U'_r = IR_{rr_b} = U_a\frac{\ln\frac{r_b}{r}}{\ln\frac{r_b}{r_a}} \tag{3-6-9}$$

E'_r 为

$$E'_r = -\frac{\mathrm{d}U'_r}{\mathrm{d}r} = \frac{U_a}{\ln\frac{r_b}{r_a}}\cdot\frac{1}{r} \tag{3-6-10}$$

由以上分析可见，U_r 与 U'_r，E_r 与 E'_r 的分布函数完全相同。为什么这两种场的分布相同呢？可以从电荷产生场的观点加以分析。在导电质中没有电流通过的，其中任一体积元（宏观小、微观大、其内仍包含大量原子）内正负电荷数量相等，没有净电荷，呈电中性。当有电流通过时，单位时间内流入和流出该体积元内的正或负电荷数量相等，净电荷为零，仍然呈电中性。因而，整个导电质内有电场通过时也不存在净电荷。这就是说，真空中的静电场和有稳恒电流通过时导电质中的场都是由电极上的电荷产生的。事实上，真空中电极上的电荷是不动的，在有电流通过的导电质中，电极上的电荷一边流失，一边由电源补充，在动态平衡下保持电荷的数量不变，所以这两种情况下电场分布是相同的。表3-6-2给出了几种典型静电场的模拟电极形状及相应的电场分布。

表3-6-2 几种典型静电场的模拟电极形状及相应的电场分布

极 形	模拟板形式	等位线、电场线理论图形
长平行导线（输电线）		

续上表

极　　形	模拟板形式	等位线、电场线理论图形
长同轴圆筒 (同轴电缆)		
劈尖型电极		
模拟聚焦电极		

4. 带等量异号电荷的平行长直导线的电场分布

带等量异号电荷的平行长直导线模拟电极如图 3-6-3 所示,设两根导线电极 A 和 B 之间的电势差为 U,电极间的距离为 D,导线的截面直径为 r 且 $d \gg r$,那么垂直于平行导线的平面上,任意一点(见图 3-6-4) Q 的电位为

$$U_Q = \frac{U}{2\ln\dfrac{D-r}{r}} \ln\frac{r_2}{r_1} \tag{3-6-11}$$

式(3-6-11)表明,在同一条等势线上的点,它们距离电极 A 和 B 的距离之比应该相等,即 $\dfrac{r_2}{r_1}$ = 同一常数 C。

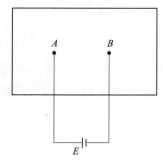

图 3-6-3　模拟电极

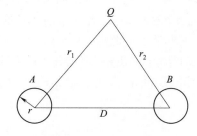

图 3-6-4　垂直于平行导线的平面上任意一点 Q 电位示意图

四、实验器材介绍

GVZ-3 型静电场描绘实验仪(包括导电微晶、双层固定支架、同步探针等),支架采用双层式结构,上层放记录纸,下层放导电微晶。电极直接制作在导电微晶上,并将电极引线接到外接线柱上,电极间制作有导电率远小于电极且各向均匀的导电介质。接通直流电源就可以进行实验。在导电微晶和记录纸上方各有一探针,通过金属探针臂把两探针固定在同一手柄座上,两探针始终保持在同一铅垂线上。移动手柄座时,可保证两探针的运动轨迹是一样的。由导电微晶上方的探针找到待测点后,按一下记录纸上方的探针,在记录纸上留下一个对应的标记。移动同步探针在导电微晶上找出若干电位相同的点,即可描绘出等位线。

操作视频

静电场的描绘仪器操作

五、实验内容与步骤

1. 实验装置准备

(1)用导线连接稳压电源输出接线柱和描绘架接线柱,红色与红色相连,黑色与黑色相连。将稳压电源探针输入红色接线柱与探针架连接线柱相连。将探针架好,并使探针下探头置于导电微晶电极上。

(2)启动电源开关,将校正测量键置于校正端,旋转电压调节旋钮,使电压显示值为 12 V,再将校正测量键置于测量端,并将下探针头置于同轴圆柱面中心电极处,观察电源输出电压是否为 12 V,如有偏差则需要微调电压。

(3)将描绘纸放置静电场描绘仪打点针的下方,并用磁铁固定。

2. 测绘同轴圆柱面的等位线并绘制电力线

(1)将电源输出端连接同轴圆柱面,调节输出电压至 12 V。

(2)移动探针,在导电微晶上(r_1 和 r_2)间比较均匀地找到八个 1 V 的等电势点,逐个用同步打点针在描绘纸上记录下这些点的位置,并标注电压值。

(3)重复以上步骤,分别测出 2 V、3 V、4 V、5 V 的各组等电势点的位置,并标注电压值。

(4)检查每组等电势点是否大致在一个圆周上。

(5)根据记录的等电势点画出相应等势线和电场线,并选取每条等势线上八个点测量等势线的半径,填入表 3-6-3 中。

3. 测绘两平行导线的电场分布

(1)将电源输出端连接长平行导线面板,调节输出电压至 12 V。

(2)移动探针,在两电极 A 与 B 之间比较均匀地找到 10 个 3 V 的等电势点,逐个用同步打点针在描绘纸上记录下这些点的位置,并标注电压值。

(3)重复以上步骤,分别测出 4 V、5 V、6 V、7 V、8 V 的各组等电势点的位置,并标注电压值。

(4)据记录的等势点画出相应等势线和电力线,并选取某一条等势线上八个点测量该点到电极 A 的距离和到电极 B 的距离,填入表 3-6-4 中。

六、实验数据记录与处理

表 3-6-3 同轴圆柱面测量数据

$U_{测}$/V	r_i								$\bar{r}$	$U_{理}$/V	相对误差
	r_1	r_2	r_3	r_4	r_5	r_6	r_7	r_8			
1											
2											
3											
4											
5											

表 3-6-4 两平行导线测量数据

r_1						
r_2						
C_i						
$\bar{C}=$						
$\sigma_C=$						

七、分析与讨论

(1) 何谓模拟法?模拟法的实验条件是什么?
(2) 如果实验中电源电压不稳定,是否会改变电场线和等势线的分布?为什么?
(3) 试从描绘的等势线和电场线分布图,分析何处电场强度强,何处电场强度比较弱。
(4) 列举或设计用模拟法研究问题的 1~2 个实例,并说明是属于哪一类模拟。
(5) 探针如何移动才能迅速找到其他等电势点?
(6) 由导电微晶与记录纸的同步测量记录,能否模拟出点电荷激发的电场或同心圆球壳型带电体激发的电场?为什么?

实验7 气垫导轨实验

摩擦的存在是很多物理实验中产生误差的主要原因之一。摩擦往往使测量误差很大,甚至使某些物理实验无法进行。气垫导轨就是为消除摩擦而设计的力学实验仪器。其最大的特点是减少机械摩擦和磨损,如再配上先进、准确的光电计时装置,将使实验结果的精确度大大提高。

气垫导轨实验重复性好,相对误差较小,利用它可测量速度、加速度和重力加速度,验证牛顿第二定律、动量守恒定律和机械能守恒定律等,能进行许多力学和非力学实验。

近年来,气垫技术得到了很多实际应用,如气垫船、空气轴承等。这些气垫装置的应用可以提高系统运行速度,减少机械磨损,延长零件使用寿命,提高工作效率。

一、实验目的

(1) 了解气垫导轨、光电门和数字毫秒计的原理及调节、使用方法。
(2) 学会用气垫导轨测量速度、加速度。

(3)验证动量守恒定律和机械能守恒定律。

二、实验仪器与装置

气垫导轨、滑块(两个)、光电门(两个)、数字毫秒计、缓冲弹簧、橡皮泥(若干)、物理天平、游标卡尺、加重块(若干)、轻胶带、砝码。

三、实验原理

1. 速度的测量

一个做直线运动的物体,在 Δt 时间内,经过的位移为 Δx,则该物体在 Δt 时间内的平均速度为

$$\bar{v} = \frac{\Delta x}{\Delta t} \tag{3-7-1}$$

在 Δx 不大,且物体的加速度较小时,可以把 $\bar{v}$ 看作该点的瞬时速度。

在实际实验当中,在滑块上装一窄的遮光板,当滑块经过设在某位置上的光电门时,遮光板将遮住照在光电元件上的光,则测出遮光板的宽度 Δx 和遮光时间 Δt,就可算出滑块通过光电门的平均速度。由于 Δx 比较小,且在 Δx 范围内滑块的速度变化也很小,故可以把上述平均速度看作滑块经过光电门时的瞬时速度。

2. 加速度的测量

如图 3-7-1 所示,将已调水平的导轨的单脚螺钉支承端用适当的垫块垫高,从而使导轨有适当的倾斜度,则滑块将沿着导轨自由下滑,由于滑块所受的摩擦阻力可以忽略,故滑块的运动可认为是匀加速直线运动。将两个光电门分别置于 x_1 和 x_2 处,测出滑块自由下滑时经过这两个光电门的速度 v_1 和 v_2,则滑块的下滑加速度为

$$a = \frac{v_2^2 - v_1^2}{2(x_2 - x_1)}$$

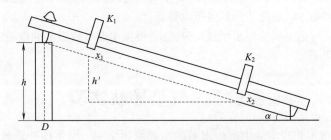

图 3-7-1 加速度的测量实验装置

3. 验证动量守恒定律

如果系统不受外力或所受外力的矢量和为零,则系统的总动量(包括大小和方向)保持不变,这一结论称为动量守恒定律。显然,在系统只包括两个物体,且此两物体沿一条直线发生碰撞的简单情况下,只要系统所受的合外力在此直线方向上的分量的代数和为零,则在该方向上系统的总动量就保持不变。

本实验研究两个物体沿一直线碰撞的情况。考虑在水平气垫导轨上的两个物体,由于气垫的飘浮作用,物体所受到的摩擦力可忽略不计,且空气阻力和黏滞力可忽略不计。这样,当发生碰撞时,系统的动量守恒,碰撞前后系统的总动量相等。

设两个滑块的质量分别为 m_1 和 m_2，它们在碰撞前的速度为 v_{1_0} 和 v_{2_0}，碰撞后的速度为 v_1 和 v_2，则根据动量守恒定律有

$$m_1 v_{1_0} + m_2 v_{2_0} = m_1 v_1 + m_2 v_2 \tag{3-7-2}$$

实验分两种情况进行。

（1）完全弹性碰撞。实验中将两滑块相碰端装上缓冲弹簧，由于缓冲弹簧形变后能迅速恢复原状，系统的机械能近似无损失，从而实现两滑块的碰撞为弹性碰撞。碰撞后系统的总动量和总动能均保持不变。

$$\frac{1}{2}m_1 v_{1_0}^2 + \frac{1}{2}m_2 v_{2_0}^2 = \frac{1}{2}m_1 v_1^2 + \frac{1}{2}m_2 v_2^2 \tag{3-7-3}$$

为简单起见，在实验中总是令 m_2 碰撞前静止，即 $v_{2_0}=0$，这时：

如两个滑块质量相等，即 $m_1 = m_2$，则由式(3-7-2)和式(3-7-3)有

$$v_1 = 0$$
$$v_2 = v_{1_0}$$

即两个滑块碰撞后将彼此交换速度。

如 $m_1 \neq m_2$，有

$$m_1 v_{1_0} = m_1 v_1 + m_2 v_2$$
$$\frac{1}{2}m_1 v_{1_0}^2 = \frac{1}{2}m_1 v_1^2 + \frac{1}{2}m_2 v_2^2$$

联立可解得

$$v_1 = \frac{m_1 - m_2}{m_1 + m_2} v_{1_0}$$
$$v_2 = \frac{2m_1}{m_1 + m_2} v_{1_0}$$

当 $m_1 > m_2$ 时，两滑块相碰撞后，二者沿相同的速度方向（与 v_{1_0} 相同）运动；当 $m_1 < m_2$ 时，两者碰撞后的运动速度方向相反，m_1 将反向运动，速度应为负值。

（2）完全非弹性碰撞。若两滑块碰撞后合在一起以同一速度运动而不分开，则称这种碰撞为完全非弹性碰撞。其特点是碰撞前后系统的动量守恒，而机械能不守恒。在实验中，为实现完全非弹性碰撞，可以在两滑块的相碰端装上橡皮泥。

设碰撞后两滑块合在一起共同运动的速度为 v，即

$$v_1 = v_2 = v$$

则由式(3-7-2)有

$$m_1 v_{1_0} + m_2 v_{2_0} = (m_1 + m_2) v$$
$$v = \frac{m_1 v_{1_0} + m_2 v_{2_0}}{m_1 + m_2}$$

特别地，当两滑块质量相等，即 $m_1 = m_2$ 且 $v_{2_0} = 0$ 时，有

$$v = \frac{1}{2} v_{1_0}$$

即两滑块合在一起后质量增加一倍，速度为原来的一半。

4. 验证机械能守恒定律

如果物体系没有受外力及非保守内力作用或外力与非保守内力所做的功均为零，则物体系的动能与势能可以相互转换，但它们的总和保持不变。这就是机械能守恒定律。

实验装置如图 3-7-2 所示。调节气轨使其与水平面的夹角为 α 后,把质量为 m 的砝码经轻胶带跨过气垫滑轮与质量为 M 的滑块相连接,由于采用了气垫,几乎消除了摩擦力,故由滑块、砝码和地球所组成的系统机械能守恒。

考虑滑块由 A 运动到 B 的过程,设 A、B 两点间距离为 s,滑块运动经过 A、B 点时速度分别为 v_1 和 v_2,则对这一过程,应用机械能守恒定律有

$$mgs = \frac{1}{2}(m+M)v_2^2 - \frac{1}{2}(m+M)v_1^2 + Mgs\sin\alpha$$

四、实验器材介绍

气垫导轨仪器由导轨、滑块、光电转换系统(光电门)和气源几部分组成,如图 3-7-3 所示。

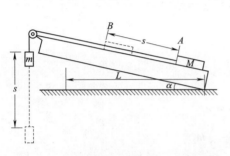

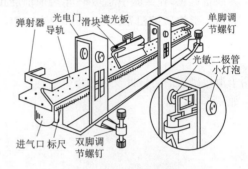

图3-7-2 验证机械能守恒定律的实验装置　　　图3-7-3 气垫导轨仪

(1) 导轨。导轨由一根平直、光滑的三角形铝合金制成,固定在一根刚性较强的工字钢梁上,长为 1.5 m。轨面上均匀分布着两排喷气小孔。导轨一端封闭,另一端装有进气嘴,当压缩空气从小气孔喷出时,托起滑块,以减少摩擦。为避免碰伤,导轨两端及滑块上都装有缓冲弹簧;在工字钢架的底部装有三个底脚螺旋,分处在导轨的两端,双脚端的螺旋用来调节轨面两侧线高低,单脚端螺旋用来调节导轨水平,或将不同厚度的垫块放在其下,以得到不同的斜度。另外,为测量方便,导轨一侧固定有毫米刻度的米尺,作为定位光电门的工具。

(2) 滑块。滑块是在导轨上运动的物体,其下表面与导轨的两个侧面精密吻合,滑块上可以加装挡光片、加重块、缓冲弹簧、橡皮泥等附件,以供不同实验使用。

(3) 气垫滑轮。它实际上是导轨延伸的一个圆形鼓轮,上面有喷气小孔,使带动滑块运动的轻胶带漂浮在滑轮上面,减少转动摩擦,同时还可避免由于滑轮自身的旋转而对测量结果造成的影响。

(4) 光电门。光电门常与数字毫秒计相连,作为实验中的计时计数装置。光电门由小灯泡和光敏二极管组成,小灯泡点亮时,正好照在光敏二极管上,光敏二极管在光照时电阻约为几千欧到几十千欧;无光照时,电阻为兆欧级以上。利用光敏二极管两种状态下的电阻变化,产生电脉冲来控制数字毫秒计,达到计时或计数的效果。

(5) 气源。实验中所用气流由专用小型气泵产生,该气泵接通电源即有气流产生。

五、实验内容与步骤

1. 调整光电计时系统

打开数字毫秒计电源,确定其能正常工作,并调整光电计时系统。

2. 调节气垫导轨,使其水平

可分粗调和细调:

(1)粗调。接通气源,使导轨通气良好,将装有挡光片的滑块轻放于导轨上,调节单脚螺钉,使滑块在气轨上各处均能保持静止。

(2)细调。将两光电门分别安装在导轨上,并相距一定的距离,使滑块以某一速度运动,测量滑块先后经过两个光电门时的挡光时间 Δt_1 和 Δt_2,仔细调节单脚螺钉,使 Δt_2 略大于 Δt_1,且相差在 5% 以内即可(对于处于水平的导轨,由于空气阻力等的影响,滑块经过第一个光电门的挡光时间 Δt_1 总是略小于经过第二个光电门的挡光时间 Δt_2)。

3. 速度的测量

(1)在确定导轨已调水平和光电计时系统能正常工作后,将两光电门放置在导轨上相距为一定距离 S 的两点。

(2)用卡尺测出滑块上挡光片的宽度 Δx。

(3)将滑块放置在导轨上,并轻推滑块,使其以某一初速度在导轨上自由运动,按先后次序记下滑块往返一次经过两光电门时的挡光时间(即数字毫秒计的读数)Δt_1,Δt_2,Δt_3,Δt_4。

(4)由公式 $v = \dfrac{\Delta x}{\Delta t}$ 算出各位置的速度。

(5)给滑块一个不同的初速度,重复上述实验三次,以熟悉速度的测量方法。

该内容数据表格自拟。

4. 加速度的测量

(1)在已调水平的导轨的单脚螺旋下垫上一定高度的垫块。

(2)如图 3-7-1 所示,将两光电门分别置于导轨上 x_1 及 x_2 处,从标尺上读出 x_1 和 x_2 的位置。

(3)让滑块从高端某位置处由静止开始自由下滑,测出其经过两光电门时的挡光时间 Δt_1 和 Δt_2,从而进一步算出滑块经过两光电门时的速度 v_1 和 v_2。

(4)重复测量三次,由式 $a = \dfrac{v_2^2 - v_1^2}{2(x_2 - x_1)}$ 可算出滑块下滑过程中的加速度 a。

(5)改变两光电门的位置,重复步骤(2)、(3)、(4)三次,并将数据记录于表 3-7-1 中。

(6)计算并比较各加速度值。

5. 验证动量守恒定律

(1)在弹性碰撞下验证动量守恒定律。

①取两个滑块,在其相碰端装上缓冲弹簧,用天平测量其质量,并通过向质量小的滑块上安装加重块或橡皮泥等办法,使两滑块质量相等并记录该 m 值。

②分别测量出两滑块上遮光板的宽度 Δx_1 和 Δx_2。

③如图 3-7-4 所示,在导轨上安装两光电门和两滑块,并使滑块 2 静止在两光电门之间,且与两光电门保持适当的距离。

④轻推滑块 1,使其以某一速度从左向右运动,记录碰撞前后滑块 1 经过光电门 1 时的挡光时间 Δt_1 和滑块 2 经过光电门 2 的挡光时间 Δt_2。并注意观察碰撞完成后滑块 1 是否静止。

⑤重复上述实验步骤五次,将各次所得数据均记录于表 3-7-2 中。

⑥处理所得到的数据,判断碰撞前后动量是否守恒。

(2)在完全非弹性碰撞下验证动量守恒定律。

①将两滑块相碰端的缓冲弹簧取下,换上橡皮泥,同时使两滑块的质量相等。

②用天平分别测量两滑块的质量 m_1 和 m_2,此时应有 $m_1 = m_2 = m$。

③仍按图 3-7-4 所示安装两光电门和两滑块,使滑块 2 开始时静止于两光电门之间。

④轻推滑块1,观察两滑块碰撞后是否合在一起共同运动,并分别记下两光电门被挡光的时间 Δt_1 和 Δt_2。

⑤重复上述步骤三次,并将数据记录于表 3-7-3 中。

⑥改变两滑块的质量,在两滑块上装上不同的加重块,使 $m_1 > m_2$,重复步骤② ~ ⑤,并将数据记录于表 3-7-4 中。

⑦重新配置两滑块上的加重块,使 $m_1 < m_2$,再次重复步骤② ~ ⑤,并将数据记录于表 3-7-5 中。

⑧进行数据处理,分别验证在 $m_1 = m_2$、$m_1 > m_2$、$m_1 < m_2$ 这三种情况下动量是否守恒。

6. 验证机械能守恒定律

实验装置如图 3-7-5 所示。

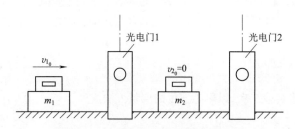

图 3-7-4　验证动量守恒定律实验装置　　图 3-7-5　验证机械能守恒定律实验装置

(1)将已调水平的导轨单螺旋端用垫高块垫高,并测量垫高块高度 h 以及垫高块到双螺旋端两螺旋连线的垂直距离 L,从而计算角 α。

(2)测量两光电门之间的距离 s。

(3)取滑块一个,测量其质量 M 及挡光片宽度 Δx。

(4)将轻胶带跨过滑轮,一端连接滑块,另一端连接砝码,并记下此时砝码的质量 m。

(5)使滑轮由静止开始运动,测量滑块经过两光电门时的挡光时间 Δt_1 和 Δt_2。

(6)重复以上步骤三次,将数据记录于表 3-7-6 中。

(7)改变砝码质量,再重复步骤(5)、(6)。

(8)处理数据,验证机械能是否守恒。

六、实验数据记录与处理

1. 测量加速度

挡光片宽度 $\Delta x =$ _____ cm

表 3-7-1　加速度的测量数据

x_1	x_2	测量次数	Δt_1	Δt_2	$v_1 = \dfrac{\Delta x}{\Delta t_1}$	$v_2 = \dfrac{\Delta x}{\Delta t_2}$	$a = \dfrac{v_2^2 - v_1^2}{2(x_2 - x_1)}$	$\bar{a}$
		1						
		2						$\bar{a}_1 =$
		3						
		1						
		2						$\bar{a}_2 =$
		3						

续上表

x_1	x_2	测量次数	Δt_1	Δt_2	$v_1 = \dfrac{\Delta x}{\Delta t_1}$	$v_2 = \dfrac{\Delta x}{\Delta t_2}$	$a = \dfrac{v_2^2 - v_1^2}{2(x_2 - x_1)}$	$\bar{a}$
		1						
		2						$\bar{a}_3 =$
		3						
		平　均　值						

2. 验证动量守恒定律

（1）在弹性碰撞下验证动量守恒定律。

滑块质量 $m =$ _____；挡光片宽度 $\Delta x_1 =$ _____；$\Delta x_2 =$ _____。

表 3-7-2　验证动量守恒定律的测量数据（弹性碰撞）

次　数	Δt_1	Δt_2	$v_1 = \dfrac{\Delta x_1}{\Delta t_1}$	$v_2 = \dfrac{\Delta x_2}{\Delta t_2}$	$E_{k1} = m v_1$	$E_{k2} = m v_2$	$\Delta E_k = E_{k2} - E_{k1}$
1							
2							
3							
4							
5							

（2）在完全非弹性碰撞下验证动量守恒定律。

① $m_1 = m_2 = m$。

滑块质量 $m =$ _____；挡光片宽度 $\Delta x_1 =$ _____；$\Delta x_2 =$ _____。

表 3-7-3　验证动量守恒定律的测量数据（完全非弹性碰撞，$m_1 = m_2 = m$）

次　数	Δt_1	Δt_2	$v_1 = \dfrac{\Delta x_1}{\Delta t_1}$	$v_2 = \dfrac{\Delta x_2}{\Delta t_2}$	$E_{k1} = m v_1$	$E_{k2} = m v_2$	$\Delta E_k = E_{k2} - E_{k1}$
1							
2							
3							

② $m_1 > m_2$。

$m_1 =$ _____；$m_2 =$ _____；$\Delta x_1 =$ _____；$\Delta x_2 =$ _____。

表 3-7-4　验证动量守恒定律的测量数据（完全非弹性碰撞，$m_1 > m_2$）

次　数	Δt_1	Δt_2	$v_1 = \dfrac{\Delta x_1}{\Delta t_1}$	$v_2 = \dfrac{\Delta x_2}{\Delta t_2}$	$E_{k1} = m v_1$	$E_{k2} = m v_2$	$\Delta E_k = E_{k2} - E_{k1}$
1							
2							
3							

③ $m_1 < m_2$。

$m_1 =$ _____ ; $m_2 =$ _____ ; $\Delta x_1 =$ _____ ; $\Delta x_2 =$ _____ 。

表 3-7-5　验证动量守恒定律的测量数据（完全非弹性碰撞，$m_1 < m_2$）

次　数	Δt_1	Δt_2	$v_1 = \dfrac{\Delta x_1}{\Delta t_1}$	$v_2 = \dfrac{\Delta x_2}{\Delta t_2}$	$E_{k1} = mv_1$	$E_{k2} = mv_2$	$\Delta E_k = E_{k2} - E_{k1}$
1							
2							
3							

3. 验证机械能守恒定律

滑块质量 $m =$ _____ ；挡光片宽度 $\Delta x =$ _____ ；$h =$ _____ ；$L =$ _____ ；$S =$ _____ 。

表 3-7-6　验证机械能守恒定律的测量数据

砝码质量	次　数	Δt_1	Δt_2	$v_1 = \dfrac{\Delta x}{\Delta t_1}$	$v_2 = \dfrac{\Delta x}{\Delta t_2}$
	1				
$m_1 =$	2				
	3				
	1				
$m_2 =$	2				
	3				

七、注意事项

(1) 气垫导轨是较精密的实验设备，实验中应避免导轨受碰撞、摩擦而导致导轨表面变形、损伤，也不可将灰尘等杂物落在导轨表面，以防堵塞气孔。

(2) 滑块的内表面光洁度高，严防划伤、碰坏。导轨不通气时，不能将滑块放在导轨上，更不能强行来回推动滑块，以防摩擦损伤导轨及滑块表面。实验后，将滑块从导轨上取下另行放置，以免导轨变形。

(3) 装取挡光片或在滑块上安放加重块、橡皮泥等时，应将滑块从导轨上取下操作，并务必把加重块对称放置；否则，滑块不平衡，会与导轨表面磨损。

(4) 实验时，滑块的运动速度不要太大，以免在与导轨两端的缓冲弹簧或与其他滑块碰撞后跌落而使滑块受损。

(5) 气泵不能长时间连续使用，也不能时开时关，以免烧坏气源电机。

八、分析与讨论

(1) 为什么要调节滑块挡光片的挡光边与运动方向垂直？如不垂直会带来什么后果？如果滑块 A 和 B 上的挡光片都倾斜同一个角度，其影响会不会抵消？

(2) 经过计算，实验中的动量和机械能并不完全守恒，试分析引起误差的原因。

(3) 在验证动量守恒的实验中，应如何操作以保证实验条件并尽量减小测量误差？

实验 8　冲击电流计法测磁场

在科学实验和研究中,磁场是一个常见而又重要的主题。无论是基础物理实验还是应用技术的开发,磁场都扮演着关键角色。从核磁共振成像到粒子加速器,磁场的应用范围广泛。此外,研究磁场的变化和特性能够帮助科学家深入理解自然界的基本规律。由于磁场的类型和强弱不同,磁场的测量方法也各不相同。目前常用的测磁方法有电磁感应法、冲击电流计法(简称冲击法)、霍尔效应法、核磁共振法以及超导量子干涉器法等。

在实验室中,应用冲击电流计测量磁场的方法较为普遍。该方法的基本物理思想是:将探测线圈放在待测磁场的空间,使之与冲击电流计相连,当穿过探测线圈的感应电流通过冲击电流计时,使冲击电流计的指针发生偏转,从偏转角度可得到感应电流和磁场。该方法的优点:设备简单,测量的磁场范围宽;该方法的缺点:费时,不能直接读数。该方法的测量准确度主要取决于探测线圈的制作精度和测量电路,一般可达 0.1%～2%。本实验介绍用冲击电流计测量直螺线管内磁场的过程。

一、实验目的

(1)学习冲击电流计测量磁场的基本原理。
(2)掌握用冲击电流计测量直螺线管轴线上各点磁场的方法。
(3)比较螺线管轴线上磁场的测量结果和理论计算值,加深理解圆形电流磁场的理论。

二、实验仪器与装置

冲击电流计、直流稳压电源、待测螺线管、电阻箱、单刀双掷开关、换向开关、单刀开关和阻尼开关、标准互感器、电流表等。

三、实验原理

1. 通电的密绕直螺线管轴线上的磁场

设密绕直螺线管共绕有 N 匝线圈,螺线管长为 L,半径为 r_0。给线圈通以电流 I,并放在磁导率为 μ 的磁介质中,如图 3-8-1 所示。沿轴线方向上,在螺线管上取一小段线圈 dL,可看作通过电流为 $INdL/L$ 的圆形电流线圈,它在螺线管轴线上距离中心为 x 的点 P 产生的磁感应强度 dB_x 为

$$dB_x = \frac{INdL}{L} \cdot \frac{\mu r_0^2}{2r^3} \tag{3-8-1}$$

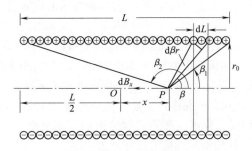

图 3-8-1　螺线管轴线磁感应强度计算示意图

由图 3-8-1 可知，$r_0 = r\sin\beta$，$dL = rd\beta/(\sin\beta)$，将其代入式(3-8-1)可得

$$dB_x = \frac{\mu IN}{2L}\sin\beta d\beta$$

由于螺线管的各小段在 P 点的磁感应强度的方向均沿轴线向左，所以整个螺线管在 P 点产生的磁感应强度为

$$B_x = \int_{\beta_1}^{\beta_2} dB_x = \frac{\mu IN}{2L}\int_{\beta_1}^{\beta_2}\sin\beta d\beta = \frac{\mu IN}{2L}(\cos\beta_1 - \cos\beta_2) \tag{3-8-2}$$

根据图 3-8-1，式(3-8-2)可改写为

$$B_x = \frac{\mu IN}{2L}\left[\frac{\frac{L}{2}-x}{\sqrt{\left(\frac{L}{2}-x\right)^2+r_0^2}} + \frac{\frac{L}{2}+x}{\sqrt{\left(\frac{L}{2}+x\right)^2+r_0^2}}\right] \tag{3-8-3}$$

令 $x = 0$，可得螺线管中点 O 的磁感应强度为

$$B_0 = \frac{\mu NI}{\sqrt{L^2+4r_0^2}} \tag{3-8-4}$$

令 $x = L/2$，可得螺线管两端横截面中心点的磁感应强度为

$$B_{L/2} = \frac{\mu NI}{2\sqrt{L^2+r_0^2}} \tag{3-8-5}$$

当 $L \gg r_0$ 时，也就是可将螺线管视为无限长时，由式(3-8-4)和式(3-8-5)可知

$$B_0 = \frac{\mu NI}{L}$$

$$B_{L/2} = B_0/2$$

以上两式依次是常见的无限长密绕螺线管内以及管的两端口处磁感应强度的大小。

2. 冲击法测量磁场的原理

冲击法是利用穿过探测线圈的磁通量迅速变化时，探测线圈将产生感应电动势，又由于探测线圈的两端与冲击检流计连接，因而有感应电流流过冲击检流计，使冲击检流计的线圈发生偏转。因首次最大偏转读数与冲击电荷量成正比，而冲击电荷量又与待测磁感应强度有定量关系，故利用这一关系便可测出磁感应强度。

如果要测量螺线管轴线某处的磁感应强度，就要在该处置一探测线圈。用漆包线在非铁磁性和非金属材料做成的框架上绕制一个小型探测线圈(设其总匝数为 n)，并将其安放在螺线管内部。当探测线圈在管内移动时，应保证与螺线管同轴，而其横截面始终与管轴垂直，如图 3-8-2 所示。设通过螺线管的电流为 I，螺线管轴上探测线圈截面积 A 内的平均磁感应强度为 B_x。显然，A 越小，B_x 越接近于螺线管轴上的磁感应强度，则穿过探测线圈的磁通量 Φ 为

$$\Phi = nB_xA$$

式中，A 为探测线圈的截面积。对于圆形框架的单层探测线圈 $A = \pi(D+D_0)^2/4$，式中，D 为框架的直径；D_0 为漆包线的直径。如果圆形框架的探测线圈是多层的，则 A 的数值由实验室给出。

现将图 3-8-2 中的开关 S_2 倒向 X，接通开关 S_1，则有电流 I 通过螺线管，并使探测线圈中的磁通量由 0 迅速变为 Φ，同时在探测回路中产生感应电动势脉冲 $\varepsilon = d\Phi/dt$。设探测回路的总电阻为 R(R 是探测线圈的直流电阻、标准互感器二次线圈的直流电阻、冲击电流计内阻和外加电阻 R_1 的总和)，则通过冲击电流计的瞬时感应电流脉冲为

$$i = \frac{\varepsilon}{R} = \frac{1}{R}\cdot\frac{d\Phi}{dt}$$

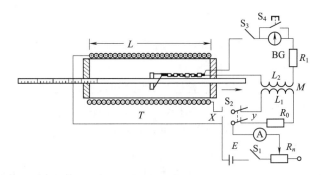

L—螺线管;BG—冲击检流计;T—探测线圈;A—电流表;E—直流稳压电源;M—标准互感量;
R_n—滑动变阻器;R_0—保护电阻;R_1—BG 工况调节电阻;S_1—单极开关;S_2—双极双位开关;
S_3—BG 保护开关;S_4—按钮开关。

图 3-8-2　测量螺线管轴线磁感应强度的线路图

在磁通量变化的时间 τ 内,通过冲击电流计 BG 的总电荷量为

$$Q = \int_0^\tau i \mathrm{d}t = \int_0^\Phi \frac{1}{R}\mathrm{d}\Phi = \frac{\Phi}{R} = \frac{nB_x A}{R} \tag{3-8-6}$$

按照冲击电流计理论,它的第一次最大偏转 d_{max} 与流过其线圈的电荷量 Q 成正比,即

$$Q = kd_{max} \tag{3-8-7}$$

比较式(3-8-6)和式(3-8-7)得

$$B_x = \frac{kR}{nA} d_{max} \tag{3-8-8}$$

式中,kR 称为冲击电流计的磁通冲击常数。为了测出该常数,需要使用图 3-8-2 中的标准互感 M（将互感器的二次线圈 L_2 事先与探测线圈串联在一起,目的在于保证用互感器测定常数时探测回路的总电阻与测量磁场时的相同）。将 S_2 倒向 Y 并接通 S_1,互感器一次线圈 L_1 中电流由零突然变为 I_1。按照互感的定义 $M = \Delta\Phi/\Delta I$ 可知,当 L_1 中电流变化为 I_1 时,在 L_2 中的磁通量变化为

$$\Delta\Phi = MI_1$$

应用式(3-8-6),在磁通量变化为 $\Delta\Phi$ 的时间内,通过冲击检流计 BG 的总电荷量

$$Q_1 = \Delta\Phi/R = MI_1/R \tag{3-8-9}$$

同理,由式(3-8-7)和式(3-8-9)可得到

$$kR = MI_1/d_{1max}$$

于是,式(3-8-8)可以改写为

$$B_x = \frac{MI_1}{nAd_{1max}} d_{max} \tag{3-8-10}$$

式中,M 为标准互感,H;I_1 为测量常数 kR 时电流的变化量,A;n 为探测线圈的匝数,1;A 为探测线圈的截面积,m²;d_{1max} 为 L_2 中有磁通变化量 $\Delta\Phi$ 时冲击电流计的偏转值,mm。采用上述单位后,磁感应强度 B_x 的单位为特(T)。

四、实验内容与步骤

测定密绕长直螺线管轴线上磁感应强度及其分布。

按照图 3-8-2 所示连接电路,调整好冲击电流计的镜尺读数系统,并将螺线管附近的所有铁磁材料移开。在观测数据时方可先后接通开关 S_3 和 S_1,且测读数据后应立刻断开,以免损坏冲击电流计和螺线管发热。

1. 测量磁通冲击常数

(1) 将 S_3 断开,S_2 倒向 Y,R_n 调至最大值。接通 S_1,逐渐减小 R_n,使流过互感器的电流 I_1 小于互感器的额定值。记下 I_1 的值,然后切断 S_1。

(2) 接通 S_3,调节 BG 回到平衡位置。接通 S_1,读记 BG 的最大偏转 $d_{1正}$。利用按钮开关 S_4 使 BG 回到平衡位置。迅速切断 S_1,在反方向又读得一个最大偏转 $d_{1负}$,取其平均值作为 d_{1max}。

为了测量准确,应改变电流值再测两次,分别取平均值,将数据记于表 3-8-1 中。

2. 测量磁场

(1) 将 S_3 断开,S_2 倒向 X,接通 S_1,调节 R_n 使流过螺线管的电流达到规定值 I 后,再断开 S_1。

(2) 将探测线圈安置在螺线管轴线的中心。调节 BG 回到平衡位置(正对零刻度线)。先后接通开关 S_3 和 S_1,读记 BG 的最大偏转 $d_{正}$。利用阻尼开关 S_4 使 BG 迅速回到平衡位置。待 BG 稳定后切断 S_1,读记 BG 在反方向的最大偏转 $d_{负}$,取其平均值作为 BG 的最大偏转 d_{max}。

(3) 保持电流 I 不变。向右(或左)每隔 2~3 cm 逐次移动探测线圈,重复步骤(2),记下各个位置上 BG 最大偏转的平均值 $\bar{d}_1, \bar{d}_2, \cdots$,直至螺线管端部,将数据记于表 3-8-2 中。在靠近端部偏转值变化大的区段移动距离可小些。

五、实验数据记录与处理

1. 数据表格

表 3-8-1　测量磁通冲击常数 kR

$M = \underline{\qquad}$ H；$R = \underline{\qquad}$ Ω

I_1/A	$d_{1正}$/mm	$d_{1负}$/mm	d_{1max}/mm	kR/(Wb/mm)	$kR_{平均}$
0.5					
0.6					
0.7					

表 3-8-2　测量螺线管内磁感应强度

$n = \underline{\qquad}$ 匝；$A = \underline{\qquad}$ m^2；$R = \underline{\qquad}$ Ω；$I = \underline{\qquad}$ A

x/cm							
$d_{正}$/mm							
$d_{负}$/mm							
d_{max}/mm							
B_x/T							

2. 数据处理

(1) 将测得的数据填入各表格内,并进行相应的计算。

(2) 记录螺线管长度 L、半径 r_0 和总匝数 N,在空气中,导磁率 $\mu \approx \mu_0 = 12.57 \times 10^{-7}$ H/m,再按照式(3-8-4)、式(3-8-5)和式(3-8-3)分别计算螺线管轴上 B_0、$B_{L/2}$ 和 B_x 的理论值。

(3) 以 x 为横轴,B_x 为纵轴,在同一张坐标纸上画出 B_x(实验值)-x 关系曲线和 B_x(理论值)-x 关系曲线。如果实验关系曲线和理论关系曲线相差过大,则分析其原因。

六、注意事项

(1) 应严格按有关规定调节冲击电流计。
(2) 在操作换向开关 S_1 时动作要迅速,调好 R_1 后必须始终保持其值不变。
(3) 应使实验电路中的标准互感器与螺线管的距离尽可能远一些。

七、分析与讨论

(1) 螺线管轴线上的磁场分布能否用通过低频低压交变电流的方法测定？为什么？如欲用交变电流测定,图 3-8-2 中的仪器和线路应做哪些改变？试给出测量电路的示意图,并加以说明。
(2) 把两个有一定宽度和厚度的相同的圆形电流线圈平行地固定在一个公共轴上,并使两个线圈之间的平均距离等于它们的平均半径,这样做成的线圈称为亥姆霍兹线圈,是一种应用很广的弱磁场源。今欲简便而迅速地确定通过公共轴的平面上磁场的分布(即磁场的相对大小和方向)图,试给出实验装置和电路的示意图,并扼要说明测定方法。
(3) 用冲击电流计测量磁场时,为什么要读取标尺零点两边的读数,并加以平均？
(4) 本实验测得的螺线管中点的磁感应强度值比理论公式计算值大还是小？这个结论合理吗？试分析其原因。

实验 9　电表改装与校正

通常所说的电流表(A)和电压表(V),其量程都较大,一般达到安培级和伏特级。而实验室通常要求多量程测量,难以实现。但是实验室常备有电流计,俗称"表头"。"表头"只能测量微安级电流,若要用它来测量较大的电压和电流,必须对它进行改装。

一、实验目的

(1) 学习磁电式电表的原理和结构。
(2) 掌握测定电流计表头内阻的方法。
(3) 学习电表改装原理,掌握用微安表改装为毫安表、伏特表的方法。
(4) 学习校准曲线的意义和做法。

二、实验仪器与装置

磁电式微安表头(电流量程为 100 μA)、标准电流表、标准电压表、电阻箱、滑动变阻器、直流电源或干电池、单刀单掷和双刀双掷开关、导线若干等。

三、实验原理

1. 将表头改装成伏特表

通常用于改装的表习惯上称为"表头"。使表针偏转到满刻度所需的电流称为表头的量程。其值越小,表头的灵敏度就越高。

设表头内线圈的电阻为 R_g,习惯上称为表头的内阻。若表头量程为 I_g,则其最大可测量的电压为 $I_g R_g$。由于 R_g 一般情况下都很小,不能满足实际需要,因此应扩大其电压量程。具体做法是:根据串联电路的分压原理,在表头上串联一个较大阻值的分压电阻 R_f,如图 3-9-1 所示。这样就可使超出表头量程部分的电压加在分压电阻 R_f 上,只要控制表头上的电流不超过 I_g,表头上的电压就不会超过原来的电压量程 $I_g R_g$，而表头上的电压 $I_g R_g$ 加上分压电阻上的电压 $I_g R_f$，便可用来代表较大的待测电压。

设欲改成的电压表量程为 V，由部分电路的欧姆定律

$$V = I_g R_g + I_g R_f \tag{3-9-1}$$

可得分压电阻

$$R_f = \frac{V}{I_g} - R_g \tag{3-9-2}$$

因此，只要将阻值为 R_f 的分压电阻与表头串联，就可做成一个量程为 V 的电压表。而串联不同阻值的分压电阻，则可得到不同量程的电压表。

若要获得扩大倍数为 n 的电压表，即

$$n = \frac{U}{U_g} = \frac{R_f + R_g}{R_g}$$

则分压电阻

$$R_f = (n-1)R_g \tag{3-9-3}$$

2. 将表头改装成微安表或安培表

表头的量程 I_g 较小，扩大量程的方法是在表头上并联一个分流电阻 R_s（见图 3-9-2），使超过表头量程的那部分电流从分流电阻上流过，而表头仍保持原来所允许流过的最大电流。图中，点画线框内由表头 G 和分流电阻 R_s 组成的整体就是改装后的可测微安级或安培级的电流表。

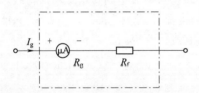

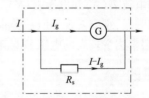

图 3-9-1　改装电压表原理图　　　图 3-9-2　电流表扩程

由部分电路的欧姆定律可知

$$U_g = I_g R_g = (I - I_g) R_s$$

若要获得扩大倍数为 n 的微安表或安培表，即

$$n = \frac{I}{I_g}$$

则分流电阻为

$$R_s = \frac{I_g}{I - I_g} R_g = \frac{R_g}{n-1} \tag{3-9-4}$$

因此，将 R_s 与表头并联后，就获得了一个量程为 $I = nI_g$ 的电流表，且不管表头的电流是否指向满刻度 I_g，扩程后所测量的电流值都是电流计示数的 n 倍。例如，某电流计表头的量程 $I_g = 100\ \mu A$，改装后的扩大倍数为 $n = 5$，则当测量时，若表头指针指向 $60\ \mu A$，表示电路中的待测电流为 $300\ \mu A$。

四、实验内容与步骤

1. 测量表头内阻

测量电阻的方法很多，如半偏法、替代法等。实验室备有的电流计表头内阻的数量级一般在

10^3 左右，本实验选择替代法测量表头内阻，电路图如图 3-9-3 所示。测量时先合上 S_1，再将开关 S_2 扳向"1"端，调节 R_1 和 R_2，使标准电流表 mA 示值对准某一整数 I_0（如 80 μA）；然后，保持 U_{BC}（R_1 的 C 端）和 R_2 不变，将 S_2 扳向"2"端（以 R_3 代替 R_g）。这时只调节 R_3，使标准电流表 mA 示值仍为 I_0（80 μA）。这时，表头内阻正好就等于电阻箱 R_3 的读数。实验要求按表 3-9-1 测量三次。

尤其要注意，实验过程中 μA 和 mA 两表的示数值不同步并不影响 R_g 的测量，但标准表的电流不能超过 1 mA。

2. 将 100 μA 的表头改装成量程为 1 mA 的电流表

按图 3-9-4 所示接好电路。

（1）根据测出的表头内阻 R_g，由式（3-9-4）求出分流电阻 R_s（计算值）。将电阻箱 R_s 调到该值后，图 3-9-4 中的点画线框即为改装的 1 mA 电流表。

（2）电流表的标称误差。标称误差指的是电表的读数与准确值的差异。它包括了电表在构造上各种不完善因素引入的误差。为了确定标称误差，用电表和一个标准电表同时测量一定的电压或电流，从而得到一系列对应值，这一工作称为校正。校正的结果得到电表各个刻度的绝对误差。选取其中最大的误差除以量程，定义为该电表的标称误差：

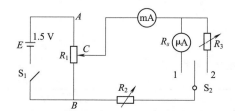
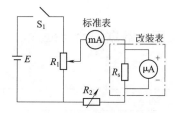

图 3-9-3　替代法测表头内阻电路图　　　　图 3-9-4　校正电流表电路图

标称误差 =（最大绝对误差/量程）× 100%

根据标称误差的大小，电表分为不同等级，称为电表的准确度等级。国家标准规定，电表的准确度等级分为 0.1、0.2、0.5、1.0、1.5、2.5、5.0 共七个等级。它表示电表的标称误差不大于该值的百分数，如 0.5 等级的电表，其标称误差不大于 0.5%。若求得的值在 0.2～0.5 之间，该表的级别应定为较低的一级，即 0.5 级。通常，电表的准确度等级一般标示在电表盘面的右下方。

（3）校准电流表的量程。先调好表头零点（机械零点），然后调节 R_1 和 R_2，使标准毫安表示值为 1 mA。这时改装微安表示值应该正好是满刻度值。若有偏离，可反复调节 R_1、R_2 和 R_s，直到标准表和改装表均和满刻度线对齐为止，这时改装表量程就符合要求了。此时，R_s 的值才为实验值，否则电流表的改装就没有达到要求。

（4）校正改装表：保持 R_s 不变，调节 R_1、R_2 使改装表的示值 I_x 按表 3-9-2 所列数据变化，记下标准表毫安的相应示值 I_s。

（5）以改装表示值 I_x 为横坐标，以修正值 $\Delta I_x = I_s - I_x$ 为纵坐标，相邻两点间用直线连接，画出折线状的校正曲线 ΔI_x-I_x（见图 3-9-5）。

3. 将 100 μA 的表头改装成量程为 1 V 的电压表

参考改装电流表的步骤，先求出分压电阻 R_f（计算值）。按图 3-9-6 所示接好线路，将表头组装成量程为 1 V 的电压表，测量出分压电阻 R_f 的实验值，并保持其不变，调节 R_1、R_2，使改装表由满刻度开始逐渐减小直到零值（微安表示值由 100 μA、90 μA……直减到 10 μA）；同时，记下改装表（U_x）和标准表（U_s）相应的电压读数，将数据填入表 3-9-3 中，同样画出折线状的电压表校正曲线 ΔU_x-U_x。

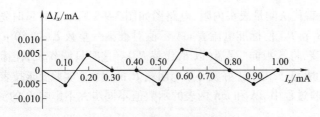

图 3-9-5　电流表校正曲线

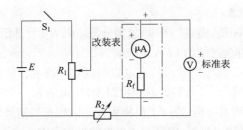

图 3-9-6　校正电压表电路图

五、实验数据记录与处理

表 3-9-1　表头内阻测量数据

$I/\mu A$	60.0	80.0	90.0
R_g/Ω			
$\overline{R}_g/\Omega$			

表 3-9-2　电流表校正测量数据

分流电阻 R_s：计算值_____ Ω，实验值_____ Ω

I_x/mA	0.1	0.2	0.3	0.4	0.5	0.6	0.7	0.8	0.9	1.00
I_s/mA										
$\Delta I_x = (I_s - I_x)/\text{mA}$										

表 3-9-3　电压表校正测量数据

分压电阻 R_f：计算值_____ Ω，实验值_____ Ω

U_x/V	0.1	0.2	0.3	0.4	0.5	0.6	0.7	0.8	0.9	1.00
U_s/V										
$\Delta U_x = (U_s - U_x)/\text{V}$										

按照实验内容要求，正确、仔细地测量和校正每一校准点的示值，作出校正曲线，求出改装表的准确度等级。

六、注意事项

(1) 轻拿轻放电流计，对表头要先粗调，后细调。

(2) 接线时除了要按照回路接线规则外，还应仔细分析线路、合理布置仪器，做到"左辅右主",即左边放置辅助性仪器,右边放置主要的待改装的电表仪器。

七、分析与讨论

(1) 给定一个已知量限为 I_g 的表头以及其他必要的仪器若干,将其改装成量限为 I 的电流表。试说明其主要方法及步骤,并画出改装电路图,算出分流电阻值。

(2) 将一个量程为 $I_g = 100\ \mu A$,内阻 $R_g = 1\ 000\ \Omega$ 的表头,改装成量限为 5 V 和 10 V 的电压表。试画出改装电路图并分别计算分压电阻 R_f 的值。

第4章 验证性实验 II

实验1 固体线热膨胀系数的测量

绝大多数物体都具有"热胀冷缩"的性质,这是由于常压下物体内部分子热运动加剧或减弱造成分子间距离的增大或减小,从而导致了宏观体积的增大或减小。这个特性在工程结构、材料选择及加工中必须考虑。材料的线性膨胀是材料在受热时,在一维方向上的伸长,常以线性膨胀系数来表示。线热膨胀系数是材料的热学参量之一,在精密仪器设计、精密仪器机械加工、材料焊接、建筑、桥梁工程设计等方面必须考虑材料的膨胀特性。

一、实验目的

(1) 了解 FD-LEA 固体线热膨胀系数测定仪的基本结构和工作原理。
(2) 了解千分表的原理和使用方法。
(3) 理解金属材料线膨胀系数的定义并掌握测量固体线热膨胀系数的基本原理及方法。

二、实验仪器与装置

FD-LEA 固体线热膨胀系数测定仪(一套)。

理论视频

固体线热膨胀系数的测量实验原理

三、实验原理

常压下,固态物体受热温度升高时,物体内部微粒间距(物体微观粒子热运动平衡位置间的距离)增大,宏观上表现为物体体积增大,这就是常见的热膨胀现象,当固体膨胀时长度在某一方向上增大时,称为线热膨胀。大量实验证明,在一定温度范围内,物体受热后的相对伸长量 $\Delta l/l$(l 为材料原长)与温度的增加量 ΔT 成正比,即

$$\Delta l/l = \alpha \cdot \Delta T \tag{4-1-1}$$

式中,α 为线热膨胀系数。对式(4-1-1)两边积分,同时假设物体受热后从初始温度 T_0 上升到 T_1,长度由 l_0 伸长至 l_1,就有

$$l_1 = l_0 \exp[\alpha(T_1 - T_0)] \tag{4-1-2}$$

对式(4-1-2)进行级数展开得

$$\begin{aligned} l_1 &= l_0 \exp[\alpha(T_1 - T_0)] \\ &= l_0[1 + \alpha(T_1 - T_0) + \alpha^2(T_1 - T_0)^2/2! + \cdots + \alpha^n(T_1 - T_0)^n/n!] \end{aligned} \tag{4-1-3}$$

由于 α 是小量,对展开式(4-1-3)做近似处理保留到一阶为

$$l_1 = l_0[1 + \alpha(T_1 - T_0)] \tag{4-1-4}$$

由式(4-1-4)可得线热膨胀系数定义式为

$$\alpha = \frac{l_1 - l_0}{l_0(T_1 - T_0)} = \frac{\Delta l}{l_0 \Delta T} \tag{4-1-5}$$

由式(4-1-5)可以看出要测量线热膨胀系数就转化为对 l_0、ΔT 和 Δl 的直接测量。

四、实验器材介绍

FD-LEA 固体线热膨胀系数测定仪是测量固体线膨胀系数的一种精密测定仪,它由恒温炉(见图 4-1-1)、恒温控制仪(见图 4-1-2)、千分表(见图 4-1-3)、待测样品(装备在恒温炉内)等组成。仪器的恒温控制由高精度数字温度传感器与单片计算机组成,炉内具有特厚良导体纯铜管作导热,在达到炉内温度热平衡时,炉内温度不均匀性 ≤ ±0.3 ℃,读数分辨率为 0.1 ℃,加热温度控制范围为室温至 80.0 ℃。

固体线热膨胀系数的测量仪器操作

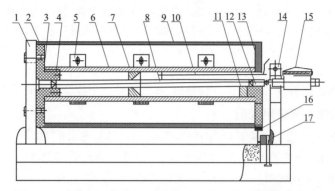

1—大理石托架;2—加热圈;3—导热均匀管;4—测试样品;5—隔热罩;6—温度传感器;
7—隔热棒;8—千分表;9—扳手 10—待测样品;11—套筒;12—隔热棒;13—隔热盘;
14—固定架;15—千分表;16—支撑螺钉;17—紧固螺钉。

图 4-1-1　恒温炉内部结构示意图

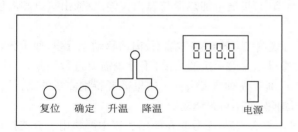

图 4-1-2　恒温控制仪面板　　　　图 4-1-3　千分表面板

1. 千分表使用说明

千分表是一种将量杆的直线位移通过机械系统传动转变为主指针的角位移,沿度盘圆周上有均匀的标尺标记,可用于绝对测量、相对测量、形位公差测量和检测设备的读数头。

(1)使用前的准备工作:

①检验千分表的灵敏程度:左手托住表的后部,度盘向前用眼观看,右手拇指轻推表的测头,试验量杆移动是否灵活。

②检验千分表的稳定性:将千分表夹持在表架上,并使测头处于工作状态,反复几次提落防尘帽自由下落测头,观看指针是否指向原位。

(2)使用中的测量方法和读数方法:

①先把千分表夹在表架或专用支架上,所夹部位应尽量靠近下轴根部(不可影响旋动表圈),向前移动千分表并使量杆有 0.02～0.2 mm 的压缩量,即可拧紧固定架螺母,不可拧得过紧。

②旋转表面的外壳,使指针对准度盘的"0"位即可校准零位。对好零位后,应反复几次提落防尘帽(升落 0.1～0.2 mm),待针位稳定后方可旋动外圈对零,对零后还要复检表的稳定性,直到针位既稳又准方可使用。

③测平面时,应使表的量杆轴线与所测表面垂直,防止出现倾斜现象;测量圆柱体时,量杆轴线应通过工件中心并与母线垂直。千分表的精度标于表盘中央,精度为 0.001 mm,它表示大指针按表盘转动 1 小格的量值,大刻度盘一圈共有 200 个小格。测量过程中,大小针都在转动,大指针转一圈,小指针旋转一格(即小刻度盘的分度值为 0.2 mm),千分表的读数值 = 小刻度盘读值 + 大刻度盘读值,其中大刻度盘读值需要估读,小盘不需要估读。测量前应记录大小指针的起始值,待测量后所测取数值再减去起始值。读数时,视线应垂直于度盘看指针位置,以防出现视差。

2. 恒温控制仪功能及使用说明

(1)当面板接通电源数字表头显示为"FdHc",表示产品标号;随后即自动转向"A××.×",表示当前传感器所探测物体的温度;显示"b= = . =",表示等待设定温度。

(2)按"升温"键,可设定用户所需加热的温度,最高可选 80.0 ℃。

(3)如果数字显示值高于用户所需要的温度值,可按"降温"键,直至用户所需要的设定值。

(4)当数字设定值达到用户所需的值时,即可按"确定"键,开始对样品加热,同时指示灯亮,发光频闪与加热速率成正比。

(5)"确定"键也可作"选择"键使用,可选择观察当时的温度值和已经设定的温度值。

(6)用户如果需要改变设定值可按"复位"键,清除原设定温度值重新设置。

五、实验内容与步骤

1. 实验装置准备

(1)将待测金属棒安装在电加热恒温箱中,接通电加热器与温控仪输入/输出接口和温度传感器的航空插头。

(2)将千分表安装在固定架上,使千分表测头对准绝热体端面,向前移动千分表,使千分表读数在 0.02～0.2 mm 处,即可拧紧固定架螺母。在第一次加热前,千分表需要进行调零,方法为:旋转千分表的表盘外壳,使大刻度盘的"0"刻度线对准大指针。这里需要特别注意的是,千分表调零只能在第一次加热前进行,一旦进行加热,就不可再调动。

(3)实验装置在使用时必须保持平稳不得有震动,千分表在使用过程中严禁用手直接拉动当中的量杆以免损坏千分表。

2. 测量固体线热膨胀系数

(1)在打开恒温控制仪电源前,确保加热开关是处于"OFF"挡,读取此时的温度作为初始温度 T_0,记录于表 4-1-1 中。

(2)按表 4-1-1 要求分四步逐次设定所需加热的温度值温,分别是初始温度 $T_0 + 5$ ℃,$T_0 + 10$ ℃,$T_0 + 15$ ℃,$T_0 + 20$ ℃。温度设置好后,按"确定"键开始加热。

(3)待金属杆受热膨胀完全后(被测量样品相对于温度变化会有所滞后,材料膨胀过程中不可以读数),记录此刻的温度 T_1 以及对应的膨胀量 Δl。随后,每间隔 2 min 再进行第二次和第三次读值,每个设置温度下测量三组值。将测量得到的数据记录于表 4-1-1 中。

(4)根据所测数据计算样品的线热膨胀系数 α,将测量值同理论值比较看测量的是何种材料,计算相对误差并在坐标纸上作 ΔT-Δl 关系图。

六、实验数据记录与处理

表 4-1-1　固体线热膨胀系数测量数据

样品原长:l_0 = 400 mm;初始温度:T_0 = ＿＿＿＿℃

温度设定值	测量次数	温度 T_1/℃	温差 ΔT/℃	伸长量 Δl/mm
T_0 +5	1			
	2			
	3			
	平均值			
T_0 +10	1			
	2			
	3			
	平均值			
T_0 +15	1			
	2			
	3			
	平均值			
T_0 +20	1			
	2			
	3			
	平均值			

附:固体的线热膨胀系数理论值见表 4-1-2。

表 4-1-2　固体的线热膨胀系数理论值

物质	温度范围/℃	线热膨胀系数/ $\times 10^{-6}$ ℃$^{-1}$
铝	0~100	23.8
铜	0~100	17.1
铁	0~100	12.2

七、分析与讨论

(1)千分表在何时调零最佳？为什么？

(2)举例说明线性膨胀系数实际中的应用。

(3)金属棒的伸长量除了使用千分表可以直接测量得到,还可以采用什么方法可以测量得到？试举例说明。

(4)实验读千分表时为什么不读取短指针所指的数值？

(5)对于一种材料来说,线胀系数是否一定是一个常数？为什么？

实验2　气体比热容比的测定

气体的定压摩尔热容和定体摩尔热容的比值 C_p/C_v 称为比热容比。气体的比热容比值在许多热力学过程特别是绝热过程中是一个很重要的参数。由气体动理论可知,理想气体的比热容比值为

$$\gamma = \frac{i+2}{i} \tag{4-2-1}$$

式中,i 为气体分子的自由度,对于刚性单原子分子 $i=3$;对于刚性双原子分子,$i=5$;对于刚性多原子分子,$i=6$。

实验中气体的比热容比常通过绝热膨胀法、绝热压缩法等方法来测定。本实验将采用一种比较新颖的方法,即通过测定小球在储气瓶玻璃管中的振动周期来计算空气的 γ 值。

一、实验目的

(1)了解测定气体比热容比的方法。

(2)学习并掌握气体比热容比测定仪的使用方法。

(3)测定空气的比热容比。

二、实验仪器与装置

FB212 型气体比热容比测定仪(见图 4-2-1)、物理天平、螺旋测微器。

1—气泵;2—气量调节旋钮;3—出气口;4—橡皮管;5—调节阀门;6—储气瓶Ⅰ;
7—储气瓶Ⅱ;8—水平调节螺钉;9—底板;10—水准泡;11—光电门;
12— 钢球;13—空心玻璃管;14— 出气小孔;15—计时仪。

图 4-2-1　FB212 型气体比热容比测定仪

理论视频
气体比热容比的测定实验原理

三、实验原理

如图 4-2-2 所示,钢球 A 位于精密细玻璃管 B 中,其直径仅仅比玻璃管直径小 0.01 ~ 0.02 mm,使之能在玻璃管中上下移动,瓶上有一小孔 C,可以插入一根细管将待测气体注入玻璃瓶中。

设小球质量为 m,半径为 r(直径为 d),大气压为 p_L,当瓶内气压 p 满足下式时,小球处于平衡位置:

$$p = p_L + \frac{mg}{\pi r^2} \tag{4-2-2}$$

设小球从平衡位置出发,向上产生微小正位移 x,则瓶内气体的体积有一微小增量

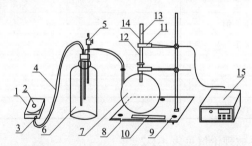

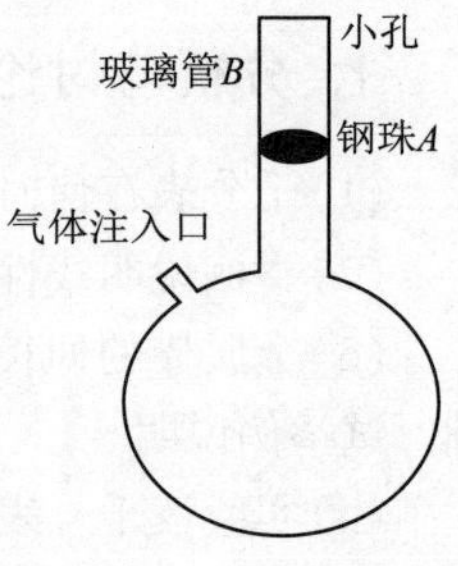

图 4-2-2　实验原理图

$$dV = \pi r^2 x \tag{4-2-3}$$

与此同时，瓶内气体压强将降低一微小值 dp，此时小球所受合外力为

$$F = \pi r^2 dp \tag{4-2-4}$$

小球在玻璃管中运动时，瓶内气体将进行一准静态绝热过程，有绝热方程

$$pV^\gamma = C \tag{4-2-5}$$

两边微分，得

$$V^\gamma dp + \gamma V^{\gamma-1} p dV = 0 \tag{4-2-6}$$

将式(4-2-3)和式(4-2-4)代入式(4-2-6)，得

$$F = \frac{-\gamma \pi^2 r^4 p}{V} x \tag{4-2-7}$$

由牛顿第二定律，可得小球的运动方程为

$$\frac{d^2 x}{dt^2} + \frac{-\gamma \pi^2 r^4 p}{mV} x = 0 \tag{4-2-8}$$

可知小球在玻璃管中做简谐振动，其振动周期为

$$T = \frac{2\pi}{\omega} = 2\sqrt{\frac{mV}{\gamma p r^4}} \tag{4-2-9}$$

最后得气体的 γ 值为

$$\gamma = \frac{4mV}{T^2 r^4 p} = \frac{64mV}{T^2 d^4 p} \tag{4-2-10}$$

式(4-2-10)中右边各量可以方便测出，故可以计算出气体的 γ 值。

实验中为了补偿由于空气阻力以及少量漏气引起的小球振幅的衰减，通过 C 管一直向玻璃瓶中注入一小气压的气流，在玻璃管 B 的中部开有一小孔，当小球处于孔下方时，注入气体压强增大，使得小球往上运动；当小球越过小孔后，容器内气体经小孔流出，气体压强减少，小球将往下运动，如此循环往复进行以上过程，只要适当控制注入气体的流量，小球就能在玻璃管中小孔附近作简谐振动，其振动周期可用光电计时装置测得。

四、实验内容与步骤

1. 实验仪器的调整

操作视频

气体比热容比的测定仪器操作

(1) 将气泵、储气瓶用橡皮管连接好，装有钢球的玻璃管插入球形储气瓶。将光电接收装置（光电门）利用方形连接块固定在立杆上，且固定在空心玻璃管的小孔附近。光电门的信号线连接计时计数仪。

(2) 调节底板上三个水平调节螺钉，使底板处于水平状态。

(3) 接通气泵电源，顺时针缓慢调节气泵上的调节旋钮对储气瓶充气，待储气瓶内注入一定压力的气体后，玻璃管中的钢球离开缓冲弹簧，向管子上方移动，此时应调节好进气的大小，使钢球在玻璃管中以小孔为中心上下做简谐振动。

2. 振动周期测量

(1) 设置：打开计时仪器，预置测量次数为 50 次。如需设置其他次数，可按"置数"键后，再按"上调"或"下调"键，调至所需次数，再按"置数"键确定。本实验按预置测量次数进行，不需要另外置数。

(2) 测量：设置完成后开始测量，按"执行"键，即开始计数（状态显示灯闪烁）。待状态显示灯停止闪烁，显示屏显示的数字为振动 50 次所需的时间。重复实验测量五次，将实验数据记录在

表 4-2-1 中。

3. 其他测量

(1) 用螺旋测微器测出钢球的直径 d，重复测量五次，将实验数据记录于表 4-2-2 中。
(2) 用物理天平称出钢球的质量 m。

备注：在小球振动时，用手指将玻璃管壁上的小孔堵住，稍稍加大气流量，物体便会上浮到管子上方开口处，就可以方便取出小球。或者将此管从瓶上取下，将球倒出来（不建议使用）。

五、实验数据记录与处理

1. 钢球振动周期

表 4-2-1　钢球振动周期测量数据

测量次数	1	2	3	4	5
振动 50 次周期总时间 t_i/s					
周期 T_i/s					

周期平均值：$\bar{T} = \dfrac{1}{5}\sum_{i=1}^{5} T_i$；周期标准方差 $\sigma_T = \sqrt{\dfrac{\sum (T_i - \bar{T})^2}{4}}$；周期结果表示 $T = \bar{T} \pm \sigma_T$。

2. 钢球直径

表 4-2-2　钢球直径测量数据

测量次数	1	2	3	4	5
d_i/mm					

直径平均值：$\bar{d} = \dfrac{1}{5}\sum_{i=1}^{5} d_i$；直径标准方差 $\sigma_d = \sqrt{\dfrac{\sum (d_i - \bar{d})^2}{4}}$；直径结果表示 $d = \bar{d} \pm \sigma_d$。

3. 钢球质量

钢球质量 m = _____ g；天平感量 = _____ g。

4. 其他物理量值

(1) 球形储气瓶容积：从储气瓶标签上读出，$V = 2\,650$ mL $= 2.650 \times 10^{-3}$ m³（以实际标准值为准）。
(2) 本地大气压：取标准大气压，$p_L = 1.013 \times 10^5$ Pa。

5. 比热容比计算结果

比热容比结果 $\gamma = \dfrac{64mV}{T^2 d^4 P}$；比热容比标准方差 σ_γ（计算公式自行推导）；比热容比的结果表示 $\gamma \pm \sigma_\gamma$。

六、注意事项

(1) 不要随意移动实验装置，以免玻璃仪器破碎。
(2) 接通气泵电源之前，须将气泵气量调节旋钮旋至最小，以免钢球飞出空心玻璃管。
(3) 外界光线不要过强，以免计时器无法正常工作。

七、分析与讨论

(1) 如何消除天平的不等臂误差?
(2) 如果螺旋测微计初始值不为零,应该如何读数?
(3) 试确定本实验中所使用各测量仪器的最小分度值。
(4) 光电门的位置最好放在什么位置?
(5) 若空气中有水蒸气,对结果有何影响?
(6) 入气量的大小对钢球的运动有何影响? 如何调节入气量的大小?

实验 3　分光计的调整和使用

分光计是一种分光测角光学实验仪器,可用来测量三棱镜的顶角、最小偏向角、光栅的衍射角等,并通过角度测量来测定其他一些光学量,如棱镜玻璃的折射率、单色光波长、光栅常数等。分光计是一种具有代表性的光学仪器,学好分光计的调整和使用,可为今后使用其他精密光学仪器打下良好的基础。

一、实验目的

(1) 了解分光计的结构和基本功能并掌握分光计的调节方法。
(2) 理解分光计的分光测量原理。
(3) 利用分光计测量三棱镜的顶角、最小偏向角和折射率。

二、实验仪器与装置

分光计(JJY1′型)、光源(钠灯或汞灯)、三棱镜、小平面镜。

三、实验原理

1. 反射法测三棱镜顶角 α

三棱镜如图 4-3-1 所示,AB 和 AC 是透光的光学表面,又称折射面,其夹角 α 称为三棱镜的顶角;BC 为毛玻璃面,称为三棱镜的底面。如图 4-3-2 所示,当一束平行光对准照射三棱镜顶角时,在 AB 和 AC 两光学面上分成两束反射光。只要测出两反射光线之间的夹角 φ,则可得三棱镜顶角 α 为

$$\alpha = \frac{\varphi}{2} \tag{4-3-1}$$

分光计的调整和使用实验原理

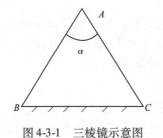

图 4-3-1　三棱镜示意图

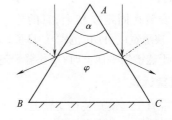

图 4-3-2　反射法测三棱镜顶

2. 最小偏向角法测三棱镜玻璃的折射率

如图 4-3-3 所示,ABC 表示一块三棱镜,AB 和 AC 面经过仔细抛光,光线沿 P 在 AB 面上入射,经过棱镜在 AC 面上沿 P' 方向出射,P 和 P' 之间的夹角 δ 称为偏向角。当 α 一定时,偏向角 δ 的大小是随 i_1 角的改变而改变的。而当 $i_1 = i'_2$ 时,δ 为最小(证明略),这个时候的偏向角自称为最小偏向角,记作 $\delta_{\min}$。

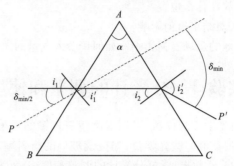

图 4-3-3　最小偏向角法测三棱镜的折射率

由图中可以看出,这时 $i'_1 = \dfrac{\alpha}{2}$,$\delta_{\min}/2 = i_1 - i'_1 = i_1 - \dfrac{\alpha}{2}$,所以 $i_1 = \dfrac{1}{2}(\delta_{\min} + \alpha)$。

设棱镜材料折射率为 n,则

$$\sin i_1 = n\sin i'_1 = n\sin\dfrac{\alpha}{2}$$

$$n = \dfrac{\sin i_1}{\sin\dfrac{\alpha}{2}} = \dfrac{\sin\dfrac{\alpha+\delta_{\min}}{2}}{\sin\dfrac{\alpha}{2}} \tag{4-3-2}$$

由此可知,要求得材料的折射率 n,必须测出顶角 α 及最小偏向角 $\delta_{\min}$。

四、实验器材介绍

分光计的结构如图 4-3-4 所示。

分光计主要由五部分构成:底座、平行光管、自准直望远镜、载物台和读数装置。

1. 底座

分光计底座 25 中心固定有一中心轴,望远镜、度盘和游标盘套在中心轴上,可绕中心轴旋转。

2. 平行光管

平行光管安装在固定立柱上,它的作用是产生平行光。平行光管由狭缝和透镜组成,如图 4-3-5 所示。狭缝宽度可调(范围 0.02 ~ 2 mm),透镜与狭缝间距可以通过伸缩狭缝筒进行调节。当狭缝位于透镜焦平面上时,由狭缝经过透镜出射的光为平行光。

3. 自准直望远镜

阿贝式自准直望远镜安装在支臂上,支臂与转座固定在一起并套装在度盘上。它用来观察和确定光线行进方向。自准直望远镜由物镜、目镜、分划板等组成(见图 4-3-6),三者间距可调。其中,分划板上刻有"丰"形叉丝;分划板下方与一块 45°全反射小棱镜的直角面相贴,直角面上涂有不透明薄膜,薄膜上划有一个"十"形透光的窗口,当小灯泡光从管侧经另一直角面入射到棱镜

操作视频

分光计的调整和使用仪器操作

上,即照亮"十"字窗口。调节目镜,使目镜视场中出现清晰的"丰"形叉丝。在物镜前方放置一平面镜,然后调节物镜,使分划板位于物镜焦平面上,那么从棱镜"十"字口发出的绿光经物镜后成为平行光射向前方平面境,其反射光又经物镜成像于分划板上。这时,从目镜中可以看到清晰的"丰"形叉丝和绿色"十"字像。此时望远镜已调焦至无穷远,适合观察平行光了。如果平面境的法线与望远镜光轴方向一致,则绿色"十"字像位于分划板"丰"形叉丝的上横线上,如图4-3-6(a)所示。

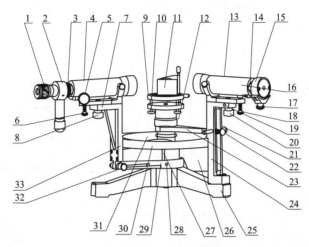

1—目镜视度调节手轮;2—阿贝式自准直目镜;3—目镜锁紧螺钉;4—望远镜;5—望远镜调焦手轮;
6—望远镜光轴高低调节螺钉;7—望远镜光轴水平调节螺钉(背面);8—望远镜光轴水平锁紧螺钉;
9—载物台;10—载物台调平螺钉(三只);11—三棱镜;12—载物台锁紧螺钉(背面);13—平行光管;
14—狭缝装置锁紧螺钉;15—狭缝装置;16—平行光管调焦手轮(背面);17—狭缝宽度调节手轮;
18—平行光管光轴高低调节螺钉;19—平行光管光轴水平调节螺钉;20—平行光管光轴水平锁紧螺钉;
21—游标盘微动螺钉;22—游标盘止动螺钉;23—制动架(二);24—立柱;25—底座;26—转座;
27—转座与度盘止动螺钉(背面);28—制动架(一)与底座止动螺钉;29—制动架(一);
30—度盘;31—游标盘;32—望远镜微调螺钉;33—支臂。

图4-3-4 分光计的结构

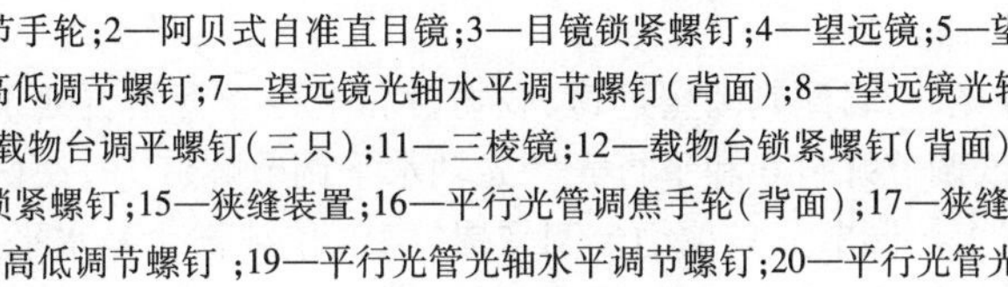

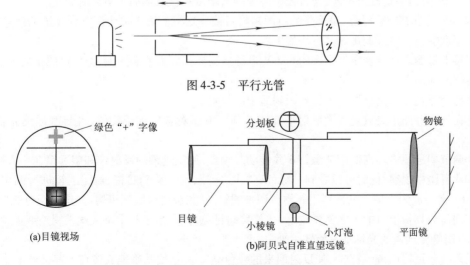

图4-3-5 平行光管

图4-3-6 自准直望远镜

4. 载物台

载物台套装在游标盘上,可以绕中心轴转动,它用来放置光学元件。载物台的高低、水平状态可调,如图 4-3-7 所示。

5. 读数装置

读数装置由度盘和游标盘组成。度盘圆周被分为 720 份,分度值为 30′,小于 30′ 的部分利用游标来读数。游标盘采用相隔 180°的双窗口读数;游标上有 30 格,故游标的最小分度值为 1′,图 4-3-8 所示的位置应读作 113°45′。

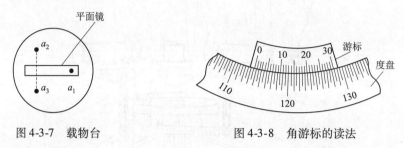

图 4-3-7　载物台　　　　　　　图 4-3-8　角游标的读法

五、实验内容与步骤

1. 分光计的调节

1) 目测粗调

用眼睛整体观察分光计,目测判断望远镜、载物台和平行光管是否处于水平状态。如果有倾斜,调节望远镜光轴高低调节螺钉 6 和平行光管光轴水平调节螺钉 19,使两者的光轴尽量呈水平状态且大致在同一直线上。调节三只载物台调平螺钉 10,使载物台呈水平状态。粗调完成得好,可以减少后面细调的盲目性,使实验顺利进行。

2) 细调

(1) 目镜的调焦。目镜调焦的目的是使眼睛通过目镜能很清楚地看到目镜中分划板上的刻线。调焦方法:先把目镜视度调节手轮 1 旋出,然后一边旋进,一边从目镜中观察,直到分划板刻线成像清晰,再慢慢地旋出手轮,至目镜中的像的清晰度将被破坏而未破坏时为止。

(2) 望远镜的调焦。望远镜调焦的目的是将目镜分划板上的十字线调整到物镜的焦平面上,也就是望远镜对无穷远调焦。其方法如下:

①接上灯源。把从变压器出来的 6.3 V 电源插头插到底座的插座上,把目镜照明器上的插头插到转座的插座上。

②把望远镜光轴高低调节螺钉 6 调到适中的位置。

③在载物台的中央放上双面反射平面镜。其反射面对着望远镜物镜,且与望远镜光轴大致垂直。

④调节望远镜光轴高低调节螺钉 6 并转动载物台,使望远镜的反射像和望远镜在一直线上。

⑤从目镜中观察,此时可以看到一绿色亮"十"字线,前后移动目镜,对望远镜进行调焦,使绿色亮"十"字线成清晰像,然后,利用载物台调平螺钉 10 和载物台微调机构,把这个绿色亮"十"字线调节到与分划板上方的十字叉丝重合,往复移动目镜,使亮十字和十字叉丝无视差地重合。

(3) 调整望远镜的光轴垂直旋转主轴。

①调整望远镜微调螺钉 32,使反射回来的绿色亮"十"字线精确地成像在十字叉丝上。

②把游标盘连同载物台双面反射平面镜旋转 180°时观察到亮"十"字像可能与十字线有一个

垂直方向的位移,这说明亮"十"字像可能偏高或偏低,如图 4-3-9(a)所示。

③调节载物台调平螺钉 10,使两者位移减少一半,如图 4-3-9(b)所示。

④调整望远镜微调螺钉 32,使垂直方向的位移完全消除,如图 4-3-9(c)所示。

⑤把游标盘连同载物台、双面反射平面镜再转过 180°检查其重合程序。重复步骤②、③、④使偏差得到完全校正。

2. 用反射法测三棱镜的顶角 α(见图 4-3-10)

(1)取下平面反射镜,将待测三棱镜放在载物台。用所要求谱线的单色光(如钠灯)照明平行光管的狭缝。使平行光管射出的光束同时投射到棱镜的两个折射面(光滑面)上,光线分别由 AB 面和 AC 面反射。

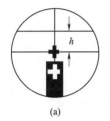 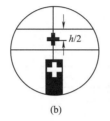 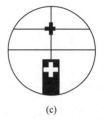

(a)   (b)   (c)

图 4-3-9   调整望远镜的光轴垂直旋转主轴示意图

(2)松开望远镜的止动螺钉,转动望远镜带动刻度盘一起观察 AB 面的反射光线,使之与分划板竖直线重合,记下此时两游标对应的读数(φ_1,φ_1')。同样,转到望远镜带动刻度盘正对 AC 面的反射光线,使之与分划板竖直线重合,再次读取此时两游标对应的读数(φ_2,φ_2')。注意 φ_1、φ_2 (φ_1',φ_2')是同一个游标前后两次对应的读数。按此步骤重复测量两次。

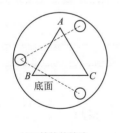 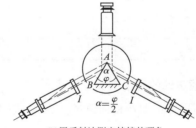

(a)三棱镜的放法   (b)用反射法测定棱镜的顶角

图 4-3-10   反射法测三棱镜的顶角 α

3. 三棱镜玻璃最小偏向角和折射率的测定

(1)将三棱镜毛玻璃面与平行光管近似平行,用所要求谱线的单色光(如钠灯)照明平行光管的狭缝,从平行光管发出的平行光束经过三棱镜(一个光滑面)的折射而偏折一个角度。

(2)放松制动架(一)和底座的止动螺钉,松开望远镜止动螺钉,转动望远镜,在三棱镜另一个光滑面找到平行光管的狭缝象。放松制动架(二)和游标盘的止动螺钉,慢慢转动载物台,从望远镜看到的狭缝像沿某一方向移动,当转到这样一个位置,即看到的狭缝像正要开始向相反方向移动时,此时的棱镜位置,就是平行光束以最小偏向角射出的位置。

(3)锁紧制动架(二)与游标盘的止动螺钉。利用微调机构,精确调整,使分划板的十字线精确地对准狭缝(在狭缝中央)。记下此时望远镜位置两对称游标的读数。

(4)取下三棱镜,放松制动架(一)与底座的止动螺钉。转动望远镜,使望远镜直接对准平行光管,然后旋紧制动架(一)与底座上的止动螺钉,对望远镜进行微调,使狭缝像与分划板竖直线重合,记下此时两游标的读数,即为入射光线位置。

六、实验数据记录与处理

1. 反射法测顶角(见表 4-3-1)

$$\alpha = \frac{\varphi}{2} = \frac{(\varphi_2 - \varphi_1) + (\varphi'_2 - \varphi'_1)}{4}$$

表 4-3-1　反射法测顶角测量数据

次数	角度				
	φ_1	φ'_1	φ_2	φ'_2	α
1					
2					
$\bar{\alpha}$					

2. 测最小偏向角 δ_{min}(见表 4-3-2)

$$\delta_{min} = \frac{(\theta_2 - \theta_1) + (\theta'_2 - \theta'_1)}{2}$$

表 4-3-2　最小偏向角测量数据

次数	角度				
	θ_1	θ'_1	θ_2	θ'_2	δ_{min}
1					
2					
$\bar{\delta}_{min}$					

3. 计算三棱镜玻璃的折射率 n

将以上数据即顶角 α、最小偏向角 δ_{min} 代入公式(写出计算过程):

$$n = \frac{\sin\frac{\alpha + \delta_{min}}{2}}{\sin\frac{\alpha}{2}}$$

七、注意事项

(1)狭缝宽度以 1 mm 左右为宜,宽了测量误差大,窄了光通量小。狭缝易损坏,应尽量少调动,调节时要边看边调,切忌两缝太近。
(2)若光学镜头表面有灰尘、污物等影响观察时,可用专用擦镜纸擦拭。
(3)三棱镜要轻拿轻放,避免打碎。

八、分析与讨论

(1)分光计由哪几部分组成?各部分的作用是什么?
(2)分光计的调整要求是什么?调节望远镜光轴垂直于仪器中心轴的标志是什么?

实验 4 牛顿环测球面曲率半径

光的干涉现象证实了光在传播过程中具有波动性。光的干涉现象在工程技术和科学研究方面有着广泛的应用。获得相干光的方法有两种：分波阵面法（如杨氏双缝干涉、菲涅尔双棱镜干涉等）和分振幅法（如牛顿环、迈克耳孙干涉仪干涉等）。本实验主要研究光的等厚干涉中的典型干涉现象——牛顿环，其特点是同一条干涉条纹处两反射面间的厚度相等，故牛顿环属于等厚干涉。在实际工作中，通常利用牛顿环来测量光波波长，检查光学元件表面的光洁度、平整度和加工精度等。

一、实验目的

（1）观察等厚干涉现象和特点。
（2）学习使用读数显微镜。
（3）利用牛顿环测量平凸透镜的曲率半径。

二、实验仪器与装置

读数显微镜、牛顿环装置、钠光灯。

三、实验原理

"牛顿环"是一种用分振幅方法实现的等厚干涉现象，最早为牛顿所发现。它是由一块曲率半径很大的平凸透镜的凸面与一块平板玻璃构成的，如图 4-4-1 所示。平凸透镜的凸面与玻璃平板之间形成一层空气薄膜，其厚度从中心接触点到边缘逐渐增加。若以平行单色光垂直照射到牛顿环上，则经空气层上、下表面反射的二光束存在光程差，它们在平凸透镜的凸面相遇后，将发生干涉。其干涉图样是以玻璃接触点为中心的一系列明暗相间的同心圆环（见图 4-4-2），称为牛顿环。由于同一干涉环上各处的空气层厚度是相同的，因此称为等厚干涉。

牛顿环测球面曲率半径实验原理

(a)实物图

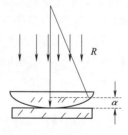

(b)光路示意图

图 4-4-1 牛顿环装置

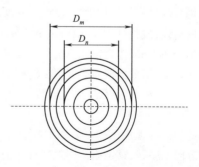

图 4-4-2 牛顿环干涉纹

在图 4-4-1(b)中，r_k 为第 k 级暗环半径，R 为透镜的曲率半径，由几何关系可得

$$r_k^2 = R^2 - (R - d_k)^2 = 2Rd_k - d_k^2$$

因为 $R \gg d_k$，所以

$$r_k^2 = 2Rd_k$$

$$d_k = \frac{r_k^2}{2R} \tag{4-4-1}$$

由干涉条件可知,当光程差

$$\begin{cases} \delta = 2d_k + \dfrac{\lambda}{2} = k\lambda & (k=1,2,\cdots) \quad \text{明条纹} \\ \delta = 2d_k + \dfrac{\lambda}{2} = (2k+1)\dfrac{\lambda}{2} & (k=0,1,2\cdots) \quad \text{暗条纹} \end{cases} \tag{4-4-2}$$

由式(4-4-1)和式(4-4-2)可得第 k 级暗环的半径为

$$r_k^2 = k\lambda R \tag{4-4-3}$$

由式(4-4-3)可知,若已知入射光的波长 λ,测出 k 级干涉环的半径 r_k,就可计算平凸透镜的曲率半径 R。但由于玻璃的弹性形变,平凸透镜和平板玻璃不可能很理想地只以一点接触,这样就无法准确地确定出第 k 个暗环的几何中心位置,所以第 k 个暗环半径 r_k 难以准确测得。故比较准确的方法是测量第 k 级暗环的直径 D_k,平凸透镜的曲率半径 R 改用下述方法进行测量。假设用暗环进行测量,测出第 m 级和第 n 级暗环半径 r_m 和 r_n 为

$$r_m^2 = m\lambda R \tag{4-4-4}$$

$$r_n^2 = n\lambda R \tag{4-4-5}$$

上面两式相减可得

$$r_m^2 - r_n^2 = (m-n)R\lambda$$

即

$$R = \dfrac{r_m^2 - r_n^2}{(m-n)\lambda}$$

若用环的直径来表示,则上式可写为

$$R = \dfrac{D_m^2 - D_n^2}{4(m-n)\lambda} \tag{4-4-6}$$

可见只要测出 D_m 和 D_n,知道环数差 $m-n$ 及光的波长 λ,便可计算 R。

操作视频

牛顿环测球面曲率半径仪器操作

四、实验内容与步骤

1. 实验装置的调整

(1)钠光光源。

钠光灯是一种气体放电光源,在可见光范围,它的光谱黄光部分有两条波长非常接近的谱线,波长分别 589.0 nm 和 589.6 nm,在一般实验条件下,因两条谱线不易分开,故取其平均值 589.3 nm 作为钠光灯的单色波长。灯管内有两层玻璃泡,装有少量氩气和钠,通电时灯丝被加热,氩气即放出淡紫色光,钠受热后气化,渐渐放出两条强谱线 589.0 nm 和 589.6 nm。在实验中,它是一种比较好的单色光源。

(2)读数显微镜。

①读数显微镜结构。如图 4-4-3 所示,目镜 3 可用锁紧螺钉 4 固定于任一位置,棱镜室 6 可在 360°方向上旋转,物镜组 9 用丝扣拧入镜筒内,镜筒 8 用调焦手轮 2 完成调焦。转动测微鼓轮 15,显微镜沿燕尾导轨做纵向移动,利用锁紧手轮Ⅰ(18),将方轴 16 固定于接头轴十字孔中。接头轴 17 可在底座 13 中旋转、升降,用锁紧手轮Ⅱ14 紧固。根据使用要求不同方轴可插入接头轴另一个十字孔中,使镜筒处水平位置。压片 11 用来固定被测件。旋转反光镜旋轮 12 调节反光镜方位。

②读数显微镜使用。将被测件放在工作台面上,用压片固定。旋转棱镜室 6 至最舒适位置,用锁紧螺钉止紧,调节目镜进行视度调整,使分划板清晰,转动调焦手轮 2,从目镜中观察,使被测件成像清晰为止,调整被测件,使其被测部分的横面和显微镜移动方向平行。转动测微鼓轮 15,

使十字分划板的纵丝对准被测件的起点,记下读数值 X(在标尺上读取整数,在测微鼓轮上读取小数,两者之和即是此点的读数),沿同方向转动测微鼓轮,使十字分划板的纵丝恰好停止于被测件的终点,记下此值 X',则所测长度为 $L = X' - X$。为提高测量精度,可采用多次测量,取其平均值。

2. 用牛顿环测定透镜的曲率半径

(1)把牛顿环放在工作台面上,中心接触点(肉眼可见)对准镜筒中央。

(2)用钠光灯水平照射在45°反射镜10上,调节目镜3可使十字叉丝清晰,转动调焦手轮2可使物镜9上下移动,改变物体到物镜的距离,直至可见清晰的牛顿干涉环。调节45°反射镜10的方向可使牛顿环更清晰、明亮。实验中应注意调整显微镜的本身和镜筒高度,应调节光源位置,使尽量靠近读数显微镜,保证有足够的光强,以得到较清晰明亮的干涉图像。

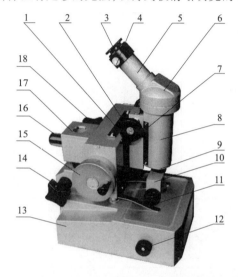

1—标尺;2—调焦手轮;3—目镜;4—锁紧螺钉;5—目镜接筒;6—棱镜室;7—刻尺;
8—镜筒;9—物镜组;10—45°反射镜;11—压片;12—反光镜旋轮;13—底座;
14—锁紧手轮Ⅱ;15—测微鼓轮;16—方轴;17—接头轴;18—锁紧手轮Ⅰ。

图 4-4-3 读数显微镜结构

(3)用读数显微镜目镜中的十字叉丝竖线依次与待测暗环相切,从左向右(或从右向左,不可中途反向)读取各环的环位置 $X_左$ 和 $X_右$,注意移动方向应是沿着各环的直径方向,否则测量的是弦长而非圆环直径。

五、实验数据记录与处理

要求用逐差法处理数据,求得 $\overline{D_m^2 - D_n^2}$,然后利用式(4-4-6)求得 $\overline{R}$,要有计算过程,最后结果表示 $R = \overline{R} \pm \Delta R$。(见表 4-4-1 和表 4-4-2)

表 4-4-1 数据记录

组数	1	2	3	4	5	组数	6	7	8	9	10
暗环 m	29	28	27	26	25	暗环 n	24	23	22	21	20
$X_左$/mm											
$X_右$/mm											

续上表

组数	1	2	3	4	5	组数	6	7	8	9	10
暗环直径 $D = x_左 - x_右$											
直径平方差 $D_m^2 - D_n^2/\text{mm}^2$ $m-n=5$											

表 4-4-2 数据处理（$\lambda = 589.3$ nm）

$D_m^2 - D_n^2$ 的算术平均值/mm² $\overline{D_m^2 - D_n^2}$	
$D_m^2 - D_n^2$ 的算术平均误差/mm² $\overline{\Delta(D_m^2 - D_n^2)}$	
凸透镜曲率半径 R 平均值/m $\overline{R} = \dfrac{\overline{D_m^2 - D_n^2}}{4(m-n)\lambda}$	
凸透镜曲率半径的标准误差/m $\Delta R = \dfrac{\overline{\Delta(D_m^2 - D_n^2)}}{4(m-n)\lambda}$	
凸透镜曲率半径的结果表示/m $R = \overline{R} \pm \Delta R$	

六、注意事项

（1）读数显微镜在调节中要防止物镜与45°玻璃片或被测牛顿环相碰。

（2）在测量牛顿环过程中，为了避免螺距误差，只能单方向前进，不能中途倒退再前进。

（3）若仪器光学零件表面有灰尘、污物等影响观察时，可用擦镜纸擦拭。

七、分析与讨论

（1）为什么牛顿环的各环宽度不等？试解释牛顿环内疏外密的现象。

（2）如果本实验观测到的牛顿环中心不是暗斑而是亮斑，试分析其原因。这种情况对测量 R 有没有影响？

实验5 迈克耳孙干涉仪的调整和使用

迈克耳孙干涉仪是1881年美国物理学家迈克耳孙与莫雷利用分振幅法实现干涉的精密光学仪测量器。迈克耳孙曾用此仪器完成了三个著名的实验：否定"以太"的迈克耳孙-莫雷实验，解决了当时关于"以太"的争论,并为爱因斯坦发现相对论提供了实验依据;光谱精细结构实验,推动了原子物理与计量科学的发展;用光波波长标定长度单位,在科学发展史上起了很大的作用。迈克耳孙和莫雷因在这些方面的杰出贡献于1907年获得了诺贝尔物理学奖。

迈克耳孙干涉仪结构简单、光路直观、精度高,其调整和使用具有典型性,根据迈克耳孙干涉仪基本原理发展的精密干涉测量仪器已经广泛应用于生产和科研领域。因此,了解它的基本结构,掌握其使用方法很有必要。

一、实验目的

(1)了解迈克耳孙干涉仪的结构和工作原理。
(2)掌握迈克耳孙干涉仪的调整和使用方法。
(3)学会用迈克耳孙干涉仪测激光波长。

二、实验仪器与装置

迈克耳孙干涉仪、He-Ne激光器、钠光灯、扩束镜、干涉条纹计数器。

三、实验原理

1. 迈克耳孙干涉仪的光路原理

迈克耳孙干涉仪基本光路如图4-5-1所示。从S发出的光射向透明薄板G_1。G_1的后表面镀有半反射膜,将S射来的光束分成振幅近似相等的反射光和透射光,所以G_1为分光板。光束1射向平面镜M_1;光束2透过补偿镜G_2射向平面镜M_2。M_1和M_2是相互垂直的两臂上放置的两个平面反射镜,二者与G_1的反射膜之间夹角为45°。所以,1、2两束光被M_1和M_2反射后又回到G_1半反射膜上,再会集成一束光射向E。由于两束光来自光源相同一点,因此是相干光。眼睛从处M_1方向望去,可以看到干涉图形。G_2是补偿板,与G_1平行放置,它的作用是使1、2两光束在玻璃中经过的光程完全相同。

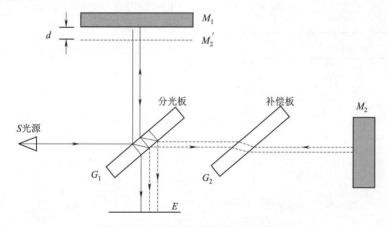

图4-5-1 迈克耳孙干涉仪基本光路图

2. 干涉条纹

(1)等倾干涉。

相同入射角的光因干涉而产生的同一干涉条纹,如图4-5-2所示。迈克耳孙干涉仪所产生的两相干光是从M_1和M_2两平面镜反射来的。若M_1和M_2严格垂直。则M_1和M_2严格平行。所有入

射角 θ 相同的光,经反射镜 M_1 和 M_2 反射后,被观测透镜汇聚于透镜焦平面上的一点处。入射角不同的光将汇聚于焦平面不同处。反射光束1和2的光程差为

$$\delta = 2d\cos\theta = \begin{cases} k\lambda & (\text{明纹}) \\ (2k+1)\lambda/2 & (\text{暗纹}) \end{cases}$$

此式表明,当平行平面间距离 d 一定时,所有倾角相同的光束,都具有相同的光程差,因此在焦平面上形成干涉条纹。由于干涉条纹是相同入射角的光形成的,干涉条纹是同心圆环,属于等倾干涉条纹。当 d 一定时,若 $\theta = 0$,则光程差 $\delta = 2d = k\lambda$,在中心对应明干涉条纹,对应的干涉级数最高。当 θ 逐渐增大时,由圆心向外的干涉级数依次降低。当 k、λ 一定时,若 d 连续改变,则中心点做明暗交替变化。

对于同一明纹,k 不变,d 增大,θ 必随之增大,则该条纹的半径也增大,将看到干涉圆环不断由中心冒出;相反,当 θ 逐渐减小时,圆环不断向中心收缩。对于中心点,每当 d 增加或减少 $\dfrac{\lambda}{2}$,则"吐"或"吞"进一个圆环;若 M_1 移动 Δd,圆环中心"吐"或"吞"进 k 个环,由公式可得光波波长为 $\lambda = 2\Delta d/k$。

(2)等厚干涉。

若反射镜 M_1 和 M_2 不严格垂直,则 M_1 和 M_2 间就形成一个微小的夹角 φ,如图4-5-3所示,当入射光近似平行入射时,能看到等厚干涉条纹。由于 φ 很小,光线1和光线2的光程差可近似用公式表示为 $\delta = 2d\cos\theta$,d 为观测点 B 处的厚度。若入射角 θ 很小,公式可近似为 $\delta = 2d\cos\theta \approx 2d\left(1-\dfrac{\theta^2}{2}\right) \approx 2d - d\theta^2$。在 M_1 和 M_2' 交接处 $d=0,\delta=0$。由于从 M_2 反射回来的光在 G_1 反射时有半波损失,因此,在相交处的干涉条纹是暗纹。在交线两侧是两对顶劈尖干涉。当厚度变大时,干涉条纹逐渐变成弧形,凸向两镜的交线。因为这时光程差不仅取决于厚度 d,而且与入射光线角度有关。入射角变大时,$\cos\theta$ 变小,要保持相同的光程差,d 必须增大,所以条纹的两端是逐渐弯向厚度增加的方向。

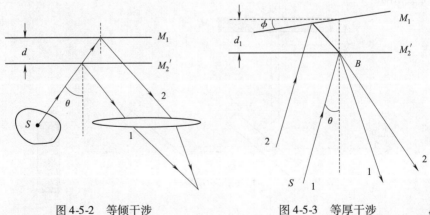

图4-5-2　等倾干涉　　　　图4-5-3　等厚干涉

四、实验器材介绍

迈克耳孙干涉仪结构如图4-5-4所示。反射镜 M_2 是固定的。M_1 可以在导轨上前后移动,它由精密丝杆带动,它的位置可由三个读数装置确定:①主尺(在导轨的侧面),最小刻度为毫米;②读数窗(可读到 0.01 mm);③带刻度盘的微调手轮(可读

操作视频

迈克耳孙干涉仪的调整和使用仪器操作

到 0.000 1 mm)，如图 4-5-5 所示。M_1 和 M_2 镜架背后各有三个调节螺钉，可以用来调节 M_1 和 M_2 的方位。仪器还可以通过调节底座上的三个水平调节螺钉，使仪器导轨水平。

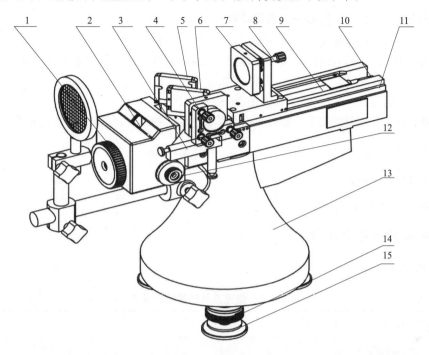

1—粗动手轮；2—读数盘；3—微调螺钉；4—固定反射镜 M_2；5—分光板 G_1；6—补偿板 G_2；
7—移动反射镜 M_1；8—反射镜调节螺钉；9—精密丝杆；10—滚花螺母；11—导轨；
12—微动手轮；13—底座；14—锁紧圈；15—水平调节螺钉。

图 4-5-4 迈克耳孙干涉仪结构图

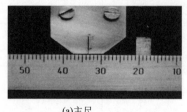  

(a)主尺　　　　　　　　　(b)粗动手轮读数窗口　　　　　　　(c)微动手轮

图 4-5-5 迈克耳孙干涉仪读数装置

五、实验内容与步骤

1. 仪器调节

(1) 调仪器底座的调平螺钉，使仪器水平。调仪器的粗调手轮，使 M_1 镜到 G_1 镜的距离大致等于 M_2 到 G_1 的距离。

(2) 开启激光电源，氦氖激光器(注意,有高压)。使激光束经分光板 G_1 分束，再由 M_1、M_2 反射后，照射在 E 处观察屏呈现两组分立的光斑。

(3) 缓慢调节 M_1、M_2 两镜后的螺钉，改变 M_1、M_2 镜面的方位，使屏上两组光点完全重合。仔细观察，还可以看到重叠的光斑中有干涉条纹。

(4)缓慢细心的调节 M_2 镜旁的两个拉簧螺钉,使条纹成同心圆环的干涉图样,并使干涉条纹在屏中。

2. 观察等倾干涉条纹变化并记录测试数据

(1)沿任意方向转动微调手轮,观察屏幕上是否有圆环"冒出"或"缩入"。

(2)按照刚才的旋转方向继续缓慢旋转微调手轮,观察圆环的冒出和缩入。先记录 M_1 镜的开始位置,而后冒出或缩入 50 环读一次数,依次记为 $d_{50},d_{100},\cdots,d_{250}$。

(3)重复上述过程一次,将正确数据记在表 4-5-1 中。

(4)调节粗动手轮及微动手轮使视见度为零,记下 M_1 的位置读数 d',再据需调节五次使视见度为 0,同样用逐差法求出 $\overline{\Delta d'}$,用公式求出 $\Delta\lambda = \dfrac{\lambda^2}{2\overline{\Delta d'}}$。

3. 观察等厚干涉条纹

调出等厚干涉条纹,观察条纹特点。

六、实验数据记录与处理

1. 数据记录

表 4-5-1 激光波长的数据记录表

干涉环缩入(或冒出)数 N_1	0	50	100
M_1 镜的位置 d/mm			
干涉环缩入(或冒出)数 N_2	150	200	250
M_1 镜的位置 d'/mm			
$\Delta k = N_2 - N_1$	150	150	150
$\Delta d = \|d' - d\|$/mm			
$\lambda = \dfrac{2\Delta d}{\Delta k}$/nm			
$\overline{\lambda}$/nm			
$\dfrac{\|\lambda_{标} - \overline{\lambda}\|}{\lambda_{标}} \times 100\%$			

2. 数据处理

(1)用逐差法处理数据,并计算 Δd(对应的 $\Delta k = 150$)和波长 λ(实验值)。

(2)将波长实验值 $\overline{\lambda}$ 与标准波长 $\lambda_{标}$ 比较,并计算出定值百分比 $\dfrac{|\lambda_{标} - \overline{\lambda}|}{\lambda_{标}} \times 100\%$。

七、注意事项

(1)迈克耳孙干涉仪的精密度非常高,光学面的灰尘和油污都会影响测量效果。使用时切不可用手去触摸光学元件的光学面,光学面上若有灰尘,只能用吹气球吹而不能用擦镜纸擦。

(2)调整、转动各个调整装置,如手轮、螺钉,用力要适当,须缓慢旋转。

(3)测量时要沿同一方向转动手轮,途中不能倒退,避免回程差。

(4)M_1、M_2镜背后的三个螺钉若调节过度,仍不能产生干涉条纹,需重新调节光源入射方位,再重新调节M_1、M_2。

(5)激光管上有几千伏的电压,避免用手触摸以免触电。

(6)使用时不要用眼睛直视激光光源,以免灼伤眼睛。

八、分析与讨论

(1)什么是定域干涉?什么是非定域干涉?它们分别在什么条件下发生?

(2)数干涉条纹时,如果数错了一条,会给这次波长测量带来多大的误差?

(3)本实验涉及的实验原理,在实验装置中是如何实现的?

九、相关资料

迈克耳孙干涉仪除了测量激光或钠光的波长、钠光的双线波长差、玻璃的厚度或折射率之外,还有极为广泛的应用。

1. 微振动的测量

迈克耳孙干涉仪附加一弹性体,与被测量(力或加速度)相互作用,使之产生微位移。将这一变化引到动镜上,就可以在屏上得到变化的干涉条纹,对等倾干涉来讲,也就是不断产生的条纹或不断消失的条纹。利用光敏元件将干涉条纹变化转变为光电流的变化,经过电路处理可得到微振动的振幅和频率。

2. 压电材料的逆压电效应研究

压电陶瓷材料在电场作用下会产生伸缩效应,这就是压电材料的逆压电效应,其伸缩量极微小。将迈克耳孙干涉仪的动镜粘在压电陶瓷片上,当压电陶瓷片受到电激励产生机械伸缩时就带动动镜移动。而动镜每移动$\lambda/2$的距离,就会到导致产生或消失一个干涉环条纹,根据干涉环条纹变化的个数就可以计算出压电陶瓷片伸缩的距离。

3. 气体浓度的测量

在迈克耳孙干涉仪的参考光路中,放入一个透明气体室,利用白炽灯做光源,在光程差为零的附近观察到对称的几条彩色条纹,中间的黑色条纹是光程差为零精确位置。利用通入气体前后光程差的改变量,计算出气体的折射率,再利用气体的折射率与气体浓度的关系,计算出气体浓度。

4. 混凝土内部应变的测量

将利用光纤技术改进的迈克耳孙干涉仪的一个臂预埋到混凝土中,当混凝土内部发生膨胀、收缩或变形时,光纤迈克耳孙的白光干涉条纹发生变化,这样可以对混凝土内部的一维和二维很小的应变状态进行测量,可以及时了解材料内部应变信息以及内部应变状态分布。

实验6 光的偏振

光的偏振现象证明了光波是横波。光的偏振现象的发现,使人们进一步认识了光的本性,对光的偏振现象的研究使人们对光的传播规律有了新的认识。随着科学技术的发展,偏振技术在各个领域都有广泛的应用,尤其是在光学计量、晶体性质、实验应力分析和光学信息处理等方面的应用更为突出。本实验旨在加深、巩固有关光的偏振的理论知识。

一、实验目的

(1) 观察和了解光的偏振现象。
(2) 了解和掌握偏振光的产生和检验方法及各种波片的作用。
(3) 对偏振光进行定量测量。

二、实验仪器与装置

分光计、偏振片、1/4 波片、支架、钠光灯。

三、实验原理

1. 偏振光的基本概念

光是电磁波,它的电矢量 E 和磁矢量 H 相互垂直,且均垂直于光的传播方向 C,如图 4-6-1 所示。在研究光现象时,通常将 E 称为光矢量,E 振动称为光振动。根据光的传播过程中 E 矢量振动状态的不同,可将光分为以下五种。

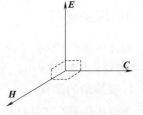

图 4-6-1　电矢量、磁矢量及传播方向的关系

(1) 自然光。从光源直接发出的光,一般都属于自然光,如阳光、灯光等。自然光的特点是:在垂直光波传播方向的平面内,有无穷多个均匀分布的等振幅的 E 矢量,这些 E 矢量对光的传播方向具有轴对称分布,如图 4-6-2(b) 所示。

(2) 线偏振光,又称平面偏振光,即在垂直于光波传播方向的平面内,只有一个 E 矢量,或者说,E 矢量只在一个方向振动的光,如图 4-6-2(a) 所示。

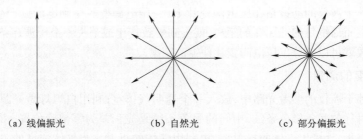

图 4-6-2　线偏振光、自然光和部分偏振光

(3) 部分偏振光。介于自然光和平面偏振光之间,即在垂直于光的传播方向的平面内,在某个特定的方向上的 E 振动出现的概率大于其他的方向,即 E 矢量在某一特定的方向上最大,而在与此方向相垂直的方向上最小。这样的光称为部分偏振光,如图 4-6-2(c) 所示。

(4) 圆偏振光。两频率相同,振幅相等,位相相差 $\pi/2$,偏振方向互相垂直的线偏振光的合成光,其合成 E 矢量是在垂直于光的传播方向的平面内绕着光的传播方向匀速转动的旋转矢量,E 矢量的末端轨迹是圆形,这种光称为圆偏振光,如图 4-6-3 所示。

(5) 椭圆偏振光。在圆偏振光的基础上,如合成 E 矢量在垂直于光的传播方向的平面内绕着光的传播方向转动的同时,其大小也发生变化,则它的末端轨迹将呈椭圆状,这种光称为椭圆偏振光。同样,椭圆偏振光也可看成由两个相互垂直的线偏振光的合成,只是这两个线偏振光的振幅不等或周相差不为 $\pi/2$。椭圆偏振光如图 4-6-4 所示。

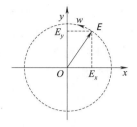
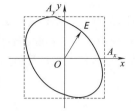

图 4-6-3　圆偏振光　　　　　图 4-6-4　椭圆偏振光

2. 获得偏振光的方法

将非偏振光变为偏振光的过程称为起偏,起偏的装置称为起偏器。常见的起偏装置主要有:

(1)反射和折射起偏。当自然光入射到两种介质分界面时,要发生反射和折射。反射光和折射光均是部分偏振光,当自然光以某一特定的入射角 φ_b 投射到玻璃片上时,反射光将成为线偏振光,其振动方向垂直于入射面,而折射光则为部分偏振光,平行于入射面方向的光振动占优势,如图 4-6-5 所示。此时的 φ_b 称为起偏角(也称布儒斯特角)。由布儒斯特定律有:

$$\tan \varphi_b = n_2/n_1$$

一般媒质在空气中的起偏角在 53°～58°之间。例如,当光由空气中射入 $n=1.54$ 的玻璃板时,$\varphi_b = 57°$。

若入射光以起偏角 φ_b 射到多层玻璃片上时,经过多次反射和折射,最后透射出来的光偏振的程度加强,接近于线偏振光,同时光强减弱,其振动面平行于入射面,由多层玻璃片组成的这种透射起偏器又称玻璃片堆,如图 4-6-6 所示。

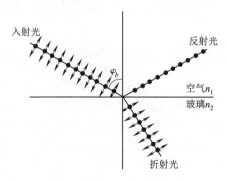
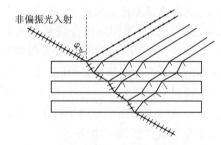

图 4-6-5　用玻璃片产生反射全偏振光　　　图 4-6-6　用玻璃片堆产生线偏振光

(2)晶体起偏。晶体起偏是利用某些晶体的双折射现象来获得线偏振光的。对光而言,多数晶体沿不同方向表现的性质不同,这种晶体称为各向异性晶体。当自然光入射于某些各向异性的晶体时,在晶体内折射后,分解成两束线偏振光,并以不同的速度、不同的方向在晶体内传播,这种现象称为双折射现象。当改变入射角时,这两束折射光之一遵守通常的折射定律,即晶体对它的折射率相同,这束光称为寻常光,简称为 o 光;而另一束光不遵守通常的折射定律,它不一定在入射面内,而且在晶体的各个方向上的折射率也不相同,这束光称为非寻常光,简称为 e 光。

实验表明,o 光、e 光都是线偏振光,它们的振动方向是相互垂直的,如图 4-6-7 所示。在双折射晶体中,存在一个特殊的方向,当光沿着此方向入射时,不发生双折射现象,这一方向称为晶体的光轴。只要入射光与光轴不平行,就要发生双折射现象。利用双折射现象,从一束自然光中可获得相互垂直的两束线偏振光,这两束线偏振光分开的程度取决于晶体的厚度。由于纯净天然晶体的厚度一般较小,因此两线偏振光的分开程度很小,实用价值不大。通常将两块根据特殊要求加工的直角方解石棱镜用特种树胶粘合成一体,使得一束线偏振光通过,另一束线偏振光受到全反射被移动,这就是尼科尔棱镜。尼科尔棱镜可用来起偏和检偏。

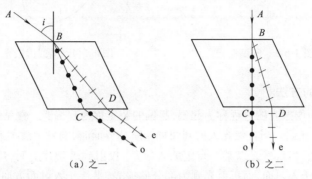

图 4-6-7 晶体起偏

(3)偏振片。有些晶体对不同方向的光振动的吸收能力差别很大,也就是说有选择吸收能力,这种性质称为二向色性。当光线入射到这种晶体表面上时,一个方向的光振动几乎全部被吸收,而与这一方向相垂直的方向上的光振动几乎无损失地全部通过,这样,自然光通过这种晶体后就成了线偏振光,如图 4-6-8 所示。

实验中常用的偏振片由硫酸碘奎宁晶体制成,是在拉伸了的赛璐珞基片上蒸镀一层硫酸碘奎宁的晶粒,基片的应力可以使晶粒的光轴定向排列起来,这样可以得到面积很大的偏振片,偏振片上能透过振动的方向称为偏振片的偏振化方向。

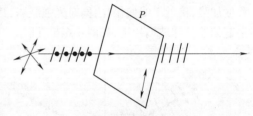

图 4-6-8 偏振片

(4)波片。波片是用来改变或检验光的偏振情况的晶体薄片,一般采用优质石英、云母等矿物质双折射晶体沿光轴方向切割而成,其晶面平行于光轴。当线偏振光垂直于晶面入射时,o 光和 e 光都不发生折射而沿同一方向传播,但两者的传播速度不同,且振动方向也不同,其中 o 光的振动方向垂直于光轴,e 光的振动方向平行于光轴。经过一定厚度的晶体之后,o 光与 e 光之间将产生一定的光程差,和它相当的位相差为

$$\Delta\varphi = \frac{2\pi}{\lambda}(n_e - n_o)L \tag{4-6-1}$$

式中,λ 为入射光波波长;n_o、n_e 分别为晶体对寻常光和非寻常光的折射率;L 为晶体的厚度。把这种能使振动面互相垂直的两束线偏振光产生一定位相差的晶体片称为波片。

① 全波片。当 $\Delta\varphi = 2k\pi (k=1,2,3,\cdots)$ 时,o 光、e 光穿过晶片后光程差等于 $k\lambda$,这种波片称为全波片,可知全波片的厚度为 $L = \frac{k\lambda}{n_o - n_e}$。线偏振光经过全波片后,仍为线偏振光且振动方向不变。

② 半波片。当 $\Delta\varphi = (2k+1)\pi (k=1,2,3,\cdots)$ 时,o 光、e 光穿过晶片后光程差等于 $\frac{\lambda}{2}$ 的奇数倍,这种波片称为半波片,可知半波片的厚度 L 为 $\frac{(2k+1)\lambda}{2(n_o n_e)}$。线偏振光经过半波片后,仍为线偏

振光,但振动方向相对入射面转过2θ角(θ是入射线偏振光振动方向与晶片光轴的夹角)。

③$\frac{\lambda}{4}$波片。当$\Delta\varphi = (2k+1)\frac{\pi}{2}(k=1,2,3,\cdots)$时,o光、e光穿过晶片后光程差等于$\frac{\lambda}{4}$的奇数倍,这种波片称为$\frac{\lambda}{4}$波片,可知$\frac{\lambda}{4}$波片的厚度为$L = \frac{2k+1}{n_o n_e}\frac{\lambda}{4}$。对于$\frac{\lambda}{4}$波片,线偏振光通过后的偏振状态随入射线偏振光的振动方向和光轴间的夹角θ的不同而不同。$\theta = 0°$时,获得振动方向平行于光轴的线偏振光;$\theta = \frac{\pi}{2}$时,获得振动方向垂直于光轴的线偏振光;$\theta = \frac{\pi}{4}$时,获得圆偏振光;而对于其他θ值,一般将获得椭圆偏振光。

3. 偏振光的检测与鉴别

鉴别光的偏振状态的过程称为检偏,它所用的装置称为检偏器。实际上,起偏器和检偏器是通用的,用于起偏的偏振片称为起偏器,把它用于检偏就成为检偏器了。

如前所述,按照光的振动状态的不同,可将光分为自然光、部分偏振光、圆偏振光、椭圆偏振光和线偏振光,那么,对于某一束入射光来说,它到底属于哪一种呢?(在此假设入射光属于上述五种光中的一种,而不考虑该入射光是由两种或两种以上的光合成的情况)鉴别的方法可分两步进行:

(1)线偏振光的鉴别。根据马吕斯定律,强度为I_0的线偏振光通过检偏器后,透射光的强度为

$$I = I_0 \cos^2\theta$$

式中,θ为入射光的偏振方向与检偏器偏振化方向之间的夹角。显然,当以光线传播方向为轴转动检偏器时,透射光强度I将发生周期性变化,当$\theta = 0°$时,透射光强度最大,$\theta = 90°$时,透射光强度为0(消光状态)。由此可知,如果让入射光穿过检偏器,并旋转检偏器,观察透过检偏器后的透射光。如果出现透射光强为零的消光现象,则入射光必为线偏振光;若透射光的强度没有变化,则可能是自然光或圆偏振光;若转动检偏器,透射光强虽有变化,但不出现消光现象,或者说透射光强的极小值不为零,则入射光可能是椭圆偏振光或部分偏振光。

(2)自然光与圆偏振光、部分偏振光与椭圆偏振光的鉴别。这需要借助$\frac{\lambda}{4}$波片,让入射光先经过$\frac{\lambda}{4}$波片后,再经过检偏器,转动检偏器,观察透过检偏器的透射光。若入射光是圆偏振光(或椭圆偏振光),则通过$\frac{\lambda}{4}$波片后将转变成为线偏振光,转动检偏器就会看到消光现象;否则,如入射光是自然光或部分偏振光,则通过$\frac{\lambda}{4}$波片和检偏器后,不会出现消光现象。

四、实验内容与步骤

1. 测量玻璃片的布儒斯特角和相对折射率

(1)调节好分光计。

(2)将平玻璃片A_1垂直放置在分光计的载物平台中部,检偏器P_2装在望远镜的物镜上,自然光通过平行光管以一定的角度射到玻璃片A_1上,将望远镜转到反射光的方位并仔细调节,使由玻璃片反射而来的光出现在望远镜视场正中,如图4-6-9所示。

(3)旋转检偏器P_2,观察在此过程中,望远镜视场中光的强

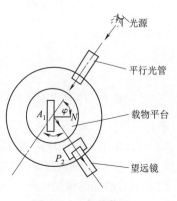

图4-6-9 实验装置

度有无变化。

（4）转动载物台，改变由平行光管发出的光入射到玻璃片的角度，同时调节望远镜的方位，并旋转 P_2，使得由玻璃片反射而来的光进入望远镜视场。当反射光为线偏振光时，则在旋转 P_2 的过程中，将看到消光现象。这一步较难做到，实验时要反复耐心调节。

（5）当看到消光现象时，此时的入射角就是起偏角，即布儒斯特角 φ_b，读出此时望远镜所处的角位置 α_1 和 β_1。

（6）将望远镜转至对准平行光管处，使由平行光管发出的光直接进入望远镜视场，并处在视场正中，读出此时望远镜所处的角位置 α_2 和 β_2。

（7）由图 4-6-9 可知，令

$$\theta = \frac{1}{2}[\,|(\alpha_1 - \alpha_2)| + |(\beta_1 - \beta_2)|\,]$$

则

$$\varphi_b = \frac{1}{2}(180° - \theta)$$

此即为布儒斯特角。

（8）重复上述步骤三次，记录相应的数据于表 4-6-1 中，并计算得到玻璃片的布儒斯特角 φ_b。

（9）由计算所得到的 φ_b 值代入式 $\tan \varphi_b = \dfrac{n_2}{n_1} = n$ 中，求出玻璃片相对空气的折射率 n。

2. 自然光和线偏振光的产生和观察

（1）调节好分光计，使望远镜正对着平行光管，由平行光管发出的光能照射到望远镜视场正中。

（2）将检偏器 P_2 装在望远镜的物镜上，平行光管发出的光直接照射到 P_2 上，旋转 P_2 一周，观察光透过 P_2 后强度的变化情况。

（3）将起偏器 P_1 装在平行光管上，P_2 仍作为检偏器装在望远镜物镜上，并将它们的 0 刻度线均旋到竖直方位，然后固定 P_1，旋转 P_2 一周，观察透过 P_2 的光强的变化，并与步骤（2）的结果比较。

3. 椭圆偏振光和圆偏振光的产生与观察

（1）如图 4-6-10 所示，依次放置钠光灯 S、起偏器 P_1 及检偏器 P_2，并旋转使 P_1、P_2 正交，此时应看到消光现象，并固定 P_1、P_2。

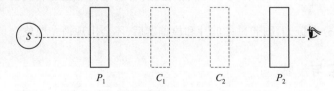

图 4-6-10　椭圆及圆偏振光的产生和观察

（2）在 P_1、P_2 间插入 $\dfrac{\lambda}{4}$ 波片 C_1，并转动 C_1，使处于消光位置（此时 C_1 作为起偏装置，通过它可获得圆偏振光、椭圆偏振光等）。

（3）由消光位置开始，将 C_1 转过 15°后，再旋转 P_2 一周，记录所观察到的现象。

（4）将 C_1 分别旋过 30°、45°、60°、75°、90°，并重复步骤（3），记录所观察到的现象，并说明各次由 C_1 透过的光的偏振性质。

4. 圆偏振光和自然光的检验

上面实验中,用一个偏振片 P_2 就可以将线偏振光、圆偏振光和椭圆偏振光区分开,但对于圆偏振光和自然光、椭圆偏振光和部分偏振光的区分,仅用一个检偏器就不够了。这时还需要再加上一个 $\frac{\lambda}{4}$ 波片 C_2。

(1)使 P_1、P_2 正交,插入 $\frac{\lambda}{4}$ 波片 C_1 并使其由消光位置转动 $45°$,如图 4-6-10 所示,这时转动 P_2 看到的光强不变,分析此时光的偏振性质。

(2)插入另一个 $\frac{\lambda}{4}$ 波片 C_2,使其处于 C_1 和 P_2 之间,再转动 P_2 一周,记录观察到的现象,并说明圆偏振光经过 $\frac{\lambda}{4}$ 波片后,偏振性质有何变化。

(3)去掉起偏器 P_2 和 $\frac{\lambda}{4}$ 波片 C_1,使来自光源 S 的自然光直接通过 C_2,再转动 P_2 一周,记录观察到的现象,并与步骤(2)的结果比较,说明圆偏振光与自然光的鉴别方法。

五、实验数据记录与处理

实验内容 1 的观察记录表格见表 4-6-1。

表 4-6-1 测量玻璃片布儒斯特角和相对折射率的测量数据

次　　数	α_1	β_1	α_2	β_2	θ	φ_b	n
1							
2							
3							
平　均　值							

实验内容 2、3、4 观察记录表格自拟。

六、注意事项

(1)实验内容 3、4 中,各元件平面均要求与入射光垂直,各面互相平行靠近,减少周围杂散光的影响。

(2)不可用手触摸各偏振片、波片表面,更不可将偏振片、波片等在桌面等地方摩擦,以免损伤其表面,影响实验效果。

七、分析与讨论

(1)为什么自然光通过任何波片后,出射光总是自然光?

(2)求下列情况下理想起偏器和检偏器两个偏振轴之间的夹角为多少。

①透射光强是入射光强的 1/3。

②透射光强是最大光强的 1/3。

(3)如果在相互正交的偏振片 P_1、P_2 之间插入一块 1/2 波片,使其光轴与起偏器 P_1 的光轴平行,那么透过检偏器 P_2 的光斑是亮的还是暗的?将 P_2 转动 $90°$ 后,光斑亮暗的变化呢?

实验 7 导热系数的测定

当几个温度不同的物体接触时,热量会自发地从温度高的物体向温度低的物体传递,这种现象称为热传导。其中,描述材料热传导性能的一个重要参数称为导热系数。在空调、冰箱、锅炉、航天飞机外壳制造以及房屋设计等工程实践中,选用材料都要涉及这个参数。

对于固体材料,导热系数的测量方法可分为两大类:一是稳态法;二是动态法。测量良导体和不良导体的导热系数方法各有不同,但主要体现在测量传导的热量的方法不同。对良导体常用流体换热法测量所传递的热量。对于不良导体,通过测量传热速率,间接测量所传递的热量。本实验采用稳态平板法,它是测量不良导体导热系数的一种常用方法。

一、实验目的

(1)学习用稳态平板法测量不良导体的导热系数的原理和方法。
(2)学会用作图法求冷却速率。
(3)学习和掌握热电偶测量温度的原理以及数字直流电压表的使用方法。

二、实验仪器与装置

TC-1 型导热系数测定仪。

三、实验原理

稳态平板法测量不良导体导热系数的实验装置如图 4-7-1 所示。设在待测物体内部垂直于导热方向,取两个相距为 h、面积为 S 的平行平面,如图 4-7-2 所示。若这两个平行平面间的温度差为 $\Delta T = T_1 - T_2$,则在时间 t 内沿平面 S 的垂直方向传递的热量 Q 可用以下公式:

$$Q = \lambda \frac{\Delta T}{h} S t \tag{4-7-1}$$

对不良导体,当 h 较小时,才能忽略侧面的散热影响,本实验满足 h 较小的条件。式(4-7-1)中的 λ 称为物体的导热系数,单位为 $W \cdot m^{-1} \cdot K^{-1}$。不良导体的导热系数一般较小。例如,橡胶为 0.22,矿渣棉为 0.058,石棉板为 0.12,松木为 0.15~0.35,红砖为 0.49,混凝土板为 0.87,大理石为 2.7。良导体的导热系数通常较大,约为不良导体的 $10^2 \sim 10^3$ 倍。例如,铜为 4.0×10^2。以上各数单位均为 $W \cdot m^{-1} \cdot K^{-1}$。

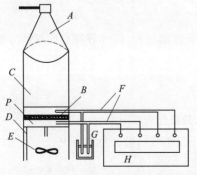

A—红外灯;B—样品;C—圆筒发热体;D—测微螺旋头;
E—电扇;F—热电偶;G—杜瓦瓶;H—毫伏表;P—散热盘。

图 4-7-1 实验装置原理图

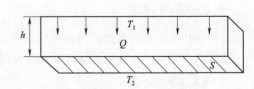

图 4-7-2 被测样品

在图 4-7-1 中,固定于底座上的三个测微螺旋共支撑着一铜质散热盘 P。盘的温度视为处处相等。在散热盘 P 上安放待测样品热的不良导体 B,样品 B 上面再放置一个圆筒发热体 C,圆筒发热体由红外灯作为热源。实验时,发热体 C 直接将热量通过样品 B 的上表面传入样品 B,同时散热盘 P 在电扇 E 的作用下稳定地向外界散热,使传入样品 B 的热量不断经样品 B 的下表面散发出去。当传入样品的热量等于散发出的热量时,样品处于稳定的导热状态。此时发热体 C 和散热盘 P 的温度为一稳定值。式(4-7-1)中,h,S,T_1,T_2 可以方便地测出,但传递热量 Q 难以直接测量。实验中采用测定散热盘 P 在温度 T_2 时的冷却速率方法来间接测量 Q 值。

某种材料的冷却速率定义为单位时间内温度的改变量,即 $K=\Delta T/\Delta t$,K 值与材料、表面情况,周围环境的温差有关。它的测量方法是这样的,在达到热稳定状态后测出样品上下两个表面处的温度 T_1 和 T_2,然后将样品 B 抽去,使发热体 C 的底部与散热盘 P 直接接触。使散热盘 P 的温度上升到比 T_2 高 10 ℃ 左右。然后,将发热体 C 移开,并在散热盘 P 上覆盖原样品 B,让散热盘自然冷却。每隔 30 s 测量一次散热盘 P 的温度,直到它的温度比 T_2 低 5 ℃ 左右。由此组数据绘出 T-t 冷却曲线,如图 4-7-3 所

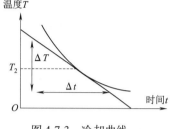

图 4-7-3 冷却曲线

示。在曲线上通过相应于平衡温度 T_2 点,用镜尺法作该曲线的切线,此直线的斜率 $K=\Delta T/\Delta t$ 即是在平衡温度 T_2 时散热盘 P 的冷却速率。

若散热盘 P 的质量为 m,比热为 C,则在 Δt 时间内它向外界散发热量为 $\Delta Q=mCK\Delta t$,而 $\Delta Q/\Delta t=mCK$ 即为散热盘 P 在温度 T_2 时的散热速率。

因为待测样品 B 在热稳定状态时,散出的热量 ΔQ 等于外界传入的热量 Q,即

$$\lambda\frac{T_1-T_2}{h}S\Delta t=mCK\Delta t$$

$$\lambda=\frac{mCKh}{S(T_1-T_2)}=\frac{4mCKh}{\pi d^2(T_1-T_2)} \tag{4-7-2}$$

式(4-7-2)中,d 为圆形样品盘的直径。

实验中利用了热电偶(又称温差电偶)的工作原理测量温度 T_1、T_2。热电偶是由两种不同材料的金属丝所组成的如图 4-7-4 构成的电路。如果两不同材料的接触点处温度不同,则在 A、B 两点间会产生温差电动势,它的大小与组成热电偶的两种材料性质和两接触点之间的温度差(T_1-T_2)有关。

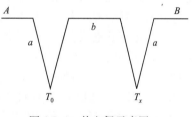

图 4-7-4 热电偶示意图

表 4-7-1 给出了常用几种热电偶的特性。由于热电偶具有结构简单、体积小、热容量小、测量温度范围宽等特点,因此广泛用于温度精密测量、高温测量和自动控制电路中。

表 4-7-1 几种常用热电偶的特性

热电偶材料	使用温度范围/℃	温差电动势近似值/(mV/100 ℃)
铬-铝	−200 ~ +1 100	4.1
铁-康铜	−200 ~ +300	5.3
铜-康铜	−200 ~ +300	4.3
铂-铂,10% 铑	−180 ~ +1 600	0.95

续上表

热电偶材料	使用温度范围/℃	温差电动势近似值/(mV/100 ℃)
铂-铂,13% 铑	−180 ~ +1 600	1.05
铂,40% 铑-铂,20% 铑	+200 ~ +1 800	0.4

图 4-7-4 中的 a、b 分别代表两种不同的金属材料。由两种材料 a、b 组成的热电偶,当两接点分别放在温度为 T_0 和 T_x 处时,如果温差电动势和温度差之间的关系已知,且已知一个接点处温度 T_0 的数值,则测量出温度差 $T_x - T_0$ 后就能确定另一个接点 T_x 的数值。通常选用冰水混合物作为参考点 T_0(0 ℃),另一点放在待测温度 T_x 处。在一般情况下采用价格低廉、温差电动势较大的铜-康铜等材料。温差电动势用电位差计或数字式毫伏电压表测量。温差电动势和温度差的对应关系表在有关手册中均可查到。对于热电偶而言,其产生的温差电动势与热电偶两端的温度差成正比,因此可用数字毫伏电压表测出的样品上、下两平面的电势差来表征样品上、下两平面的温度差。

四、实验器材介绍

本实验采用复旦大学科教仪器厂生产的 TC-1 型导热系数测定仪。

基本装置如图 4-7-1 所示。它主要由热源、样品架、散热系统和测温部分构成,具体包括:

(1) 圆筒发热体 C。其底盘为铜块,筒体周围用石棉层包覆,以降低向周围辐射热量。发热体 C 可在仪器架上面上下升降和左右转动。发热体 C 的底盘侧面有一小孔,以便放置热电偶。

(2) 红外灯 A。该红外灯的额定电压和额定功率分别为 220 V、150 W。采用自耦式调压变压器改变加在红外灯上的电压,借以控制发热体 C 的温度。

(3) 散热盘 P。它放在可以调节的三个螺旋测微头上,调节这三个螺旋测微头,可使待测样品的上下两个表面恰与发热体 C 的底盘铜块和散热盘 P 紧密接触。散热盘 P 侧面有一小孔,以便放置热电偶,其下方有一个微型轴流式风扇,以形成一个稳定的散热环境。

(4) 两个热电偶 F 和两根细玻璃管。两个热电偶的冷端分别插在两根细玻璃管中。

(5) 杜瓦瓶 G。其内装有冰水混合物。两根细玻璃管浸在冰水混合物中。

(6) 数字式电压表。量程为 2 mV。

(7) 实验时两个热电偶的热端分别插入发热圆筒底盘和散热盘侧面的小孔内。为使热接触良好,热电偶插入小孔时要涂上一些硅油,冷端玻璃管内已放入少量硅油。热电偶的两个接线端分别插在仪器上相应的插口内,利用面板上的开关可以方便地直接测出这两个温差电动势。温差电动势可由数字式电压表读出。

五、实验内容与步骤

(1) 用稳态平板法测量不良导体材料(橡胶)的导热系数。
(2) 用游标卡尺测待测样品盘的直径和高度。
(3) 用物理天平秤衡待测散热盘质量。
(4) 用温差电偶和数字式电压表测量温度。
(5) 用作图法测定冷却速率。

实验时先测量样品盘的直径 d、厚度 h 和散热盘质量 m,再将样品盘放在散热盘中间,将圆筒发热盘放在样品盘上方,并用固定螺母固定在机架上,调节三个测微螺旋头,使样品盘的上下两个表面与发热体底盘和散热盘紧密接触。

调压变压器的输出电压调节到 200 V 左右,使红外灯加热,时间约 20 min,然后将电压降低到 150 V 左右,每隔 3 min 左右读出发热体和散热盘中热电偶的相应电压值 u_1、u_2,若连续 10 min 内电压表读数保持不变(末位数相差 1~2)即可认为已达到稳定状态,记下此时电压值 u_1、u_2,填入表 4-7-2 内。由实验室提供的表格即可查出相对应的温度 T_1 和 T_2。将样品盘取出,使发热体 C 的底盘与散热盘 P 直接接触,使散热盘 P 的温度较原来平衡时上升约 20 ℃(电压表读数约增加 0.8 mV),然后将发热体移开,在散热盘 P 上覆盖样品 B,让散热盘 P 自然冷却,每隔 30 s 记下电压表相应的读数,填入表 4-7-3 内,直到电压表读数比平衡时低 0.5 mV 左右为止,由表查出各时刻相对应的温度。

以时间 t 为 x 轴,以温度为 y 轴,画出散热盘 P 的冷却曲线(见图 4-7-3)。然后用镜尺法画出经过曲线上温度 T_2 点的切线,求此直线的斜率 K,K 即为温度 T_2 时散热盘 P 的冷却速率。

用镜尺法画曲线上 A 点的切线方法如下:将镜子制成的直尺通过 A 点,然后以 A 点为圆心转动此镜尺直到镜子中靠近镜子一段曲线元的像与原曲线元成一直线(见图 4-7-5),此时直尺的方向即为该曲线在 A 点的曲率半径方向。沿镜尺画一直线,然后过 A 点再画出与此线相垂直的直线(图中细线),此直线即是曲线在 A 点的切线。将各数值代入式(4-7-2)即可求出不良导体的导热系数。

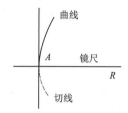

图 4-7-5 镜尺法画曲线的切线

六、实验数据记录与处理

1. 数据表格

表 4-7-2 测量数据之一

u_1/mV								
T_1/℃								
u_2/mV								
T_2/℃								

表 4-7-3 测量数据之二

u_2/mV								
T_2/℃								

2. 数据处理

将测得的数据填入表格内,并进行相应的计算。

七、注意事项

(1)热电偶的金属丝较细,放置与取下时要特别小心以免折断,为避免热电偶线相互交叉,应使两个放置热电偶的小孔与杜瓦瓶位于同一侧。

(2)将样品抽出时,先切断红外灯加热电源,小心将发热体降下,使发热体与散热盘接触时,同时要防止高温烫伤。

(3)在测定散热盘的冷却曲线时,发热体移开后必须将它固定在机架上,并将固定螺母旋紧,防止实验过程中下滑造成事故。
(4)实验过程中若发现电压表读数呈现不规则变化,请向教师及时报告。

八、分析与讨论

(1)何谓镜尺法?镜尺法画切线利用了什么原理?
(2)散热盘下方的轴流式风机起什么作用?若它不工作时实验能否进行?为什么?
(3)用本实验装置可以测量良导体和空气的导热系数吗?
(4)整个实验过程中作了哪些近似?这些近似使导热系数 λ 值比真值大还是小?
(5)分析测量结果的主要误差来源。

实验8 落球法测黏滞系数

各种液体都具有黏滞性,这种黏滞性用黏滞系数来表征。黏滞系数越大,该液体的黏滞性就越强,反之黏滞性就越弱。

流体黏滞系数又称内摩擦系数或黏度,是描述流体内摩擦力性质的一个重要物理量,它表征流体反抗形变的能力,只有在流体内存在相对运动时才表现出来。黏滞系数是液体的重要性质之一,在液压传动、机器润滑等许多工业生产、人民生活和科学研究中,都需要知道液体的黏滞系数。因此,掌握黏滞系数的测量方法是十分必要的。本实验用落球法测量液体的黏滞系数。这种方法十分简单有效,但只适合于测量黏滞性较强的液体的黏滞系数。

一、实验目的

(1)测定液体的黏滞系数。
(2)学会使用移测显微镜、米尺、游标卡尺、秒表等基本仪器。
(3)学习误差分析估计。

二、实验仪器与装置

盛待测试液体的玻璃量筒及支架、秒表、游标卡尺、镊子、螺旋测微器、米尺、小钢球、密度计、温度计。

三、实验原理

小球在液体中运动时,将受到与运动方向相反的摩擦阻力作用,这是由于附着在小球表面上的一薄层液体相对于液体的其他部分运动时,使小球受到的黏滞阻力 f(或称内摩擦力)。如果小球是在无限宽广且在运动中不产生漩涡的液体中缓慢下落,根据斯托克斯定律,黏滞阻力为

$$f = 3\pi\eta vd \tag{4-8-1}$$

式中,v 为小球的速度;d 为小球的直径;η 为液体的黏滞系数。

η 与小球的大小种类无关,但与温度有密切关系,它随温度增加而近似地按指数减小。η 的单位在国际单位制中是 $Pa \cdot s$。

当密度为 ρ_0、体积为 V 的小球在密度为 ρ 的液体中下落时,作用在小球上的力有重力 mg,液体对小球的浮力 ρgV 以及内摩擦力 $f = 3\pi\eta vd$。起初,由于小球下落的速度较小,内摩擦力也小,因而小球向下做加速运动。但随着速度的增加,内摩擦力 f 也增加,当达到某一定速度 v 时,作用在小球上的各力达到平衡,因此小球将做匀速运动,此时

$$\rho_0 gV = \rho Vg + 3\pi\eta vd$$

得
$$\eta = \frac{(\rho_0 - \rho)gV}{3\pi vd} \quad (4\text{-}8\text{-}2)$$

假设小球的密度为 ρ_0，则质量 $m = \frac{4}{3}\pi\left(\frac{d}{2}\right)^2 \rho_0$，代入式(4-8-2)，整理得

$$\eta = \frac{(\rho_0 - \rho)gd^2}{18v} \quad (4\text{-}8\text{-}3)$$

式(4-8-3)是奥西恩-果尔斯公式的零级近似。其右端是已知量和可测量，因而液体的黏滞系数 η 即可求得。

式(4-8-3)只适用于小球在无限宽广的液体中下落，实际上，在本实验中，小球是在内径为 D 的圆管中下降，如果只考虑四壁影响，则式(4-8-3)应作如下修正

$$\eta = \frac{(\rho_0 - \rho)gd^2}{18v\left(1 + 2.4\dfrac{d}{D}\right)} \quad (4\text{-}8\text{-}4)$$

四、实验内容与步骤

(1) 调整盛有待测液体的圆柱形量筒装置，使量筒轴线沿铅直方向；用游标卡尺测五个小球的直径(至少在三个不同方向测量)，记入表 4-8-1 中。小球的密度由实验室给出或查表得出。

(2) 用游标卡尺测出玻璃管的内径 D，用密度计测出液体的密度 ρ。并记下此时的温度(室温)。

(3) 用镊子夹住小球浸入液体中，确保其表面完全被所测的液体浸润，然后放入玻璃管中央，观察小球在管中下落时，是否在管子中央附近，如小球靠近管壁，则应重新调节，如图 4-8-1 所示。

(4) 用停表测小球自玻璃管 A 处落到 B 处的时间。(测量时，眼应平视，使球下端与刻线平齐读数)记录 A、B 的距离 L 及下落时间 t (见表 4-8-1)，计算出速度 $v = \dfrac{L}{t}$。测量五次，A 位置取 700 mm，B 位置取 100 mm 为宜。

(5) 计算黏滞系数 η 及不确定度。

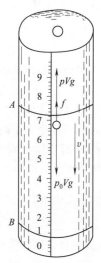

图 4-8-1 实验装置

五、实验数据记录与处理

表 4-8-1 落球法测黏滞系数的测量数据

小球密度 $\rho_0 = $ _____ kg/m³；玻璃管内径 $D = $ _____ m；
液体的密度 $\rho = $ _____ kg/m³；室温 $t_0 = $ _____ ℃；
$S_A = $ _____ m；$S_B = $ _____ m；$L = $ _____ m

次 数	1	2	3	4	5	—
d						$\bar{d} = $
Δd						—

续上表

次 数	1	2	3	4	5	—
Δd^2						$\sum \Delta d^2 =$
t						$\bar{t} =$
Δt						—
Δt^2						$\sum \Delta t^2 =$

(1)根据所获得的实验数据,按式(4-8-4)计算待测液体的黏滞系数 η。

(2)计算出黏滞系数 η 的不确定度,并表达测量结果(计算不确定度时,可不考虑修正项的影响)。

六、注意事项

(1)玻璃管竖直放置,使小球沿玻璃管的中心线下降。

(2)实验时应确保油静止,油中无气泡,小球无油污,且使用前干燥。

(3)油的黏滞系数随温度的变化显著,因此,在实验中不要用手摸玻璃管,以确保温度基本不变。

(4)选定 A 和 B 的位置可以任意,但应保证小球在通过 A 之前已达到它的收尾速度。

(5)实验中为了减小时间 t 的测量误差,应该用同一小球在相同实验条件下重复测量多次。但由于小球下降到圆筒底部后不易取出,因此,本实验中用不同小球重复实验,分别算出各次的 η 值,然后再求 η 的平均值。如果若干小球的直径非常一致,其差别小到可以近似地认为是同一个小球,那么也可以先取时间 t 的平均值,而后代入 $\eta = \dfrac{(\rho_0 - \rho)g d^2 t}{18L\left(1 + 2.4\dfrac{d}{D}\right)}$ 求 η。但无论用何种方法,都应注意保持实验条件不变,特别是液体的温度要保持恒定。

七、分析与讨论

(1)实验中,如何判断小球已进入匀速运动状态?请设计用实验方法测定其达到匀速运动状态。

(2)在特定液体中,当小球的半径减小时,它下降的收尾(匀速运动)速度将如何变化?当小球密度增大时,又将如何呢?

(3)温度不同的两种润滑油中,同一小球下降的收尾速度是否不同?为什么?

(4)选用不同密度和不同半径的小球做此实验时,对实验结果的影响如何?

第 5 章　验证性实验 Ⅲ

实验 1　电子荷质比的测量

利用电子在电场、磁场中的运动规律,人们制作出了示波管、显像管等各种仪器。电子电量和质量的比值即电子的荷质比,在物理学中有着十分重大的意义。本实验采用磁聚焦法,既能观测电子在磁场中的螺旋运动,又能测出电子的荷质比。

一、实验目的

(1) 了解带电粒子在电场和磁场中的运动规律。
(2) 学习电子束的电偏转、电聚焦、磁偏转、磁聚焦的原理。
(3) 掌握磁聚法测量电子的荷质比。

二、实验仪器与装置

DZS-D 型电子束实验仪,其面板功能分布如图 5-1-1 所示。

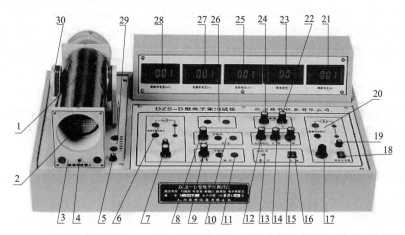

1—磁聚焦线圈;2—示波管显示屏;3—磁聚焦电流输入插座;4—磁聚焦电流换向开关;5—磁偏转电流熔丝座;
6—磁偏转电流输出插座;7—磁偏转电流调节电位器;8—电子束水平偏转电压调节电位器;
9—电子束垂直偏转电压调节电位器;10—水平偏转电压输出插座;11—垂直偏转电压输出插座;
12—示波管阳极高压调节电位器;13—电子束、荷质比功能转换开关;14—亮度调节电位器;
15—聚焦电压调节电位器;16—电源总开关;17—磁聚焦(荷质比)电流调节电位器;
18—磁聚焦(荷质比)电流电源开关;19—磁聚焦(荷质比)电流熔丝座;
20—磁聚焦(荷质比)电流输出插座;21—磁聚焦(荷质比)数字式电流表;22—光点垂直位移调节电位器;
23—示波管聚焦电压指示数字式电压表;24—光点水平位移调节电位器;25—阳极高压指示数字式电压表;
26—电子束电偏转电压输入插座;27—电子束电偏转电压指示数字式电压表;28—磁偏转电流指示数字式电流表;
29—磁偏转电流插座;30—磁偏转线圈。

图 5-1-1　DZS-D 电子束测试仪面板功能分布

三、实验原理

1. 示波管介绍

示波管(见图5-1-2)包括:
(1)一个电子枪,它发射电子,把电子加速到一定速度,并聚焦成电子束。
(2)一个由两对金属板组成的偏转系统。
(3)一个在管子末端的荧光屏,用来显示电子束的轰击点。

电子荷质比的测量实验原理

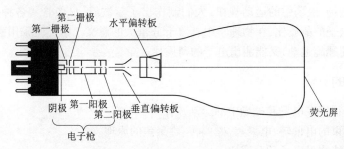

图 5-1-2 小型示波管外形示意图

所有部件密封在一个抽成真空的玻璃外壳里,目的是避免电子与气体分子碰撞而引起电子束散射。接通电源后,灯丝发热,阴极发射电子。栅极加上相对于阴极的负电压,它有两个作用:一方面调节栅极电压的大小控制阴极发射电子的强度,所以栅极也称控制极;另一方面栅极电压和第一阳极电压构成一定的空间电位分布,使得由阴极发射的电子束在栅极附近形成一个交叉点。第一阳极和第二阳极的作用:一方面构成聚焦电场,使得经过第一交叉点发散了的电子在聚焦场作用下又会聚起来;另一方面使电子加速,电子以高速打在荧光屏上,屏上的荧光物质在高速电子轰击下发出荧光,荧光屏上的发光亮度取决于到达荧光屏的电子数目和速度,改变栅压及加速电压的大小都可控制光点的亮度。水平偏转板和垂直偏转板是互相垂直的平行板,偏转板上加以不同的电压,用来控制荧光屏上亮点的位置。

2. 电子的加速和电偏转

为了描述电子的运动,选用直角坐标系,其 z 轴沿示波管管轴,x 轴是示波管正面所在平面上的水平线,y 轴是示波管正面所在平面上的竖直线。

电子枪电极结构图如图5-1-3所示。从阴极发射出来通过电子枪各个小孔的一个电子,它在从阳极 A_2 射出时在 z 方向上具有速度 v_z;v_z 的值取决于 S 和 A_2 之间的电位差 $U_2 = U_B + U_C$。

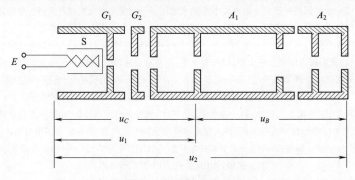

图 5-1-3 电子枪电极结构图

电子从 S 移动到 A_2,电势能降低了 eU_2;因此,如果电子逸出阴极时的初始动能可以忽略不计,那么它从 A_2 射出时的动能 $\frac{1}{2}mv_z^2$ 就由下式确定

$$\frac{1}{2}mv_z^2 = eU_2 \tag{5-1-1}$$

此后,电子再通过偏转板之间的空间。如果偏转板之间没有电位差,那么电子将笔直地通过,最后打在荧光屏的中心(假定电子枪瞄准了中心)形成一个小亮点。但是,如果两个垂直偏转板(水平放置的一对)之间加有电位差 U_d,使偏转板之间形成一个横向电场 E_y,那么作用在电子上的电场力便使电子获得一个横向速度 v_y,但却不改变它的轴向速度分量 v_z,如图 5-1-4 所示。这样,电子在离开偏转板时运动的方向将与 z 轴成一个夹角 θ,而这个 θ 角由下式决定

$$\tan \theta = \frac{v_y}{v_z} \tag{5-1-2}$$

如果知道了偏转电位差和偏转板的尺寸,那么以上各个量都能计算出来。

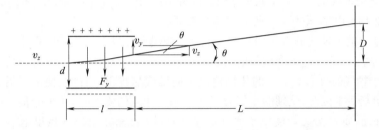

图 5-1-4　电子在电场中的运动

设距离为 d 的两个偏转板之间的电位差 U_d 在其中产生一个横向电场 $E_y = u_d/d$,从而对电子作用一个大小为 $F_y = eE_y = eU_d/d$ 的横向力。在电子从偏转板之间通过的时间 Δt 内,这个力使电子得到一个横向动量 mv_y,而它等于力的冲量,即

$$mv_y = F_y \Delta t = \frac{eU_d}{d} \Delta t \tag{5-1-3}$$

于是

$$v_y = \frac{eU_d}{md} \Delta t \tag{5-1-4}$$

然而,这个时间间隔 Δt,也就是电子以轴向速度 v_z 通过距离 l（l 等于偏转板的长度）所需要的时间,因此 $\Delta t = \frac{l}{v_z}$。代入式(5-1-4)中

$$v_y = \frac{eU_d}{md} \cdot \frac{l}{v_z} \tag{5-1-5}$$

这样,偏转角 θ 由下式给出

$$\tan \theta = \frac{v_y}{v_z} = \frac{eU_d l}{mdv_z^2} \tag{5-1-6}$$

再把能量关系式(5-1-1)代入上式,最后得到

$$\tan \theta = \frac{U_d}{U_2} \cdot \frac{l}{2d} \tag{5-1-7}$$

式(5-1-7)表明,偏转角随偏转电位差 U_d 的增加而增大,而且,偏转角也随偏转板长度 l 的增大而增大,偏转角与 d 成反比,对于给定的总电位差来说,两偏转板之间距离越近,偏转电场就越强。最后,降低加速电位差 $U_2 = U_B + U_C$ 也能增大偏转,这是因为这样就减小了电子的轴向速度,

延长了偏转电场对电子的作用时间。此外,对于相同的横向速度,轴向速度越小,得到的偏转角就越大。

电子束离开偏转区域以后便又沿一条直线行进,这条直线是电子离开偏转区域那一点的电子轨迹的切线。这样,荧光屏上的亮点会偏移一个垂直距离 D,而这个距离由关系式 $D = L\tan\theta$ 确定;这里 L 是偏转板到荧光屏的距离(忽略荧光屏的微小的曲率)。如果更详细地分析电子在两个偏转板之间的运动,会看到这里的 L 应从偏转板的中心量到荧光屏。于是有

$$D = L \cdot \frac{U_d}{U_2} \cdot \frac{l}{2d} \tag{5-1-8}$$

3. 电聚焦原理

电场分布情况如图 5-1-5 所示,从示波管阴极发射的电子在第一阳极 A_1 的加速电场作用下,先会聚于控制栅孔附近一点,然后又散射开来。为了在示波管荧光屏上得到一个又亮又小的光点,必须把散射开来的电子束会聚起来。与光学透镜对光束的聚焦作用相似,由第一阳极 A_1 和第二阳极 A_2 组成电聚焦系统,A_1、A_2 是两个相邻的同轴圆筒,在 A_1、A_2 上分别加上不同的电压 U_1、U_2,在其间形成一非均匀电场,电场对 z 轴是对称分布的。

电子束中某个散离轴线的电子沿轨迹 S 进入聚焦电场,图 5-1-6 画出了这个电子的运动轨迹。在电场的前半区,这个电子受到与电力线相切方向的作用力 F。F 可分解为垂直指向轴线的分力 F_r 与平行于轴线的分力 F_z。F_r 的作用使电子向轴线靠拢,F_z 的作用使电子沿 z 轴获得加速度。电子到达电场后半区时,受到的作用力 F 可分解为相应的 F'_r 和 F'_z 两个分量。F'_z 分力仍使电子沿 z 轴方向加速,而 F'_r 分力却使电子离开轴线。但因为在整个电场区域里电子都受到同方向的沿 z 轴的作用力(F_z 和 F'_z),由于在后半区的轴向速度比在前半区的大得多,因此在后半区电子受 F'_r 的作用时间短得多。这样,电子在前半区受到的拉向轴线的作用大于在后半区受到离开轴线的作用,因此总效果是使电子向轴线靠拢,最后会聚到轴上某一点。调节阳极 A_1 和 A_2 的电压可以改变电极间的电场分布,使电子束的会聚点正好与荧光屏重合,这样就实现了电聚焦。

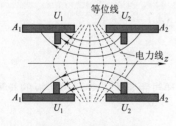

图 5-1-5 电场分布图

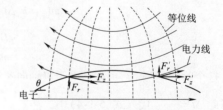

图 5-1-6 电子的运动轨迹

4. 磁偏转原理

电子束通过磁场时,在洛仑兹力作用下发生偏转。如图 5-1-7 所示。设实线方框内有均匀的磁场,磁感应强度为 B,方向垂直纸面指向读者,在方框外 $B = 0$。电子以速度 v_z 垂直射入磁场,受洛仑兹力的作用,在磁场区域内做匀速圆周运动,轨道半径为 R。电子沿 OC 弧穿出磁场区域后变做匀速直线运动,最后打在荧光屏的 P 点上,光点的位移为 D。

由牛顿第二定律有

$$F = ev_z B = m\frac{v_z^2}{R} \tag{5-1-9}$$

则

$$R = \frac{mv_z}{eB} \tag{5-1-10}$$

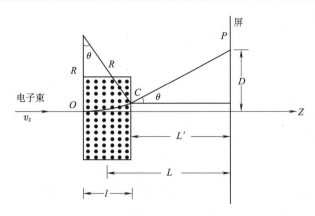

图 5-1-7 磁偏转原理

电子离开磁场区域与 Oz 轴偏斜了 θ 角度，由图 5-1-7 中的几何关系得

$$\sin\theta = \frac{l}{R}$$

电子束离开磁场区域时，距离 Oz 的大小 D_1 是

$$D_1 = R - R\cos\theta = R(1-\cos\theta)$$

电子束在荧光屏上离开 Oz 轴的距离为

$$D = L'\tan\theta + D_1$$

因偏转角 θ 足够小，故近似有

$$\sin\theta = \tan\theta = \frac{l}{R} \quad \text{和} \quad \cos\theta = 1 - \frac{\theta^2}{2}$$

则总偏转距离

$$D = L'\cdot\frac{l}{R} + R\cdot\frac{1}{2}\cdot\left(\frac{l}{R}\right)^2 = \frac{l}{R}\left(L' + \frac{l}{2}\right) = \frac{leB}{mv_z}\cdot L$$

式中，$L = L' + \frac{l}{2}$，即磁场区域中心至屏的距离。再由式 $\frac{1}{2}mv_z^2 = eU_a$ 消去 v_z 得

$$D = \sqrt{\frac{e}{2mU_a}}\,lLB \tag{5-1-11}$$

式(5-1-11)表明光点的偏转位移 D 与磁感应强度 B 成线性关系，与加速电压 U_a 的平方根成反比。

5. 磁聚焦原理和电子荷质比的测量

置于长直螺线管中的示波管，在不受任何偏转电压的情况下，示波管正常工作时，调节亮度和聚焦，可在荧光屏上得到一个小亮点。若第二加速阳极 A_2 的电压为 U_2，则电子的轴向运动速度用 $v_\parallel$ 表示，则有

$$v_\parallel = \sqrt{\frac{2e\cdot U_2}{m}} \tag{5-1-12}$$

当给其中一对偏转板加上交变电压时，电子将获得垂直于轴向的分速度(用 $v_\perp$ 表示)，此时荧光屏上便出现一条直线，随后给长直螺线管通一直流电流 I，于是螺线管内便产生磁场，其磁感应强度用 B 表示。众所周知，运动电子在磁场中要受到洛伦兹力 $F = ev_\perp B$ 的作用($v_\parallel$ 方向受力为零)，这个力使电子在垂直于磁场(也垂直于螺线管轴线)的平面内做圆周运动，设其圆周运动的半径为 R，则有

$$ev_\perp B = \frac{mv_\perp^2}{R} \quad 即 \quad R = \frac{mv_\perp}{eB} \tag{5-1-13}$$

圆周运动的周期为

$$T = \frac{2\pi R}{v_\perp} = \frac{2\pi m}{eB} \tag{5-1-14}$$

电子既在轴线方面做直线运动,又在垂直于轴线的平面内做圆周运动。它的轨道是一条螺旋线,其螺距用 h 表示,则有

$$h = v_{/\!/} T = \frac{2\pi m}{eB} v_{/\!/} \tag{5-1-15}$$

从式(5-1-14)和式(5-1-15)可以看出,电子运动的周期和螺距均与 $v_\perp$ 无关。虽然各个点电子的径向速度不同,但由于轴向速度相同,由一点出发的电子束,经过一个周期以后,它们又会在距离出发点相距一个螺距的地方重新相遇,这就是磁聚焦的基本原理,由式(5-1-15)可得

$$e/m = 8\pi^2 U_2 / h^2 B^2 \tag{5-1-16}$$

长直螺线管的磁感应强度 B 为

$$B = \frac{\mu_0 NI}{\sqrt{L^2 + D^2}} \tag{5-1-17}$$

将式(5-1-17)代入式(5-1-16),可得电子荷质比为

$$e/m = 8\pi^2 U_2 (L^2 + D^2) / \mu_0^2 N^2 I^2 h^2 \tag{5-1-18}$$

式中,μ_0 为真空中的磁导率,$\mu_0 = 4\pi \times 10^{-7} \text{N/A}^2$。

本仪器的其他参数如下:

螺线管内的线圈匝数:$N = 526$ 匝;

螺线管的长度:$L = 0.234$ m;

螺线管的平均直径:$D = 0.090$ m;

螺距(Y 偏转板至荧光屏距离)$h = 0.145$ m。

四、实验内容与步骤

1. 电偏转

(1)按图 5-1-8 所示接线。

操作视频

电子荷质比的测量仪器操作

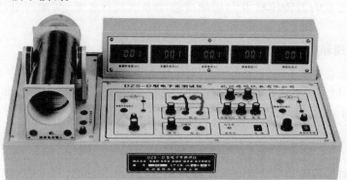

图 5-1-8 DZS-D 型电子束测试仪电偏转接线图(仅标出水平偏转)

(2)开启电源开关,将"电子束-荷质比"选择开关打向电子束位置,适当调节辉度和聚焦,使屏上光点聚成一细点。应注意光点不能太亮,以免烧坏荧光屏。

(3)光点调零,将 X 偏转输出的两接线柱和电偏转电压表的两输入接线柱相连接,调节"X 调节"旋钮,使电压表的指示为零,再调节调零的 X 旋钮,使光点位于示波管垂直中线上。同 X 调零一样,将 Y 调零后,使光点位于示波管的中心原点。

(4)测量光点移动距离 D 随 X 轴偏转电压 U_d 的变化规律,调节阳极电压旋钮,使阳极电压 $U_2 = 600$ V。将电偏转电压表接到水平偏转电压输出的两接线柱上,测量 U_d 值和对应的光点的位移量 D 值,每隔 3 V 测一组 $U_d、D$ 值,实验数据记录于表 5-1-1 中。然后调节 $U_2 = 700$ V,重复以上实验步骤,再测一组 D-U_d 数据。

(5)同 X 轴一样,只要把电偏转电压表改接到垂直偏转电压输出端,即可测量光点移动距离 D 随 Y 轴偏转电压的(D-U_d)变化规律,数据记录于表 5-1-2 中。

2. 电聚焦

(1)不必接线,开启电源开关,将"电子束-荷质比"选择开关拨到电子束,适当调节辉度和调节聚焦,使屏幕上光点聚焦成一细点。应注意光点不要太亮,以免烧坏荧光屏。

(2)光点调零,通过调节"X 偏转"和"Y 偏转"旋钮,使光点位于 X、Y 轴的中心。

(3)调节阳极电压 $U_2 = 600$ V,调节聚焦旋钮(改变聚焦电压)使光点达到最佳的聚焦效果,测量对应的聚焦电压 U_1。同理,可分别测量阳极电压 U_2 为 700 V、800 V、900 V、1 000 V 时对应的聚焦电压 U_1。实验数据记录于表 5-1-3 中。

3. 磁偏转

(1)按图 5-1-9 接线。

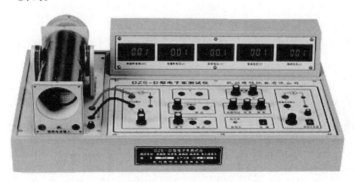

图 5-1-9　DZS-D 型电子束测试仪磁偏转接线图

(2)开启电源开关,将"电子束-荷质比"选择开关打向电子束位置,适当调节辉度和聚焦,使屏上光点聚焦成一细点。应注意光点不能太亮,以免烧坏荧光屏。

(3)光点调零,在磁偏转输出电流为零时,通过调节"X 偏转"和"Y 偏转"旋钮,使光点位于 Y 轴的中心原点。

(4)测量偏转量 D 随磁偏电流 I 的变化规律,给定 U_2(600 V),调节磁偏电流调节旋钮(改变磁偏电流的大小),每 10 mA 测量一组 I、D 值,记录于表 5-1-4 中。然后调节 $U_2 = 700$ V,重复以上实验步骤,再测一组 D-I 数据,记录于表 5-1-5 中。

4. 磁聚焦和电子荷质比的测量

(1)按图 5-1-10 接线。

(2)把励磁电流接到励磁电流的接线柱上,把励磁电流调到零。

(3)开启电子束测试仪电源开关,"电子束-荷质比"转换开关置于荷质比方向,此时荧光屏上出现一条直线,把阳极电压调到 700 V。

图 5-1-10　DZS-D 型电子束测试仪磁聚焦(荷质比测定)接线图

(4) 开启励磁电流电源,逐渐加大电流使荧光屏上的直线一边旋转一边缩短,直到变成一个小光点。读取电流值,然后将电流调为零。再将电流换向开关(在励磁线圈下面)扳到另一方,再从零开始增加电流使屏上的直线反方向旋转并缩短,直到再一次得到一个小光点,读取此时的电流值。数据记录到表 5-1-6 中。

(5) 改变阳极电压为 800 V,重复步骤(4),实验数据记录于表 5-1-6 中。

(6) 实验结束,请先把励磁电流调节旋钮逆时针旋到底。

五、数据记录与处理

1. 电偏转

(1) 水平方向(X 轴):阳极电压 U_2 为 600 V 或 700 V 时,U_d 为电偏转电压,D 为光点的位移量,U_d 每隔 3 V 测一组 U_d、D 数据。

(2) 作 D-U_d 图,求出 U_2 为 600 V 或 700 V 时的曲线斜率,得电偏转灵敏度 S_X 值。

(3) 垂直方向(Y 轴):与水平方向方法相同。

(4) 作 D-U_d 图,求出 U_2 为 600 V 或 700 V 时的曲线斜率,得电偏转灵敏度 S_Y 值。

表 5-1-1　U_2 为 600 V 时 Y 轴 D-U_d 的测量数据

U_d/V								
D/mm								

表 5-1-2　U_2 为 700 V 时 Y 轴 D-U_d 的测量数据

U_d/V								
D/mm								

2. 电聚焦

记录不同 U_2(阳极电压)下的 U_1(聚焦电压)数值,求出 U_2/U_1。

表 5-1-3　不同 U_2(阳极电压)下的 U_1(聚焦电压)数据

U_2/V	600	700	800	900	1 000
U_1/V					

3. 磁偏转

(1)作 D-I 图,求出 U_2 为 600 V 时的曲线斜率,得磁偏转灵敏度。

表 5-1-4　阳极电压 $U_2=600$ V 时 D-I 的测量数据

I/mA										
D/mm										

(2)作 D-I 图,求出 U_2 为 700 V 时的曲线斜率,得磁偏转灵敏度。

表 5-1-5　阳极电压 $U_2=700$ V 时 D-I 的测量数据

I/mA										
D/mm										

4. 磁聚焦和电子荷质比的测量

表 5-1-6　磁聚焦和电子荷质比的测量数据

励磁电流	阳极电压	
	700 V	800 V
$I_{正向}$/A		
$I_{反向}$/A		
$I_{平均}$/A		
电子荷质比(e/m)/(C·kg^{-1})		

六、注意事项

(1)示波管中 U_1、U_2 均为几百伏高压,操作时注意安全,千万不可触摸与之边线的插头。

(2)螺线管不能在大电流状态下长时间工作,测量完毕,应立即断开励磁电流,以免螺线管过热损坏。

(3)本实验仪其他功能,学生只可以在课余请教教师指导使用。

七、分析与讨论

(1)实验方法中,当励磁电流为零时,屏上为什么会呈现直线?当从零增大到 I 时,该直线段为什么会缩短?你能根据该线段的旋转方向判断出螺线管中磁场的方向吗?

(2)无限大平板电容器上加一磁场 B,现有一些质子进入该区域,哪些能做直线运动?它们的速度 v 有何特点?

(3)让电子在地磁场中一直沿着赤道运动,应向东发射,还是向西发射?

实验2　灵敏电流计特性的研究

灵敏电流计也称直流检流计或检流计,是一种精确的磁电式仪表。它和其他磁电式仪表一样,都是根据载流线圈在磁场中受力矩作用而偏转的原理制成的,只是在结构上有些不同。普通电表中的线圈安装在轴承上,用弹簧游丝来维持平衡,用指针来指示偏转;而灵敏电流计则是用极细的金属悬丝代替轴承,且将线圈悬挂在磁场中,由于悬丝细而长,反抗力矩很小,当有极弱的电流流过线圈时,就会使它明显偏转,因而它比一般的电流表要灵敏得多,可以测量 $10^{-6} \sim 10^{-11}$ A 范围的微弱电流和 $10^{-3} \sim 10^{-6}$ V 范围的微小电压,如光电流、物理电流、温差电动势等。电流计的另一种用途是平衡指零,即根据流过电流计的电流是否为零来判断电路是否平衡。

一、实验目的

(1)了解灵敏电流计的结构和工作原理。
(2)研究灵敏电流计的运动状态与外电阻的关系。
(3)测定灵敏电流计的临界电阻、内阻和灵敏度。

二、实验仪器与装置

AC15 型灵敏电流计、直流稳压电源、滑动变阻器、电阻箱、电压表、单刀双掷开关、双刀双掷开关等。

三、实验原理

1. 灵敏电流计的构造

灵敏电流计主要分三部分,如图 5-2-1 所示。

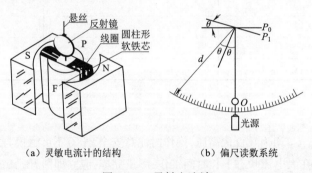

(a) 灵敏电流计的结构　　　(b) 偏尺读数系统

图 5-2-1　灵敏电流计

(1)磁场部分:有永久磁铁和圆柱形软铁芯。永久磁铁产生磁场,圆柱形软铁芯使磁铁极隙间磁场呈均匀径向分布,并增加磁极和软铁之间空隙中的磁场。

(2)偏转部分:可在磁场中转动的线圈,它的上下用金属悬丝张紧,悬丝同时作为线圈两端的电流引线。由于用悬丝代替了普通电表的转轴和轴承,避免了机械摩擦,电流计的灵敏度得以提高。

(3)读数部分:有光源、小镜和标尺。小镜固定在线圈上,随线圈一起转动。它把从光源射来的光反射到标尺上形成一个光点,此部分相当于指针式电表中很长的指针。但是指针太长,线圈的转动惯量增大,灵敏度将下降。为了克服这样的缺点,采用光点偏转法,可使灵敏度进一步大幅度地提高。有的灵敏电流计常采用多次反射式,使标尺远离电流计的小镜,AC15 型检流计就是此种灵敏电流计。

2. 灵敏电流计的读数

当有电流通过灵敏电流计的线圈时,线圈受到电磁力矩作用而偏转。当电磁力矩与悬丝的扭转反力矩相等时,线圈就停止在某一位置上,随之标尺上的光标将固定在一定的位置(如在标尺的刻度 d 上)起一条"光线指针"的作用。而且,电流 I_g 与光标的位移 d 成正比,即

$$I_g = K_i \cdot d \tag{5-2-1}$$

式中,比例常数 K_i 称为电流计常数,单位是 A/mm,在数值上等于光点移动一个毫米所对应的电流。电流计常数 K_i 的倒数称为灵敏电流计的灵敏度,记为 S_i。显然灵敏度愈大,灵敏电流计就愈灵敏。一般在电流计的铭牌上标明了 K_i 或 S_i 的数值,但由于长期使用、检修等原因,其数值往往有所改变,所以,使用电流计定量测量之前,必须测定 K_i 或 S_i 的数值。

3. 线圈运动的阻尼特性

当外加电流通过灵敏电流计或断去外电流使线圈发生转动时,由于线圈具有转动惯量和转动动能,它不可能一下子就停止在平衡位置上,而是要越过平衡位置在其附近摆动一段时间才能稳定,摆动时间的长短直接影响测量的速度。为此有必要了解影响线圈运动状态的各种因素。灵敏电流计工作时,总是由它的内阻 R_g 与外电路电阻 $R_外$ 构成闭合回路(电流计回路除 R_g 外的总电阻),控制 $R_外$ 的大小,就可控制电磁阻尼力矩 M 的大小,从而控制线圈的运动状态。

由电磁感应定律可知,闭合线圈在磁场中转动时因切割磁力线而产生感生电动势和感生电流。这个感生电流也要受磁场作用,即线圈受到一个阻碍线圈转动的电磁阻尼力矩 M 作用,由电流计内阻 R_g 和外电阻 $R_外$ 组成的闭合回路总电阻和 M 成反比,即

$$M \propto \frac{1}{R_g + R_外} \tag{5-2-2}$$

由此可见,可以通过改变 $R_外$ 的大小来控制电磁阻尼力矩 M 的大小。M 不同,线圈的运动状态也不同,如图 5-2-2 所示。

(1)欠阻尼状态:当 $R_外$ 较大时,感应电流较小,电磁阻力矩 M 较小,线圈偏离平衡位置后就会在平衡位置附近来回振动,振幅逐渐衰减,经过较长时间才能停在平衡位置。$R_外$ 越大,M 越小,线圈振动次数越多,回到平衡位置所需的时间就越长。如图 5-2-2 中曲线 1。

(2)过阻尼状态:当 $R_外$ 较小时,感应电流较大,电磁阻力矩 M 较大,线圈偏离平衡位置后会缓慢地回到平衡位置,但不会越过平衡位置。利用此特性,将一个电键与电流计并联,当电流计光标运动到平衡位置附近时,将电键按下,电流计光标即可迅速停在平衡位置,便于调节。这个电键称为阻尼电键。灵敏电流计面板上的"短路"挡,就是这样的阻尼电键装置。如图 5-2-2 中曲线 3。

(3)临界阻尼:当 $R_外$ 适当时,线圈偏离平衡位置后能快速地正好回到平衡位置而又不发生振动,临界阻尼状态的外电阻称为电流计的临界阻尼电阻 $R_外$。显然,电流计工作在临界状态时,最有利于观察和读数。如图 5-2-2 中曲线 2。

4. 灵敏电流计面板

(1)待测电流由面板左下角标有"+"和"-"的两个接线柱接入,一般可以不考虑正负。图 5-2-3 中零点调节为粗调旋钮,固定在标尺上的小手柄为零点细调,左右移动它可使光斑准确对准零点。

(2)实验时,先接通 AC 220 V 电源,看到光标后将分流器旋钮从"短路"挡转到"×1"挡,看光标是否指"0",若光标不指"0",应使用零点调节和标尺上的零点细调小手柄把光标调到"0"点。若找不到光标,可将电流计开关置于直接处,并将电流计轻微摆动,观察光标偏在哪边,若偏在左边,逆时针旋转零点调节器;若偏在右边,则顺时针旋转零点调节器,使光标露出并调整到零。

(3)×0.1,×0.01 挡:检流计分流器的主要作用是改变测量的灵敏度,它通过分流电阻改变可测电流的范围,即改变了灵敏度,灵敏度分别降低 1/10 和 1/100。为了防止烧坏灵敏电流计,应先选用灵敏度最低挡×0.01 挡,若光标偏转太小,才可依次换为灵敏度较高挡×0.1 挡、×1 挡。

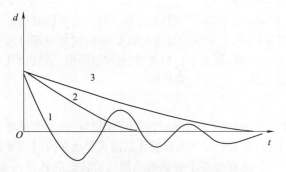
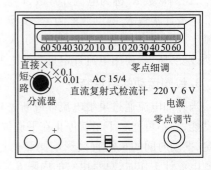

1—欠阻尼状态；2—临界阻尼状态；3—过阻尼状态。

图 5-2-2　断开电流偏离平衡位置距离随时间的关系

图 5-2-3　AC15 直流复射式检流计面板

四、实验内容与步骤

实验电路如图 5-2-4 所示。电源电压经 R 分压后由伏特表测出，再经 R_a、R_b 第二次分压加到电阻箱 R_0 和电流计 G 上，使电流计偏转一定的数值。通过电流计的电流为 I_g，其中 R_g 为电流计的内阻。当 $R_0 + R_g \gg R_b$，$R_a \gg R_b$ 时，可得 I_g 的表达式为（U 为电压表读数）

$$I_g = \frac{UR_b}{(R_a+R_b)(R_g+R_0)} = \frac{UR_b}{R_a(R_g+R_0)} \tag{5-2-3}$$

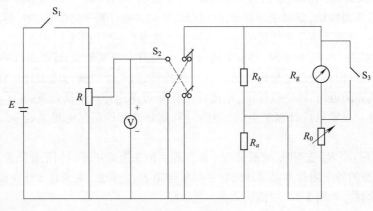

图 5-2-4　实验电路图

1. 观察灵敏电流计的三种运动状态

（1）开关 S_1、S_2 预先断开，按图 5-2-4 连接电路，电路中的小电阻 $R_b = 1\ \Omega$，$R_a = 20\ k\Omega$，$E = 1.5\ V$。R_0 的值先取为外临界电阻 R_C（由仪器铭牌上读取）的 4~5 倍。合上开关 S_1，并调节 R 使电压表读数为零，请教师检查电路后方可接通双向开关 S_2。

（2）电流计应水平放置，使电流计内悬丝垂直，以保证线圈转动时不会与旁边的磁极和中间的圆柱形软铁芯发生摩擦和相碰。接通开关 S_1、S_2，调整光标使其与标尺的零点重合。

（3）调节滑动变阻器 R 以缓慢增大电压表读数，同时观察光标的移动，直至光标大约偏转 40 mm。断开 S_2；观察光标回零的运动状态。反向接通 S_2，重复前述观察。改变 R_0 为临界电阻 R_C（由仪器铭牌上读取）及临界电阻 R_C 的一半，分别观察光标回零状态。

2. 测定外临界电阻 R_C

（1）R_0 的值先取为外临界电阻 R_C（由仪器铭牌上读取）的 4～5 倍，接通开关 S_1，调节滑动变阻器 R 使电压表读数为零。接通开关 S_2，缓慢调节滑动变阻器 R，增加电压输出 U，使光标位于约 40 mm 处，断开 S_2，观察光标回零情况。

（2）逐次减小 R_0，重复步骤（1），直至光标很快地回到零点又恰好不超过零刻度线，这时灵敏电流计处于临界阻尼状态。记录此时的 R_0 就是外临界电阻 R_C。数据记录于表 5-2-1 中。

3. 等偏法测定电流计的内阻 R_g

改变 U 及 R_0 使得光标偏转 $d = 50$ mm 不变，数据记录于表 5-2-2 中。

4. 用临界阻尼法测电流计常数 K_i 及灵敏度 S_i

（1）R_0 的值取为外临界电阻 R_C。

（2）调节滑动变阻器 R，使电流计的光标偏转 $d = 40$ mm。记下此时的电压表读数 U 和光标的偏转 $d_左$。为消除悬丝左右扭转时的不对称，需要将双向开关 S_2 反向，再读出光标在零点另一侧的偏转 $d_右$，然后求偏转的平均值 $\bar{d} = \dfrac{d_左 + d_右}{2}$。

（3）依次减小 U，读取相应的 d。数据记录于表 5-2-3 中。

五、数据记录与处理

1. 测定外临界电阻 R_C

表 5-2-1　外临界电阻 R_C 测量数据

R_0/Ω							
光标运动状态							

当光标运动状态为临界阻尼状态时，$R_0 = R_C$。

2. 测定电流计的内阻 R_g

表 5-2-2　电流计的内阻 R_g 测量数据

U/V	0.8	1.3	0.9	1.4	1.0	1.5	1.1	1.6	1.2	1.7
R_0/Ω										
R_g/Ω										

将表 5-2-2 中数据分为 5 组，如 U_1 和 U_6 为一组，U_2 和 U_7 为一组……

$$\frac{U_1}{R_{01} + R_g} = \frac{U_6}{R_{06} + R_g}$$

$$R_g = \frac{U_1 R_{06} - U_6 R_{01}}{U_6 - U_1}$$

依此类推，可以分别算出各组 R_{gi}，然后求平均值 $\bar{R_g}$。

3. 测定电流计常数 K_i 及灵敏度 S_i

表 5-2-3 电流计常数 K_i 及灵敏度 S_i 测量数据

次数		1	2	3	4	5	6
$R_0 = R_C/\Omega$							
电压 U/V							
光标偏移 d/mm	$d_{左}$						
	$d_{右}$						
	$\bar{d}$						

由式(5-2-3)计算得出 I_g,再由式(5-2-1)计算得出 K_i、S_i,其中 I_g 及 d 的单位分别为 A 和 mm。

六、注意事项

(1) 灵敏电流计有两个电源插孔,一个为 220 V,一个为 6 V。切不可将 220 V 电源插入 6 V 插孔中。

(2) 电流计的线圈及悬丝很精细,应注意保护,不容许过分的振动和扭转。不要随意搬动电流计,非搬不可时,均应将电流计的"分流器"置于"短路"挡,使电流计处于短路状态。

(3) 接通电源后,若在标尺上未出现光标时,可将"分流器"置于"直接"挡,并将电流计轻微摆动,如有光标影像掠过,则可调节"零点调节器",使光标调至标尺上。

(4) 当实验结束时必须将分流器置于"短路"挡,以防止线圈或悬丝受到机械振动而损坏。

七、分析与讨论

(1) 说明电流计常数 K_i 和灵敏度 S_i 的含义。

(2) 使用灵敏电流计时,要读取零点两侧的光标偏移,然后取平均值,这是为什么?

(3) 为什么测量电路要采用二级分压,用一级分压可以吗?

实验 3 电位差计的原理和使用

电位差计是一种精密测量电位差(电压)的仪器。它利用被测电压和一已知标准电压相互补偿(即达到平衡),使其被测回路中无电流通过,测量结果仅依赖于精度很高的标准电池、标准电阻和高灵敏度的检流计。它的应用十分广泛,不但可测量电动势、电压、电流、电阻等电学量,还可通过传感器对非电量(如温度、压力、位移和速度等)等方面进行测量。

一、实验目的

(1) 了解箱式电位差计的结构特点、工作原理。

(2) 掌握箱式电位差计的使用方法和操作步骤,并用它来测量电动势。

(3) 掌握箱式电位差计校准电流表的方法。

二、实验仪器与装置

UJ31 箱式电位差计、标准电池、直流稳压电源、标准电阻、滑动变阻器、被校电流表、单刀开关、双刀开关等。

三、实验原理

1. 电压补偿原理

图 5-3-1 所示为电压补偿原理。E_x 为被测电动势，E_0 为可调节的标准电源电动势，G 为检流计。调节 E_0 的值，可使检流计指示零，这时回路中 $E_x = E_0$，E_x 和 E_0 互相补偿。由于 E_0 是已知的，因此可测出 E_x。这种测试方法称为补偿法。

电位差计的原理和使用实验原理

2. 电位计工作原理

电位差计原理如图 5-3-2 所示。电位差计就是一种用补偿法思想设计的测量电动势（电压）的仪器。它由三个基本回路构成：①工作电流调节回路，由工作电源 E、限流电阻 R_p、标准电阻 R_n 和 R_x 组成；②校准回路，由标准电池 E_s、平衡指示仪 G、标准电阻 R_n 组成；③测量回路，由待测电动势 E_x、检流计 G、标准电阻 R_x 组成。通过测量未知电动势 E_x 的两个操作步骤，可以清楚地了解电位差计的原理。

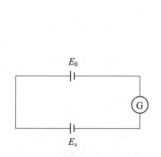

图 5-3-1　电压补偿原理

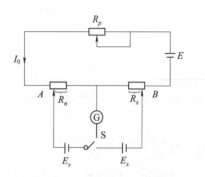

图 5-3-2　电位差计原理

（1）"校准"：图中开关 S 拨向标准电动势 E_s 侧，取 R_n 为一预定值（对应标准电势值 $E_s = R_n \times I_0 = 1.018\,6$ V），调节 R_p 使检流计 G 指示零，使工作电流回路内的 R_x 中流过一个已知的"标准"电流 I_0，且 $I_0 = \dfrac{E_s}{R_n}$。

（2）"测量"：将开关 S 拨向未知电动势 E_x 一侧，保持 I_0 不变，调节 R_x 滑动触头，使检流计示零，则 $E_x = I_0 R_x = \dfrac{R_x}{R_n} E_s$。这时，被测电压与补偿电压极性相同且大小相等，因而互相补偿（平衡）。这种测 E_x 的方法称为补偿法。

补偿法具有以下优点：

①电位差计是一电阻分压装置，它将被测电动势 E_x 和一标准电动势直接比较。E_x 的值仅取决于 $\dfrac{R_x}{R_n}$ 及 E_s，因而测量准确度较高。

②在上述"校准"和"测量"两个步骤中，检流计两次示零，表明测量时既不从校准回路内的标准电动势源中吸取电流，也不从测量回路中吸取电流。因此，不改变被测回路的原有状态及电压等参量，同时可避免测量回路导线电阻及标准电势的内阻等对测量准确度的影响，这是补偿法测量准确度较高的另一个原因。

四、实验仪器介绍

UJ31 箱式电位差计面板如图 5-3-3 所示。

电位差计的原理和使用仪器操作

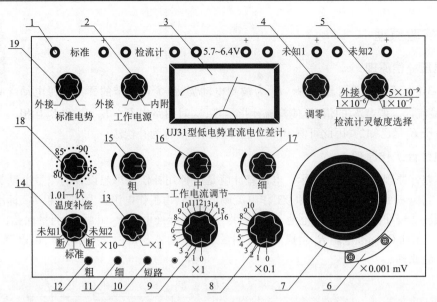

1—标准电势接线端钮;2—工作电源外接(内附)选择开关;3—检流计表头;4—检流计调零旋钮;5—检流计灵敏度选择开关;6—游标尺;7—第Ⅲ测量盘(滑线盘);8—第Ⅱ步进测量盘;9—第Ⅰ步进测量盘;10—检流计短路按钮;11—检流计细调按钮;12—检流计粗调按钮;13—量程转换开关;14—测量转换开关;15—工作电流粗调开关;16—工作电流中调开关;17—工作电流细调开关;18—标准电势温度补偿开关;19—标准电势外接(内附)选择开关。

图 5-3-3 UJ31 箱式电位差计面板图

UJ31 的电气原理如图 5-3-4 所示。

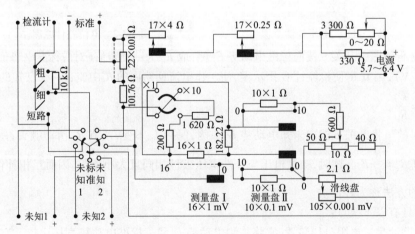

图 5-3-4 UJ31 的电气原理图

本电位差计的工作电源电压为 5.7~6.4 V(市电型为 6 V),工作电流为 10 mA。它有三个工作电流调节盘:第一盘(粗)为 17 挡步进的转换开关与电阻构成 17×4 Ω,第二盘(中)为 17 挡步进的转换开关与电阻构成 17×0.25 Ω,第三盘(细)为滑动变阻器,调节范围为 0~72 Ω。"标准回路"中标准电势补偿范围为 1.017 6~1.019 8 V,最小步进电势为 100 mV。本电位差计通过"测量转换开关"可接通"未知 1"和"未知 2"两个测量端及标准电池(1.018 6 标准电势),电位差计的测量盘为三个:第Ⅰ测量盘是由 16×1 Ω 电阻和 16 挡步进开关组成。第Ⅱ测量盘是 2×(10×1 Ω)电阻和 10 挡步进开关组成;第Ⅲ测量盘是由阻值 2.1 Ω 的卡玛电阻线构成滑动变阻器,滑线盘上通过的电流大小由内附滑线电阻 10 Ω 来调节。滑线盘旁边有游标示度尺。可读出滑线盘一个等分格的1/10，从而提高本电位差计的分辨率。由于本电位差计测量线路采用了开零位线路，因而在未知测量回路端只有极小的零电势存在。又由于所有的转换开关均采用了银铜材料制成接触件，测量滑线盘是采用抗氧化能力强的伊文丝电阻和卡码材料的电刷，所以接触点电阻热电势性能良好。

电位差计在量程变换开关改变量程时，需要电位差计重新标准化（即重新调节工作电流）。量程变换时的各个测量盘量程和分度值见表5-3-1。

表5-3-1 量程变换时的各个测量盘量程和分度值

测量盘位数		Ⅰ	Ⅱ	Ⅲ
步进电阻值		16×1 Ω	10×1 Ω	2.1 Ω/10^5等分格
量程指示"×10"	电流	10 mA	1 mA	0.5 mA
	电压	16×10 mV	10×1 mV	1.05 mV/10^5等分格
量程指示"×1"	电流	1 mA	0.1 mA	0.05 mA
	电压	16×1 mV	10×0.1 mV	0.105 mV/10^5等分格

五、实验内容与步骤

1. 熟悉电位差计面板，调整仪器

（1）按电流表校准电路图连接好电路，闭合电源开关，指示灯亮。将"工作电源"旋钮设置在"内附"位置，"检流计灵敏度选择"旋钮设置在灵敏度较低挡位，检流计调零。将测量选择开关指示在"断"位置，"粗""细"按钮全部松开。

（2）仪器定标（工作电流标准化）。

①如"标准电势"转换开关打至"外接"挡，则在"标准"接线端钮需接入标准电池，按室内温度情况，用下列公式算出标准电池的电动势 E_s：

$$E_s = E_{20} - [39.94(t-20) + 0.929(t-20)^2 - 0.009\,0(t-20)^3 + 0.000\,06(t-20)^4] \times 10^{-6} \text{ V}$$

式中，E_{20}为室内温度在20 ℃时的标准电动势值，V；t为使用时的实际温度，℃。

②把温度补偿旋钮 R_N 设置在经过计算后的标准电池的电动势 E_s 相同数值。如"标准电势"转换开关打至"内附"挡，由电位差计内部输出1.018 60 V的标准电势，可不必再接入标准电池。

③将仪器测量范围旋钮按测量需要设置，指示在"×10"或"×1"位置，"测量转换开关"置在"标准"位置。

④先按下"粗"按钮并卡住，调节"工作电流调节"的"粗"及"中"调节旋钮，使检流计指零。提高检流计灵敏度，再按下"细"按钮，调节"工作电流调节"的"中"及"细"调节旋钮，使检流计再次指零，表示电位差计定标已完成，即可开始测量被测电势 E_x。此后不可再变动"温度补偿"，工作电流"粗""中""细"旋钮，以免工作电路偏离标准值。

2. 测量电池的电动势

（1）打开外电路各部分的电源开关，将电源电动势调至0.9 V左右，移动滑动变阻器划片，使被校准毫安表示数显示在2 mA左右。

（2）将"测量转换开关"转至"断"位置，在三个"测量盘"上设置与被测电势 E_x 相接近的示值，然后将被测电势 E_x 接入是"未知1"位置，测量时应将"测量转换开关"转至相应的"未知1"挡位，"量程转换开关"按测量需要设置在"×10"或"×1"位置，先按下且锁住"粗"按钮，慢慢调节三个"测量盘"使检流计指零，再松开"粗"按钮，按下"细"按钮，再次调节第Ⅱ测量盘和第Ⅲ测量盘(滑线盘)或只调节第Ⅲ测量盘,使检流计再次指零,测量结束。被测电动势 E_x 的大小,即电位差计上所有"测量盘"上的示值之和乘以量程开关倍率的乘积。例如,在"×10"量程倍率时测量结果,Ⅰ、Ⅱ、Ⅲ三个测量盘的示值分别为 13、7、36,被测电势

$$E_x = 10 \times (13 \times 1 + 7 \times 0.1 + 3 \times 0.01 + 6 \times 0.001)\,\text{mV} = 137.36\,\text{mV}$$

在测量中,由于提供电位差计的工作电源不是绝对的稳定,导致工作电流的变化使测量数据不正确,所以应经常校准工作电流。

3. 校准电流表

校准电流表原理如图 5-3-5 所示,其中 R_b 为一个标准电阻(由本实验室提供,一般为 1 Ω 或 10 Ω),将其按照极性分别接电位差计"未知"端上。

(mA)为被校毫安电流表,R_1、R_2 都是滑动变阻器,最大值分别为 200 Ω、1 900 Ω,被校毫安表量程为 15 mA。用电位差计测出 R_B 两端电压 U_x,通过电流表的真实电流可计算得: $I_b = U_x/R_b$。改变电阻 R_1 的值,可使被校电流表的读数在 0 ~ 15 mA 变化,正向测量八个值(逐渐增大 I_b),逆向再测八个数据(逐渐减小 I_b)。以被校电流表指示值 I_s 为横坐标,$\Delta I_s (= I_b - I_s)$ 为纵坐标,作出校准曲线。

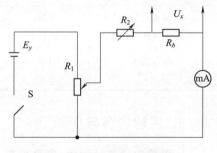

图 5-3-5 被校电流表测试图

选用标准电阻 R_b 的规定:
(1)标准电阻上的电压降应 ≤ 170 mV。
(2)标准电阻上的负荷不应超过该电阻的额定功率值。

六、数据记录与处理

1. 数据表格

电位差计编号:_____;量程:_____ mV;
标准电池编号:_____;室温:_____ ℃;
标准电池电动势 E_s:_____ V;
测量电源电动势或电压的表格自行设计。校准电流表的表格见表 5-3-2。

表 5-3-2 校准电流表的测量数据

$R_b =$ _____ Ω

I_s/mA		0.00	2.00	4.00	6.00	8.00	10.00	12.00	15.00
U_x/mV	U_{x1}								
	U_{x2}								
$I_{xi} = \dfrac{U_{xi}}{R_b}$ / mA	I_{x1}								
	I_{x2}								
$I_x = (I_{x1} + I_{x2})/2$/mA									
$\Delta I_x = (I_x - I_s)$/mA									

2. 数据处理

(1) 作出电流表的校正曲线。
(2) 找出各次测量的实际值与指示值之间的最大误差,并由此确定此电流表的级别。

计算方法:级别 $= \dfrac{|\Delta I_{x\max}|}{I_{s\max}} \times 100$

七、注意事项

(1) 标准电池、工作电源、待测电源(电压)的正极(高电位端)应接在电位差计对应的"+"上,不能接反。
(2) 毫安表和检流计使用前都需调零。检流计使用时还须先将灵敏度旋至最低挡,而后逐渐提高灵敏度的挡位,以免烧毁电流计。
(3) 校准毫安表前,估算 R_b 两端电压值,再将 Ⅰ、Ⅱ、Ⅲ 三个测量盘调至估算值。

八、分析与讨论

(1) 相比于万用电表,电位差计测电动势或电压有何优点?
(2) 实验过程中,检流计指针总往一边偏转,请问可能有哪些原因。
(3) 电位差计调平衡的必要条件是什么?

实验4 霍尔效应测磁场

霍尔效应是电磁效应的一种,这一现象是美国物理学家霍尔(A. H. Hall,1855—1938)于1879年在研究金属的导电机制时发现的。当电流垂直于外磁场通过导体时,载流子发生偏转,垂直于电流和磁场的方向会产生一附加电场,从而在导体的两端产生电势差,这一现象就是霍尔效应,这个电势差称为霍尔电势差。虽然这个效应多年前就已经被人们知道并理解,但基于霍尔效应的传感器在材料工艺获得重大进展前并不实用,直到出现了高强度的恒定磁体和工作于小电压输出的信号调节电路。根据设计和配置的不同,霍尔效应传感器可以作为开/关传感器或者线性传感器,广泛应用于电力系统中。利用半导体材料制成的霍尔元件,特别是测量元件,广泛应用于工业自动化和电子技术等方面。由于霍尔元件的面积可以做得很小,因此可用它测量某点或缝隙中的磁场。此外,还可以利用这一效应来测量半导体中的载流子浓度及判别半导体的类型等。近年来霍尔效应得到了重要发展,冯·克利青在极强磁场和极低温度下观察到了量子霍尔效应,它的应用大大提高了有关基本常数测量的准确性。在工业生产要求自动检测和控制的今天,作为敏感元件之一的霍尔器件,会有更广阔的应用前景。

一、实验目的

(1) 了解霍尔效应产生的机理及霍尔器件的基本构造。
(2) 掌握用霍尔器件测量磁场的原理和方法。
(3) 学习用霍尔器件测绘多种线圈的磁场强度和分布。

二、实验仪器与装置

WHCC-2A 型霍尔效应测磁仪。

三、实验原理

1. 用霍尔法测量磁场的原理

1879 年,美国霍普金斯大学研究生院二年级研究生霍尔在研究载流导体在磁场中受力的性质时发现:处在磁场中的载流导体,如果磁场方向和电流方向垂直,则在与磁场和电流都垂直的方向上出现横向电场,这就是霍尔效应。所产生的电场称霍尔电场,相应的电位差称霍尔电压。产生霍尔效应的载流导体称霍尔元件。如图 5-4-1 所示,在厚为 d,长和宽分别为 L 和 D 的 N 型半导体薄片的四个侧面 MN(通常为长 L 的两端面,称电流输入端)和 PQ(通常为宽 D 的两端面,称电压输出端),分别引出两对电极 MN 极和 PQ 极。当 MN 极通入工作电流 I_S 时,在 PQ 极将出现霍尔电压 U_H。该电压的产生是由于半导体在磁场中做定向运动的载流子(传导电荷的粒子)受洛伦兹力 f_L 作用而偏转,结果使电荷在 PQ 两侧聚集而成电场,该电场又给载流子一个与 f_L 反向的电场力 f_E。当电场力 f_E 和洛伦兹力 f_L 达到平衡时,霍尔电压 U_H 一定,且有

$$U_H = K I_S B \qquad (5\text{-}4\text{-}1)$$

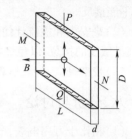

图 5-4-1 霍尔元件

式中,比例系数 K 称为霍尔元件的灵敏度。根据理论推导得

$$K = \frac{1}{nqd} \qquad (5\text{-}4\text{-}2)$$

式中,n 为单位体积中载流子的数量,称载流子浓度;q 为载流子的电量;d 为薄片的厚度。显然,霍尔元件的灵敏度 K 越大越好。由于 K 和 n 成反比,而半导体载流子的浓度远比金属的为小,因此,一般霍尔元件都是用半导体材料做的。K 又和 d 成反比,所以霍尔元件都很薄。

半导体材料分 N 型和 P 型两种。N 型为电子型材料,载流子为电子,传导的是负电荷;P 型为空穴型材料,相当于带正电的粒子。可见图 5-4-1 所示的霍尔元件是 N 型半导体材料。图 5-4-1 所示为 N 型半导体材料,则 P 侧面带负电荷,Q 侧面带正电荷。因此,知道了半导体的类型,根据霍尔电压 U_H 的正负,可以定出待测磁场的方向。反之,知道了磁场方向,可以判出半导体的类型。

从式(5-4-1)可见,如果知道了霍尔元件的灵敏度 K,则在测出了工作电流 I_S 和霍尔电压 U_H(通常 U_H 很小,需用电位差计测定)后,即可计算出被测磁场的磁感强度 B 的大小和方向。如果霍尔元件的灵敏度 K 为未知,则需先用标准磁感强度 B 根据式(5-4-1)定出 K 值,通常使工作电流 I_S 一定,霍尔电压 U_H 与磁感强度 B 值就可以从仪器上直接读出来了。这样的测磁仪器称特斯拉计(原称高斯计),特斯拉和高斯都是磁感强度 B 的单位,以上所述,就是用霍尔元件测量磁场的原理。

2. 实验系统误差及消除

必须注意,式(5-4-1)是在理想情形下得到的,实际上从 PQ 极上测得的并不仅是霍尔电压 U_H,尚包括其他因素引起的附加电压,其中尤以不等式电位差影响较大。

(1)不等位电势 U_0。由于制作时,两个霍尔电势不可能绝对对称地焊在霍尔片两侧(见图 5-4-2 和图 5-4-3)、霍尔片电阻率不均匀、控制电流极的端面接触不良都可能造成 A、B 两极不处在同一等位面上,此时虽未加磁场,但 A、B 间存在电势差 U_0,此称不等位电势,$U_0 = I_S R_0$,R_0 是两等位面间的电阻,由此可见,在 R_0 确定的情况下,U_0 与 I_S 的大小成正比,且其正负随 I_S 的方向而改变。

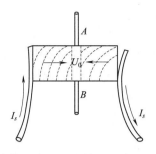
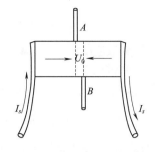

图 5-4-2　两个霍尔电势对称　　　　图 5-4-3　两个霍尔电势不对称

(2) 爱廷豪森效应。当元件 x 方向通以工作电流 I_S，z 方向加磁场 B 时，由于霍尔片内的载流子速度服从统计分布，有快有慢。在到达动态平衡时，在磁场的作用下慢速快速的载流子将在洛伦兹力和霍尔电场的共同作用下，沿 y 轴分别向相反的两侧偏转，这些载流子的动能将转化为热能，使两侧的温升不同，因而造成 y 方向上的两侧的温差 $(T_A - T_B)$。因为霍尔电极和元件两者材料不同，电极和元件之间形成温差电偶，这一温差在 A、B 间产生温差电动势 U_E，$U_E \propto IB$。这一效应称爱廷豪森效应，U_E 的大小与正负符号与 I、B 的大小和方向有关，跟 U_H 与 I、B 的关系相同，所以不能在测量中消除。

(3) 伦斯脱效应。如图 5-4-4 所示，由于控制电流的两个电极与霍尔元件的接触电阻不同，控制电流在两电极处将产生不同的焦耳热，引起两电极间的温差电动势，此电动势又产生温差电流(称为热电流)Q，热电流在磁场作用下将发生偏转，结果在 y 方向上产生附加的电势差 U_N，且 $U_N \propto QB$。这一效应称为伦斯脱效应，由上式可知 U_N 的符号只与 B 的方向有关。

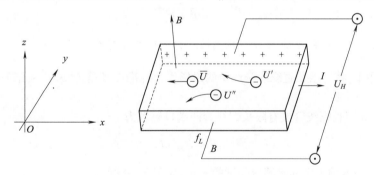

图 5-4-4　正电子运动平均速度(图中 $U' < \overline{U}, U'' > \overline{U}$)

(4) 里纪-杜勒克效应。如(3)所述，霍尔元件在 x 方向有温度梯度 $\dfrac{dT}{dx}$，引起载流子沿梯度方向扩散而有热电流 Q 通过元件，在此过程中载流子受 Z 方向的磁场 B 作用下，在 y 方向引起类似爱廷豪森效应的温差 $T_A - T_B$，由此产生的电势差 $U_R \propto QB$，其符号与 B 的方向有关，与 I_S 的方向无关。

为了减少和消除以上效应的附加电势差，利用这些附加电势差与霍尔元件工作电流 I_S，磁场 B(即相应的励磁电流 I_M)的关系，采用对称(交换)测量法进行测量。

当 $+I_S$，$+I_M$ 时　　　$U_{AB1} = +U_H + U_0 + U_E + U_N + U_R$

当 $+I_S$，$-I_M$ 时　　　$U_{AB2} = -U_H + U_0 - U_E - U_N + U_R$

当 $-I_S$，$-I_M$ 时　　　$U_{AB3} = +U_H - U_0 + U_E - U_N - U_R$

当 $-I_S$，$+I_M$ 时　　　$U_{AB4} = -U_H - U_0 - U_E + U_N - U_R$

由以上四式可得

$$\frac{1}{4}(U_{AB1} - U_{AB2} + U_{AB3} - U_{AB4}) = U_H + U_E$$

可见，除爱廷豪森效应以外的其他副效应产生的电势差会全部消除，因爱廷豪森效应所产生的电势差 U_E 的符号和霍尔电势 U_H 的符号，与 I_S 及 B 的方向关系相同，故无法消除，但在非大电流、非强磁场下，$U_H \gg U_E$，因而 U_E 可以忽略不计，由此可得

$$U_H \approx U_H + U_E = \frac{U_1 - U_2 + U_3 - U_4}{4} \tag{5-4-3}$$

此外，霍尔电压的产生过程是短暂的，在 $10^{-13} \sim 10^{-11}$ s 内完成，故工作电流 I_S 可以用直流也可以用交流。I_S 为交流时，霍尔电压 U_H 也是交变的，但 I_S 和 U_H 均为有效值。同理，霍尔法也可以测量交变磁场。

3. 载流长直螺线管中的磁场

从电磁学中可以知道，螺线管是绕在圆柱面上的螺旋形线圈。对于密绕的螺线管来说，可以近似地看成一系列圆线圈并排起来组成的。如果其半径为 R、总长度为 L，单位长度的匝数为 n，并取螺线管的轴线为 x 轴，其中心点 O 为坐标原点，则：

（1）对于无限长螺线管 $L \to \infty$ 或当 $L \gg R$ 的有限长螺线管，其轴线上的磁场是一个均匀磁场，且等于

$$B = \mu_0 n I \tag{5-4-4}$$

式中，μ_0 为真空磁导率；n 为单位长度的线圈匝数；I 为线圈的励磁电流。

在实际中螺线管的长度是有限的，对有限长密绕长直螺线管，轴线上中点的磁感应强度

$$B = \frac{L}{\sqrt{D^2 + L^2}} \mu_0 n I \tag{5-4-5}$$

式中，$\frac{L}{\sqrt{D^2 + L^2}}$ 为一修正系数；L 和 D 分别为螺线管的长度和直径。

在实际应用中，将有限长直螺线管产生的磁场作为标准磁场是欠妥的，但作为学生实验用是可取的。

（2）对于半无限长螺线管或有限长螺线管两端口磁场为

$$B \approx \frac{1}{2} \mu_0 n I$$

即端口处磁感应强度约为中部磁感应强度的一半，如图 5-4-5 所示。

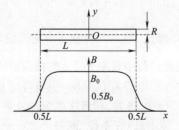

图 5-4-5　载流长直螺线管中的磁场

4. 用霍尔法测量磁场的电路

用霍尔法测量磁场的电路如图 5-4-6 所示。该图是电路原理图，在用不同的仪器进行测量时，具体电路可以有所变化，但基本原理是一样的。

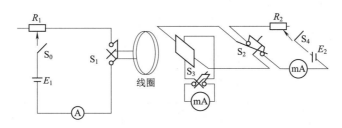

图 5-4-6　霍尔法测量磁场的电路原理图

四、实验仪器介绍

WHCC-2A 型霍尔效应测磁仪由实验装置、测量装置(工作电路及测量仪表)两大部分组成。

1. 霍尔效应测磁仪测量装置(见图 5-4-7)

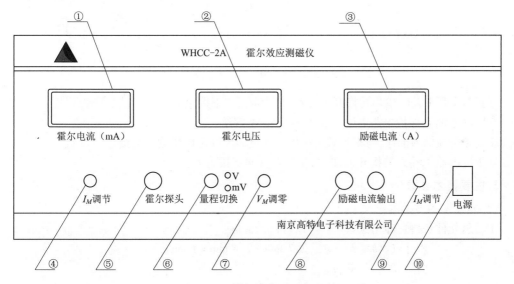

图 5-4-7　霍尔效应测磁仪面板

①霍尔元件工作电流 I_S 显示窗,显示范围 00.00 ~ 19.99 mA。
②霍尔电压显示窗,mV 挡显示范围 0 ~ 20 mV;V 挡显示范围 0 ~ 20 V。
③励磁电流 I_M 显示窗,显示范围 0.000 ~ 1.999 A。
④霍尔传感器工作电流 I_S 调节旋钮,用来调节霍尔电流 I_S 大小,调节范围 0 ~ 10 mA。
⑤霍尔元件输入/输出连接插座,与实验装置的霍尔探头连接。
⑥霍尔元件 U_H 与 U_σ 测量电压量程的切换按钮,U_H 测量用 mV 挡,U_σ 测量用 V 挡。
⑦霍尔传感器不等位电势"调零"旋钮。在所选择的工作电流 $I_S \ne 0$ 和 $I_M = 0$ 的情况下,调节此调零旋钮,使霍尔电压 U_H 指示窗显示"0"值。
⑧励磁电流源输出插座,连接实验装置 I_M 输入插座。
⑨励磁电流 I_M 调节旋钮,用来调节电流 I_M 的大小。
⑩电源。

2. 螺线管磁场测定仪实验装置(见图 5-4-8)

①连接到霍尔片的工作电流端(红色插头与红色插座相连,黑色插头与黑色插座相连)。

②连接到霍尔片霍尔电压输出端(红色插头与红色插座相连,黑色插头与黑色插座相连)。
③霍尔电流 I_S 输入转换开关,向上拨为 I_{S+},向下拨为 I_{S-}。
④霍尔元件输入插座,与霍尔效应测磁仪测量装置霍尔探头连接。

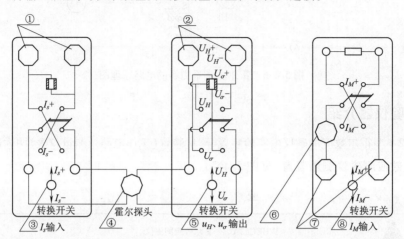

图 5-4-8　螺线管磁场测定仪实验装置示意图

⑤霍尔电压 U_H、U_σ 输出转换开关,向上拨为 U_H,向下拨为 U_σ。
⑥励磁电流 I_M 保护电路中熔丝插座,配置 2 A 熔丝。
⑦励磁电流输入插座,与霍尔效应测磁仪测量装置励磁电流输出连接。
⑧励磁电流 I_M 输入转换开关,向上拨为 I_{M+},向下拨为 I_{M-}。

3. 主要技术参数

(1) 霍尔测磁传感器:
①霍尔元件:材料:砷化镓　　　　N 型;
尺寸:$L \times h \times d$　　　2.7 mm × 2.4 mm × 1 mm
内阻:650~850 Ω
灵敏度 K:170 mV·mA^{-1}·T^{-1}
工作电流 I_S:0~10 mA
②探杆刻度长:220 mm(1 mm 分度)。

(2) 长直螺线管:
①线圈外径:$R_2 = 19$ mm　　　线圈内径:$R_1 = 16$ mm　　等效半径(平均半径):

$$R = \frac{R_2 - R_1}{I_N \frac{R_2}{R_1}} = 17.46 \text{ mm}$$

②线圈线径:$\phi 0.8$ mm。
③线圈有效长度:$L = 150$ mm。
④线圈匝数:$N = 650$ 匝。

4. 励磁电流 I_M

励磁电流 I_M 的取值范围为 0~>1 A。

五、实验内容与步骤

1. 直螺线管内的磁场测量

(1) 调整测试仪。

①将霍尔效应测磁仪上霍尔探头与螺线管磁场测定仪上霍尔探头相连,霍尔效应测磁仪右下角的励磁电流输出与螺线管磁场测定仪右下角 I_M 输入相连。

②将霍尔效应测磁仪上三个旋钮全部逆时针旋到底,量程转换按钮按下到 mV 挡,螺线管磁场测定仪上 U_H、U_σ 输出转换开关向上拨到 V_H 挡,打开电源开关,调节 V_H 调零旋钮,使 U_H 显示窗指示为零。

③将被测磁场装置的电流输入固定座用连线与测量装置上 I_M 输出固定座相连,调节 I_M 通过显示窗确定适当的励磁电流值。

④将霍尔探杆伸入被测磁场处,测磁仪显示此处的 V_H 值,根据给出的霍尔元件灵敏度 K_H,可计算出所对应的磁感应强度 B。仪器的 K_H 值均写在探杆手柄处。

(2) 将螺线管接通恒流电流,并使其电流为实验所需值。

(3) 根据探杆上刻度,将霍尔器件插入螺线管中心位置(定为坐标原点),此时 V_H 表上读数即为反映该点磁感应到霍尔电压值;若探杆插入后,霍尔电压值出现负值,则需对调螺线管电流输入固定座上的插线,以改变螺线管磁场的方向。

(4) 将探杆在螺线管中缓慢前移,从探杆上的刻度读出霍尔元件在螺线管中所处位置 X,同时读出相应点霍尔电压值;显示出对应点 B 值;如此取 10 个点,将各数据对应记入表 5-4-1 中。

(5) 作出 $B = f(x)$ 的关系曲线。

2. 单个载流圆线圈磁场测量

(1) 调整测试仪。

(2) 探杆顶端刻度 0 处伸到圆线圈中心处,测得 $X = 0$ 处 U_H 值,保持探杆向右移动,分别使探杆 0 处与原线圈中心相距 1 cm、2 cm、3 cm 等 10 处位置,得到一组 U_H 值,分别填入表 5-4-2 中。

(3) 由得出的数据,分别可得出 B 值,绘出 $B = f(x)$ 的关系曲线。

3. 测量亥姆霍兹线圈在不同状况下的磁场分布

在测量 $a > R$、$a = R$、$a < R$ 状况下载流线圈磁场分布时,应先测量各种状况下左右两个单线圈分别在相同励磁电流 I_M 下的磁场 B_a 和 B_b,测量方法同上;然后测量两个线圈串接后在相同电流 I_M 下的磁场分布 B_{a+b}。

(1) 移动右线圈,注意上下标尺一致,使间距 $a > R$。

(2) 调节电流调节旋钮,使电流为某一固定值,此电流应与测单线圈时电流保持一致。

(3) 从左线圈中心处向右移动探杆至 X 为 0 cm,1 cm,2 cm,…,10 cm 处,得到相对应的 u_H 值,分别计算出对应的 B_{a+b} 值,填入表 5-4-3 中。

(4) 由表 5-4-3 数据,对照 $(B_a + B_b)$ 值和 B_{a+b} 值,验证磁场叠加原理。

(5) 由表 5-4-3 数据,作出 $a > R$ 状况下的 $B = f(x)$ 的关系曲线。

(6) 同理,分别使 $a = R$ 和 $a < R$,将测量数据分别填入相应表格并作出对应的 $B = f(x)$ 的关系曲线。判断构成亥姆霍兹线圈的条件。

六、数据记录与处理

霍尔元件的灵敏度 $K = $ _____。

表 5-4-1　直螺线管内的磁场测量数据

$I_S =$ _____ mA

序号	1	2	3	4	5	6	7	8	9	10
X/cm										
U_1/mV (I_{S+}, I_{M+})										
U_2/mV (I_{S+}, I_{M-})										
U_3/mV (I_{S-}, I_{M-})										
U_4/mV (I_{S-}, I_{M+})										
U_H/mV $\dfrac{U_1 - U_2 + U_3 - U_4}{4}$										
B/T										

表 5-4-2　单个载流圆线圈磁场测量数据

$I_S =$ _____ mA

序号	1	2	3	4	5	6	7	8	9	10
X/cm										
U_1/mV (I_{S+}, I_{M+})										
U_2/mV (I_{S+}, I_{M-})										
U_3/mV (I_{S-}, I_{M-})										
U_4/mV (I_{S-}, I_{M+})										
U_H/mV $\dfrac{U_1 - U_2 + U_3 - U_4}{4}$										
B_a/T										

表 5-4-3　亥姆霍兹线圈的测量数据

$a > R, I_S =$ _____ mA

序号	1	2	3	4	5	6	7	8	9	10
X/cm										
U_1/mV (I_{S+}, I_{M+})										

续上表

序号	1	2	3	4	5	6	7	8	9	10
U_2/mV (I_{S+}, I_{M-})										
U_3/mV (I_{S-}, I_{M-})										
U_4/mV (I_{S-}, I_{M+})										
U_H/mV $\dfrac{U_1-U_2+U_3-U_4}{4}$										
B_a/T										
U_1/mV (I_{S+}, I_{M+})										
U_2/mV (I_{S+}, I_{M-})										
U_3/mV (I_{S-}, I_{M-})										
U_4/mV (I_{S-}, I_{M+})										
U_H/mV $\dfrac{U_1-U_2+U_3-U_4}{4}$										
B_b/T										
U_1/mV (I_{S+}, I_{M+})										
U_2/mV (I_{S+}, I_{M-})										
U_3/mV (I_{S-}, I_{M-})										
U_4/mV (I_{S-}, I_{M+})										
U_H/mV $\dfrac{U_1-U_2+U_3-U_4}{4}$										
B_{a+b}/T										
B_a+B_b/T										

七、注意事项

(1)霍尔元件是易损元件,切忌受挤、压和碰撞等机械损伤。另外,霍尔元件不宜在超过8 mA

额定控制电流的情况下长期工作,以免发热烧毁。

(2)考虑到测量及器件损坏后维修更换的方便,霍尔器件直接安装在探杆的前端,虽然胶固,但在使用探杆架,以及具体测量时,务请注意轻轻地缓慢插入或抽出,以免扯断器件的连接线。

(3)霍尔元件的输出电缆,虽在手柄中经螺钉紧固,但鲁莽操作会将电缆芯线扯断,影响使用。仪器不宜在存在强磁场的环境下工作。

八、分析与讨论

(1)若磁场与霍尔元件薄片不垂直,能否准确测出磁场?
(2)什么叫霍尔效应?怎样利用霍尔效应测磁场?
(3)霍尔效应有哪些应用?请通过阅读相关材料列举其中一种。

实验5 单缝衍射的相对光强分布

光的衍射现象是光波动性的一种重要表现。研究此现象不仅有助于加深光的本性的了解,也是近代光学技术,如光谱分析、晶体结构分析、全息技术和光学信息处理等技术的实验基础。这种方法在工农业生产等方面都有广泛的应用,比如,工业生产中烟尘颗粒度和纤维直径的测量。

一、实验目的

(1)观察单缝衍射现象,了解其特点,加深对光的衍射理论的理解。
(2)测量单缝衍射的相对光强分布及其规律。
(3)测试单缝的宽度。

二、实验仪器与装置

单缝衍射光强分布仪。

单缝衍射的
相对光强分
布实验原理

三、实验原理

偏离直线方向传播的现象称为光的衍射现象,是波动性的重要表现。它分为夫琅和费衍射和菲涅耳衍射。若光源和接收屏都距衍射屏为有无限远属于夫琅和费衍射,菲涅耳衍射要求光源和接收屏距离衍射屏为有限远。

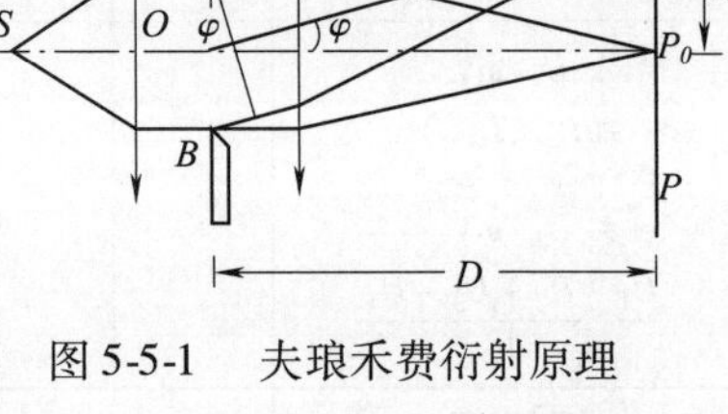

本实验研究夫琅禾费衍射,实验原理如图 5-5-1 所示。将光源 S 置于凸透镜 L_1 的前焦面上,接收屏置于凸透镜 L_2 后焦面上。据几何光学可知,光源 S 和接收屏相对于衍射屏无限远。接收屏呈现明暗相间分布的衍射图像。由惠更斯-菲涅耳原理可推得,单缝衍射图像的光强分布规律为 $I = I_0 \dfrac{\sin^2 u}{u^2}, u = \dfrac{\pi a \sin \varphi}{\lambda}$,式中,$a$ 为单缝的宽度;φ 为衍射光

图 5-5-1 夫琅禾费衍射原理

与透镜光轴的夹角,称为衍射角,λ 为入射光波长。当衍射角 $\varphi = 0$,$I = I_0$,此方向光强具有最大值,为中央主极大,此处明纹称为中央明纹。当 $\sin \varphi = \dfrac{k\lambda}{a}$ 时,$I = 0$,即为暗条纹,与此对应的位置为暗条纹中心。由于 φ 角很小,因此上式可改写成 $\varphi = \dfrac{k\lambda}{a}$,即第 k 级暗纹的位置出现在 $\varphi = \dfrac{k\lambda}{a}$ 处。

由以上结论可得:

(1)中央亮纹的宽度由 $k=\pm 1$ 这两个暗条纹的衍射角确定,即中央亮条纹的角宽度为 $\dfrac{2\lambda}{a}$。

(2)衍射角与缝宽 a 成反比的关系。缝加宽时,衍射角减小,各条纹向中央收缩。反之各条纹向两侧发散。当缝宽足够大时,衍射现象不明显,从而可忽略不计,将光看成直线传播。

(3)位于两相邻暗条纹之间的是各级亮条纹,它的宽度是中央亮条纹宽度的一半。这些亮条纹的光强最大值称为次级大,这些次级大的位置为 $\varphi\approx\sin\varphi=\pm 1.43\dfrac{\lambda}{a},\pm 2.46\dfrac{\lambda}{a},\pm 3.47\dfrac{\lambda}{a},\cdots$。它们的相对光强为 $\dfrac{I}{I_0}=0.047,0.017,0.008,\cdots$。由以上公式和衍射角 $\varphi=\dfrac{x_K}{D}$ 可得,若能测试第 k 级暗纹的位置 x_k,即可测试缝的宽度 $a=\dfrac{k\lambda D}{x_k}$。夫琅和费衍射的相对光强分布曲线如图 5-5-2 所示。本实验中,用光束细、方向好、亮度高的氦氖激光器作为光源,它可看作平行光,可省去透镜 L_1。接收屏远离单缝($D\gg a$),也可省去透镜 L_2。

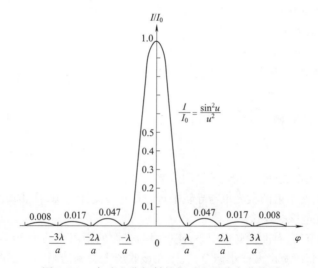

图 5-5-2　夫琅和费衍射的相对光强分布曲线图

四、实验仪器介绍

单缝衍射光强分布仪器装配如图 5-5-3 所示,WJF 型数字式检流计面板如图 5-5-4 所示。

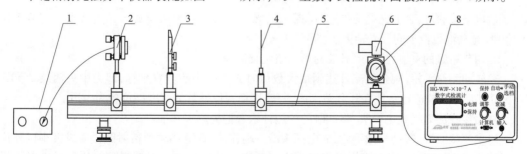

1—激光电源；2—激光器；3—单缝调节架；4—小孔；5—导轨；6—光电探头；
7—一维光强测量装置；8—WJF 型数字式检流计。

图 5-5-3　单缝衍射光强分布仪器装配图

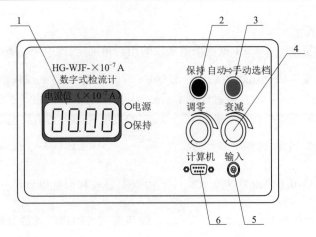

1—数字显示窗;2—保持按钮;3—量程选择按钮;4—衰减旋钮;5—被测信号输入口;6—计算机连接口。

图 5-5-4　WJF 型数字式检流计面板

检流计的测量范围为 $1\times10^{-10}\sim1.999\times10^{-4}$ A,分为 4 挡:

第 1 挡:$0.001\sim1.999\times10^{-7}$ A;

第 2 挡:$0.01\sim19.99\times10^{-7}$ A;

第 3 挡:$0.1\sim199.9\times10^{-7}$ A;

第 4 挡:$1\sim1999\times10^{-7}$ A。

五、实验内容与步骤

1. 观察衍射图样

(1)在导轨上依次摆放好激光器、单缝调节架和接收屏。

(2)打开激光器,使出射的激光束与导轨平行。打开检流计电源,预热及调零,并通过测试线将检流计输入孔与光电探头连接。

(3)调节单缝调节架,对准激光束中心,使单缝与光源的距离大约为 20 cm,单缝与接收屏的距离大约为 70 cm。将缝宽由大往小调节,直至在接收屏上看到清晰的衍射图样,各级条纹分开的距离适中。再适当调节单缝的左右位置、方位,使衍射图样左右对称。

(4)前后移动接收屏,观察衍射图样的变化。

(5)调节单缝的宽度,观察屏上衍射图样的变化。

2. 测量单缝衍射图样的相对光强分布

(1)取下接收屏,装上光电池(或光电探头),光电池安装在测微螺旋可调支架上。调节激光器、单缝、光电池也位于同一光轴上。

(2)调节单缝的宽度,使衍射条纹的第二暗纹较清晰。

(3)转动测微手轮,观察检流计达到最大数值时光电探头的位置坐标,即为中央明纹处。旋转衰减旋钮,保证检流计示数在量程范围内,一般选择两位整数的衰减挡位较为合适。

(4)用接收屏遮挡光电探头,将此时的检流计示数记为调零基准电流 i'。

(5)拿掉接收屏,转动测微手轮,光电探头沿一端移动,直至移动到衍射图样 2 级极小以外位置。再次转动测微手轮,光电探头沿衍射图样展开方向单向平移。以等间隔的位移对衍射图样的光强进行逐点测量(大约 18 组实验数据),记录位置坐标 x 和对应的检流计(置于适当量程)所指示的光电流读数 i,直至测完第 2 级极小,测量得到的数据记录于表 5-5-1 中。要特别注意极大值和极小值所对应的坐标。将 0 级极大值、正负 1 级和正负 2 级极小值所对应的位置坐标和相对光强数据记录于表 5-5-2 中。

（6）绘制衍射光的相对强度 I/I_0 与位置坐标 i 的关系曲线。由于光的强度与检流计所指示的电流读数成正比，因此可用检流计的光电流的相对强度 i/i_0 代替衍射光的相对强度 I/I_0。

六、数据记录与处理

1. 测量单缝衍射的相对光强分布

入射光波长：_____ m

表 5-5-1　单缝衍射的相对光强分布测试

序　号	1	2	3	4	5	6	7	8	9	10	11	12	13	14	15	16	17	18
坐标位置 x/mm																		
光强 $I/\times 10^{-7}$ A																		
相对光强 I/I_0																		

2. 测量单缝的宽度

（1）单缝到光电池的距离 $D =$ _____ m。

（2）测量单缝衍射的中央极大值和极小值（见表 5-5-2）。

表 5-5-2　单缝衍射的中央极大值和极小值的测量

项　目	极大值	极小值			
k	0	−2	−1	1	2
位置坐标 x					
相对强度 I/I_0					

（3）计算缝宽 a 的平均值和缝宽的标准差。

七、分析与讨论

（1）缝宽的变化对衍射条纹有什么影响？

（2）为什么单缝衍射光强分布中的次级大远不如主级大的那么强？

（3）激光器输出的光强如有变动，对单缝衍射图像和光强分布曲线有何影响？

（4）测出的衍射图样左右不对称是何原因？应怎样调节？

八、相关资料

光的衍射效应最早由意大利数学教授弗朗西斯科·格里马第（Francesco Grimaldi）于 1665 年发现并加以描述，提出"衍射"这个词，这个词源于拉丁语 diffringere，意为"成为碎片"，即波原来的传播方向被"打碎"、弯散至不同的方向。格里马第观察到的现象到 1665 年才发表，这时他已经去世。他提出"光不仅会沿直线传播、折射和反射，还能够以第四种方式传播，即通过衍射的形式传播。"（Propositio I. Lumen propagatur seu diffundiftur non solum directe, refracte, ac reflexe, sed etiam alio quodam quarto modo, diffracte. ）

英国科学家艾萨克·牛顿对这些现象进行了研究，他认为光线发生了弯曲，并认为光由粒子构成。在 19 世纪以前，由于牛顿在学界的权威，光的粒子说在很长一段时间占有主流位置。这样的情况直到19世纪几项理论和实验结果的发表,才得以改变。1803年,托马斯·杨进行了一项非常著名的实验,这项实验展示了两条紧密相邻的狭缝造成的干涉现象,后人称之为"双缝实验"。在这个实验中,一束光照射到具有紧挨的两条狭缝的遮光挡板上,当光穿过狭缝并照射到挡板后面的观察屏上,可以产生明暗相间的条纹。他把这归因于光束通过两条狭缝后衍射产生的干涉现象,并进一步推测光一定具有波动的性质。

1818年法国科学院举办了一个关于衍射问题的辩论会,德高望重的泊松是竞赛的评委之一。时年30岁的光学工程师菲涅尔提交了一篇论文,对光的波动学说进行了精确的数学解释。身为数学泰斗同时又坚信粒子学说的泊松自然没有放过这个驳斥波动学说的机会。他对菲涅尔的论文进行了仔细的研读和推导之后兴奋地宣布找到了波动学说的破绽:按照菲涅尔的理论,如果在一个点光源的前面放置一个不透明的圆盘,那么圆盘投射的阴影的中心就会有一个亮点,这跟大家的常识完全相悖。评委会的主席物理学家阿拉戈没有急着下结论,他在一个透明的玻璃板上用蜡做了一个直径2 mm的不透明圆盘,按照泊松推导的设置进行了实验,结果真的在圆盘阴影的中心观测到了亮点。这让泊松有些尴尬,不过阿拉戈不但没有嘲笑泊松,反而把这个实验命名为泊松斑点现象。菲涅尔对光的衍射的解释,极大推动了光的波动性理论的发展。

实验6　弗兰克-赫兹实验

1913年,丹麦物理学家波尔提出了原子能级的概念并建立了原子模型理论;第二年,德国物理学家弗兰克和赫兹共同设计了用慢电子去碰撞稀薄气体原子,使原子从低能级跃迁到高能级,从而测定了原子的第一激发电位,直接证明了原子能级的存在,也证明了原子发生跃迁时吸收和发射的能量是分立的、不连续的,为玻尔理论提供了一个直接证据。他们因此分别获得1922年和1925年度诺贝尔物理学奖。

一、实验目的

(1)理解弗兰克-赫兹实验的原理和理论解释。
(2)测定氩原子的第一激发电位,证明原子能级的存在。

二、实验仪器与装置

WFH-Ⅲ 夫兰克-赫兹实验仪。

三、实验原理

1. 玻尔原子理论

玻尔原子理论提出,原子只能处于某一些状态 $E_n(n=1,2,3,\cdots)$,每一状态对应一定的能量,其数值彼此分立、不连续。当原子从一个稳定状态过渡到另一个稳定状态时,就吸收或放出一定频率的电磁辐射。频率的大小,取决于原子所处两定态间的能量差,并满足如下关系:$h\nu = E_m - E_n$,式中,$h = 6.63 \times 10^{-34}$ J·s,称为普朗克常数。

弗兰克-赫兹实验原理

原子从低能级向高能级跃迁,可以通过吸收电磁辐射,也可以通过与具有一定能量的粒子碰撞,进行能量交换来实现。本实验利用具有一定能量的电子与氩原子碰撞发生能量交换来实现氩原子状态的改变。

2. 夫兰克-赫兹实验管伏安特性

夫兰克-赫兹实验原理如图5-6-1所示,在充满氩气的弗兰克-赫兹管中,利用灯丝发热加热阴

极 K,使阴极发射电子。第一栅极 G_1 和阴极 K 之间的加速电压 U_{G_1K} 用于消除阴极电子散射的影响,提高发射效率。第二栅极 G_2 和阴极 K 之间的电压 U_{G_2K} 使电子加速。第二栅极 G_2 和阳极 A 之间的反向拒斥电压 U_{G_2A} 使电子减速,管内空间电位分布如图 5-6-2 所示。

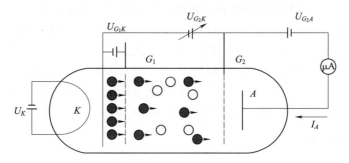

图 5-6-1 弗兰克-赫兹管原理

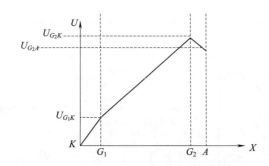

图 5-6-2 法兰克-赫兹管空间电位的分布

阴极发射的电子,在 U_{G_1K} 和 U_{G_2K} 的加速电压作用下,获得越来越大的能量。但在 U_{G_2K} 起始阶段,U_{G_2K} 较小,电子的能量较小,即使在运动过程中,它与氩原子相碰撞,也只有微小的能量交换(弹性碰撞),穿过第二栅极的电子克服不了拒斥电压 U_{G_2A},故极板电流 I_A 为零。随着第二栅极电压 U_{G_2K} 的增大,极板电流 I_A 也将增大(见图 5-6-3 中 Oa 段)。

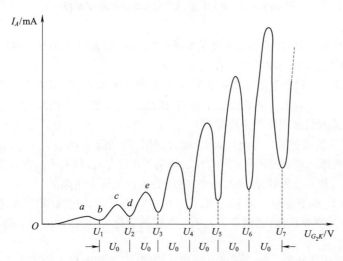

图 5-6-3 弗兰克-赫兹管 I_A-U_{G_2K} 曲线

当第二栅极电压 U_{G_2K} 达到氩原子的第一激发电位 U_0,电子在第二栅极附近,与氩原子发生非弹性碰撞,将在加速电场获得的能量传递给氩原子,氩原子由基态跃迁到第一激发态,电子自身能量降低,无法克服拒斥电压 U_{G_2A},到达极板 a,导致极板电流 I_A 降低(见图 5-6-3 中 ab 段)。

随着栅极电压 U_{G_2K} 的增加,电子能量增加,电子与氩原子非弹性相碰后,还有足够的能量,克服拒斥电压 U_{G_2A},到达阳极形成电流,表现为极板电流 I_A 的增加(见图 5-6-3 中 bc 段)。

随着栅极电压 U_{G_2K} 进一步增大,为氩原子第一激发电压 U_0 的两倍时,电子在 G_2 和 K 间进行第二次非弹性碰撞,电子能量减少,造成极板电流 I_A 第二次减小(见图 5-6-3 中 cd 段)。如此,在 $U_{G_2K} = 2U_0(n = 1, 2, 3, \cdots)$ 时,就会出现极板电流 I_A 的减小,形成规则起伏变化的曲线,两相邻谷点(相邻峰尖)的 U_{G_2K} 差值,即为原子的第一激发电位。

操作视频

弗兰克-赫兹实验仪器操作

四、实验仪器介绍

WFH-Ⅲ 夫兰克-赫兹实验仪面板如图 5-6-4 所示。具体功能介绍如下:

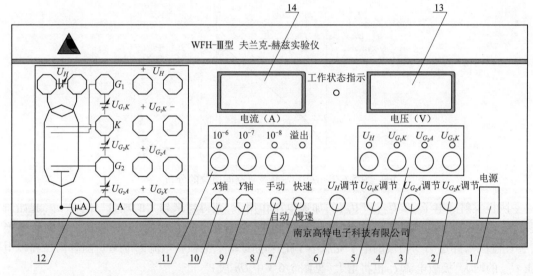

图 5-6-4 WFH-Ⅲ 夫兰克-赫兹实验仪面板

(1)电源开关。

(2)U_{G_2K} 调节旋钮。自动/手动切换开关 8 置于"手动"时调节范围 0~100 V,置于"自动"时调节范围 0~50 V 左右(自动时读数无效)。

(3)U_{G_2A} 调节旋钮。调节范围 1.2~15 V,开始调至 5 V 左右,待图 I_A-U_{G_2K} 曲线出现六个以上的峰值时,分别进行 U_{G_2A} 和 U_{G_1K} 调节使从左至右,曲线的 I_A 谷值逐个抬高(为了提高夫兰克-赫兹管的寿命,建议实验时最多调出六个峰即可)。

(4)电压指示切换按键区。与电压表 13 配合使用,分别指示 U_H、U_{G_1K}、U_{G_2A}、U_{G_2K} 各路电压。

(5)U_{G_1K} 调节旋钮。调节范围 0~5 V,开始调至 0.8 V 左右,待 I_A-U_{G_2K} 曲线出现六个以上的峰值时,分别进行 U_{G_1K} 和 U_{G_2A} 调节,使从左至右,曲线的 I_A 谷值逐个抬高。

(6)灯丝电压 U_H 调节旋钮。调节范围 1.2~6.3 V,不可过高过低(建议不超过 4 V,初调可设置在 2.5 V),调节过程要缓慢,边调节边 I_A-U_{G_2K} 曲线的变化,不可出现波形上端切顶现象,否则应降低灯丝电压 U_H。

(7)快速/慢速切换开关。用于选择电压扫描速度(可观察面板上的工作状态指示灯)。

(8)自动/手动切换开关。接入为"自动"位置,与快速/慢速切换开关 7 及 U_{G_2K} 调节旋钮配使用,可选择电压扫描速度及范围;接到为"手动"位置,与U_{G_2K}调节旋钮配合使用,手动选择电压扫描范围。

(9)电流输出至示波器端口。用于示波器显示波形。

(10)扫描电压(电压缩减为扫描电压的1/10)输出端口。输出至示波器,用于观察波形。

(11)I_A量程切换开关。分3挡:1 μA/100 nA/10 nA,另外,溢出指示为超量程标识,超出量程时灯亮,表头显示"FFFF"。

(12)面板接线区域。用于接线,请正确按照接线原理图接线。

(13)电压表。与电压指示切换开关配合使用,可分别指示U_H、U_{G_1K}、U_{G_2A}、U_{G_2K}各种电压,满量程为199.9 V。

(14)电流表。指示I_A电流。

五、实验内容与步骤

(1)将U_H、U_{G_1K}、U_{G_2A}、U_{G_2K}四个电压调节旋钮逆时针旋到底,I_A量程切换开关置于"×10^{-7}(100 nA)"。

(2)如果U_{G_2K}输出端口和I_A输出端口连接的是示波器,自动/手动切换开关置于"自动",快速/慢速切换开关置于"快速",否则置于"手动"和"慢速"。

(3)开启电源开关,接通仪器电源,与电压指示切换开关配合使用各路电压调节旋钮,使U_H约为3.0 V,U_{G_1K}约为0.8 V,U_{G_2A}约为5 V。

(4)逐渐调节U_{G_2K},观察I_A随U_{G_2K}的变化,注意峰、谷电流大小需适中,从左至右要观察到六个I_A峰值,I_A各谷值逐个抬高。记录峰值(或谷值)电流所对应的电压U_1、U_2、U_3、U_4、U_5、U_6,在峰值电流附近多测几组数据。将数据记录于表5-6-1中。

(5)相邻I_A谷值(或峰值)所对应V_{G_2K}之差,就是氩原子的第一激发电位。

(6)为提高测量精度,可利用逐差法测量第i个谷值(或峰值)所对应的$U_{G_2K_i}$与第$i+3$个谷值(或峰值)所对应的$U_{G_2K_{i+3}}$的差,取相邻谷值所对应的U_{G_2K}之差的平均数。

六、数据记录与处理

(1)测I_A-U_{G_2K}数据,共24组,包括起点、谷点、峰值(表格自拟),并绘出I_A-U_{G_2K}曲线。

(2)用逐差法求氩原子第一激发电位$\overline{U_0}$,并分析第一激发电位相对误差η,第一激发电位标准偏差σ_{u0}和表示第一激发电位的测试结果。

(3)和理论值进行比较,计算测量值与理论值的相对误差。

表5-6-1 逐差法求氩原子第一激发电位的测量数据

峰值电压/V		$\Delta U_i = (U_{i+3} - U_i)/3$	平均值$\overline{U_0}$
	U_1		
	U_4		
	U_2		
	U_5		
	U_3		
	U_6		

七、注意事项

（1）每个弗兰克-赫兹管的参数都不相同，尤其是灯丝电压 U_H 和 U_{G_1K}，每次使用仪器时都必须按照给定参数进行设置，再进行微调。若过大会导致氩原子电离，极板电流突然剧增，导致弗兰克-赫兹管烧毁。一旦发现 I_A 为负值或超过 10 μA，应迅速关机，5 min 以后重新开机。

（2）U_{G_2K} 应从小至大依次慢慢增加，不回读。因为电流热效应的存在，前后两次调至同一电压下相对应的极板电流 I_A 可能是不相同的。

（3）实验完成后，请勿长时间将 U_{G_2K} 置于最大值，应将其旋至较小值。

八、分析与讨论

（1）为什么曲线中谷点电流随电压 U_{G_2K} 的增加而增大？

（2）在曲线中极板电流 I_A 并不是突然改变的，在每个峰和每个谷，都是圆滑地过渡，这是为什么？

（3）在夫兰克-赫兹实验中，拒斥电压 U_{G_2A} 在实验中的作用是什么？

九、相关资料

弗兰克-赫兹实验为能级的存在提供了直接的证据，对玻尔的原子理论是一个有力支持。

弗兰克 1882 年 8 月 26 日出生于德国汉堡。1902 年入柏林大学学习物理学。1906 年在瓦尔堡导师的指导下，获博士学位。1910 年在柏林大学任助教。G. 赫兹 1887 年 7 月 22 日出生于汉堡。于 1906 年进入格丁根大学，后来在慕尼黑和柏林大学学习，1911 年毕业。1913 年任柏林大学物理研究所研究助理。1913 年，他们一起在柏林大学合作研究电离电势和量子理论的关系，用的方法是勒纳德（P. Lenard）创造的反向电压法，实验装置主要是一只充气三极管。电子从加热的铂丝发射，铂丝外有一同轴圆柱形栅极，电压加于其间，形成加速电场。电子穿过栅极被外面的圆柱形板极接收，板极电流用电流计测量。当电子管中充以汞蒸气时，他们观测到，每隔 4.9 V 电势差，板极电流都要突降一次。如在管子里充以氦气，也会发生类似情况，其临界电势差约为 21 V。

弗兰克和 G. 赫兹认为这是因为 4.9 V 的电势差引起了汞离子的电离，这恰与当时比较盛行的"斯塔克理论"相吻合。于是他们在论文中明确表示："我们的实验结果不符合玻尔理论。"

玻尔在得知弗兰克-赫兹的实验后，在 1915 年指出，弗兰克-赫兹实验的 4.9 V 正是他的能级理论中预言的汞原子的第一激发电势。1919 年，弗兰克和 G. 赫兹才表示同意玻尔观点。

弗兰克在他的诺贝尔奖领奖词中讲道："在用电子碰撞方法证明原子传递的能量是量子化的这一科学研究的发展中，我们所作的一部分工作犯了许多错误，走了一些弯路，尽管玻尔理论已为这个领域开辟了笔直的通道。后来我们认识到了玻尔理论的指导意义，一切困难才迎刃而解。我们清楚地知道，我们的工作所以会获得广泛的承认，是由于它和普朗克，特别是和玻尔的概念有了联系。"

实验 7　光电效应测普朗克常量

物理学中，光电效应在证实光的量子性方面有着重要地位。光电效应充分显示了光的粒子性，它对人们认识光的本性及光量子理论的建立起着极为重大的作用。1887 年赫兹（H. Hertz）在验证电磁波存在时意外地发现了光电效应现象，它所反映的实验事实是经典电磁理论无法完满解释的。1905 年爱因斯坦（A. Einstein）把普朗克（M. Planck）提出的辐射能量不连续的观点引入光辐射，提出了光量子的概念，成功地解释了光电效应现象。1916 年密立根以精确的光电效应实验证实了爱因斯坦光电效应方程的正确性，并测定了普朗克常量。普朗克常量（公认值 $h =$

$(6.626\,075\,5 \pm 0.000\,004\,0) \times 10^{-34}$ J·s)在自然科学中是一个很重要的常数,它可以用光电效应法简单而准确地求出。所以,进行光电效应实验并通过实验测量普朗克常量,有助于学生理解量子理论和更好地认识普朗克常量。光电效应分为外光电效应和内光电效应。利用外光电效应制成的光电器件如光电管、光电池、光电倍增管等已广泛应用于生产科研和日常生活中,如摄影、电视、光控路灯、数码照相机;利用内光电效应(光电导效应和光生伏打效应)的光敏电阻、光电二极管和光电三极管、场效应光电管、雪崩光电二极管、电荷耦合器件等半导体光敏元件制成的光电式传感器已应用于纺织、造纸、印刷、医疗、环境保护等领域,在红外探测、辐射测量、光纤通信,自动控制等传统应用领域的研究也有新发展。它们已成为生产和科研中不可缺少的器件。

一、实验目的

(1) 了解光电效应的基本规律,加深对光量子理论的认识。
(2) 测量光电管的伏安特性及不同光频率下的截止电压。
(3) 验证爱因斯坦光电效应方程,测定普朗克常量。

光电效应测普朗克常量实验原理

二、实验仪器与装置

WGP-2A 型普朗克常量测试仪。

三、实验原理

光电效应的基本实验事实:
(1) 光电发射率(光电流)与光强成正比[见图 5-7-1(a)、(b)]。
(2) 光电效应存在一个阈频率 ν_0(或称截止频率),当入射光的频率低于某一阈值 ν_0 时,不论光的强度如何,都没有光电子产生[见图 5-7-1(c)]。
(3) 光电子的动能与光强度无关,但与入射光的频率成正比[见图 5-7-1(d)]。

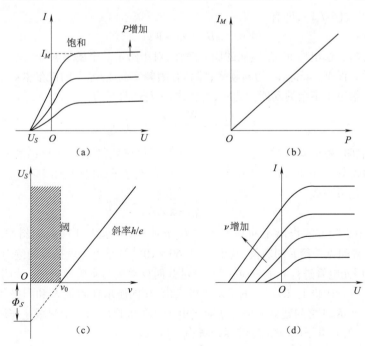

图 5-7-1 关于光电效应的几个特性

(4)光电效应是瞬时效应,一经光线照射,立即产生光电子;停止光照,即无光电子产生。然而用麦克斯韦的经典电磁理论无法对上述实验事实作出圆满的解释。

爱因斯坦认为从点光源发出的光,不是按麦克斯韦电磁学说指出的那样以连续分布的形式把能量传播到空间,而是以频率为 ν 的光,以 $h\nu$ 为能量单位(光量子)的形式一份一份地向外辐射的。光电效应,是指具有能量 $h\nu$ 的一个光子作用于金属中的一个自由电子时,把它的全部能量都交给这个电子使电子逸出金属表面,常称此电子为光电子,这一现象称为光电效应。如果电子脱离金属表面耗费的能量为 W_S,则由光电效应中被光子打出来的电子的动能 E 为

$$E = h\nu - W_S \quad 或 \quad \frac{1}{2}mu^2 = h\nu - W_S \qquad (5\text{-}7\text{-}1)$$

式中,h 为普朗克常量;ν 为入射光的频率;m 为电子的质量;u 为光电子逸出金属表面时的初速度;W_S 为受光线照射的金属材料的逸出功(或功函数)。式(5-7-1)即为爱因斯坦方程。

在式(5-7-1)中,$\frac{1}{2}mu^2$ 是没有受到空间电荷阻止、从金属中逸出的电子的最大初动能。

如欲从爱因斯坦方程(5-7-1)求得普朗克常量 h,式中的入射光频率 ν 及金属的逸出功 W_S 都是可以知道的,只是光电子的最大初动能 $\frac{1}{2}mu^2$ 则难以直接测得。

由式(5-7-1)可见,入射到金属表面的光频率越高,逸出来的电子的初动能必然也越大,光电流就大。正因为光电子具有最大初动能,所以,即使阳极不加电压也会有光电子落入而形成光电流,甚至阳极相对于阴极的电位为低时,也会有光电子落到阳极,直到阳极电位低于某一数值时,所有光电子都不能到达阳极,光电流才为零,如图5-7-1(a)所示。这个相对于阴极为负值的阳极电位 U_S 被称为光电效应的截止电位。这时,光电流的最大初动能用来克服电场力作功,则有

$$eU_S = \frac{1}{2}mu^2 \qquad (5\text{-}7\text{-}2)$$

将式(5-7-2)代入式(5-7-1),即有

$$eU_S = h\nu - W_S \qquad (5\text{-}7\text{-}3)$$

由于金属材料的逸出功 W_S 是金属的固有属性,对于给定的金属材料 W_S 是一个定值,它与入射光的频率无关。设 $W_S = h\nu_0$,ν_0 为阈频率;即具有阈频率 ν_0 的光子的能量恰好等于逸出功 W_S,$h\nu_0 = W_S$,而没有给电子多余的动能。此时,再将式(5-7-3)改写为

$$U_S = \frac{h}{e}\nu - \frac{W_S}{e} = \frac{h}{e}(\nu - \nu_0) \qquad (5\text{-}7\text{-}4)$$

式(5-7-4)表明,截止电位 U_S 是入射光频率 ν 的线性函数,如图5-7-1(c)所示。

当入射光的频率 $\nu = \nu_0$ 时,截止电压 $U_S = 0$ 时,没有光电子逸出(见图5-7-1)。斜率 $K = h/e$ 是一个正常数。于是可写成

$$h = eK \qquad (5\text{-}7\text{-}5)$$

可见,只要用实验方法作出不同频率下的 $U_S\text{-}\nu$ 曲线,并求出此曲线的斜率 K,就可以通过式(5-7-5),求出普朗克常量 h 的数值,其中 $e = 1.60 \times 10^{-19}$ C 是电子电荷量的绝对值。

图5-7-2是用光电管进行光电效应实验、测量普朗克常量的实验原理图。频率为 ν、强度为 P 的光线照射在光电管阴极上,即有光电子从阴极逸出,如图所示在阴极 K 和阳极 A 之间加有反向电位 U_{KA},它使电极 K、A 之间建立起的电场对光电子从阴极逸出的电子起减速作用,随着电位 U_{KA} 的增加,到达阳极的光电子(光电流)将逐渐减小。

当 $U_{KA} = U_S$ 时光电流降为零。见图5-7-3 光电管的起始 $I\text{-}U$ 特性。不同频率光的照射,可以得

到与之相对应的 I-U 特性曲线和对应的 U_S 电压值。在直角坐标中作出 U_S-ν 关系曲线,如果它是一根直线,就证明了爱因斯坦光电效应方程的正确。而由该直线的斜率 K 则可求出普朗克常量($h = eK$)。另外,由该直线和坐标横轴的交点,又可求出该光电管阴极的截止频率(阈频率)ν_0,该直线的延长线与坐标纵轴的交点又可求出光电管阴极的逸出电位 φ_S[见图 5-7-1(c)]。

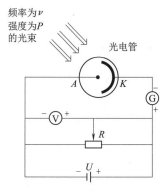

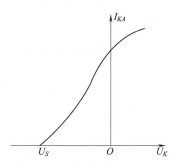

图 5-7-2 实验原理图　　　　图 5-7-3 光电管的起始 I-U 特性

操作视频
光电效应测普朗克常量仪器操作

四、实验仪器介绍

WGP-2A 型普朗克常量测试仪由汞灯及电源、滤色片、光阑、光电管、实验仪主机构成,仪器结构如图 5-7-4 所示,实验仪的调节面板如图 5-7-5 所示。

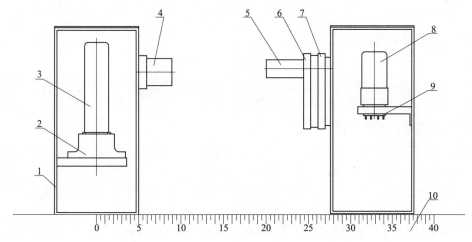

1—光源盒;2—灯座;3—高压汞灯;4—光源孔座;5—滤色片光孔;
6—滤色片盘;7—光阑盘;8—光电管;9—瓷座;10—底板。

图 5-7-4 WGP-2A 型普朗克常量测试仪结构

五、实验内容与步骤

1. 测试前的准备

(1) 安放好仪器,用随仪器附带的屏蔽线将测试仪的"电压输出"端分别连接至光电管暗盒上的"电压输入"端,断开"电流输入"端的屏蔽电缆,待以下步骤(3)调零步骤结束后接上"电流输入"电缆。

(2) 将暗盒拉至距光源 30~50 cm 处(默认 30 cm),先将光阑盘光孔位置拨离光电管暗盒窗口,再按通电源,让微电流测试仪预热 20~30 min,汞灯预热 5 min 以上。

(3)待仪器充分预热后,将微电流"倍率"开关置于"调零"挡,慢慢调节调零电位器,使微电流指示表头显示为零(00.0)(满量程为 100,超量程显示"FFFF")(此步骤结束后接通"电流输入"电缆)。

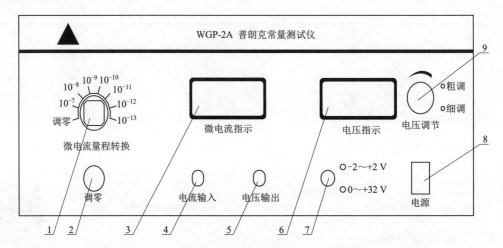

1—微电流转换;2—调零;3—微电流显示;4—电流输入;5—电压输出;6—电压显示;
7—电压切换(分 -2~+2 V、0~32 V 两挡,按下按钮对应指示灯亮);8—电源开关;
9—电压调节(分粗调和细调,旋钮轻触按下可切换粗、细调节,对应指示灯亮)。

图 5-7-5 调节面板

2. 测量光电管的暗电流

(1)测试仪的"倍率"开关置(×10^{-11})(光阑盘光孔位置不拨动)。

(2)顺时针缓慢调节"电压调节"旋钮,仔细记录在不同电压下的相应电流值(电流值 = 倍率×电表读数×A),此时所读得的即为光电管的暗电流。

3. 测量光电管的 I-U 特性

(1)让光源射出孔对准暗盒窗口:测量放大器"倍率"开关置(×10^{-11}),光阑盘光孔位置拨至 2 mm 处,拨动滤色片盘,"电压调节"从 -2 V 调起(如需要测量高电压挡,可通过面板电压切换按钮切换使用),缓慢增加先观察一遍不同滤色片下的电流变化情况,记下电流明显变化的电压值以便精测。

(2)在粗测的基础上进行精测并记录。从短波起小心地逐次换入滤色片(切记此时不要改变光源和暗盒之间的距离),仔细读出不同频率的入射光照射下的光电流。实验过程中,可在电流开始明显增大的地方,将"电压调节"切换至"细调"多取几个值,以便更好地找准"抬头点"。实验数据记录于表 5-7-1 中。

(3)在精度合适的方格纸(如 25 cm×20 cm)上,仔细作出不同波长(频率)的 I-U 曲线,从曲线中认真找出电流开始变化的"抬头点",确定 I_{KA} 的截止电压 U_S,并记入表 5-7-2 中。

(4)把不同频率下的截止电压 U_S 描绘在方格纸上,即作出 U_S-ν 曲线。如果光电效应遵从爱因斯坦方程,则 $U_S = f(\nu)$ 关系曲线应该是一根直线。求出直线的斜率 $K = \Delta U_S / \Delta \nu$,代入式(5-7-5)求出普朗克常量 $h = eK$。并算出所测量值与公认值之间的误差。

六、数据记录与处理

表 5-7-1　伏安特性曲线测量数据

距离 $L =$ _____ cm；光阑孔 $\phi =$ _____ mm

365 nm	U_{KA}/V									
	$I_{KA}/\times 10^{-11}$ A									
405 nm	U_{KA}/V									
	$I_{KA}/\times 10^{-11}$ A									
436 nm	U_{KA}/V									
	$I_{KA}/\times 10^{-11}$ A									
546 nm	U_{KA}/V									
	$I_{KA}/\times 10^{-11}$ A									
577 nm	U_{KA}/V									
	$I_{KA}/\times 10^{-11}$ A									

表 5-7-2　截止电压测量数据和普朗克常量

距离 $L =$ _____ cm；光阑孔 $\phi =$ _____ mm

波长/nm	365	405	436	546	577	$h/\times 10^{-34}$ J·s	δ/%
频率/$\times 10^{14}$ Hz	8.22	7.41	6.88	5.49	5.20		
U_S/V							

要求：普朗克常量的误差用相对误差表示。

$h = \bar{h} \pm \delta = ($ _____ $\pm$ _____ $)$ J·s；

$E_h = \left| \dfrac{h - h_0}{h_0} \times 100\% \right|$； $h_0 = 6.63 \times 10^{-34}$ J·s。

七、注意事项

(1) 微电流测量仪和汞灯的预热时间必须长于 20 min，连线时务必先接好地线，后接信号线。切勿让电压输出端 A 与地短路，以免损坏电源。微电流测量仪每改变一次量程，必须重新调零。

(2) 实验中，汞灯如果关闭，必须经过 5 min 后才可重新启动。

(3) 微电流测量仪与暗盒之间的距离在整个实验过程中应当一致。

(4) 注意保护滤光片，勿用手触摸其表面，防止污染。

(5) 每次更换滤光片时，必须遮挡住汞灯光源，避免强光直接照射阴极而缩短光电管寿命，实验完毕后用遮光罩盖住光电管暗盒进光窗。

八、分析与讨论

(1) 了解光电管的伏安特性及光电特性有何实用意义？

(2) 从截止电压 U_S 与入射光频率 ν 的关系图线，能确定阴极材料的逸出功吗？

(3) 测普朗克常量的实验中有哪些误差来源？实验中是如何减小这些误差的？你有何建议？

(4) 光电管为什么要装在暗盒中？为什么在非测量时,用遮光罩罩住光电管窗口？
(5) 为什么当反向电压加到一定值后,光电流会出现负值？
(6) 如何消除暗电流和本底电流对截止电压的影响？

实验 8 密立根油滴实验

由美国物理学家密立根(R. A. Millikan)首先设计并完成的密立根油滴实验,在近代物理学的发展史上是一个十分重要的实验。它证明了任何带电体所带的电荷都是某一最小电荷——基本电荷的整数倍；明确了电荷的不连续性；并精确地测定了基本电荷的数值,为从实验上测定其他一些基本物理量提供了可能性。这一成就大大促进了人们对电和物质结构的研究和认识。油滴实验中将微观量测量转化为宏观量测量的巧妙设想和精确构思,以及用比较简单的仪器测得比较精确而稳定的结果等都是富有创造性的。由于上述工作,密立根获得了 1923 年度诺贝尔物理学奖。密立根油滴实验设计巧妙、原理清楚、设备简单、结果准确,历来是一个有启发性的物理实验。通过学习密立根油滴实验的设计思想和实验技巧,可以提高学生的实验能力和素质。密立根油滴实验在工业和科学研究中有着广泛应用前景,如在静电除尘、静电分选、静电复印、静电喷雾等应用领域有着十分重要的意义。

一、实验目的

(1) 通过对带电油滴在重力场和静电场中运动的测量,验证电荷的不连续性,并测定电子的电荷值 e。
(2) 通过实验过程中对仪器的调整、油滴的选择、耐心地跟踪和测量以及数据的处理等,培养学生严肃认真和一丝不苟的科学实验方法和态度。
(3) 学习和理解密立根利用宏观量测量微观量的巧妙设想和构思。

二、实验仪器与装置

MOD-9G 型密立根油滴仪。

三、实验原理

用油滴法测量电子的电荷,可以用静态(平衡)测量法或动态(非平衡)测量法。前者的测量原理、实验操作和数据处理都较简单,常为非物理专业的物理实验所采用；后者则常为物理专业的物理实验所采用。两种测量方法分述如下：

1. 静态(平衡)测量法

用喷雾器将油喷入两块相距为 d 的水平放置的平行极板之间。油在喷射撕裂成油滴时,一般都是带电的。

设油滴的质量为 m,所带的电荷为 q 两极板间的电压为 u,则油滴在平行极板间将同时受到重力 mg 和静电力 qE 的作用,如图 5-8-1 所示。

如果调节两极板间的电压 U,可使该两力达到平衡,这时有

$$mg = qE = q\frac{U}{d} \tag{5-8-1}$$

从式(5-8-1)可见,为了测出油滴所带的电量 q,除了需测定 U 和 d 外,还需要测量油滴的质量 m。因 m 很小,需用如下特殊方法测定：

平行极板不加电压时,油滴受重力作用而加速下降,由于空气阻力的作用,下降一段距离达到某一速度 v_g 后,阻力 f_r 与重力 mg 平衡(空气浮力忽略不计),如图 5-8-2 所示,油滴将匀速下降。根据斯托克斯定律,油滴匀速下降时,有

$$f_r = 6\pi r \eta v_g = mg \tag{5-8-2}$$

式中,η 是空气的黏滞系数;r 是油滴的半径(由于表面张力的原因,油滴总是呈小球状)。

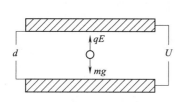

图 5-8-1　实验装置　　　　图 5-8-2　静态状态

设油的密度为 ρ,油滴的质量 m 可以用下式表示

$$m = \frac{4}{3}\pi r^3 \rho \tag{5-8-3}$$

由式(5-8-2)和式(5-8-3),得到油滴的半径为

$$r = \sqrt{\frac{9\eta v_g}{2\rho g}} \tag{5-8-4}$$

对于半径小到 10^{-6} m 的小球,空气的黏滞系数 η 应作如下修正

$$\eta' = \frac{\eta}{1 + \frac{b}{pr}}$$

这时斯托克斯定律应改为

$$f_r = \frac{6\pi r \eta v_g}{1 + \frac{b}{pr}}$$

式中,b 为修正常数,$b = 6.17 \times 10^{-6}$ m/cmHg;p 为大气压强,单位为 cmHg。得

$$\alpha = \sqrt{\frac{9\eta v_g}{2\rho g} \frac{1}{1 + \frac{b}{pr}}} \tag{5-8-5}$$

式(5-8-5)根号中还包含油滴的半径 r,但因它处于修正项中,不需十分精确,因此可用式(5-8-4)计算。将式(5-8-5)代入式(5-8-3),得

$$m = \frac{4}{3}\pi \left(\frac{9\eta v_g}{2\rho g} \frac{1}{1 + \frac{b}{pr}} \right)^{3/2} \rho \tag{5-8-6}$$

至于油滴匀速下降的速度 v_g,可用下法测出:当两极板间的电压 U 为零时,设油滴匀速下降的距离为 l,时间为 t_g,则

$$v_g = \frac{l}{t_g} \tag{5-8-7}$$

将式(5-8-7)代入式(5-8-6),式(5-8-6)代入式(5-8-1),得

$$q = \frac{18\pi}{\sqrt{2\rho g}} \left[\frac{\eta l}{t_g \left(1 + \frac{b}{pr}\right)} \right]^{3/2} \frac{d}{U} \tag{5-8-8}$$

式(5-8-8)是用平衡测量法测定油滴所带电荷的理论公式。

2. 动态(非平衡)测量法

平衡测量法是在静电力 qE 和重力 mg 达到平衡时导出式(5-8-8)进行实验测量的。非平衡测量法则是在平行极板上加以适当的电压 U，但并不调节 U 使静电力和重力达到平衡，而是使油滴受静电力作用加速上升。由于空气阻力的作用，上升一段距离达到某一速度 v_e 后，空气阻力、重力与静电力达到平衡(空气浮力忽略不计)，油滴将以匀速上升，如图 5-8-3 所示。这时

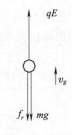

图 5-8-3 动态状态

$$6\pi r \eta v_e = q\frac{U}{d} - mg$$

当去掉平行极板上所加的电压 U 后，油滴受重力作用而加速下降。当空气阻力和重力平衡时

$$6\pi r \eta v_g = mg$$

上两式相除得

$$\frac{v_e}{v_g} = \frac{q\dfrac{U}{d} - mg}{mg}$$

得

$$q = mg\frac{d}{U}\left(\frac{v_g + v_e}{v_g}\right) \tag{5-8-9}$$

如果油滴所带的电量从 q 变到 q'，油滴在电场中匀速上升的速度将由 v_e 变为 v_e'，而匀速下降的速度 v_g 不变，这时

$$q' = mg\frac{d}{U}\left(\frac{v_g + v_e'}{v_g}\right)$$

电量的变化量

$$q_i = q - q' = mg\frac{d}{U}\left(\frac{v_e - v_e'}{v_g}\right) \tag{5-8-10}$$

实验时取油滴匀速下降和匀速上升的距离相等，设都为 l。测出油滴匀速下降的时间为 t_g，匀速上升的时间为 t_e 和 t_e'，则

$$v_g = \frac{l}{t_g}, \quad v_e = \frac{l}{t_e}, \quad v_e' = \frac{l}{t_e'} \tag{5-8-11}$$

将式(5-8-6)油滴的质量 m 和式(5-8-11)代入式(5-8-9)和式(5-8-10)，得

$$q = \frac{18\pi}{\sqrt{2\rho g}}\left(\frac{\eta l}{1 + \dfrac{b}{pr}}\right)^{3/2}\frac{d}{U}\left(\frac{1}{t_e} + \frac{1}{t_g}\right)\left(\frac{1}{t_g}\right)^{1/2}$$

$$q_i = \frac{18\pi}{\sqrt{2\rho g}}\left(\frac{\eta l}{1 + \dfrac{b}{pr}}\right)^{3/2}\frac{d}{U}\left(\frac{1}{t_e} - \frac{1}{t_e'}\right)\left(\frac{1}{t_g}\right)^{1/2}$$

$$K = \frac{18\pi}{\sqrt{2\rho g}}\left(\frac{\eta l}{1 + \dfrac{b}{pr}}\right)^{3/2} d$$

则

$$q = K\left(\frac{1}{t_e} + \frac{1}{t_g}\right)\left(\frac{1}{t_g}\right)^{1/2}\frac{1}{U} \tag{5-8-12}$$

$$q_i = K\left(\frac{1}{t_e} - \frac{1}{t_e'}\right)\left(\frac{1}{t_g}\right)^{1/2}\frac{1}{U} \tag{5-8-13}$$

从实验所测得的结果，可以分析出 q 与 q_i 只能为某一数值的整数倍，由此可以得出油滴所带

电子的总数 n 和电子的改变数 i，从而得到一个电子的电荷为

$$e = \frac{q}{n} = \frac{q_i}{i} \qquad (5\text{-}8\text{-}14)$$

从上述讨论可见：

(1) 用平衡法测量，原理简单、直观，但需调整平衡电压；用非平衡法测量，在原理和数据处理方面较平衡法要繁一些，但它不需要调整平衡电压。

(2) 比较式(5-8-8)和式(5-8-12)，当调节电压 U 使油滴受力达到平衡时，$t_e \to \infty$，式(5-8-12)和式(5-8-8)相一致，可见平衡测量法是非平衡测量法的一个特殊情况。

四、实验仪器介绍

密立根
油滴实验
仪器操作

MOD-9G 型密立根油滴仪包括水平放置的平行极板(油滴盒)、调平装置、照明装置、显微镜、电源、计时器(停表或数字毫秒计)、改变油滴带电量从 q 变到 q' 的装置、实验油、喷雾器等。

油滴盒是本仪器很重要部件，机械加工要求很高，其结构如图5-8-4所示。

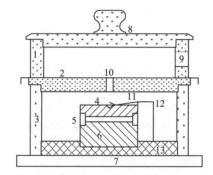

1—油雾室；2—油雾孔开关；3.防风罩；4—上电极板；5—胶木圆环；6—下电极板；7—底板；
8—上盖板；9—喷雾口；10—油雾孔；11—上电极板压簧；12—上电极板电源插孔；13—油滴盒基座。

图5-8-4 油滴盒结构

油滴盒防风罩前装有测量显微镜，通过胶木圆环上的观察孔观察平行极板间的油滴。监视器显示屏上有分划板，其总刻度相当于线视场中 0.200 cm，用以测量油滴运动的距离 l。分划板的刻度如图5-8-5所示。分划板中间的横向刻度尺是用来测量布朗运动的。

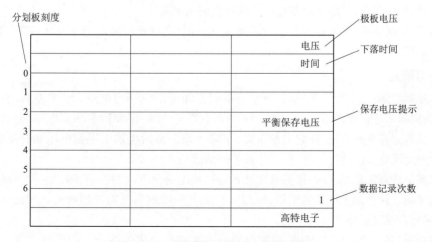

图5-8-5 监视器显示屏分划板示意图

仪器面板结构如图5-8-6所示。

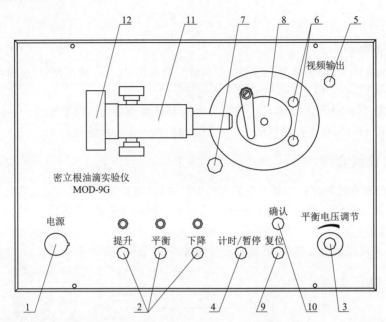

1—电源开关;2—功能控制开关:有平衡、升降、测量三挡;3—平衡电压调节旋钮(DC 0~500 V);
4—计时/暂停按钮;5—视频输出插座;6—照明灯室;7—水泡;8—上、下电极;9—秒表清零键;
10—确认按钮;11—显微镜;12—CCD摄像头。

图5-8-6　仪器面板结构

五、实验内容与步骤

1. 调整仪器

将仪器放平稳,调节仪器底部左右两只调平螺钉,使水准泡指示水平,这时平行极板处于水平位置,利用视频线连接监视器和实验主机,将监视器阻抗开关拨至75 Ω处并打开监视器,先预热10 min,利用预热时间,调节监视器,使分划板刻线清晰。将油从油雾室旁的喷雾口喷入(喷一次即可),微调测量显微镜的调焦手轮。这时视场中出现大量清晰的油滴,如夜空繁星。如果视场太暗,油滴不够明亮,可略微调节监视器面板上的微调旋钮。

注意:调整仪器时,如果打开有机玻璃油雾室,必须先将平衡电压调零或者按下"下降"按钮取消极板电压。

2. 练习测量

练习控制油滴:用平衡法实验时,在平行极板上加工作(平衡)电压250 V左右,驱走不需要的油滴,直到剩下几颗缓慢运动的为止。注视其中的某一颗,仔细调节平衡电压,使这颗油滴静止不动。然后去掉平衡电压,让它匀速下降,下降一段距离后再加上平衡电压和升降电压,使油滴上升。如此反复多次地进行练习,以掌握控制油滴的方法。

练习测量油滴运动的时间:任意选择几颗运动速度快慢不同的油滴,测出它们下降一段距离所需要的时间。或者加上一定的电压,测出它们上升一段距离所需要的时间。如此反复多练几次,以掌握测量油滴运动时间的方法。

练习选择油滴:要做好本实验,很重要的一点是选择合适的油滴。选择的油滴体积不能太大,太大的油滴虽然比较亮,但一般带的电荷比较多,下降速度也比较快,时间不容易测准确。油滴也不能选得太小,太小则布朗运动明显。通常可以选择平衡电压在 200 V 以上,在 20～30 s 时间内匀速下降 2 mm 的油滴,其大小和带电量都比较合适。

3. 正式测量

(1) 平衡测量法:从式(5-8-14)可见,用平衡测量法实验时要测量的有两个量。一个是平衡电压 U,另一个是油滴匀速下降一段距离 l 所需要的时间 t_g。测量平衡电压必须经过仔细的调节,并将油滴置于分划板上某条横线附近,以便准确判断出这颗油滴是否平衡。测量油滴匀速下降一段距离 l 所需要的时间 t_g 时,为了在按动停表时有所准备,应选让它下降一段距离后再测量时间。选定测量的一段距离 l,应该在平行极板之间的中央部分,即视场中分划板的中央部分。若太靠近上电极板,小孔附近有气流,电场也不均匀,会影响测量结果。太靠近下电极板,测量完时间 t_g 后,油滴容易丢失,影响测量。一般取 $l=0.12$ cm 比较合适。对同一颗油滴应进行五次测量,而且每次测量都要重新调整平衡电压。如果油滴逐渐变得模糊,要微调测量显微镜跟踪油滴,勿使丢失。用同样方法分别为 4～5 颗油滴进行测量。

(2) 动态(非平衡)测量法:具体方法学生可根据实验原理自拟。

六、数据记录与处理

1. 数据处理

(1) 平衡测量法。根据式(5-8-8)

$$q = \frac{18\pi}{\sqrt{2\rho g}} \left[\frac{\eta l}{t_g \left(1 + \frac{b}{pr}\right)} \right]^{3/2} \frac{d}{U}$$

式中

$$r = \sqrt{\frac{9\eta l}{2\rho g t_g}}$$

油的密度	$\rho = 981$ kg·m^{-3}
重力加速度	$g = 9.79$ m·s^{-2}
空气的黏滞系数	$\eta = 1.83 \times 10^{-5}$ kg·m^{-1}·s^{-1}
油滴匀速下降的距离取	$l = 1.20 \times 10^{-3}$ m
修正常数	$b = 6.17 \times 10^{-6}$ m/cmHg
大气压强	$p = 76.0$ cmHg
平行极板距离	$d = 5.00 \times 10^{-3}$ m

将以上数据代入公式得

$$q = \frac{0.6636 \times 10^{-14}}{\left[t_g \left(1 + 0.0253\sqrt{t_g}\right)\right]^{3/2}} \cdot \frac{1}{U} \tag{5-8-15}$$

显然,由于油的密度 ρ、空气的黏滞系数 η 都是温度的函数,重力加速度 g 和大气压强 p 又随实验地点和条件的变化而变化,因此上式的计算是近似值。在一般条件下,这样的计算引起的误差约为 1%,但它带来的好处是使运算方便得多,对于学生实验,这是可取的。

为了证明电荷的不连续性和所有电荷都是基本电荷 e 的整数倍,并得到基本电荷 e 值,应对实验测得的各个电量 q 求最大公约数。这个最大公约数就是基本电荷 e 值,也就是电子的电荷值。但由于学生实验技术不熟练,测量误差可能要大些,要求出 q 的最大公约数有时比较困难,通常用"倒过来验证"的办法进行数据处理。即用公认的电子电荷值 $e = 1.60 \times 10^{-19}$ C 去除实验测得的电量 q。得到一个接近于某一个整数的数值,这个整数就是油滴所带的基本电荷的数目 n。

再用这个 n 去除实验测得的电量,即得电子的电荷值 e。用这种方法处理数据,只能是作为一种实验验证,而且仅在油滴的带电量比较少(少数几个电子)时可以采用。当 n 值较大时,这时的平衡电压 U 很低(100 V 以下),匀速下降 2 mm 的时间很短(10 s 以下),带来误差的 0.5 个电子的电荷在分配给 n 个电子时,误差必然很小,其结果 e 值总是十分接近于 1.60×10^{-19} C。这也是实验中不宜选用带电量比较多的油滴的原因。

油滴实验也可用作图法处理数据,即以纵坐标表示电量 q,横坐标表示所选用的油滴的序号,作图后所得结果如图 5-8-7 所示。这种方法必须对大量油滴测出大量数据,作为学生实验,这是比较困难的。

(2)动态(非平衡)测量法。参考仪器"使用说明书"。

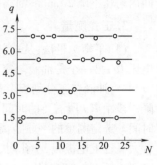

图 5-8-7 作图结果

2. 数据记录

测量三个油滴,每个油滴重复测量五次,见表 5-8-1。

表 5-8-1 油滴实验的测量数据

油滴		次数				
		1	2	3	4	5
1	电压/V					
	时间/s					
	Q/C					
	N					
	e/C					
2	电压/V					
	时间/s					
	Q/C					
	N					
	e/C					
3	电压/V					
	时间/s					
	Q/C					
	N					
	e/C					

计算所测量电子电荷量的平均值和相对误差,结果用 $e = \bar{e} + \Delta e$ 表示。

七、注意事项

(1)喷油中,喷油量不能过大,每次轻轻喷一次即可,否则将堵塞油孔。

(2)调试仪器时,如果打开有机玻璃油雾室,必须先将平衡电压反向开关放在"测量"位置。

(3)CCD 摄像头与主机相连的连线尽量不要接触,以免接头处出现连接中断,造成屏幕显示不正常。

(4)测完后迅速将电压开关置"平衡"挡。

八、分析与讨论

(1) 实验中如何保证油滴做匀速运动?

(2) 如何调节才能使油滴在平衡电压作用下达到理想的效果?

实验 9　金属电子逸出功

金属内部有大量自由运动电子,其能量分布遵循费米-狄拉克量子统计分布规律,当电子能量高于逸出功时,将有部分电子从金属表面逃逸形成热电子发射电流。电子逸出功是指金属内部的电子为摆脱周围正离子对它的束缚而逸出金属表面所需的能量。电子从金属中逸出,需要能量。增加电子能量有多种方法,如用光照、利用光电效应使电子逸出,或用加热的方法使金属中的电子热运动加剧,也能使电子逸出。本实验用加热金属,使热电子发射的方法来测量金属的逸出功。由于不同的金属材料,电子的逸出功是不相同的,因而热电子的发射情况也不一样。本实验只做金属钨的热电子发射,且采用一种十分巧妙的实验方法——里查森(Richardson)直线法,避开了一些难以测量的量,只需测一些易测的量,可以较容易地得出钨金属的电子逸出功。

一、实验目的

(1) 用里查森直线法测定钨的逸出功。

(2) 了解光测高温计的原理和使用方法。

(3) 学习图表法数据处理。

二、实验仪器与装置

WF-6 型逸出功测定仪,全套仪器包括理想(标准)二极管、二极管供电电源、温度测量系统和测量阳极电压、电流的电表。

金属电子逸出功实验原理

三、实验原理

若真空二极管的阴极(用被测金属钨丝做成)通以电流加热,并在阳极上加以正电压时,在连接这两个电极的外电路中将有电流通过,如图 5-9-1 所示。这种电子从加热金属丝发射出来的现象,称为热电子发射。

研究热电子发射的目的之一是可以选择合适的阴极材料。诚然,可以在相同加热温度下测量不同阳极材料的二极管的饱和电流,然后相互比较,加以选择。但通过对阴极材料物理性质的研究来掌握其热电子发射的性能,这是带有根本性的工作,因而更为重要。

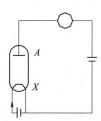

图 5-9-1　热电子发射示意图

1. 电子的逸出功

根据固体物理学中金属电子理论,金属中的传导电子能量的分布是按费米-狄拉克(Fermi-Dirac)分布的,即

$$f(E) = \frac{\mathrm{d}N}{\mathrm{d}E} = \frac{4\pi}{h^3}(2m)^{3/2} E^{1/2} \left(\mathrm{e}^{\frac{E-E_F}{KT}} + 1 \right)^{-1} \tag{5-9-1}$$

式中,E_F 称为费米能级。

在绝对零度时电子的能量分布如图 5-9-2 中曲线(1)所示。这时电子所具有的最大能量为

E_F。当温度升高时电子的能量分布曲线如图 5-9-2 中曲线(2)所示。其中能量较大的少数电子具有比 E_F 更高的能量,而其数量随能量的增加而指数减少。

在通常温度下由于金属表面与外界(真空)之间存在一个势垒 E_b,所以电子要从金属中逸出必须至少具有能量 E_b,在绝对零度时电子逸出金属至少需要从外界得到的能量为

$$E_0 = E_b - E_F = e\varphi \tag{5-9-2}$$

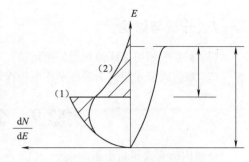

图 5-9-2 电子能量分布图

式中,$E_0(e\varphi)$ 称为金属电子的逸出功,其常用单位为电子伏特(eV),它表征要使处于绝对零度下的金属中具有最大能量的电子逸出金属表面所需要给予的能量;φ 称为逸出电位,其数值等于以电子伏特表示的电子逸出功。

可见,热电子发射就是用提高阴极温度的办法改变电子的能量分布,使其中一部分电子的能量大于 E_b,这样能量大于 E_b 的电子就可以从金属中发射出来,因此逸出功 $e\varphi$ 的大小对热电子发射的强弱具有决定性作用。

2. 热电子发射公式

根据费米-狄拉克能量公式(5-9-1),可以导出热电子发射的里查森-杜什曼(Richardson-Dushman)公式

$$I = AST^2 \exp\left(\frac{e\varphi}{-KT}\right) \tag{5-9-3}$$

式中,I 为热电子发射的电流强度,A;A 为和阴极表面化学纯度有关的系数;S 为阴极的有效发射面积,cm^2;K 为玻尔兹曼常数,$K = 1.38 \times 10^{-23}$ J/K。

原则上,只要测定 I、A、S 和 T,就可以根据式(5-9-3)计算出阴极的逸出功 $e\varphi$。但困难在于 A 和 S 这两个量是难以直接测定的,所以在实际测量中常采用里查森直线法,以设法避开 A 和 S 的测量。

3. 里查森直线法

将式(5-9-3)两边除以 T^2,再取以 10 为底的对数得到

$$\lg \frac{I}{T^2} = \lg AS - \frac{e\varphi}{2.30KT} = \lg AS - 5.04 \times 10^3 \varphi \frac{1}{T} \tag{5-9-4}$$

从式(5-9-4)可以看出,$\lg \frac{I}{T^2}$ 与 $\frac{1}{T}$ 成线性关系。如果以 $\lg \frac{I}{T^2}$ 作纵坐标,以 $\frac{1}{T}$ 为横坐标作图,从所得直线的斜率即可求出电子的逸出电位 φ,从而求出电子的逸出功 $e\varphi$。这个方法称为里查森直线法,它的好处是可以不必求出 A 和 S 的具体数值,直接从 I 和 T 就可以得出 φ 的值,A 和 S 的影响只是使 $\lg \frac{I}{T^2}$-$\frac{1}{T}$ 直线纵向平行移动。这种实验方法在实验、科研和生产上都有广泛应用。

4. 从加速场外延求零场电流

为了维持阴极发射的热电子能连续不断地飞向阳极,必须在阴极和阳极间外加一个加速电场 E_a。然而,由于 E_a 的存在使阴极表面的势垒 E_b 降低,因而逸出功减小,发射电流增大,这一现象称为肖脱基(Scholtky)效应。可以证明,在加速电场 E_a 的作用下,阴极发射电流 I_a 与 E_a 有如下关系:

$$I_a = I \exp\left(\frac{0.439\sqrt{E_a}}{T}\right) \tag{5-9-5}$$

式中,I_a 和 I 分别是加速电场为 E_a 和零时的发射电流。对式(5-9-5)取以 10 为底的对数得

$$\lg I_a = \lg I + \frac{0.439}{2.30T}\sqrt{E_a} \tag{5-9-6}$$

如果把阴极和阳极做成共轴圆柱形,并忽略接触电位差和其他影响,则加速电场可表示为

$$E_a = \frac{U_a}{r_1 \ln \frac{r_2}{r_1}} \tag{5-9-7}$$

式中,r_1 和 r_2 分别为阴极和阳极的半径,U_a 为加速电压,将式(5-9-7)代入式(5-9-6)得

$$\lg I_a = \lg I + \frac{0.439}{2.30T} \cdot \frac{1}{\sqrt{r_1 \ln \frac{r_2}{r_1}}}\sqrt{U_a} \tag{5-9-8}$$

由式(5-9-8)可见,在一定的温度 T 和管子结构时,$\lg I_a$ 和 $\sqrt{U_a}$ 成线性关系。如果以 $\lg I_a$ 为纵坐标,以 $\sqrt{U_a}$ 为横坐标作图,此直线的延长线与纵坐标的交点为 $\lg I$。由此即可求出在一定温度下,加速电场为零时的发射电流 I,如图 5-9-3 所示。

综上所述,要测定金属材料的逸出功,首先应该把被测材料做成二极管的阴极。当测定了阴极温度 T、阳极电压 U_a 和发射电流 I_a 后,通过数据处理,得到零场电流 I,然后即可求出逸出功 $e\varphi$(或逸出电位 φ)。

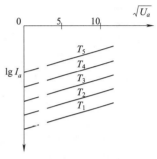

图 5-9-3 $\lg I_a$-$\sqrt{U_a}$ 曲线

四、实验内容与步骤

(1)熟悉仪器装置,接通电源预热 10 min。

(2)取理想二极管参考灯丝电流 I_f 为 0.55~0.75 A,每隔 0.05 A 进行一次测量。

(3)对每一参考灯丝电流必须记下灯丝温度 T。

(4)对每一个参考灯丝电流,调节阳极电压靠近 25 V、36 V、49 V、64 V、81 V、100 V、121 V、144 V 这八个数据,测出一组阳极电流,记录数据于表 5-9-1 中(五个灯丝电流测五组数据)。

金属电子逸出功仪器操作

(5)根据表 5-9-2 数据,作 $\lg I_a$-$\sqrt{U_a}$ 曲线,求出截距 $\lg I$,即可得到在不同灯丝温度时的零场热电子发射电流 I。(五个温度五条直线得到五个 $\lg I$ 值)。

(6)根据表 5-9-3 数据,作 $\lg \frac{I}{T^2}$-$\frac{1}{T}$ 曲线,从直线斜率求出钨的逸出功 $e\varphi$(或逸出电位 φ)。

(7)把逸出功公认值和用作图法计算出来的结果相比较,求出相对误差。

五、实验数据记录与处理

表 5-9-1 测量数据

灯丝电流 = _____;灯丝温度 = _____

U_a/V								
I_a/mA								

表 5-9-2　换算结果

灯丝温度 = _____

$\sqrt{U_a}$							
$\lg I_a$							

表 5-9-3　换算结果

T							
$\lg I$							
$\lg I/T^2$							
$1/T$							

直线斜率　　　　$m =$ _____
逸出功　　　　　$e\varphi =$ _____ eV
逸出功公认值　　$e\varphi = 4.54$ eV
相对误差　　　　$E =$ _____ %

六、注意事项

(1)电子管经过了老化处理,因此灯丝性脆,通电加热与降温以缓慢为宜,灯丝炽热后避免强烈振动,应轻拿轻放。

(2)灯丝材料钨的熔点为 3 643 K,正常使用温度为 1 700～2 200 K,过高的灯丝温度会明显缩短管子的使用寿命,灯丝加热电流不要超过 0.800 A;过低的灯丝温度会导致热电子发射电流过小而无法测量,因此,实验时应该选择适当的灯丝工作温度范围。

(3)当改变灯丝加热电流后,由于灯丝温度上升趋稳的滞后性,每当调节灯丝加热电流后要略等片刻,待稳定后再进行测量。

七、分析与讨论

(1)本实验中需要测量哪些物理量？为什么？
(2)实验中如何测量阴极与阳极之间的电位差？
(3)试验中如何稳定阴极温度？

实验10　测薄透镜焦距

透镜是组成光学仪器的最基本元件。焦距是透镜主点到焦点的距离,它是透镜的一个重要参数,其决定了透镜成像的位置。透镜常分为凸透镜和凹透镜两大类。不同的光学仪器,根据不同的使用目的,需要选用不同焦距的透镜或透镜组。学会测量透镜的焦距,并且比较各种测量方法的优缺点,掌握透镜成像的规律以及一些简单光路的分析和调整方法,其中主要是共轴等高的调节方法,对于今后正确地使用光学仪器是十分必要的。

一、实验目的

(1)理解薄透镜成像的基本规律。
(2)掌握简单光路的分析和调整方法,主要是共轴等高的调节方法。

(3)学习几种测量薄透镜焦距的方法。

二、实验仪器与装置

光具座、薄凸透镜、薄凹透镜、平面反射镜、平行光源、光屏等。

三、实验原理

薄透镜是指中心厚度 d 比透镜的焦距 f 小很多的透镜。在薄透镜靠近光轴的区域内,当成像光束与透镜主光轴的夹角很小时,薄透镜的成像公式为

$$\frac{1}{u} + \frac{1}{v} = \frac{1}{f} \tag{5-10-1}$$

$$\beta = \frac{y'}{y} = \frac{-v}{u} \tag{5-10-2}$$

式中,u 为物距;v 为像距;f 为焦距。对于实物和实像 u、v 取正值;对于虚物和虚像 u、v 取负值。u、v 从光心算起。对于凸透镜,f 为正值;对于凹透镜,f 为负值。β 为放大率,y' 和 y 分别为物、像的大小,在光轴之上为正,光轴之下为负(不同的教材可能采用不同的符号规则,因而各自的公式形式也会不同)。

1. 凸透镜焦距的测量原理

(1)粗测法。由式(5-10-1)可知,若物距 u 很大,则焦距 f 近似地等于像距 v。由此可以得到一种能迅速测定凸透镜焦距 f 的粗略数值的方法,简称粗测法。此法在无条件的情况下可用来挑选透镜。

(2)物距-像距法。由薄透镜成像公式(5-10-1)可知,当物体经薄凸透镜成像时,只要测得相应的物距 u 或像距 v,便可由式(5-10-1)算出待测透镜的焦距 $f = \dfrac{uv}{u+v}$。实验光路如图 5-10-1 所示。

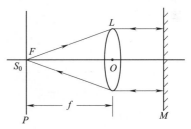

图 5-10-1 自准直法测凸透镜的焦距

(3)自准直法。由式(5-10-1)可知,当物距 u 等于焦距 f 时,对于凸透镜将成像于无限远处,即像距为无限大,光线通过凸透镜后成为平行光。反之,当平行光平行于凸透镜的主光轴入射到凸透镜上时,则经凸透镜折射后将会聚于凸透镜的主焦点。因此,根据光路的可逆性原理也可得到一个测量凸透镜焦距的方法。如图 5-10-1 所示,当以狭缝光源 P 作为物放在凸透镜的第一个焦面上时,由 P 发出的光经透镜后将成为平行光。如果在透镜后面放一个于透镜光轴垂直的平面反射镜 M,则平行光经 M 反射后将沿原来的路线逆向进行,并成像于缝平面上。此时测出的 P 与 L 之间的距离即为凸透镜的焦距 f。这个方法是通过移动透镜使平面镜反射回来的光束在物平面 P 上清晰成像而达到调焦的目的,所以也称平面镜法。

以上两种方法均需测定透镜光心到焦点之间的距离,而由于透镜的光心一般与它的几何中心不重合,其位置不易测定,所以用这两种方法测得的焦距是不准确的。下面介绍的共轭法(也称二次成像法)可以避免这个缺点。

(4)共轭法(二次成像法)。由式(5-10-1)可以证明,当物距 u 与像距 v 之和 $L = u + v > 4f$ 时,使凸透镜在屏间移动,必能在像屏上二次成像,如图 5-10-2 所示。当透镜光心移至位置 O_1 时,$u_1 < v_1$,在像屏上得到 AB 的放大的实像 $A'B'$,当透镜光心移至位置 O_2 时,则在像屏上得到一个缩

小的实像$A''B''$。设两次成像时透镜移动的距离为e，则$e=|x_2-x_1|$。当透镜在位置O_1时，由式(5-10-1)可得

$$\frac{1}{f}=\frac{1}{u_1}+\frac{1}{L-u_1} \qquad (5\text{-}10\text{-}3)$$

当透镜在位置O_2时，由式(5-10-1)可得

$$\frac{1}{f}=\frac{1}{u_1+e}+\frac{1}{L-(u_1+e)} \qquad (5\text{-}10\text{-}4)$$

联立式(5-10-3)和式(5-10-4)，消去u_1，可得

$$f=\frac{L^2-e^2}{4L} \qquad (5\text{-}10\text{-}5)$$

式中，L为物屏与像屏之间的距离。（L不要取得太大，以免成缩小像时像太小）由实验测得物屏O_1的坐标值，像屏O_2的坐标值，算出L和e，代入式(5-10-5)，即可求出凸透镜的焦距f。用这种方法测量焦距f的优点是把焦距的测量归结为可以精确测定的量L和e，避免了在测量物距u和像距v时，由于估计透镜光心的位置不准确所带来的误差。这种将不能或难以测定的物理量从测量公式中消去的方法称为消去法（又称共轭法）。这是物理实验中一种常见而且十分有效的方法。

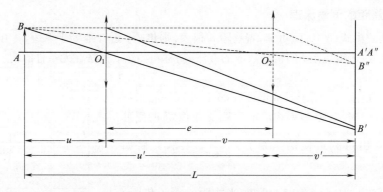

图5-10-2 共轭法测凸透镜的焦距

2. 凹透镜焦距的测量原理

以上介绍的方法适用于凸透镜焦距的测量。对于凹透镜，因为光线通过凹透镜是发散的，故实物不能得到实像，所以不能应用白屏接取像的方法求得焦距。但是，如果在凹透镜与实物之间插入一个凸透镜，以凸透镜所成的实像作为凹透镜的虚物，此虚物经凹透镜即可成实像于屏上，然后可用白屏接取此实像而求得凹透镜的焦距f。此法称为虚物成像法，也称物距像距法，其光路如图5-10-3所示。

在图5-10-3中，物AB发出的光线经过凸透镜在Q处的屏上成实像$A'B'$。如果在凸透镜和屏之间的x_1处插入一个凹透镜，则实像$A'B'$可视为凹透镜的虚物，经凹透镜折射发散后，将成像$A''B''$于P处的屏上。根据透镜成像公式(5-10-1)，并考虑到测试物距u为负，焦距f也为负，则可得

$$\frac{1}{-u}+\frac{1}{v}=\frac{1}{-f} \qquad (5\text{-}10\text{-}6)$$

式中，$u=|x_Q-x_1|$，$v=|x_P-x_1|$。由式(5-10-6)可得凹透镜的焦距数为

$$f=\frac{uv}{v-u} \qquad (5\text{-}10\text{-}7)$$

由实验测得x_1、x_P、x_Q，算出u、v，代入式(5-10-7)，即可求得f。

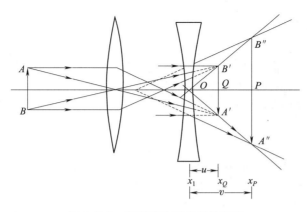

图 5-10-3　凹透镜焦距的测量原理

四、实验器材介绍

光具座由导轨和一些基本的光学部件组成。经过精加工的导轨具有很高的平直度,夹在支架上的各光学元件可沿导轨平动,其位置可由光具座的刻度尺读出。

五、实验内容与步骤

从各个实验的光路图可以看出,物距、像距、焦距、透镜的位移等都是沿着光轴计算其长度的。为了准确测量,必须调节透镜的光轴使之与导轨平行,这样才能保证光具座上的刻度读数即为光轴上的相应位置。另外,薄透镜成像公式仅在近轴光线的条件下成立,因此,应调节各元件的中心轴线使之与透镜的主光轴重合,且应在物的前方加一光阑,遮住远轴光线,只使近轴光线通过。对于多个透镜的光路,各透镜的光轴也必须共线,并与导轨平行。这一调节统称光学系统的共轴等高调节。图 5-10-4 所示为调节完成后的光具座图。图中,A 为光具座的导轨;B 为光具架的底座,其上面可安放光学元件,如透镜、物屏、像屏等;C 为光源;F 为物屏,其上面的箭头经光源均匀照亮后即为发光物;E 为透镜;D 为像屏。

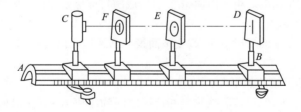

图 5-10-4　调节完成后的光具座图

下面用不同的方法测焦距,每次实验前必须进行共轴等高调节。共轴调节可分为两步进行：

(1)粗调。把物屏、透镜、像屏尽量靠近,调节高低、左右,使光源物屏中心、像屏中心、透镜中心大致在一条和导轨平行的直线上,并且使物屏、透镜、物屏的平面相互平行,且垂直于导轨。

(2)细调。粗调之后,再将各光学元件的距离拉开,依靠成像规律进行细调,使各光学元件在光具座上的位置严格共轴等高。以二次成像为例。光路如图 5-10-2 所示,在物屏于像屏之间的距离 $D>4f$ 的条件下,移动透镜,观察两次所成的像的中心在像屏上是否重合,根据大像追小像的原则进一步调节透镜主光轴的高低、方位,从而达到共轴等高的要求。

1. 测凸透镜的焦距

(1) 粗测法。

将物屏、凸透镜、像屏依次安放在光具座上,也可以用室内的物品作为物屏。尽可能使物屏、像屏之间的距离远一些;再进行共轴调节,然后将凸透镜由像屏缓缓移动,直到像屏上的倒立像成像清晰,然后测出透镜的位置 X 以及像屏的位置 X',则 $f = |X' - X|$ 即为凸透镜焦距 f 的近似值(见表5-10-1)。

(2) 物距-像距法。

① 在光具座上,按次序放置好各光学元件,并调节使之共轴。

② 如图5-10-5所示,将物屏、凸透镜依次放在光具座导轨上,位置分别在 X_0、X_1 处(使 u 约等于 $2f$),移动像屏,直至屏上得到一个清晰的倒立像,记下此时像屏的位置 X_2,确定像屏位置时,应该采用左右逼近法读数。分别读出左逼近读数 X_2' 和右逼近读数 X_2'',再平均求得 $X_2 = (X_2' + X_2'')/2$。采用左右逼近读数法,是因为在实际测量时,对于成像清晰度的判断难免有一定的误差,而左右逼近读数法则可减少或消除这一误差。

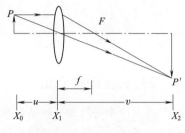

图 5-10-5　实验状态

③ 在导轨不同的位置上,重复步骤②。测量若干次,将全部的数据记录于数据表5-10-2中,算出 u、v 并计算凸透镜的焦距 f。

(3) 自准直法。光路如图5-10-1所示,将用光源照明的带有"+"字或箭头符号的半透明板作为物屏,连同凸透镜、平面镜等依次装在光具座的支架上。

① 调节平面镜 M,使之垂直主光轴。移动凸透镜,改变它与物品(也即像屏)之间的距离,直到在屏上得到一个与物等大、倒立、最清晰的实像,且物、像两者相互重合为止。分别记下透镜的左逼近读数 X_2' 和右逼近读数 X_2'',再平均求得透镜的位置 $X_2 = (X_2' + X_2'')/2$。

② 记录物屏的位置 X_1,则 $f = |X_2 - X_1|$。

③ 固定物屏的位置 X_1 不变,重复步骤①、②测量多次,计算出各次的焦距 f,再求 f 的平均值和平均误差(见表5-10-3)。实验时应注意区分光经过凸透镜表面反射所成的像和经平面镜 M 反射所成的像,以免造成测量错误。由平面镜 M 反射所成的自准像是与物等大倒立的,而经凸透镜表面反射所成的像则无此特点。

④ 固定凸透镜,移动平面反射镜 M,改变平面镜和凸透镜之间的距离,观察成像有无变化,并做出解释。

(4) 用共轭法测凸透镜的焦距。

① 按图5-10-2所示安装好仪器,取物屏和像屏之间的距离 $L > 4f$(f 取前面的测量值)。记录物屏位置 X_1 和像屏位置 X_2,则 $L = |X_2 - X_1|$。

② 自物屏向像屏缓缓移动透镜,当屏上刚呈现清晰放大的实像时,仍然利用左右逼近法记录凸透镜的位置 O_1' 和 O_1'' 得到 $O^1 = (O_1' + O_1'')/2$。继续缓缓移动透镜,当屏上呈现清晰的缩小的实像时,再记录凸透镜的位置 O_2。则凸透镜位移为 $e = |O_2 - O_1|$。取 e_1 和 e_2 的平均值 e。将测得的 L、e 代入式(5-10-5),求出凸透镜的焦距 f。

③ 保持物屏和像屏的位置不变,重复步骤②,共测五次,分别计算出 f(见表5-10-4)。求 f 的平均值和绝对误差。

实验时,间距 L 不能太大,否则将使像缩得很小以致难以确定凸透镜在哪一位置上成像最清晰。

④ 观察凸透镜成像规律。固定物屏不动,移动透镜,相应地移动像屏,使成像清晰。观察当

物距变小时,像的大小、倒正变化情况,分析其变化规律。当物距 $u<f$ 时,能否用屏取到实像?应当怎样观察才能看到此时的物像?试画出光路图,对所观察到的凸透镜成像规律加以说明。

2. 用物距-像距法测凹透镜的焦距(选做)

(1)实验光路如图 5-10-3 所示。先不将凹透镜安装到光具座上,移动凸透镜,使像屏上出现清晰的缩小实像 $A'B'$,记录 $A'B'$ 的位置 X_Q。

(2)保持凸透镜位置不变,将凹透镜插入凸透镜和像屏之间。移动凹透镜以调整两个透镜之间的距离,同时移动像屏,当距离 OQ 小于凹透镜的焦距 f 时,在像屏上可以找到清晰放大的实像 $A''B''$。仔细调节凹透镜主光轴的高低和光位,使 $A''B''$ 的中点与 $A'B'$ 的中点在像屏上的位置重合,此时系统即处于共轴状态。

(3)记录凹透镜的位置 X_1 和的位置 X_P,计算出 u,v 之值,代入式(5-10-7),求出凹透镜焦距 f。

(4)保持像屏位置 X_1 不变,移动凹透镜的位置,使像屏上重现清晰放大的实像 $A''B''$,重复步骤(3),共测五次。

(5)求 f 的平均值和平均绝对误差。

3. 观察透镜像差现象(选做)

如果希望得到一个与物完全相似的像,必须满足单色的近轴光线这个条件。实际的光学系统如不能满足这个条件,则实际的像与理论预期的像将存在偏差,称为像差。像差有许多种,本实验只观察常见的两种。

(1)球差。如果光轴上的物点 A 发出的大孔径单色光束,经透镜的不同部位折射成像后不在一点(见图 5-10-6),就称该透镜所成的像有球差。为了观察球差现象,可在透镜前分别安置不同半径的圆形光阑,使光束通过透镜的不同部位,测出对应的像差。以 B_1 表示近轴光的像点,则其他各像点与 B_1 之间的距离表示透镜对应不同光阑时的球差。

实验还观察到,不同的光阑,成像清晰的范围不同;光阑越小,成像清晰范围越大。在照相技术中,把底片上能够获得清晰像的物体之间的距离称为景深。换句话说,照相机的光圈直径越小,景深越大。

(2)色差。由于玻璃的折射率随波长的不同略有差异,因此,即使入射光满足近轴光线的要求,对同一透镜,不同波长的单色光的焦距也略有差异。如果光源不是单色光,那么经透镜折射后,会在不同位置形成若干带色彩的大小不同的像,如图 5-10-7 所示。如果光源不是单色光,则从同一物点发出的光线经过透镜折射后就不会相交于一点,这种现象称为色差。

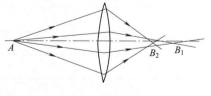
图 5-10-6 球差

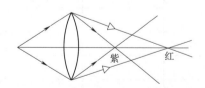
图 5-10-7 色差

为了观察色差现象,可在透镜前放置一小孔径光阑,以保证近轴光线的条件,再在光源附近分别加上红色和蓝色滤光片,测出对应的红光和蓝光的像点位置。这两个位置读数的差值就是透镜对红光和蓝光的色差。

为了减小各种像差以改善透镜的成像质量,在光学仪器中应尽量少用单透镜,而采用多个透镜组合而成的复合透镜。

六、实验数据记录与处理

表 5-10-1 粗测法的测量数据　　　　　　　　　　　　　　单位：mm

次　数	凸透镜位置 X	像屏位置 X'	焦距 $f \approx |X' - X|$
1			
2			
3			
4			
5			
6			
平　均　值			$\bar{f}=$

表 5-10-2 物距—像距法的测量数据　　　　　　　　　　　单位：mm

次　数	物屏 X_0	透镜 X_1	像屏位置			物距 u	像距 v	$f = \dfrac{uv}{u+v}$
			左 X_2'	右 X_2''	平均 X_2			
1								
2								
3								
4								
5								
6								
平　均　值								$\bar{f}=$

表 5-10-3 自准直法的测量数据　　　　　　　　　　　　　单位：mm

次　数	物屏 X_1	透镜位置读数			$f = |X_1 - X_2|$
		左 X_2'	右 X_2''	平均 X_2	
1					
2					
3					
4					
5					
6					
平均值					$\bar{f}=$

表 5-10-4　共轭法的测量数据　　　　　　　　　　　　　　　　　　　　单位:mm

次数	物屏 X_1	像屏 X_2	左 O_1'	右 O_1''	平均 O_1	左 O_2'	右 O_2''	平均 O_2	$e=\|O_2-O_1\|$	$f=\dfrac{L^2-e^2}{4L}$
1										
2										
3										
4										
5										
平均值										$\bar f=$

计算各种测量值的误差并用正确的方式表示测量结果。

凹透镜焦距测量的表格自行绘制。

七、注意事项

(1)测量透镜焦距,验证透镜成像规律,一般不直接使用发光物体作为物,而是以有一定几何形状的开孔平面屏为物(或是分划板、网格平面)。

(2)人眼对成像的清晰度的分辨能力不是很强,因而像屏在一小范围内移动时,人眼见到的像是同样的清晰,所以,为了减少由此引入的误差,应该从左到右移动白屏然后再从右到左移动白屏,分别确定像的位置,最后取二位置的平均值作为像的位置。

(3)各种光学元件的擦拭必须用专门的镜头纸,切不可以用手帕、卫生纸等。

八、分析与讨论

(1)比较本实验中测量凸透镜焦距的几种不同方法所得结果,说明它们各自的焦距。

(2)试证明:要使凸透镜形成实像,应使物和像之间的距离 $D \geqslant 4f$,f 为此透镜的焦距。

(3)试证明:用物距像距法测凹透镜焦距时,要使虚物能经凹透镜折射光形成实像,必须使物距小于像距。

(4)分析本实验误差产生的原因,以明确实验中应特别注意的地方。

实验 11　铁磁材料的磁化曲线与磁滞回线

在科研、生产以及实验教学中,示波器是一种用途广泛的电子测量仪器。借助示波器既可以直接测定电压的大小、周期、相位等,又能够直观地观察电压波形。此外,一些可以转换为电压的电学量(如电流、电功率、阻抗)和非电量(如温度、位移、速度、压力、光强、磁场)等,都可用示波器进行测量。由于示波器是利用电子束打在荧光屏上来显示图像的,而电子束的惯性小,因此示波器特别适应于观察瞬息万变的各种过程。本实验用示波器来测定铁磁性材料的磁化曲线和磁滞回线。

一、实验目的

(1)了解示波器的工作原理,掌握示波器面板上各控制开关与旋钮的作用,学会使用示波器。

(2)学习用示波器法显示磁滞回线的基本原理。

(3) 掌握用示波器测绘磁化曲线和磁滞回线的方法。

二、实验仪器与装置

示波器、电子管电压表。

三、实验原理

1. 铁磁质的基本特点

（1）磁化性能和起始磁化曲线。铁磁质(如铁、镍、钴和其他铁磁合金)是一种性能特异、用途广泛的磁介质。铁磁质的磁化性能是指其磁感应强度 B 随磁场强度 H 的变化关系。以外面密绕线圈(单位长匝数为 n)且未磁化的铁磁材料钢圆环样品为例。如果流过线圈的电流(又称磁化电流) I 从零逐渐增大，按照 H 的安培环路定理，可得环内铁磁质中各点的 $H = nI$，则钢圆环中的磁感应强度 B 随励磁场强度 H 的变化如图 5-11-1 中 Os 段所示，这条曲线称为起始磁化曲线。

（2）磁滞回线。继续增大磁化电流，即增加磁场强度 H 时，B 上升很缓慢。如果 H 逐渐减小，则 B 也相应减小，但并不沿 sO 段下降，而是沿另一条曲线 sb 下降。B 随 H 变化的全过程如下：当 H 按 $O \to H_s \to O \to -H_c \to -H_s \to O \to H_c \to H_s$ 的顺序变化时，B 相应沿 $O \to B_s \to B_r \to O \to -B_s \to -B_r \to O \to B_s$ 的顺序变化。依次连接各点，可得到图 5-11-1 所示的封闭曲线 $sbcdefs$，这条闭合曲线称为磁滞回线。从该曲线可知，它对原点 O 是对称的。另外，它还有以下几个特点：

① 当 $H = 0$ 时，B 不为零，而是还保留一定值的磁感应强度 B_r。通常称 B_r 为铁磁材料的剩磁。

② 若要消除铁磁材料内的剩磁 B_r，使 B_r 降为零，必须加一个反方向磁场 H_c，此 H_c 称为该铁磁材料的矫顽磁力。

③ 虽然 H 值相同，但铁磁材料内的 B 值并不相同，即磁化过程与铁磁材料过去的磁化经历有关。

（3）基本磁化曲线。对于同一铁磁材料，若开始时不带磁性，依次选取磁化电流为 $I_1, I_2, \cdots, I_m (I_1 < I_2 < \cdots < I_m)$，则相应的磁场强度为 $H_1, H_2, \cdots, H_m$。对每一个选定的 H 值，使其方向发生两次变化(即 $H_1 \to -H_1 \to H_1 \to \cdots \to H_m \to -H_m \to H_m$ 等)，则可得到一组逐渐增大的磁滞回线(见图 5-11-2)。把原点 O 和各个磁滞回线的顶点 $a_1, a_2, \cdots, s$ 所连成的曲线称为铁磁材料的基本磁化曲线。

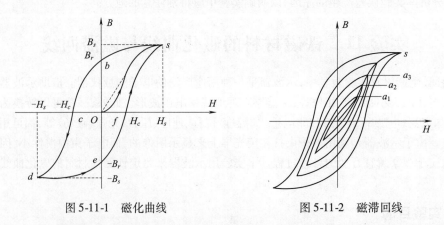

图 5-11-1　磁化曲线　　　图 5-11-2　磁滞回线

可以看出，铁磁材料的 B-H 曲线具有显著的非直线性特点，即铁磁材料的磁导率 $\mu = B/H$ 不是常数。由于铁磁材料磁化过程的不可逆性及具有剩磁的特点，在测定磁化曲线和磁滞回线时，要先将铁磁材料退磁,以保证外加磁场 $H=0$ 时,$B=0$;然后单调增加或减少磁化电流,不可时减时增。在理论上,要消除剩磁 B 只需通一反方向磁化电流,使外加磁场正好等于铁磁材料的矫顽磁力即可。实际上,通常并不知道矫顽磁力的大小,因而无法确定退磁电流的大小。从磁滞回线得到启示:如果使铁磁材料磁化达到磁饱和,然后不断改变磁化电流的方向,同时逐渐减小磁化电流,那么该材料的磁化过程就是一连串逐渐缩小而最终趋于原点的环状曲线,如图5-11-3所示。当 H 减小到零时,B 亦同时降为零,达到完全退磁。

2. 示波器显示磁滞回线、磁化曲线的原理和线路

(1)观测磁滞回线。图5-11-4是用示波器法观察和定量测绘铁磁材料的磁滞回线(即 B-H 曲线)的实验电路图。其中,密绕线圈 N_1、N_2 的钢圆环,就是待测的铁磁材料样品。如果在示波器 X 偏转板输入正比于样品内励磁场强度 H 的电压,同时又在 Y 偏转板输入正比于样品中磁感应强度 B 的电压,就可在屏上得到样品的 B-H 曲线。

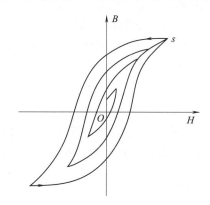

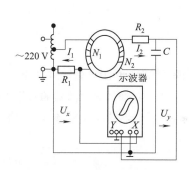

图5-11-3 退磁过程   图5-11-4 示波器法观测磁滞回线

实验时,电阻 R_1(通常取几欧)上的电压降 $U_x = I_1 R_1$(I_1 和 U_x 是交变的),若将 U_x 输入示波器 X 偏转板上,由于示波器中电子束的水平偏移正比于 U_x,所以电子束在水平方向的偏移跟磁化电流 I_1 成正比。因 $I_1 = HL/N_1$(N_1 为原线圈的匝数),故 HLR_1/N_1,该式说明,任一时刻 t 电子束的水平偏移正比于励磁场强度 H。

采用电阻 R_2 和电容 C 组成的积分电路,并将电容 C 两端的电压

$$U_C = \frac{LR_1 H}{N_1} \tag{5-11-1}$$

接到示波器 Y 轴输入端,便可获得跟样品中磁感应强度瞬时值 B 成正比的电压 U_y。由电磁感应定律,可得副线圈 N_2 内的感应电动势大小为

$$\varepsilon_2 = \frac{d\Phi}{dt} = N_2 A \frac{dB}{dt} \tag{5-11-2}$$

式中,A 为钢圆环的截面积;N_2 为副线圈匝数。

副线圈内自感电动势很小可忽略,该回路电压方程为

$$\varepsilon_2 = U_C + I_2 R_2 \tag{5-11-3}$$

若要描绘出磁滞回线,必须使 U_C 正比于 B,这就要求:

①积分电路的时间常数 $R_2 C$ 应比 $\frac{1}{2\pi f}$(其中 f 为交流电频率)大100倍以上,即要求 R_2 比容抗 $\frac{1}{2\pi f C}$ 大100倍以上。这样,U_C 跟 $I_2 R_2$ 相比可以忽略(由此带来的误差小于1%)。于是式(5-11-3)简化为

$$\varepsilon_2 \approx I_2 R_2 \tag{5-11-4}$$

②在满足上述条件下，U_C 的幅值很小，如将它直接加在 Y 偏转板上，则不能给出大小适合需要的磁滞回线，因此需将 U_C 经过 Y 轴放大器增幅后输至 Y 偏转板。为了保证放大后的 U_C 尽可能不失真，必须精心选择放大系数稳定的示波器。

利用式(5-11-4)的结果，电容 C 两端的电压可表示为

$$U_C = \frac{Q}{C} = \frac{1}{C}\int I_2 dt = \frac{1}{CR_2}\int \varepsilon_2 dt$$

它表示输出电压 U_C 是输入电压对时间的积分。这也就是"积分电路"名称的由来。

将式(5-11-2)代入上式得到

$$U_C = \frac{N_2 A}{CR_2}\int \frac{dB}{dt} dt = \frac{N_2 A}{CR_2}\int_0^B dB = \frac{N_2 A}{CR_2} B \tag{5-11-5}$$

所以 U_C 满足正比于 B 的条件。

这样，在磁化电流变化的一个周期内，电子束的径迹描出一条完整的磁滞回线。以后每个周期都重复此过程。由于电源频率为 50 Hz，结果在荧光屏上看到一条连续的磁滞回线。

(2) 观测基本磁化曲线。利用逐渐增大调压变压器的输出电压使屏上磁滞回线由小到大扩展的方法，把逐次在坐标纸上记录的磁滞回线顶点的位置连成一条曲线。这条曲线就是样品的基本磁化曲线。

3. 测定磁滞回线上任一点的 B、H 值

在保持测绘 B-H 曲线时示波器的水平增益和垂直增益不改变的前提下，把外电源的标准正弦波形电压加到示波器的 X、Y 轴输入端，用电子管电压表测量此外加电压的有效值 U_{xe}、U_{ye}，而外加电压的振幅为

$$U_{xmax} = \sqrt{2} U_{xe}, \quad U_{ymax} = \sqrt{2} U_{ye}$$

分别量出屏上水平线段和垂直线段的长度，设为 n_x 和 n_y（单位：cm）。于是得到此时示波器 X 轴和 Y 轴输入的偏转因数 D_x 和 D_y（即电子束偏转 1 cm 所需外加的电压）为

$$D_x = \frac{U_{xmax}}{\frac{n_x}{2}} = \frac{2U_{xmax}}{n_x}, \quad D_y = \frac{U_{ymax}}{\frac{n_y}{2}} = \frac{2U_{ymax}}{n_y}$$

为了得到磁滞回线上所求点的 B、H 值，须测出该点的坐标 x、y（单位：cm），从而计算加在示波器偏转板上的电压 $U_x = D_x x$ 和 $U_y = U_C = D_y y$。然后再按式(5-11-1) 和式(5-11-2)算出

$$H = \frac{N_1 D_x}{LR_1} x, \quad B = \frac{R_2 C D_y}{N_2 A} y \tag{5-11-6}$$

式中，各量的单位如下：若 R_1、R_2 为 Ω，L 为 m，A 为 m²，C 为 F，D_x、D_y 为 V/cm，x、y 为 cm，则 H 为 A/m，B 为 T。

四、实验器材介绍

1. 示波器

其原理可参阅相关内容。

2. 电子管电压表

电子管电压表又称电子管毫伏表，它是用来显示待测正弦形交流电压的有效值的一种电子仪表。它的输入阻抗较高，不会因为并联测量而影响被测电路的工作状态。测量的电压范围一般为 1 mV ~ 300 V，共分 10 个量限，可视需要旋转面板上的转换开关，以选择适当的量限。测量

的频率范围较宽。在 1 kHz 时,测量的基本误差一般在 ±2.5% 以内。

使用时,将仪表放平,先校正电表的机械零点。用导线将输入端两个接线柱短路,接通 220 V 电源后,待数分钟,若指针不对零线,可调节"零点调整"螺钉使指针正对零线(在转换量限后需要再校正零点)。将两个输入端的连接导线松开,接入待测交流电压可由电表读出电压的有效值。

五、实验内容与步骤

(1)按图 5-11-4 所示连接电路。调节示波器,使电子束光点呈现在坐标网格中心。

(2)把调压变压器调到输出电压为零的位置,然后接通电源,逐渐升高调压变压器的输出电压,屏上将出现磁滞回线的图像(如磁滞回线在第二、四象限时可将 X 或 Y 轴输入端的两根导线互换位置)。调节示波器垂直增益和水平增益,使图线大小适当。待磁滞回线接近饱和后逐渐减小输出电压至零,目的是对被测样品退磁。

(3)从零开始,分为八次逐步增加调压变压器的输出电压 U_x,使磁滞回线由小变大。分别读记每条磁滞回线顶点的坐标,描在坐标纸上,并将所描各点连成曲线,就得到基本磁化曲线。

(4)在方格坐标纸上按 1∶1 的比例描绘屏上显示的磁滞回线,记下有代表性的某些点的坐标。

(5)测定示波器的偏转因数 D_x、D_y。按式(5-11-6)算出与 x、y 点对应的 H、B 值,并标在描绘磁滞回线的坐标轴上。

六、实验数据记录与处理

1. 数据表格(见表 5-11-1)

表 5-11-1 基本磁化曲线测量数据

$N_1 = $ _____ 匝;$N_2 = $ _____ 匝;$R_1 = $ _____ Ω;$R_2 = $ _____ Ω;$L = $ _____ m;$A = $ _____ m²;$C = $ _____ F

U_x/V								
x_i/cm								
y_i/cm								
H_i/T								
B_i/T								

2. 数据处理

(1)将显示屏上显示的磁滞回线按 1∶1 的比例画在坐标纸上。

(2)按实验要求计算示波器的偏转因数 D_x、D_y。

(3)按测试记录表记录实验数据,并由式(5-11-6)计算对应于 x_i、y_i 的 H_i、B_i 值,按 1∶1 的比例画出 B-H 基本磁化曲线。

七、注意事项

(1)调节示波器和电子管电压表上的开关或旋钮时,不可用力过猛和乱调,切忌破坏性转动旋钮。

(2)示波器荧光屏上光亮点不可太强,亦不宜停留在一点时间过长,以免烧坏荧光屏。

(3)原线圈通电时间应尽量缩短,通电电流不可过大,以避免样品磁化后温度过高。

八、分析与讨论

（1）图 5-11-4 中的实验用钢圆环能否被磁化而存在剩磁？为什么？

（2）标定磁滞回线各点的 H 和 B 值时，一定要严格保持示波器的 X 轴和 Y 轴增益在显示该磁滞回线时的位置，为什么？

（3）试以 H 为横轴，μ 为纵轴，根据实验得到的 B-H 基本磁化曲线和 $B=\mu H$ 关系，画出 μ-H 关系曲线，从这条曲线是否能得出对给定的铁磁材料，B 与 H 成正比或 μ 为常数的结论？正确的结论应是什么？

实验 12 　红外传感实验

现代科学技术中，往往要将各种信号转变为电信号，如温度、压力、光信号等。这就是传感技术。本实验主要是将红外辐射转变为电信号，并用它来控制指示灯的闪亮和蜂鸣器的报警。红外辐射是不可见光，它的辐射波长在可见光与微波之间，即 0.77～1 000 μm，红外辐射的不同波段（如近红外、中红外、远红外）有不同的应用，而不同应用将涉及不同的技术。从军事上的导弹用红外线制导、红外成像的夜视仪以及含各项高新尖端技术的红外应用（神舟六号、神舟七号的遥感、遥测），工业上普遍应用的红外光电计数器、非接触式测温的红外测温仪、用红外线对气体进行分析的气体分析仪，到已进入民用的被动式的防盗报警器、人体红外照明开关等，红外传感技术在今天的科学技术领域中，是非常重要的一个方面。

本实验利用人体辐射的红外线来控制指示灯的闪亮和蜂鸣器的报警。使用的元件是热释电传感器。事实上，热释电（被动式）红外传感器已广泛应用到红外辐射、红外光学、红外传感、光电子学、微弱信号检测等各学科领域。

一、实验目的

(1) 通过被动式红外传感实验，了解红外传感与各项技术相结合在实际中的应用。

(2) 测定菲涅耳透镜的焦距。

(3) 测量对人体红外信号进行放大的超低频放大器的通频带。

二、实验仪器与装置

PIR-I 型被动式红外传感实验仪、被动式红外传感器及可调焦距的菲涅耳透镜、红外辐射调制器、示波器、SG1645 函数功率信号发生器。

三、实验原理

任何物体，当它的温度高于绝对零度（-273 ℃）时，都会向外发出热辐射——红外线。本实验就是通过测量人体辐射的红外线来进行报警并进行相关的研究。经过研究，不同温度的"黑体"（发射率为 1 的物体）其辐射的能量随波长的分布是不同的，符合普朗克分布定律，即

$$M_\lambda = \frac{C_1}{\lambda^5} \cdot \frac{1}{\exp\left(\dfrac{C_2}{\lambda T}\right) - 1} \tag{5-12-1}$$

式中，M_λ 为光谱辐射出射度，$W \cdot cm^{-2} \cdot \mu m^{-1}$；$\lambda$ 是波长，μm；T 为绝对温度，K；C_1 为 $3.741\,3 \times 10^4 W \cdot cm \cdot \mu m^4$；$C_2$ 为 $1.438\,8 \times 10^4 \mu m \cdot K$。

在 37 ℃时,这一方程所显示的光谱分布如图 5-12-1 所示。

1. 热释电红外传感器及滤光片

实验中常常要将物体辐射的红外线转换为电信号,以便于测量与处理。能完成这种转换作用的器件称为传感器。热释电传感器是其中的一种。这种器件通常是由两个极性相反的传感元件串联连接,并与一个高阻和一个场效应晶体管组装在一起。它可以

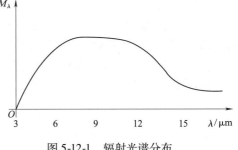

图 5-12-1　辐射光谱分布

根据应用的需要,设计成两个传感元件都用于接收红外辐射或仅一个传感元件用于接收红外辐射(另一个被遮挡)。热释电传感器对交变的红外辐射产生响应,对于先后入射到两个传感元件上的辐射信号将产生正或负信号输出,当辐射信号同时入射到两个传感元件上,由于两传感元件极性相反连接信号就会相互抵消,没有输出。因此,用双原传感元件制成的热释电传感器对环境温度的变化、背景辐射和振动产生的随机噪声都具有良好的补偿作用,使传感器在实际使用中能稳定可靠。

红外线在空气中透射会被大气中的水蒸气和有些气体分子所吸收,透射率较高的区域称为大气窗口,如图 5-12-2 所示。为了提高物体辐射的红外线在大气中的对比度,传感器的光谱带也要与大气窗口相吻合,通常在热释电传感器前加装一块 8~14 μm 的光学干涉滤光片,光谱图如图 5-12-3 所示。滤光片能有效地通过带宽内的红外辐射而抑制带宽外的特别是近红外的辐射对热释电传感器的干扰。

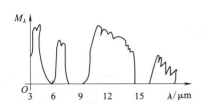

图 5-12-2　透过大气后的光谱图分布

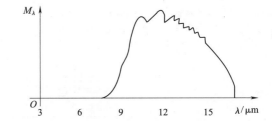

图 5-12-3　透过 8~14 μm 干涉滤光片的光谱图分布

2. 菲涅耳透镜

红外辐射虽然是不可见的,但它的聚集与一般的光学原理一样,遵循

$$\frac{1}{u} + \frac{1}{v} = \frac{1}{f} \tag{5-12-2}$$

由于红外辐射的波段较宽,用一般的玻璃光学透镜(除了近红外)是无法透过中、远红外辐射的,有多种材料能用于红外的透射和聚集,但比较实用的是采用一种由低密度聚乙烯(也称高压聚乙烯)材料做成的菲涅耳透镜来对红外辐射进行聚集。菲涅耳透镜保留了透镜的原有曲率半径,使其具有聚集功能,又减小了透镜的体积和质量,且有可塑性,不易损坏,根据应用的需要可以制成不同焦距、不同视场的菲涅耳透镜。例如,对远距离的红外辐射进行聚集的单视场小角度的透镜,和用于近距离大角度进行聚集的多视场透镜,如图 5-12-4 所示。

3. 被动式红外传感实验仪的电路概述

PIR-I 型被动式红外传感实验仪(简称传感实验仪)电路原理框图如图 5-12-5 所示。人体的红外辐射是一种微弱的辐射,为了达到由传感到控制的目的,首先由菲涅耳透镜对人体辐射的红外线进行聚集,以提高热释电传感器辐射到的能量。经传感器转换输出的电信号是一个微弱的

电压信号，这样的微弱信号对电子放大系统的要求较高，它必须经过高增益的运算放大器进行放大。此外，人体辐射的红外线频率（由于人体移动的频率较低）一般在 0.01~5 Hz 之间，属于超低频范围。为了使人体辐射的红外信号频率顺利通过，并抑制其他物体红外辐射的干扰信号频率及放大器自身的噪声，放大器在对微弱信号进行高增益放大的同时还要具有超低频的频率特性，以提高传感的可靠性。

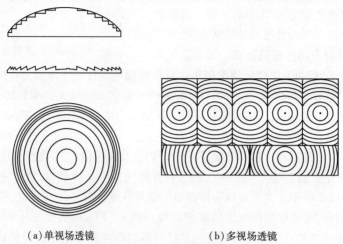

（a）单视场透镜　　　　　　（b）多视场透镜

图 5-12-4　菲涅耳透镜

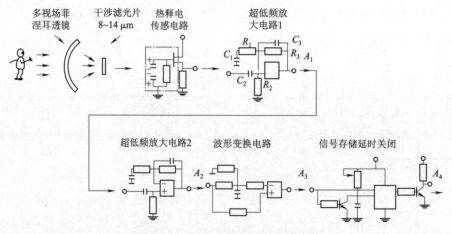

图 5-12-5　传感实验仪电路原理框图

传感实验仪中采用了二级相同的高增益超低频的带通运算放大器电路，电路的通频带 $f_{低}$ 和 $f_{高}$ 可通过下式计算：

$$f_{低} = \frac{1}{2\pi C_1 R_1} = \frac{1}{2\pi C_2 R_2} = 0.53 \text{ Hz} \tag{5-12-3}$$

$$f_{高} = \frac{1}{2\pi C_3 R_3} = 10.6 \text{ Hz} \tag{5-12-4}$$

式中，$R_1 = R_2 = 30 \text{ k}\Omega$，$C_1 = C_2 = 10 \text{ μF}$，$R_3 = 1 \text{ M}\Omega$，$C_3 = 0.15 \text{ μF}$。

每级放大电路的增益（放大倍数）为

$$A = 20 \cdot \lg \frac{2\pi f C_2 R_3}{(1 + 2\pi f C_2 R_2)(1 + 2\pi f C_3 R_3)} \tag{5-12-5}$$

根据计数公式可知选择不同的电阻和电容值将得到不同的辐频特性即通过频带$f_{低}$、$f_{高}$和放大增益A。经过两级放大输出的信号电压足够驱动波形变换电路工作,使原模拟信号变换成高电平或低电平的数字信号。

信号存储及延时关闭电路在每输入一次高电平信号后,在输出端A_4产生连续的高电平输出,直接驱动指示灯的闪亮或蜂鸣器的报警,并延时一段时间关闭(输出变为低电平)。延时的时间可以通过传感实验仪上的延时调节旋钮来调节。

四、实验内容与步骤

实验前参看传感实验仪面板(见图 5-12-6),红外辐射调制器及热释电传感器图(见图 5-12-7),把热释电传感器的信号输出线插头插入传感实验仪的感输入端,信号发生器的电压输出端(50 Ω)与传感实验仪的信号输入端用一根电缆线相连接。把传感器的透镜对准红外辐射源,两者在一条直线上,间距为 0.5 ~ 1 m,把示波器的信号置于 DC 位置,示波器的探头连接到传感实验仪的A_2输出端,接通各仪器的电源。

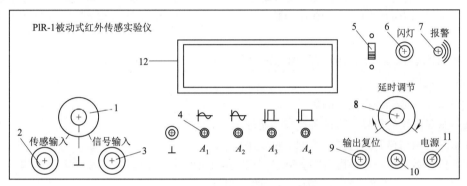

1—信号转换旋钮;2—传感输入;3—信号输入;
4—A_1~A_4波形输出;5—闪灯、报警选择开关;6—闪灯指示;7—蜂鸣器;
8—延时关闭调节旋钮;9—输出复位按钮;10—电源指示灯;11—电源开关;12—仪表框。

图 5-12-6 传感实验仪面板图

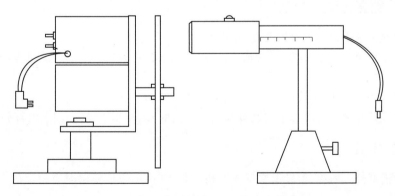

图 5-12-7 红外辐射调制器及热释电传感器

1. 测量菲涅耳透镜的焦距

(1)仪器调整。把传感实验仪的信号转换旋钮拨在传感输入位置,接通调制器电源,此时调制盘转动,红外辐射调制器能提供 2 Hz 的调制辐射信号。示波器的扫描时间选择在 5 ~ 50 μs

之间。

(2) 焦距测量。缓慢移动装有菲涅耳透镜的套筒使其处在不同的焦距位置,仔细观察示波器上所显示的波形(选择示波器上合适的 Y 轴衰减值使波形在有效的显示区内),寻找出能使波形幅值达到最大值时套筒对应的标尺值,此值就是被测菲涅耳透镜的焦距,并记录该值。

2. 测量传感实验仪中超低频变压器的通频带

(1) 仪器调整:

①传感实验仪的信号转换旋钮拨在信号输入位置。

②分别按下信号发生器中正弦波的按钮,输出衰减为 20 dB 的按钮,频率倍乘为 10 Hz 的按钮,调节频率调节旋钮和频率微调旋钮,观察信号发生器中的频率计,使信号发生器中的输出为 1~3 Hz 范围内的一个正弦波频率。

③调节信号发生器中信号输出的幅值旋钮和示波器的 Y 轴衰减值旋钮,使示波器上显示波形幅值为 8 V/div(八格)。

(2) 通频带测量。仔细调节频率调节旋钮、频率微调旋钮,并观察频率计使信号发生器分别输出 0.2 Hz,0.3 Hz,0.4 Hz,…,10 Hz,11 Hz,12 Hz 的频率信号,对应观察和记录示波器所显示的幅值。

3. 传感实验仪接收到人体红外信号后,观察输出端 $A_1 \sim A_4$ 的波形

(1) 仪器调整:

①把菲涅耳透镜调在测定的焦距上。

②传感实验仪的信号转换开关拨在传感输入位置。

③示波器的扫描时间选择在 5~50 μs 之间。

④把传感器转过一些角度,使它不受红外辐射调制器的红外辐射,并按一下传感实验仪中的输出复位按钮,使得不产生指示灯闪亮或蜂鸣器报警。

(2) 波形观察。当人体在距离传感器 1~5 m 之间通过菲涅耳透镜的视场时,传感实验仪会产生指示灯的闪亮或蜂鸣器的报警。调整示波器 Y 轴的衰减值旋钮,分别观察 $A_1 \sim A_4$ 输出端的波形(人体要不停地在视场前来回移动)。

五、实验数据记录与处理

(1) 测定并记录单视场菲涅耳透镜的焦距。

(2) 在毫米格坐标纸上以频率 f 为横坐标,以放大倍数 A 为纵坐标,画出超低频运算放大器的幅频特性图。

(3) 确定通频带,在幅频特性图上幅值下降至 0.707 处标出 $f_{低}$,$f_{高}$ 两点。

(4) 由公式计算出 $f_{低}$,$f_{高}$ 的理论值,并与实验测出的 $f_{低}$,$f_{高}$ 相比较,分别求出百分误差。

六、注意事项

(1) 实验前红外辐射源、信号发生器先开机预热 30 min,以使实验时有稳定的红外辐射和稳定的信号输出。

(2) 热释电红外传感器不能剧烈振动、碰撞,以免损坏传感元件。

(3) 红外辐射源在不同的环境温度下使用,会使传感实验仪 A_2 输出端信号值过大(进入饱和、截止区)或过小,这可以调整红外辐射源和热释电传感器的间距或调节示波器 Y 轴衰减值来解决。

(4)在测焦距实验时,热释电传感器如偏离红外辐射源角度较大会使示波器显示的重复波形不对称。通过仔细调节热释电传感器的角度,并观察显示的波形进行调整。

七、分析与讨论

(1)为什么在观察传感实验仪 A_1、A_2、A_3 的波形时,辐射的红外信号要进行调制或者用人体做辐射源时要在视场前来回移动?

(2)请设想一个在实际生活中存在的红外辐射的例子,其能否应用于红外传感实验?

实验13 全息照相技术

全息照相(holography)不同于普通照相。普通照相是把物体发出的光或由物体表面反射和漫射的光经过物镜成像,将光强度记录在感光底片上,再在照相纸上显现出物体的平面像。而全息照相则是一种无透镜成像方法,它利用光的干涉原理在全息干版上记录被摄物体光波的全部信息——振幅和相位,所以称为全息照相。全息照片再现时,所看到的物体是立体的,而且形象逼真。

目前,全息照相在干涉计量、信息存储、光学信息处理、无损检验、立体显示、生物学、医学及国防科研等领域中已经获得相当广泛的应用。

一、实验目的

(1)了解全息照相的基本原理和主要特点。
(2)初步掌握全息照片的拍摄方法。

二、实验仪器与装置

氦氖激光器及电源、防震台、分光镜、扩束镜、全反镜、电快门、定时器、底片架、带有磁铁的支架、全息干版和冲洗设备。

三、实验原理

1. 全息照片的获得原理——光的干涉

由惠更斯-菲涅耳原理可知,自物体散射(或透射)的光波可看作由物体上的各物点(如 n 个物点)发出的球面波叠加而成,其表达式为

$$O(r,t) = \sum_{i=1}^{n} \frac{A_i}{r_i} \cos\left(\omega t + \Phi_i - \frac{2\pi r_i}{\lambda}\right) \quad (5\text{-}13\text{-}1)$$

式中,r_i 为自物体上第 i 个物点发出的矢径;ω、λ 为光波的圆频率和波长;φ_i、A_i 为第 i 个物点发出光波的初位相和振幅。

光波表达式中包含有振幅和相位 $\left(\omega t + \varphi_i - \dfrac{2\pi r_i}{\lambda}\right)$ 两种信息,通过光的干涉能以干涉条纹的形式记录这两种信息。图 5-13-1 所示为拍摄全息照片的光路图。

由激光器发出的激光束,通过分光镜分成两束:一束称为物光,它经过透镜扩束后射向物体,再由物体反射后投向

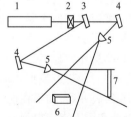

1—He-Ne 激光器;2—电快门;
3—分光镜;4—全反镜;5—扩束镜;
6—物体;7—全息干版

图 5-13-1 拍摄漫反射物体全息光路图

全息干版;另一束经反射镜反射和透镜扩束后直接照到全息干版上,称为参考光。由同一束激光分成的两束光具有高度的时间相干性和空间相干性,在干版上相遇后,发生干涉,形成干涉条纹。由于被摄物体发出的物光波是不规则的,这种复杂的物光波是由无数物点发出的球面波叠加而成,因此,在全息干版上记录的干涉图样是一个由无数组干涉条纹形成的集合,最终形成一个肉眼不能识别的全息图。

全息照相采用的是一种将相位关系转换成相应振幅关系的方法,把位相关系以干涉条纹明暗变化的形式记录在全息干版上。下面简要说明这一过程是如何完成的。设有两束平面单色光,以某一夹角投射到屏上,则形成一组平行、等距的干涉条纹。干涉条纹上各点的明暗主要决定于两光波在该点的相位关系(和两光波的振幅也有关)。如在某些地方两列波以相同位相到达,它们的振幅叠加,形成亮条纹;如两列光波以相反位相到达,则振幅相减,形成暗条纹;其他地方随相位差的不同而有不同的亮度。

当参考光波与复杂物体反射的不规则光波相干涉时,形成的干涉条纹也是不规则的,干涉条纹的间距,由布拉格条件可以推得

$$d = \frac{\lambda}{2\sin\frac{\theta}{2}} \tag{5-13-2}$$

式中,θ 为参考光束和物光束之间的夹角;λ 为光波波长。在物光和参考光夹角大的地方,条纹细密;夹角小的地方,条纹稀疏。

由波的叠加原理可知,干涉条纹的明暗对比度(即反差)和两相干光的振幅有关。如两振幅相等,则反差最大;如振幅一大一小,则反差小。在全息照相中,干涉条纹的反差决定物光和参考光的振幅,即条纹的反差包含有物光波振幅的信息。

由上可知,物光波中的振幅和位相信息以干涉条纹的反差和明暗变化被记录下来,物光波的方向以条纹的间距和走向被记录下来,所以物光波的全部信息均以干涉条纹的形式被记录下来。

2. 全息照片再现的原理——光的衍射

感光以后的全息底片经显影、定影等处理得到的全息照片上,记录的是无数干涉条纹,相当于一个"衍射光栅",故在观察时必须采用一定的再现手段。一般是用相同于拍摄时的激光作照明光,它与底片的夹角同拍摄时参考光与底片的夹角。这样,照明光经全息照片(即"光栅")便发生衍射,得到一列沿照明方向传播的零级衍射光波和二列一级衍射波。

由全息照片产生的两列一级衍射波有重要的区别。其中一列一级衍射波似乎是由原处的原物体发出的,如果这个光波被人眼所接收,就等于看到了原物体的再现立体像,如图 5-13-2 所示。显然,这是一个虚像。

另一列一级衍射波形成原物体再现虚像的共轭实像,位置在观察者一边,如果在这个位置放一像屏,那么无须用透镜,就能在屏上直接得到一实像。(但拍摄时必须满足一定的光路条件)

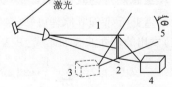

1—拍摄时原参考光;2—复位的全息图片;
3—再现的三维虚物;4—虚物的共轭实像;
5—观察者。

图 5-13-2 全息照相再现光路

3. 全息照片的特点

(1) 立体感强。由于记录了物光波的全部信息,所以通过全息照片所看到的虚像是逼真的三维物体,如果从不同角度观察全息图的再现虚像,就像通过窗户看室外景物一样,可以看到物体的不同侧面,有视差效应和景深感。这一特点使全息照相在立体显示方面得到广泛应用。

(2) 具有可分割性。由于全息照片上的每一点都有可能记录来自物体各点的物光波信息,因此,即使全息照片被分成许多小块(如被摔碎或被弄脏了一部分),其中每一小块都可以再现整个物体。但面积越小,再现效果越差。本特点使全息照相在信息存储方面开拓了应用的领域。

(3) 同一张全息干版可进行多次重复曝光记录。对于不同的景物,采用不同角度的参考光,则相应的各种景物的再现像就出现在不同的衍射方向上,每一再现像可做到不受其他再现像的干扰而显示出来。但重叠次数不宜多。

如果参考光不变,而使物体变化前后的两个物光波分别与参考光干涉,并先后记录在同一张全息干版上,再现时,就能通过全息图的观察,得到物体变化的信息。这一特点是全息干涉计量的基础。

4. 全息照相必须满足的条件

(1) 对系统稳定性的要求。如果在曝光过程中,干涉条纹的移动超过半个条纹宽度,干涉条纹就记录不清;如果小于半个条纹宽度,全息图像有时仍可形成,但质量会受到影响。所以,记录的干涉条纹越密(物光和参考光夹角越大)或曝光时间越长,则对稳定性的要求就越高。为此,需要有一个刚性和隔振性能都良好的工作台。系统中所有光学元件和支架都要使用磁性座牢固地吸在台面钢板上,保证各元件之间没有相对移动,使整个系统组成一个刚体。在曝光过程中不高声谈话、不走动,以保证实验的顺利进行。

(2) 对光源的要求。拍摄全息照相必须用具有高度空间和时间相干性的光源,并要有足够的功率输出,使用要方便。常用的小型 He-Ne 激光器,其功率输出 1~2 mW,可用来拍摄较小的漫射物体,并可获得优良的全息图。

(3) 对光路的要求。从分光镜开始,激光束被一分为二,即分成参考光和物光,最后在全息干版上相遇。它们各自经过不同的光程,实验时,两者的光程应差尽量小。物光和参考光投射到全息干版上的夹角要适当,夹角小一些,对系统的稳定性及干版的分辨率要求就较低。物光和参考光在全息干版上的照度比要合适。

(4) 对全息干版的要求。要获得优良的全息图,一定要有合适的记录介质。对于常用的乳胶型感光材料,主要是对其分辨率和灵敏度的要求。因为全息干涉条纹的间距取决于物光和参考光的夹角,夹角越大,条纹越是细密。目前使用的 I 型全息干版,分辨率可达 3 000 条/mm,能满足一般的拍摄要求,但使用时夹角以小于 45° 为宜。I 型全息干版专门用于 He-Ne 激光(波长为 632.8 nm),对绿光不敏感,所以可在暗绿灯下操作。

感光材料的灵敏度往往随分辨率的提高而降低,所以全息干版的感光速度要比普通的胶卷慢得多,一般需几十秒至几分钟,具体由激光器功率和被摄物体大小及表面反光性能决定。

四、实验内容与步骤

(1) 仔细观察全息防震台的结构,了解光路中所用光学元件和光具座的调节方法。

(2) 依照图 5-13-1 所示光路,重点注意物光和参考光之间的夹角、光程差及全息干版上两束光照度比的调节,并使参考光和物光均匀照射在全息干版的表面。

(3) 放置好全息干版,先让其稳定几分钟,然后曝光。曝光时间要选取适当,一般是 20~60 s,具体时间由教师决定。注意,曝光时不能触及防震台,不要随意走动或讲话,以免引起光路不稳定,影响全息图质量。

(4) 用 D-19 显影液显影。如曝光量合适,显影液温度在 20 ℃ 左右时,显影时间一般为 2~3 min,具体时间要根据显影密度来确定。显影后要在清水中漂洗,再放入 F-5 定影液中定影,定影时间不小于 3 min,然后水洗、晾干,即得全息照片。

(5)将全息照片复位,用原参考光照射,仔细观察再现的三维虚像和全息照相的特点。如没有再现像,要分析原因,重新拍摄。

(6)实验结束后,要整理好仪器用具,保持整洁。

(7)认真记录各种实验条件:

①激光器种类、输出波长和功率。
②防震台结构。
③全息干版种类和性能。
④室温。
⑤物光和参考光的光程差。
⑥物光和参考光中心线夹角。
⑦条纹间距。
⑧物光和参考光在全息干版上的照度比。
⑨拍摄对象。
⑩曝光时间。
⑪显影液种类。
⑫显影时间。
⑬定影液种类。
⑭定影时间。

五、实验数据记录与处理

(1)根据实验要求拍摄全息照片,并记录各种实验条件。

(2)再现全息照片,记录结果并分析讨论如下问题:如何观察再现虚像?再现效果如何?再现像是否清晰、明亮?立体感、视差和景深感觉怎样?再现像是否完整?可以观察到全息照相哪些主要特点?

六、注意事项

(1)激光器工作于直流高压状态,暗室中人体不要触及高压部位。
(2)定时器应按要求操作,不可随意玩弄。
(3)各光学件表面要注意防尘、防水汽,不可任意触摸。
(4)光路调节时,便全息干版处的参考光光场尽量不出现各种形式的条纹。
(5)曝光前,一定要稳定 1 min,不能操之过急。

七、分析与讨论

(1)指出全息照相与普通照相的不同之处。
(2)在制作全息照片时,如果激光光源未放在防震平台上,会出现什么现象?
(3)被打碎的全息干版能否再现原物的全部形象?为什么?

八、相关资料

关于再现实像的两点说明。

1. 宽光束再现实像观察的条件

通常,在全息照相实验中,一般用点光源产生的宽光束(发散光束)作参考光,再现时,常用原参考光照射,此时,可产生一个虚像、一个实像;但也可产生两个虚像,这完全由光路条件决定。由全息照相成像理论可知,用原参考光照射,形成实像的条件是:$Z_r > 2Z_0$,Z_r 和 Z_0 分别表示参考光点光源和物体到全息干版平面的垂直距离。不满足上述条件,只能产生两个虚像。要观察实像,在光路布置上,$Z_r > 2Z_0$ 是必要条件。另外,还必须满足充分条件,即物体和参考光与全息干版的相对位置必须合理安排,便会聚光形成的实像不落在形成虚像的衍射光中,也不被零级透射光所淹没。出于再现实像的光强度一般不大,同时在某一定位置才能成像清晰。直接用眼睛观察,一般人不经过练习,不容易看到。用纸或屏观察,往往由于形成虚像的衍射光和零级衍射光的干扰,也不容易分辨和观察。

2. 细光束再现实像的判别

若要观察实像,在通常条件下,用细光束(未经扩束的激光束)照射全息干版较为方便,但细光束的入射方向应与拍摄时的参考光方向相同。此时,在全息图零级衍射光两侧的一定位置可用纸或屏看到一个真正的实像和一个"伪实像"。因为全息干版上每一点都能接受物体各点的散射光,所以全息干版上每一点都记录了整个物体的信息。用细光束照射任一点,理所当然可再现整个物体的三维立体像。由全息照相成像理论可知,实像是赝像,赝像和原物的关系如同镜像对称关系。如果被拍物体是正立的,则再现实像也是正立的,并且在某一位置最清晰。出于是细光束再现,再现虚像有衍射光,可形成倒立的"伪实像",此"伪实像"无最清晰的位置。"伪实像"是指它貌似实像,事实上不是真正的像。因为由成像理论可知,像点和物点应是一一对应的,且均是同心光束。对这些问题,可结合实验报告做些讨论,此处只作简要提示。

实验14　多光束干涉和法布里-珀罗干涉仪

为了获得更清晰、更锐利的干涉条纹,仅用双光束干涉仪是不够的。为此,以法布里-珀罗干涉仪(Fabry-Perot interferometer,F-P 干涉仪)为典型的多光束干涉仪应运而生。法布里-珀罗干涉仪可用于长度计量和研究光谱超精细结构。

一、实验目的

(1)学习多光束干涉的基础知识,巩固、深化光学精密仪器的调整和使用技能。
(2)了解 F-P 干涉仪的特点和调节。
(3)用 F-P 干涉仪观察多光束等倾干涉。
(4)测定钠双线的波长差和薄膜厚度。
(5)学习和巩固一元线性回归方法在数据处理中的应用。

二、实验仪器与装置

自身装有望远镜的法布里-珀罗干涉仪、钠光灯、He-Ne 激光器,毛玻璃(画有十字线)、扩束镜、消色差透镜、读数显微镜、支架、低压汞灯、绿色滤光片(选做)。

三、实验原理

法布里-珀罗干涉仪由两块平行的平面玻璃板或石英板组成,在两板相对的内表面上镀有平整度很好的高反射率膜层或薄银膜。为消除两平板相背平面上的反射光的干扰,平行板的外表面有一个很小的楔角(见图5-14-1)。

图5-14-2 所示为多光束干涉的原理图。自扩展光源上任一点发出的一束光 A,入射到高反射

率平面上后,由分振幅法分得的两束相干光,会在两者之间多次往返反射,最后构成多束平行的透射光1,2,3,…和多束平行的反射光1′,2′,3′,…在这两组光中,相邻光的位相差δ都相同,振幅则不断衰减。位相差δ的计算公式如下:

$$\delta = \frac{2\pi \Delta L}{\lambda} = \frac{4\pi nd\cos\theta}{\lambda} \tag{5-14-1}$$

式中,$\Delta L = 2nd\cos\theta$是相邻光线的光程差;n和d分别为介质层的折射率和厚度;θ为光在反射面上的入射角;λ为光波波长。

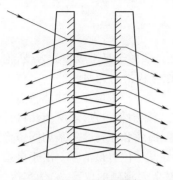
图 5-14-1 F-P 干涉仪

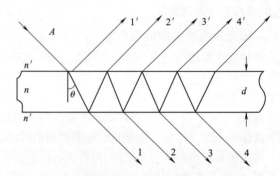
图 5-14-2 表面平行的介质对光的反射和折射

对反射光和透射光的振幅进行简单分析。设入射光振幅为A,则反射光1′的振幅为$A_{r'}$,反射光2′的振幅为$A_{t'rt}$……;透射光1的振幅为$A_{t't}$,透射光2的振幅为$A_{t'rr't}$……。其中,r'为光在$n'—n$界面上的振幅反射系数,r为光在$n—n'$界面上的振幅反射系数,t'为光从n'进入n界面的振幅透射系数,t为光从n进入n'界面的振幅透射系数。

根据光的干涉可知,透射光将在无穷远或透镜的焦平面上产生形状为同心圆的干涉条纹,属等倾干涉。(想一想,为什么?)

透射光在透镜焦平面上所产生的光强分布应为无穷系列光束$A_1,A_2,A_3,\cdots$的相干叠加。可以证明,透射光强最后可写成

$$I_t = \frac{I_0}{1 + \frac{4R}{(1-R)^2}\sin^2\frac{\delta}{2}} \tag{5-14-2}$$

式中,I_0为入射光强;$R = r^2$为光强的反射率。

图 5-14-3 表示对不同的R值I_t/I_0与位相差δ的关系。由图可见,I_t的极值位置仅由δ决定,与R无关,但透射光强度的极大值的锐度却与R关系密切,反射面的反射率R越高,由透射光所得的干涉亮条纹就越细锐。条纹的细锐程度可以通过半值宽度来描述。

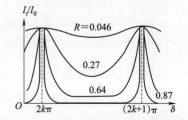
图 5-14-3 多光束干涉强度分布曲线

由式(5-14-2)可知,亮纹中心的极大值满足$\sin^2(\delta_0/2) = 0$,即$\delta_0 = 2k\pi, k = 1,2,3,\cdots$。$\delta = \delta_0 + d\delta = 2k\pi + d\delta$时,强度降为一半,这时δ应满足$4R\sin^2(\delta/2) = (1-R)^2$,代入$\delta_0 = 2k\pi$并考虑到是一个约为0的小量,$\sin^2\delta_0/2 \approx (d\delta_0/2)^2$,故有

$$4R\left(\frac{d\delta}{2}\right)^2 = (1-R)^2, \quad d\delta = \frac{1-R}{\sqrt{R}}$$

dδ是一个用相位差来反映半值位置的量,为了用更直观的角宽度来反映谱线的宽窄,引入半

角宽度 $\Delta\theta = 2\mathrm{d}\theta$，由式(5-14-1)微分可得

$$\mathrm{d}\delta = \frac{-4\pi n\mathrm{d}\sin\theta\mathrm{d}\theta}{\lambda}, \quad \mathrm{d}\theta = \frac{-\lambda\mathrm{d}\delta}{4\pi n\mathrm{d}\sin\theta}$$

略去负号不写，并用 $\Delta\theta$ 代替 $2\mathrm{d}\theta$，则有

$$\Delta\theta = \frac{\lambda\mathrm{d}\delta}{2\pi n\mathrm{d}\sin\theta} = \frac{\lambda}{2\pi n\mathrm{d}\sin\theta}\frac{1-R}{\sqrt{R}} \tag{5-14-3}$$

式(5-14-3)表明，反射率 R 越高，条纹越细锐，间距 d 越大，条纹也越细锐。

从干涉仪器的优劣方面考虑，表征多光束干涉装置的主要参数有两个，即代表仪器可以测量的最大波长差和最小波长差，它们分别称为自由光谱范围和分辨本领。

(1) 自由光谱范围。对一个间隔 d 确定的 F-P 干涉仪，可以测量的最大波长差是受到一定限制的。对两组条纹的同一级亮纹而言，如果它们的相对位移大于或等于其中一组的条纹间隔，就会发生不同条纹间的相互交叉(重叠或错序)，从而造成判断困难。把刚能保证不发生重序现象所对应的波长范围 $\Delta\lambda$ 称为自由光谱范围。它表示用给定标准具研究波长在 λ 附近的光谱结构时所能研究的最大光谱范围。下面将证明 $\Delta\lambda \approx \lambda^2/(2nd)$。

考虑入射光中包含两个十分接近的波长 λ_1 和 $\lambda_2 = \lambda_1 + \Delta\lambda(\Delta\lambda > 0)$，会产生两套同心圆环条纹，如 $\Delta\lambda$ 正好大到使 λ_1 的 k 级亮纹和 λ_2 的 $k-1$ 级亮纹重叠，则有

$$\Delta\lambda = \lambda_2 - \lambda_1 = \lambda_2/k$$

由于 k 是一个很大的数，故可以用中心的条纹级数来代替，即 $2nd = k\lambda$，于是

$$\Delta\lambda = \frac{\lambda^2}{2nd} \tag{5-14-4}$$

(2) 分辨本领。表征特性的另一个重要参量是它所能分辨的最小波长差 $\delta\lambda$，就是说，当波长差小于这个值时，两组条纹不再能分辨开。常称 $\delta\lambda$ 为分辨极限，而把 $\lambda/\delta\lambda$ 称为分辨本领。可以证明 $\delta\lambda = \frac{\lambda(1-R)}{\pi k\sqrt{R}}$，而分辨本领可由下式表示，即

$$\lambda/\delta\lambda = \pi k\frac{\sqrt{R}}{1-R}$$

式中，$\lambda/\delta\lambda$ 表示在两个相邻干涉条纹之间能够被分辨的条纹的最大数目。因此，分辨本领有时也称精细常数。它只依赖反射膜的反射率，R 越大，能够分辨的条纹数越多，分辨率越高。

四、实验器材介绍

法布里-珀罗干涉仪有两种类型。一种是把干涉仪中的一块平面板固定不动而使另一块平移。它的优点是间距 d 可调，但机械上保证可移平面板自身的严格平移是比较困难的，因此研究中使用的大多是把两个高反射率的平面间隔用热膨胀系数很小的殷钢环固定下来。这种间隔固定的法布里-珀罗干涉仪通常称为法布里-珀罗标准具。

另一种干涉仪在实验中较常用，它是由迈克耳孙干涉仪改装的，其外形结构如图 5-14-4 所示。P_2 板位置固定，P_1 板可通过转动粗动轮或微动手轮使之在精密导轨上移动，以改变板的间距 d。P_1 和 P_2 的背面各有三个螺钉，用来调节方位。P_2 上还有两个微调螺钉。P_1、P_2 板的反射膜的反射率不很高，$R = 0.8$。

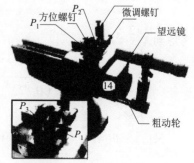

图 5-14-4 F-P 干涉仪

五、实验内容与步骤

1. 实验内容

（1）首先，严格调节 F-P 两反射面 P_1、P_2 平行度，用钠光灯扩展光源照明，以便获得并研究多光束干涉的钠光等倾条纹；其次，测定钠双线的波长差。

利用多光束干涉可以清楚地把钠双线加以区分，因此可以通过两套条纹的相对关系来测定双线的波长差 $\Delta\lambda$。用条纹嵌套来作为测量的判据，设双线的波长为 λ_1 和 λ_2，且 $\lambda_1 > \lambda_2$。当空气层厚度为 d 时，λ_1 的第 k_1 级亮纹落在 λ_2 的 k_2 和 (k_2+1) 级亮纹之间。则有（取空气的相对折射率 $n=1$）

$$2d\cos\theta = k_1\lambda_2 = (k_2 + 0.5)\lambda_2 \tag{5-14-5}$$

当 $d \to d + \Delta d$ 时，又出现两套条纹嵌套的情况。如这时 $k_1 \to k_1 + \Delta k$，由于 $\lambda_1 > \lambda_2$，故 $(k_2 + 0.5) \to k_2 + 0.5 + \Delta k + 1$，于是又有

$$2(d + \Delta d)\cos\theta = (k_1 + \Delta k)\lambda_1 = (k_2 + 0.5 + \Delta k + 1)\lambda_2 \tag{5-14-6}$$

式(5-14-6)减去式(5-14-5)，得

$$2\Delta d\cos\theta = \Delta k\lambda_1 = (\Delta k + 1)\lambda_2$$

由此可得

$$\Delta k = \frac{2\Delta d\cos\theta}{\lambda_1}$$

$$\Delta\lambda = \lambda_1 - \lambda_2 = \frac{\lambda_1\lambda_2}{2\Delta d\cos\theta} \approx \frac{\lambda^2}{2\Delta d} \tag{5-14-7}$$

如果以两套条纹重合作为判据，不难证明式(5-14-7)也是成立的。

（2）用读数显微镜测量氦氖激光干涉圆环的直径 D_i，验证 $D_{i+1}^2 - D_i^2 =$ 常数，测定 P_1、P_2 的间距。

设 D_k 是干涉圆环的亮纹直径，则可以证明 $D_k^2 - D_{k+1}^2 = \dfrac{4\lambda f^2}{nd}$。第 k 级亮纹条件为

$$2nd\cos\theta_k = k\lambda$$

所以

$$\cos\theta_k = k\lambda/(2nd)$$

如用焦距为 f 的透镜来测量干涉圆环的直径 D_k，则有

$$\frac{D_k/2}{f} = \tan\theta_k$$

$$\cos\theta_k = \frac{f}{\sqrt{f^2 + \left(\dfrac{D_k}{2}\right)^2}}$$

考虑到 $\dfrac{D_k/2}{f} \ll 1$，因此

$$\frac{f}{\sqrt{f^2 + (D_k/2)^2}} = \frac{1}{\sqrt{1 + \left(\dfrac{D_k/2}{f}\right)^2}} \approx 1 - \frac{1}{2}\left(\frac{D_k/2}{f}\right)^2 = 1 - \frac{1}{8}\frac{D_k^2}{f^2}$$

又由 $\cos\theta_k = k\lambda/(2nd)$，可得 $1 - \dfrac{1}{8}\dfrac{D_k^2}{f^2} = \dfrac{k\lambda}{2nd}$，所以

$$D_k^2 = -\frac{4k\lambda f^2}{nd} + 8f^2$$

$$D_k^2 - D_{k+1}^2 = \frac{4\lambda f^2}{nd}$$

由上式可以看出相邻圆条纹直径的平方差是与 k 无关的常数。

由于条纹的确切序数 k 一般无法知道,为此可以令 $k = i + k_0$,i 是按测量方便规定的条纹序号,那么

$$D_i^2 = -\frac{4i\lambda f^2}{nd} + \Delta$$

由此就可以通过 i 与 D_i^2 之间的线性关系求得 $4\lambda f^2/d$,若知道 f、d、λ 三者中的两个,即可求出另一个。

2. 操作提示

(1)反射面 P_1、P_2 平行度的调整是观察等倾干涉条纹的关键。具体的调节可分成三步:

①粗调:按图放置钠光源、毛玻璃(带十字线);转动粗(细)动轮使 P_1P_2 为 4~6 mm;使 P_1、P_2 背面的方位螺钉(六个)和微调螺钉(两个)处于半紧半松的状态(和调整迈克耳孙干涉仪类似),保证它们有合适的松紧调整余量。

②细调:仔细调节 P_1、P_2 背面的六个方位螺钉,用眼睛观察透射光,使十字像重合,这时可看到圆形的干涉条纹。

③微调:徐徐转动 P_2 的拉簧螺钉进行微调,直到眼睛上下左右移动时,干涉环的中心没有条纹的吞吐,这时可看到清晰的理想等倾条纹。

(2)实验(1)的光路如图 5-14-5 所示。实验中注意观察钠谱线圆环条纹有几套条纹?随 d 的变化,其相对移动有什么特点?为什么?与迈克耳孙干涉仪的条纹有什么不同?

(3)用什么办法来判定两套条纹的相对关系(嵌套还是重合)从而测定钠光波长差最为有利?并自拟实验步骤记录数据。

(4)实验(2)的光路如图 5-14-6 所示。测干涉圆环直径前注意做好系统的共轴调节,用读数显微镜依次测出中心附近的亮纹直径。

(5)如何用一元线性回归方法验证 $D_{i+1}^2 - D_i^2 =$ 常数?能否用这种方法来测量未知谱线的波长?

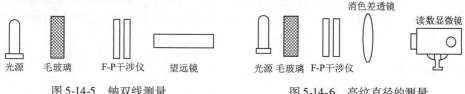

图 5-14-5 钠双线测量　　　　　　　图 5-14-6 亮纹直径的测量

六、实验数据记录与处理

(1)测定钠黄光波长差的数据一般不应少于 10 个,并用一元线性回归方法进行计算。

(2)读数显微镜测量中心附近亮纹的直径一般不应少于 10 个。

(3)用一元线性回归方法验证 $D_{i+1}^2 - D_i^2 =$ 常数。

七、注意事项

(1)法布里-珀罗干涉仪是精密的光学仪器,必须按照光学实验要求进行规范操作。切忌用手触摸元件的光学面,也不能对着仪器哈气、说话甚至用身体的任一部位压迫放置仪器的平台;

不用的元件要安放好,防止碰伤、跌落。调节时动作要轻柔、平稳、缓慢,注意防震。

(2)预习实验时,认真思考如何才能获得理想的等倾干涉条纹。

(3)使用读数显微镜进行测量时,注意消空程和消视差。

(4)实验完成,数据经教师检查通过后,注意归整好仪器,特别是膜片背后的方位螺钉应置于松弛状态。

八、分析与讨论

(1)光栅也可以看成一种多光束的干涉。对光栅而言,条纹的细锐程度可由主极大到相邻极小的角距离来描述,它与光栅的缝数有什么关系?能否由此说明F-P干涉仪为什么会有很好的条纹细锐度?

(2)从物理上如何理解F-P干涉仪的细锐度与R有关?

(3)有人认为图5-14-2中相邻透射光线的光程差$\Delta L = \dfrac{2nd}{\cos\theta}$,而不是$2nd\cos\theta$,这种说法对吗?错在哪里?请给出计算的正确推演过程。

(4)试述法布里-珀罗干涉仪的优点。

实验15 阿贝成像原理和空间滤波

1873年,德国蔡司光学器械公司的阿贝(E. Abbe,1840—1905)经过深入研究如何提高显微镜的分辨本领,敏锐地认识到了相干成像的原理。即把相干过程分成两步:第一步是通过物的衍射光在物镜的后焦面上形成衍射斑;第二步是这个衍射图上各光点向前发出球面次波,干涉叠加形成目镜焦面附近的像,这个像可以通过目镜观察到。这就是后来被人们称为阿贝成像的理论,其用傅里叶变换揭示了显微镜成像的机理,并首次引入了频谱的概念。阿贝的两次成像理论为空间滤波和光学信息处理奠定了理论基础,并成功地被实验所证实,这个实验称为阿贝-波特(A. B. Porter)实验。阿贝的发现不仅从波动光学的角度解释了显微镜的成像机理,明确了限制显微镜分辨本领的根本原因,而且由于显微镜(物镜)两步成像的原理本质上就是两次傅里叶变换,他被认为是现代傅里叶光学或光学信息处理技术的开端。通过本实验可以把透镜成像与干涉、衍射联系起来,初步了解透镜的傅里叶变换性质,从而有助于对现代光学信息处理中的空间频谱和空间滤波等概念的理解。

一、实验目的

(1)理解阿贝成像原理的物理思想和空间频率的概念。

(2)理解空间滤波概念并能区分低通滤波与高通滤波。

(3)掌握光学实验中有关光路调整和仪器使用的基本技能。

(4)通过实验来重新认识夫琅禾费衍射的傅里叶变换特性。

(5)结合阿贝成像原理和θ调制实验,了解傅里叶光学中有关空间频率、空间频谱和空间滤波等概念和特点。

二、实验仪器与装置

氦-氖激光器、白光光源(带透镜$F_0 = 50$ mm)、导轨及光具座、会聚透镜5块,$L_1 \sim L_5$($\varphi_1 = 10$ mm,$f_1 = 12$ mm;$\varphi_2 = 18$ mm,$f_2 = 70$ mm;$\varphi_3 = 32$ mm,$f_3 = 250$ mm;$\varphi_4 = \varphi_5 = 32$ mm,$f_4 = f_5 = $

70 mm)、可调狭缝(兼作模板架)两套、样品模板、滤波模板、θ 调制板以及白屏等各一个。

三、实验原理

1. 光学的傅里叶分析基础

在通信和声学等领域,人们习惯用频率特性来描述电信号或声信号,并把频率(横坐标)-电压或电流(纵坐标)图形称为频域曲线。联系时(间)域和频(率)域关系的数学工具就是傅里叶分析,其实质就是把一个复杂的周期过程分解为各种频率成分的叠加。类似的情形在光学中也存在,这里用大家熟知的方波展开来予以说明。

占空比为 a/b,周期为 $T_0 = a + b$ 的方波,时域图如图 5-15-1 所示。按照傅里叶分析,它可以看成许多分立的正弦波的叠加;高次谐波的频率 $f = nf_0 = n/T_0$,它是基频 $f_0 = 1/T_0$ 的整数倍,其振幅为 $F_n = \dfrac{\sin(na\pi/T_0)}{na\pi/T_0}$。相应的频域曲线如图 5-15-2 所示。

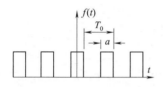

图 5-15-1　周期性方波

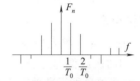

图 5-15-2　方波的傅里叶分解

在光学中与此完全类似的例子是光栅常数为 $d = a + b$ 的一维光栅(见图 5-15-3),当单色平行光垂直入射时,其出射光是许多衍射光的叠加;衍射角由光栅方程决定,衍射光(主极大)的振幅与光栅常数 d 成正比。

严格的实验和理论研究都证明,两者在定性和定量上存在着一一对应的关系:电信号分析中的时间变量 t 对应于波动光学中的空间变量 x;时域信号中的周期 T_0 对应于夫琅禾费衍射中光栅的周期即光栅常数 d;频域分析中的基频 $f_0 = 1/T_0$ 对应于夫琅禾费衍射中 $v = 1/d$,倍频 nf_0

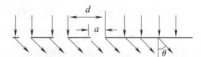

图 5-15-3　光栅的夫琅禾费衍射

对应于 $kv = k/d$,因此把 $1/d$ 称为空间频率。这样一来,复杂振动或其他周期信号按正弦函数分解的方法,即傅里叶分析或频谱分析的方法就可以对应地搬到波动光学中来,传统的通信和信号处理的许多概念和技术,如滤波、相关、调制、卷积和反馈等也可以移植到光学的衍射和成像中来,从而形成一门新的学科——傅里叶光学或信息光学。

光学的傅里叶分析也有其特点。首先它的"频率"分量是和夫琅禾费衍射的角分布相关联的。由光栅方程 $d\sin\theta = k\lambda$ 知,k 越大,衍射级数越高,"频率"也越高,θ 越大。这说明空间频谱是按角谱分布的:"0 频"或"直流分量"不发生衍射,$\theta = 0$;靠近光轴的(θ 较小)是其低频分量,偏离远的(θ 较大)是其高频分量。同时 d 越小,同一级的衍射角也越大,它说明:光栅越密,"频率"越高,夹角 θ 越大。

例子中用到的衍射屏是一维光栅,但实际的衍射屏是二维的,一幅复杂的图形可以看成不同方位、不同空间频率的组合,因此光学的傅里叶变换是二维的。数学中的傅里叶变换通过光计算来实现时,可以将二维(X-Y)变换同时进行。

夫琅禾费衍射把衍射屏上各种不同的空间"频率"分量分解成了不同方位、不同偏角的衍射波,从这个意义来讲,夫琅禾费衍射类似于一台频谱分析仪。但实际上要在衍射屏后面的自由空间观察夫琅禾费衍射,其条件是相当苛刻的。要想在近距离观察夫琅禾费衍射,一般是借助会聚透镜来实现。如果在衍射场后面加一块焦距为 f 的透镜,同一级的衍射光会在透镜的焦面上聚焦成一个像点,不同级次的像点在焦面上的位置各不相同;焦面上形成的图像就是它们的频谱。其亮度反映了频谱的强度,其位置代表了频率的高低和方位。这样一来,夫琅禾费衍射的角谱就在透镜的后焦面上变成了空间谱,或者说透镜的后焦面变成了衍射屏图像各种频率成分的频谱面。一般来说,用透镜聚焦比直接观察夫琅禾费衍射的角分布更为方便,起这样作用的透镜称为傅里叶透镜。

最后对进行光学傅里叶变换的光源做一点说明。实现夫琅禾费衍射应当使用"单色平面波",因此在傅里叶光学实验中通常总是采用激光照明。这也表明信息光学属于相干光学的范畴。

自从透镜的傅里叶变换作用被发现以后,光学图像的频谱就从抽象的数学概念变成了物理现实。因为在透镜后焦面上生成的是二维图像的傅里叶频谱,把传统的光学放到信息光学角度来考察,用频谱语言来描述光的信息,通过频谱的改造来改造信息,给光学的研究和应用开辟了新的途径。数学中的傅里叶变换可以通过光计算来实现。光学傅里叶变换具有高度并行、容量大、速度快、设备简单等一系列优点。

2. 阿贝成像理论

仍以相干光照明的一维光栅成像问题为例,按照阿贝的两次成像理论进行分析。如图 5-15-4 所示,将单色平行光垂直照射在一维光栅上,经衍射分解成为不同方向的很多束平行光,每一束平行光都与一定的

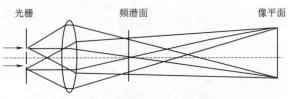

图 5-15-4　一维光栅的两步成像

空间频率相对应,这些代表不同空间频率的平行光经物镜聚焦,在其后焦面上成为各级主极大形成的点阵,即频谱图,然后这些光束又重新在像面上复合成像。这就是两步成像。

两步成像的本质上就是两次傅里叶变换,如图 5-15-5 所示。第一步把物面光场的空间分布 $g(x,y)$ 变为频谱面上空间频率分布 $G(\xi,\eta)$。第二步是再做一次变换,将 $G(\xi,\eta)$ 还原成空间分布 $g'(x,y)$。如果这两次傅里叶变换完全是理想的,即信息没有任何损失,则像和物应完全相似(可能有放大或缩小)。但实际上,由于透镜的孔径是有限的,总有一部分衍射角度较大的平行光,也就是高频成分不能通过透镜而丢失,这就使像的信息总是比物的信息要少一些,所以像和物不仅不可能雷同,甚至难于相似。因为高频信息主要反映物的细节,所以当高频信息因受透镜孔径的限制而不能到达像平面时,无论显微镜有多大的放大倍数,也不可能在像面上反映物的细节,这就是显微镜分辨率受到限制的根本原因。特别是当物的结构非常精细(如很密的光栅)或物镜孔径非常小时,有可能只有 0 级衍射(空间频率为 0)能通过,则在像平面上就完全不能形成像。

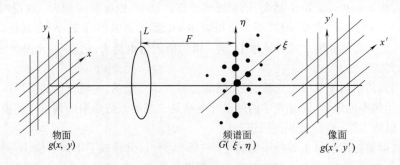

图 5-15-5　阿贝成像原理

3. 空间滤波

根据上面的讨论,成像过程本质上就是两次傅里叶变换,即从空间函数分布 $g(x,y)$ 变为频谱面上频率函数分布 $G(\xi,\eta)$,再将 $G(\xi,\eta)$ 还原成空间分布 $g(x,y)$(忽略放大率)。显然,如果在频谱面(即透镜的后焦面)上放一些模板(吸收板或相移板)以减弱某些空间频率成分或改变某些频率成分的位相,则必然使像面上的图像发生相应的变化,这样的图像处理称为空间滤波,频谱面上这种模板称为滤波器。最简单的滤波器就是一些特殊形状的光阑,它使频谱面上一个或一部分频率分量通过,而挡住了其他频率分量,从而改变了像面上图像的频率成分。例如,圆孔光阑可以作为一个低通滤波器,去掉频谱面上离轴较远的高频成分,保留离轴较近的低频成分,因而图像的细节消失。圆屏光阑则可以作为一个高通滤波器,滤去频谱面上离轴较近的低频成分而让高频成分通过,所以轮廓明显。如果把圆屏部分变小,滤去零频成分,则可以除去图像中的背景而提高成像质量。

四、实验器材介绍

1. 可调狭缝

(1)狭缝调节范围 0~12 mm。
(2)插杆直径 10 mm。
(3)松开支架上的两个螺钉,狭缝可绕光轴转动 360°。
(4)狭缝反面有沟槽,可插放模板,所以它也兼作样品模板和滤波模板的支架,如图 5-15-6 所示。

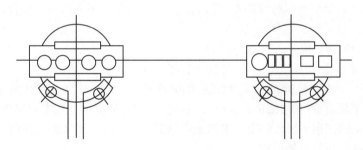

图 5-15-6 可调狭缝

2. 样品模板和滤波模板

图 5-15-7 和图 5-15-8 所示依次是样品模板和滤波模板。前者为 24 mm × 78 mm 的铜板,上面有四个半径为 6 cm 的样品;后者为滤波模板,该模板上有五个不同的滤波器。

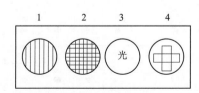

1——一维光栅,条纹间距为 0.083 mm;
2——二维光栅条纹间距为 0.083 mm;
3——高频滤波样品,带有透明"光"字;
4——低频滤波样品,带有透明"十"字。

图 5-15-7 样品模板

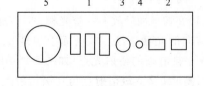

1——通过 0 级及 ±2 级;2——通过 ±1 级及 ±2 级;
3——高频滤波器 $\varphi = 1$ mm;
4——高频滤波器 $\varphi = 0.4$ mm;
5——低频滤波器 $\varphi = 1.5$ mm。

图 5-15-8 滤波模板

五、实验内容与步骤

1. 光路调节

实验的基本光路如图 5-15-9 所示。使氦-氖激光器发出的激光束平行于导轨,再通过由透镜 L_1、L_2 组成的倒装望远镜,以便扩展成具有较大截面的平行光束,L_3 为成像透镜。实验具体调节步骤如下所述。

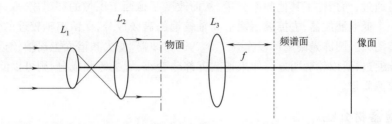

图 5-15-9　阿贝成像原理光路图

(1) 目测初调。首先使导轨上各元件与激光管等高共轴,然后取下各元件。

(2) 激光平行导轨调节。开启激光光源,调节激光管的左右及俯仰,使激光束平行于导轨出射。具体调节时可以利用白屏作为观察工具。沿导轨前后移动白屏,保证光点在屏上的位置不变并记下激光束在白屏上的具体位置。

(3) 光斑居中粗调。放上凸透镜 L_1,调节 L_1 与激光管等高共轴。调节的要点是激光束通过透镜 L_1 的中心,并且沿导轨移动透镜 L_1,激光束在 L_1 和白屏上光斑的中心位置均不变。此后不再调节 L_1。

(4) 光斑居中细调。放上凸透镜 L_2,要求 L_2 与 L_1 相距为 f_1+f_2 (f_1、f_2 分别是 L_1、L_2 的焦距) 以获得扩展了的平行光。调节 L_2 与 L_1 及激光管等高共轴,要点仍然是激光束通过透镜 L_2 后到白屏上的位置不变。为了检验 L_2 与 L_1 组成的扩束系统出射平行光,可以利用成像透镜 L_3。放上 L_3,在 L_3 的后焦平面放置白屏,细调 L_2 与 L_1 的位置,当能够从白屏上观察到聚焦点最小时,可以认为 L_2 与 L_1 组成的扩束系统已经出射平行光。调节 L_3 的方位,使聚焦点在白屏上的记录位置不变,则已完成对 L_3 等高共轴的调节。

(5) 放上带有样品模板的滤波器支架并调节支架以便让平行光均匀地照在样品上。

(6) 沿导轨前后移动 L_3 直到 4 m 以外的屏幕上得到清晰的图像。固定物及透镜的位置。

(7) 用白屏(或毛玻璃)在 L_3 后焦面附近移动,将会看到某处白屏上清晰地出现一排水平排列的光点,这一平面就是频谱面。将滤波器支架放在此平面上。

2. 实验内容操作

(1) 在物平面处放上一维光栅,像平面上看到沿铅垂方向的光栅条纹。频谱面上出现 0、±1、±2、±3,…一排清晰的衍射光点,如图 5-15-10(a) 所示。用卡尺测量 1、2、3 级衍射点与 0 级衍射点(光轴)间的距离 ξ',由式 $f_x = \xi'/(\lambda f)$ (式中 f 为透镜 L_3 的焦距)。求出相应空间频率 f_x 完成表 5-15-1,并求光栅的基频。

(2) 在频谱面上放上可调狭缝及各种滤波器,按

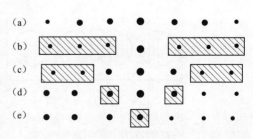

图 5-15-10　衍射光点

表 5-15-2 依次记录像面上成像的特点及条纹间距,特别注意观察 d、e 两条件下图像的差异,并对图像变化作出适当的解释。

(3)将物面上的一维光栅换成二维正交光栅,在频谱面上可看到图 5-15-11(a)所示的二维分立的光点阵,像面上可以看到放大了的正交光栅的像。测出像面上 x'、y' 方向的光栅条纹间距。

(4)依次在频谱面上放上图 5-15-11(b)~(e)所示的小孔及不同取向的狭缝光阑,使频谱面上一个光点或一排光点通过,按表 5-15-3 观察并记录像面上图像的变化,测量像面上的条纹间距,并作出相应的解释。

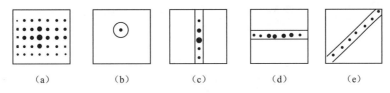

图 5-15-11 二维频谱面上的各种滤波器

3. 高低通滤波

(1)将物面换上 3 号样品,则在像面上出现带网格的"光"字,如图 5-15-12 所示。

(2)用白屏观察 L_2 后焦面上物的空间频谱。光栅为一周期性函数,其频谱是有规律排列的分立点阵。而字迹不是周期性函数,它的频谱是连续的,一般不容易看清楚。由于"光"字笔画较粗,空间低频成分较多,因此频谱面的光轴附近只有"光"字信息而没有网格信息。

(3)将 3 号滤波器($\phi = 1$ mm 的圆孔光阑)放在 L_3 后焦面的光轴上,则像面上图像发生变化,记录变化的特征。换上 4 号滤波器($\phi = 0.4$ mm 的圆孔光阑),再次观察图像的变化并记录变化的特征。

(4)将频谱面上光阑作一平移,使不在光轴上的一个衍射点通过光阑(参看图 5-15-13),此时在像面上有何现象?

(5)换上 4 号样品,使之成像。然后在后焦面上放上 5 号滤波器,观察并记录像面上的变化。

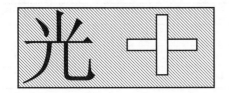
图 5-15-12 带网格的"光"字

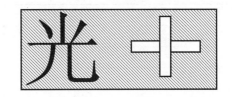
图 5-15-13 衍射点通过光阑

4. θ 调制实验

θ 调制是一个利用白光照明而获得彩色图像的有趣实验。它是用不同取向的光栅对物平面的各部位进行调制(编码),通过特殊滤波器控制像平面相当部位的灰度(用单色光照明)或色彩(用白光照明)的方法。如图 5-15-14 所示,花、叶和天分别由三种不同取向的光栅组成,相邻取向的夹角均为 120°。在图 5-15-15 所示光路中,如果用较强的白炽灯光源,每一种单色光成分通过图案的各组成部分,都将在透镜 L_5 的后焦面上产生与各部分对应的频谱,合成的结果除中央零级是白色光斑外,其他级皆为具有连续色分布的光斑。可以在频谱面上置一纸屏,先辨认各行频谱分别属于物图案中的哪一部分,再按配色的需要选定衍射的取向角,即在纸屏的相应部位用针扎一些小孔,只让所需颜色的 ±1 级衍射斑通过,就能在毛玻璃屏上得到预期的彩色图像(如红花、绿叶和蓝天）。

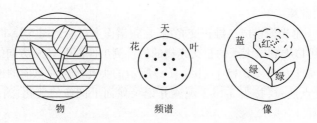

图 5-15-14　θ 调制实验的物、频谱和像

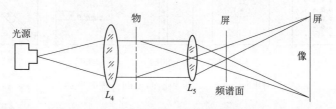

图 5-15-15　θ 调制实验光路

六、实验数据记录与处理

表 5-15-1　计算相应空间频率

衍　射	位置 ξ'/mm	空间频率 f_x/mm^{-1}
一级衍射		
二级衍射		
三级衍射		

表 5-15-2　记录成像特点及条纹间距

图	通过的衍射点	图像情况	简要解释
(a)	全部		
(b)	0 级		
(c)	0, ±1 级		
(d)	0, ±2 级		
(e)	±1, ±2 级		

表 5-15-3　记录图像变化

图	图像情况	简要解释
(b)		
(c)		
(d)		
(e)		

根据以上所填表格，分别讨论阿贝成像、空间滤波及 θ 调制的实验结果。

七、注意事项

（1）光路调节过程中，切忌用手触摸所有的光学元件表面，也不能用擦镜纸、干棉花、手帕擦拭。若发现有污垢或灰尘，要请教师处理。

（2）在导轨上目测粗调各元件与激光管等高共轴后，应取下各元件。

（3）当等高共轴调节完毕，在像屏上能看到清晰的像时，透镜和其他相关物的位置要固定。

（4）不要对着光学元件哈气、说话；调节时动作要平稳、缓慢，注意防震。

（5）做完实验后，数据要经教师检查，离开实验室之前，注意归整好仪器，不用的元件要安放好，防止碰伤、跌落。

八、分析与讨论

（1）什么是阿贝成像原理？按照这个原理应当如何理解相干光的成像过程？它与光学的傅里叶变换有什么关系？阿贝成像原理与光学空间滤波有什么关系？

（2）如何从阿贝成像原理来理解显微镜的分辨本领？提高物镜的放大倍数能够提高显微镜的分辨本领吗？

（3）夫琅禾费衍射的各级衍射角分布与傅里叶分解的谐波理论有什么关系？

（4）什么叫空间频率、角谱和频谱面？

（5）如何进行激光束的调整和平行光扩束？如何确定频谱面和像面位置？

（6）激光扩束用焦距为 12 mm 和 70 mm 的透镜来完成，它们应当怎样放置？扩束后光束的直径与原来相比，扩大了多少倍？

（7）光学中的空间滤波如何进行？本实验的频谱面和像面各在什么地方？

实验 16　光谱测量与光谱分析

光谱是电磁辐射的波长成分和强度分布的记录。对光谱进行观察和分析是获得原子核外电子结构信息的重要手段之一。氢原子结构最简单，线光谱规律鲜明，各种原子光谱线的规律和早期的量子理论就是在研究氢原子线光谱规律上得到突破的。

1913 年，玻尔建立了半经典的氢原子理论，成功解释了氢光谱规律。事实上氢的每一谱线都不是一条单独的线，都具有精细结构，只是普通光谱仪器难以分辨，因而被当作单独一条而已。这说明氢原子的每一能级都具有精细结构。

1925 年，薛定谔建立了波动力学，即量子力学中的薛定谔方程，重新解释了玻尔理论所得到的氢原子能级。1926 年，海森伯和约丹根据相对论性薛定谔方程推得一个比索末菲所得的在理论基础上更加坚实的结果；将这个结果与托马斯（1926 年）推得的电子自旋轨道相互作用的结果合并起来，也得到了精确的氢原子能级精细结构公式。1947 年，蓝姆（W. E. Lamb）和李瑟福（Retherford）用射频波谱学方法，进一步肯定了氢原子第二能级中轨道角动量为零的一个能级确实比上述精确公式所预言的高出 1 057 MHz，这就是有名的蓝姆移动。直到 1949 年，利用量子电动力学理论将电子与电磁场的相互作用考虑在内，这一事实才得到了解释，成为量子电动力学的一项重要实验根据。

一、实验目的

（1）学习摄谱、识谱和谱线测量等光谱研究的基本技术。

(2) 通过测量氢光谱可见谱线的波长,验证巴耳末公式的正确性,从而对玻尔理论的实验基础有具体了解。力求准确测定氢的里德伯常数,对近代测量所达到的精度有一初步了解。

(3) 准确测定氢的里德伯常数,对近代测量所达到的精度有一初步了解。

二、实验仪器与装置

氢原子光谱光源和作为铁谱光源的电弧发生器、测量谱线距离用的比长仪、摄谱仪、映谱仪和铁光谱图。

三、实验原理

在可见光区域,氢的谱线可以用巴耳末的经验公式来表示,即

$$\lambda = \lambda \frac{n^2}{n^2 - 2^2} \tag{5-16-1}$$

式中,$n = 3,4,5,\cdots$并称符合该式的谱线为巴耳末线系。为了更清楚地表明谱线分布的规律,将式(5-16-1)改写为

$$\frac{1}{\lambda} = \frac{4}{\lambda_0}\left(\frac{1}{2^2} - \frac{1}{n^2}\right) = R_H\left(\frac{1}{2^2} - \frac{1}{n^2}\right) \tag{5-16-2}$$

式中,R_H称为里德伯常数。该式右侧的整数2换成1,3,4,$\cdots$,可得氢的其他线系。以这些经验公式为基础,玻尔建立了氢原子的理论(玻尔模型),并解释了气体放电时的发光过程。根据玻尔理论,每条谱线对应于氢原子从一个能级跃迁到另一个能级所发射的光子。按照这个模型得到的巴耳末线系的理论公式为

$$\frac{1}{\lambda} = \frac{1}{(4\pi\varepsilon_0)^2 h^3 c\left(1 + \frac{m}{M}\right)}\left(\frac{1}{2^2} - \frac{1}{n^2}\right) \tag{5-16-3}$$

式中,$\varepsilon_0 = 8.85 \times 10^{-12}\ C^2 \cdot N^{-1} \cdot m^{-2}$,为真空中介电常数;$h = 6.63 \times 10^{-34}\ J \cdot s$,即普朗克常量;$e = 1.60 \times 10^{-19}\ C$,即电子电荷量;$m = 9.11 \times 10^{-31}\ kg$,为电子质量;$c$为光速;$M$为氢原子核的质量。这样,不仅给予巴耳末的经验公式以物理解释,而且把里德伯常数和许多基本物理常数联系起来了,即

$$R_H = R_\infty\left(1 + \frac{m}{M}\right) - 1 \tag{5-16-4}$$

式中,R_∞为将核的质量视为∞(即假定核固定不动)时的里德伯常数

$$R_\infty = \frac{1}{(4\pi\varepsilon_0)^2} \cdot \frac{2\pi^2 m e^4}{h^3 c} \tag{5-16-5}$$

将式(5-16-2)和式(5-16-3)进行比较,可以看出它们在形式上是一样的。因此,式(5-16-3)和实验结果的符合程度成为检验玻尔理论正确性的重要依据之一。实验表明式(5-16-3)与实验数据的符合程度是相当高的。当然,就其对理论发展的作用来讲,验证式(5-16-3)在目前的科学研究中已不再是问题。但是,由于里德伯常数的测定比起一般的基本物理常数来可以达到更高的精度,因而成为调准基本物理常数值的重要依据之一,占有很重要的地位。目前的公认值$R_\infty = (109\ 737\ 31.534 \pm 0.013)\ m^{-1}$,若$M$为质子的质量,则

$$\frac{m}{M} = (5\ 446\ 170.13 \pm 0.11) \times 10^{-10}$$

代入式(5-16-4),可得

$$R_H = (10\ 967\ 758.306 \pm 0.013)\ m^{-1}$$

四、实验器材介绍

1. 比长仪

在测量长度的仪器中,比长仪是测量精度较高的一种。实验室现有的 6W 型比长仪的外形如图 5-16-1 所示。

它是用两个显微镜相互配合来测量距离的,左边一个是看谱显微镜,右边一个是读数显微镜。显微镜下的置片台,可以通过转动微移转轮而左右移动,也可以开制动螺钉(在置片台左部,图中因遮挡掉未画出)而直接推动。读数用的主标尺固定在置片台上,每分格为 1 mm。当置片台载着谱片左右移动时,主标尺也随着一起移动。因此,谱片的移动直接反映在主标尺的移动上。

主标尺移动的距离要通过读数显微镜进行测量。在读数显微镜的视场中,有一个固定不动的横向标尺,称为副标尺,如图 5-16-2 所示。副标尺共分 10 格,每格为 0.1 mm。当主标尺的零线和副标尺零线对齐时,表示零位置。因此,主标尺从零位置移过的距离,就由主副二标尺零线之间的距离来确定。以毫米为单位,该距离的整数部分从主标尺上读出,毫米的下一位数从副标尺上读出,再往下的各个位数就要由所谓螺旋微米计读出。

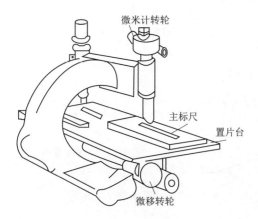

图 5-16-1 比长仪

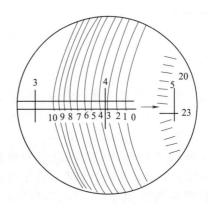

图 5-16-2 副标尺、螺旋双线和微米计读数

在读数显微镜的视场中,可以看到螺旋双线和一圆形刻度尺,它们组成螺旋微米计的读数部分。转动微米计转轮(见图 5-16-1),可以使圆形刻度尺旋转,随之运动的螺旋双线则好像在副标尺上左右移动。副标尺右端有一箭头,是微米计读数的准线。如果使螺旋线与副标尺上各刻度线对正(即各刻度线都在双线的正中),这时箭头恰好指圆刻度尺上的零,即微米计的零位置。当双线相对于副标尺移动一格时,圆形刻度尺恰好转一圈,即 100 个分格。可知圆形尺上每一分格代表 1 μm,可以估读到 0.1 μm。

据以上所述可得读数要点如下:当看谱显微镜中对准一待测谱线时,主标尺上总有一条刻线落在副标尺的刻度范围之内。从这条刻度线读出以毫米为单位的整数值(图 5-16-2 中所示为 4 mm)。再从此刻度线右边的副标尺刻度读出毫米的下一位数(图 5-16-2 中所示为 0.3 mm)。转动微米计,使其某一段螺旋双线正好将主标尺的上述刻线夹在正中,从箭头所指之处读出微米计读数(图 5-16-2 中所示为 24.2 μm,即 0.024 2 mm)。最后记下完整读数(4.324 2 mm)。

用比长仪测谱线间距的步骤可概括如下:

(1)将谱片放在置片台上,调节台下两反射镜,使左右两视场明亮。

(2) 调节看谱显微镜的目镜和物镜,使叉丝及谱线清晰。调节读数显微镜的目镜,使螺旋微米计刻度清晰。

(3) 调整谱片方位,使谱片随置片台移动时上下叉丝会合处能始终处于两个光谱的分界处,以保证测得的距离是谱线间垂直距离。

(4) 调节叉丝,使之与谱线平行。移动置片台,依次测定各谱线位置。测每一谱线时,都要使谱线位于叉丝双线的正中,然后再从读数显微镜中读出其位置读数。由各谱线的位置即可求出它们之间的距离。测量时应注意避免空程。

注意爱护仪器,使用完毕,将主标尺盖好,用防尘罩罩好比长仪。

2. 小型摄谱仪

小型摄谱仪与其他更精密摄谱仪相比,结构简单,使用方便,适合于分辨率要求不很高的光谱工作。它的主要结构如图 5-16-3 所示。工作原理如下:从光源发出的光经过聚光透镜后照射在狭缝上。射入狭缝的光经过平行光管透镜变成平行光,然后在棱镜上发生折射。由于色散,不同波长的光以不同角度射出。这些光再经暗箱物镜而在暗箱后端的底片上聚成谱线,曝光后的底片冲洗出来就成为谱片。下面就各个部分作简单介绍。

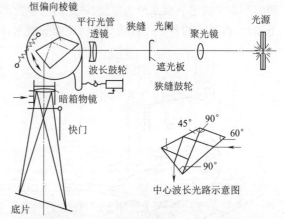

(1) 铁谱光源。光源一般采用两根铁棒作电极,通过电弧或火花在电极间放电。电极支架可以上下、左右和前后调节,使发光点处于合适位置。

(2) 聚光透镜。使光源发出的通过透镜的光聚在狭缝上。为了充分和稳定地照亮狭缝以获得良好光谱,聚光透镜到狭缝的距离以及光源到狭缝的距离都要比较适当。

(3) 狭缝。由两个特制刀片组成。狭缝宽度决定谱线的宽度和谱线的强度。缝宽可由一螺旋作精细调节,其上有一刻度轮供读数

图 5-16-3 小型摄谱仪原理图

用。刻度轮上的一分格代表 0.005 mm,与刻度轮配合的圆柱上标尺的每一分格代表 0.25 mm。由于狭缝结构精细,缝的质量(刀片刃口几何形状是否规则)决定了谱线的质量。因它常暴露在外面,室内尘埃和呼吸时的水汽都会使它污染以致受损,因此必须特别加以维护。

(4) 棱镜。小型摄谱仪的分光元件为一个恒偏向棱镜,其中的光路如图 5-16-3 所示。置棱镜的小台可通过调节螺旋使之转动。螺旋外附一个鼓轮,称为波长鼓轮。将小台调到某一方位时,相应地有某一条称为中心波长的光线以 90°的偏向角自棱镜射出。相应光线的波长值可由波长鼓轮上的读数来确定。

(5) 底片匣。安装底片的底片匣又称暗匣。它的结构如图 5-16-4 所示。背面有一个匣盖,打开后可将底片放入,压上一块铁片使底片平整,然后盖严用小铁片按紧。正面有一个挡板。将底片匣装在暗箱上之后,摄谱时必须将挡板抽出(但不能抽走,以免漏光),才能使底片曝光,摄谱时不要忘了。

底片尺寸约为 80 mm×30 mm。摄谱时狭缝像的高度不到 4 mm。因此,一次曝光后底片上只有很窄的一条会感光。如果上下移动一下底片匣,就可以在底片上未感光部分再拍,从而在一张底片上拍下多排谱线。底片匣架旁有一个标尺,用于指示底片匣的上下位置,便于多组曝光。摄谱前必须注意标尺上读数,防止重拍或其他错误。

(6) 光阑。狭缝前有一用金属片制成的光阑,其形状如图 5-16-5 所示。用它来遮挡狭缝使光线只能通过狭缝全部高度的一段。光阑分为两部分:

① 右侧燕尾形的部分称为 V 形光阑。把这部分挡在狭缝前,就可以随着光阑的左右移动来调节狭缝的有效高度(允许光通过的高度)。

② 为了精确比较两排谱线(两次拍得的)中谱线的波长,就要用中间的哈特曼光阑。它有三个方形孔,下孔的上端与上孔的下端在同一直线上,如图 5-16-5 所示。

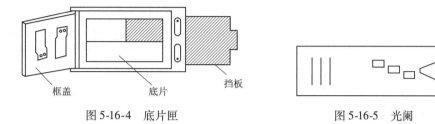

图 5-16-4　底片匣　　　　　　　　图 5-16-5　光阑

左右移动光阑,可以使光先后通过不同小孔而照亮狭缝上相邻两段,效果就和狭缝在上下移动一样。因此,可保持底片匣(及底片)不动而依次用相邻两小孔拍两个谱,就能获得并排而又无相对错动的两个光谱,即相同波长的两条谱线在底片上将落在同一根直线上。这样才可能进行波长的比较或测定。我们用的哈特曼光阑上有上、中、下三个孔,可拍三个并排的谱。究竟哪一个孔对准狭缝,可由光阑上左侧的刻线指出。

光阑的移动用手操作,动作必须轻缓。拍同一组谱片时,应特别注意切勿触动底片匣(即使是 0.01 mm 的左右移动,也会造成不能容忍的误差)。

(7) 遮光板。装在光阑外边,可以使光路封闭或打开以控制曝光时间。在仪器不用时遮光板还起防尘作用。

3. 铁光谱图和映谱仪

铁光谱图和映谱仪配合起来供辨认谱片和寻找谱线使用。谱片上每根谱线的波长是多少,属于什么元素,这些都可以通过和纯铁谱的比较来确定。铁的谱线极多,而它的各条谱线的波长大多数已精确测定,将拍好的纯铁光谱放大,制成图片,就是铁谱图。图上标明谱线的波长,就成为一把很好的"尺子"。从拍摄的谱片上比较待测谱线相对于铁谱线的位置,就可以很容易估计出该谱线的波长[利用式(5-16-6)]。铁谱图上还标有各元素的较强谱线位置,根据谱片上谱线的位置,查明它是属于哪一个元素的。

辨认谱线的步骤如下:

(1) 直接用肉眼观察谱片,确定哪一侧波长大,哪一侧波长小。波长大的一侧背景较强,这是热辐射的连续光谱造成的。

(2) 将谱片波长大的一侧放在左边,乳胶面向上,置于映谱仪谱片架上。接通光源电钮,调节放大镜头使成像清晰,找到所拍的铁谱。注意,与谱片上相反,这时波长大的部分在右侧,依次向左波长逐渐减小,与铁谱图上相同以便比较。

(3) 找出铁谱图的第 21 号图片,在 495～485 nm 附近有四条很强、排列比较整齐的铁谱线,因为它外形特殊而附近没有什么很强的谱线,易于寻找,所以一般都以它作为起点。左右移动谱片,在映谱仪白屏上找到上述四条线。然后根据铁谱上的谱线分布花样,依次向左(波长逐渐减小)或向右(波长逐渐增大)逐段查对,直到找到所要辨认的谱线。辨认铁光谱时,建议只注意很强的,或排列有特点的谱线,这样易于和铁谱图对照。

五、实验内容与步骤

1. 氢原子光谱光源的获得

如图 5-16-6 所示,在充有纯净氢气的放电管的两端,加一定大小的电压,放电管内的氢原子因受到加速电子的碰撞被激发,从而产生辐射。这个过程就是通常所说的辉光放电。辉光放电发出的光便可作为氢谱光源。

实验所用氢放电管内的氢是由下述方法获取的。在放电管的支管中装有氢氧化钠,氢氧化钠所含的水分随时可以蒸发,以保持放电管中有一定压强的水蒸气。通电后水蒸气离解为氧和氢,氧被铜电极吸收,于是,放电管中只留下氢。使用这种放电管时切勿倒置,以防氢氧化钠将支管口堵死。氢放电管的电源暂时用激光电源代替。为了保护电源,放电电流不能太大,应限制在 8 mA 以内。

2. 测量氢光谱

实验的主要内容就是测出氢光谱在可见区和近紫外区的谱线波长。测量波长的方法如下:用摄谱仪在底片上并排拍下氢光谱和铁光谱。由于铁谱中各谱线的波长已由前人精确测定,因此可以用铁谱作为尺子来测定氢谱线的波长。从底片上氢谱线相对于铁谱线的位置,即可计算出氢谱线的波长。

为了并排拍下氢谱和铁谱以作为一组,可利用摄谱仪的哈特曼光阑。在一组中,由于铁谱线很多,总可以在每根氢谱线附近找到两根铁谱线,使一根的波长稍大于氢谱线的,另一根稍小,如图 5-16-7 所示。谱片上谱线间的距离随波长差而增加,在波长很接近时可以认为距离与波长差成正比。量出选定的铁谱线间的距离 d 和氢谱线与一根铁谱线间的距离,例如与波长较短的一根之间的距离为 x,则可得到计算该氢光谱线波长的式子为

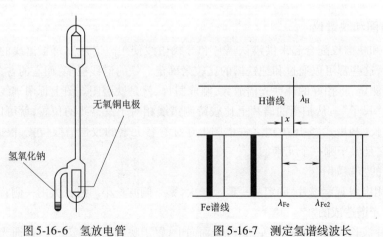

图 5-16-6　氢放电管　　图 5-16-7　测定氢谱线波长

$$\lambda_H = \lambda_{Fe1} + \frac{\lambda_{Fe2} - \lambda_{Fe1}}{d} x \tag{5-16-6}$$

上式中各符号的意义不难从图 5-16-7 中看出。

为了拍摄出一张好谱片,可参照以下方法进行:

(1) 拟订摄谱计划。由于氢谱线强度彼此相差悬殊,在相同的曝光时间下,很可能强线已经很粗,而弱线却尚未拍出来。于是可采用不同的曝光时间抽两组(每组中都必须拍下并排的氢谱和铁谱),以便能分别照顾到氢谱中的强线和弱线。摄谱条件中包括波长鼓轮读数、物镜位置、底

片匣位置和倾角、哈特曼光阑位置、光源和聚光镜位置以及曝光时间等，都应事先订好。拍摄时逐项检查按计划进行(实验室有供参考的摄谱计划，可参照拟订)。

(2) 在全黑的暗室中安装底片。应注意使乳胶面面向着光源。

(3) 准备好氢谱光源和铁谱光源。利用哈特曼光阑依次按计划拍摄。拍摄时可用停表或有秒针的挂钟计时，用遮光板控制曝光时间。在拍同一组光谱的过程中，拍摄次序要合理，做到严格保持底片匣不动，以保证氢谱和铁谱位置无相对错动。

由于氢光源较弱，拍摄时要将氢放电管平行地尽量靠近狭缝(勿与摄谱仪接触)，使进入狭缝的光尽可能强。铁谱光源的光通过透镜聚在狭缝上，使其成为直径约为 1 cm 的光斑即可。两种光源都用高压电源，必须注意人身安全，调整电极时必须先断电源，戴橡胶手套并站在橡胶垫上。调整电极与操纵电源要由同一人进行，以防多人配合不当，发生危险。对铁谱光源，还要戴防护镜以防紫外线伤眼。

(4) 在暗室中冲洗拍好的底片，应遵照实验室给出的冲洗条件进行，培养科学的暗室工作习惯。冲洗完毕用吹风机的冷风吹干。

(5) 利用映谱仪找出全部拍下的氢谱线，并且利用铁谱图上标出的铁谱线测定它们的波长。直接在映谱仪上用钢尺进行测量，作为粗测。

(6) 选择一根细而清晰的氢谱线，用比长仪进行精确测量。重复测量约 10 次。

六、实验数据记录与处理

(1) 从粗测的氢谱线波长求出其倒数。寻求合适的 n 值，使 $\frac{1}{\lambda}$ 和 $\frac{1}{n^2}$ 有直线关系，如式(5-16-2)所示。验证各 n 是否确为从 3 开始的整数，由此所得的 $\frac{1}{\lambda}-\frac{1}{n^2}$ 曲线与直线的拟合程度如何。以上可从以 $\frac{1}{n^2}$ 为横坐标和 $\frac{1}{\lambda}$ 为纵坐标的图上得出。由于可以测得很精确，图必须有足够的精度，运算时也应采用相应的计算工具。

(2) 利用精测数据求该氢谱线的波长 λ 和误差。应分析主要的可能误差来源。在判明一切可能的人为系统误差都已在实验中避免掉时，推导相应的误差公式，求出测量结果的标准偏差。

(3) 用精测所得 λ 值及相应的 n 值代入式(5-16-2)，求出氢的里德伯常数，并从 λ 的误差求出 R_H 测量值的误差。但要注意，铁谱图上所标是空气中的波长，并且测量是在空气中进行的。在计算 R_H 时，应该以真空中的波长代入。空气的折射率 $n = 1.000\ 29$，请思考如何作修正。将修正后的 R_H 值与公认值比较是否在误差范围内相符。

七、注意事项

(1) 由于摄谱仪是贵重的精密仪器，使用时必须小心谨慎，要备加爱护。尤其是狭缝，实验室已调好，不宜再动。仪器不用时，要随时关闭遮光板和装上底片匣，以保护狭缝和防止灰尘进入。

(2) 调节光源时，必须严格按照安全操作规程进行，以保护狭缝和防尘。

八、分析与讨论

(1) 氢原子里德伯常数的理论值等于多少？如何测定里德伯常数？

(2) 氢原子光谱的巴耳末系中，对应 $n = 3,4,5,6$ 的四条谱线应是什么颜色？波长各是多少？

(3) 从自己感兴趣的角度，对实验现象和实验数据加以分析和讨论，并写出自己的结论。

第3部分 综合性设计性实验项目

第6章 综合性设计性实验

实验1　刚体转动惯量的研究

转动惯量(moment of inertia)是刚体绕轴转动时惯性(回转物体保持其匀速圆周运动或静止的特性)的量度。转动惯量在旋转动力学中的角色相当于线性动力学中的质量,可形式地理解为一个物体对于旋转运动的惯性,用于建立角动量、角速度、力矩和角加速度等数个量之间的关系。其量值取决于物体的形状、质量分布及转轴的位置。刚体的转动惯量有着重要的物理意义,在科学实验、工程技术、航天、电力、机械、仪表等工业领域也是一个重要参量。转动惯量只取决于刚体的形状、质量分布和转轴的位置,而同刚体绕轴的转动状态(如角速度的大小)无关。形状规则的匀质刚体,其转动惯量可直接用公式计算得到。而对于不规则刚体或非均质刚体的转动惯量,则难以根据定义求出其转动惯量,只能利用实验仪器,借助刚体定轴转动的动力学、运动学规律之间的综合关系进行测定。

一、实验目的

(1)用实验方法验证刚体转动定律,并求其转动惯量。
(2)观察刚体的转动惯量与质量分布的关系。
(3)学习作图的曲线改直法,并由作图法处理实验数据。

二、实验仪器与装置

游标卡尺,托盘天平,刚体转动惯量实验仪如图6-1-1所示,转动体系由底座、绕线塔轮、伸杆、配重物等(含小滑轮)组成。塔轮上有五个不同半径(r)的绕线轮。砝码钩上可以放置不同数量的砝码,以获得不同的外力矩。

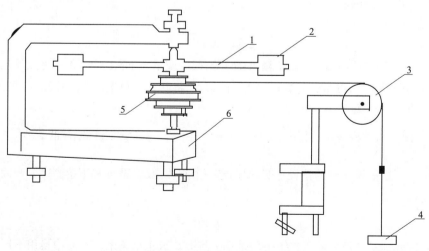

1—伸杆;2—配重物;3—滑轮;4—砝码;5—塔轮;6—底座。
图6-1-1　刚体转动惯量实验仪

三、实验原理

1. 刚体的转动定律

具有确定转轴的刚体,在外力矩的作用下,将获得角加速度 β,其值与外力矩成正比,与刚体的转动惯量成反比,即有刚体的转动定律

$$M = I\beta \tag{6-1-1}$$

利用转动定律,通过实验的方法,可求得难以用计算方法得到的转动惯量。

2. 应用转动定律求转动惯量

如图 6-1-2 所示,待测刚体由塔轮、伸杆及杆上的配重物组成。刚体将在砝码的拖动下绕竖直轴转动。

设细线不可伸长,砝码受到重力和细线的张力作用,从静止开始以加速度 a 下落,其运动方程为 $mg - T = ma$,在 t 时间内下落的高度为 $h = at^2/2$。刚体受到张力的力矩为 T_r 和轴摩擦力矩 M_f。由转动定律可得到刚体的转动运动方程:$T_r - M_f = I\beta$。绳与塔轮间无相对滑动时有 $a = r\beta$,联立上述四个方程得到

$$m(g-a)r - M_f = 2hI/rt^2 \tag{6-1-2}$$

M_f 与张力矩相比可以忽略,砝码质量 m 比刚体的质量小得多时有 $a \ll g$,所以可得到近似表达式

$$mgr = 2hI/rt^2 \tag{6-1-3}$$

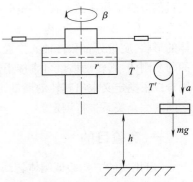

图 6-1-2 刚体转动惯量简易图

式中,r、h、t 可直接测量;m 是试验中任意选定的。因此,可根据式(6-1-3)用实验的方法求得转动惯量 I。

3. 验证转动定律,求转动惯量

从式(6-1-3)出发,考虑用以下两种方法:

(1)作 m-$\frac{1}{t^2}$ 图法:伸杆上配重物位置不变,即选定一个刚体,取固定力臂 r 和砝码下落高度 h,式(6-1-3)变为

$$m = K_1/t^2 \tag{6-1-4}$$

式中,$K_1 = 2hI/gr^2$ 为常量。式(6-1-4)表明:所用砝码的质量与下落时间 t 的平方成反比。实验中选用一系列的砝码质量,可测得一组 m 与 $1/t^2$ 的数据,将其在直角坐标系上作图,应是直线,即若所作的图是直线,便验证了转动定律。

从 m-$\frac{1}{t^2}$ 图中测得斜率 K_1,并用已知的 h、r、g 值,由 $K_1 = 2hI/gr^2$ 求得刚体的 I_1。

(2)作 r-$\frac{1}{t}$ 图法:配重物的位置不变,即选定一个刚体,取砝码 m 和下落高度 h 为固定值。将式(6-1-3)写为

$$r = K_2/t^2 \tag{6-1-5}$$

式中,$K_2 = (2hI/mg)^{1/2}$ 是常量。式(6-1-5)表明 r 与 $1/t^2$ 成正比关系。实验中换用不同的塔轮半径 r,测得同一质量的砝码下落时间 t,用所得一组数据作 r-$\frac{1}{t}$ 图,应是直线,即若所作图是直线,便

验证了转动定律。

从 $r\text{-}\dfrac{1}{t}$ 图上测得斜率 K_2，并用已知的 m、h、g 值，由 $K_2 = (2hI/mg)^{1/2}$ 求出刚体的 I_2。

四、实验方案提示

1. 调节实验装置：调节转轴垂直于水平面

调节滑轮高度，使拉线与塔轮轴垂直，并与滑轮面共面。选定砝码下落起点到地面的高度 h，并保持不变。

2. 观察刚体质量分布对转动惯量的影响

取塔轮半径为 3.00 cm，砝码质量为 20 g，保持高度 h 不变，将配重物逐次取三种不同的位置，分别测量砝码下落的时间，分析下落时间与转动惯量的关系。本项实验只作定性说明，不作数据计算。

3. 测量质量与下落时间关系

（1）测量的基本内容是：更换不同质量的砝码，测量其下落时间 t。

（2）用游标卡尺测量塔轮半径，用钢尺测量高度，砝码质量用托盘天平测定，每个 5 g 左右；用计时器记录下落时间。

（3）将两个配重物放在横杆上固定位置，选用塔轮半径为某一固定值。将拉线平行缠绕在轮上。逐次选用不同质量的砝码，用秒表分别测量砝码从静止状态开始下落到达地面的时间。对每种质量的砝码，测量三次下落时间，取平均值。砝码质量从 5 g 开始，每次增加 5 g，直到 35 g 止。

（4）用所测数据作图，从图中求出直线的斜率，从而计算转动惯量。

4. 测量半径与下落时间关系

（1）测量的基本内容是：对同一质量的砝码，更换不同的塔轮半径，测量不同的下落时间。

（2）将两个配重物选在横杆上固定位置，用固定质量砝码施力，逐次选用不同的塔轮半径，测砝码落地所用时间。对每一塔轮半径，测三次砝码落地时间，取其平均值。注意，在更换半径时要相应地调节滑轮高度，并使绕过滑轮的拉线与塔轮平面共面。由测得的数据作图，从图上求出斜率，并计算转动惯量。

五、实验数据记录与处理

1. 基本数据测量（见表 6-1-1）

表 6-1-1　基本测量数据

下落高度 $h =$ _____

塔轮直径 $d_i(i=1,2,\cdots,5)$/cm					
砝码质量 $m_i(i=1,2,\cdots,6)$/g					

2. $m\text{-}\dfrac{1}{t^2}$ 的数据与图像（见表6-1-2）

表6-1-2　$m\text{-}\dfrac{1}{t^2}$ 数据与图像测量数据

塔轮直径 $d_5 = \underline{\qquad}$；下落高度 $h = \underline{\qquad}$

t	$\sum m_i$				
	$i=1,2$	$i=1,2,3$	$i=1,2,3,4$	$i=1,2,3,4,5$	$i=1,2,3,4,5,6$
1					
2					
3					

要求：用最小二乘法计算斜率 k_1 的大小，并计算转动惯量 J_1 的大小。

$$K_1 = \dfrac{5\sum_{i=1}^{5}\left(\dfrac{m_i}{t_i^2}\right) - \sum_{i=1}^{5} m_i \sum_{i=1}^{5}\left(\dfrac{1}{t_i^2}\right)}{5\sum_{i=1}^{5}\left(\dfrac{1}{t_i^2}\right)^2 - \left(\sum_{i=1}^{5}\left(\dfrac{1}{t_i^2}\right)\right)^2}$$

$$J_1 = \dfrac{g\, K_1 d_5^2}{8h}$$

3. $r\text{-}\dfrac{1}{t}$ 的数据与图像（见表6-1-3）

表6-1-3　$r\text{-}\dfrac{1}{t}$ 测量数据图像测量数据

$\sum_{i=1}^{6} m_i = \underline{\qquad}$；下落高度 $h = \underline{\qquad}$

t	d				
	d_1	d_2	d_3	d_4	d_5
1					
2					
3					

要求：用最小二乘法计算斜率 k_2 的大小，并计算转动惯量 J_2 的大小。

$$K_2 = \dfrac{5\sum_{i=1}^{5}\left(\dfrac{r_i}{t_i}\right) - \sum_{i=1}^{5} r_i \sum_{i=1}^{5}\left(\dfrac{1}{t_i}\right)}{5\sum_{i=1}^{5}\left(\dfrac{1}{t_i}\right)^2 - \left(\sum_{i=1}^{5}\left(\dfrac{1}{t_i}\right)\right)^2}$$

$$J_2 = \dfrac{m_5 g\, K_2^2}{2h}$$

4. 待测刚体转动惯量计算结果

$$J = (J_1 + J_2)/2$$

六、注意事项

（1）仔细调节实验装置，保持转轴铅直。使轴尖与轴槽尽量为点接触，使轴转动自如，且不能摇摆,以减少摩擦力矩。

(2)拉线要缠绕平行而不重叠,切忌乱绕,以防各匝线之间挤压而增大阻力。

(3)把握好启动砝码的动作。计时与启动一致,力求避免计时的误差。

(4)砝码质量不宜太大,以使下落的加速度 a 不致太大,保证 $a \ll g$ 条件的满足。

实验2 折射率的测定

折射率是反映透明介质材料光学性质的一个重要参数。在工业生产和现实生活中,常测试折射率来解决实体问题,例如,通过折射率来鉴别宝石的真伪;通过测定液态食品的折射率来鉴别食品的组成、食品的浓度,从而判断食品的纯净程度和品质。测试透明介质的折射率的方法很多,如固体透明介质,常用最小偏向角法或自准直法,或通过迈克耳孙干涉仪利用等厚干涉的原理测出;液体介质常用折射极限法;气体介质则用精密度更高的干涉法。

一、实验目的

(1)进一步熟悉分光计的调整和使用。
(2)掌握最小偏向角测折射率的原理和方法。
(3)掌握用折射极限法测固体和液体折射率的原理和方法。

二、设计要求

(1)设计测量棱镜和液体折射率的方案,拟定实验步骤,设计数据记录表格。
(2)在调整好的分光计的基础上用最小偏向角法测固体折射率和用折射极限法测液体折射率。
(3)要求测试值和标准值之间的差值 $E \leqslant \pm 2\%$。

三、实验仪器与装置

分光器、平面反射镜、玻璃三棱镜、钠光灯、毛玻璃、待测液体(蒸馏水或乙醇)等。

四、实验方案提示

1. 用最小偏向角法测定玻璃棱镜的折射率

入射光和出射光之间的夹角称为偏向角 δ。δ 的大小随入射角 i 的大小而变化。当入射角 i 等于出射角 i' 时,δ 有最小值 $\delta_{\min}$,称为最小偏向角。根据图6-2-1中的几何关系与折射定理可得如下关系

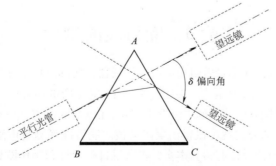

图 6-2-1 最小偏向角法测棱镜折射率

$$n = \frac{\sin\dfrac{A+\delta_{\min}}{2}}{\sin\dfrac{A}{2}}$$

式中，A 为所用棱镜顶角；$\delta_{\min}$ 为该波长所对应的最小偏向角。

2. 折射极限法（掠入射法）

(1) 液体折射率的测定。

在折射率和顶角都已知的棱镜面上，涂一层待测薄液体，再用另一个棱镜或毛玻璃片将液体夹住，从扩展光源射出来的光经过液层进入棱镜再折射出来。其中一部分光线在通过液体时，传播方向平行于液体与棱镜的交界面，如图 6-2-2 所示光线 1，即掠入射于棱镜表面，经折射后的出射光线 1 对应的出射角最小，称为折射极限角。除光线 1 外，其他光线如光线 2 在 AB 面的入射角小于 $\dfrac{\pi}{2}$，因此经棱镜折射后出射角必大于折射极限角，

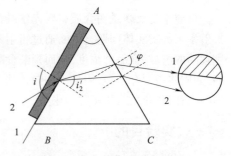

图 6-2-2　折射极限法原理图

进入空气时，都在光线 1 的左侧，因此，用望远镜对准出射光线方向观察时，视场中将看到以光线 1 为分界的明暗半荫视场。把望远镜叉丝对准明暗视场分界，便可以测定出射的极限方位，再利用自准法测出棱镜面的法线方向，就得到折射极限角 φ，这种方法称折射极限法。设液体的折射率为 n_x，三棱镜的折射率为 n，若有 $n_x < n$，则有如下关系

$$n_x = \sin A \sqrt{n^2 - \sin^2\varphi} \mp \cos A \sin\varphi \tag{6-2-1}$$

若出射光线在法线的左侧取"+"，反之取"−"。若换成直角棱镜，因为 $A = 90°$，所以有 $n_x = \sqrt{n^2 - \sin^2\varphi}$。若已知棱镜的顶角 A 和折射率，测出出射光的极限角就可以分析出液体折射率。

(2) 测定棱镜折射率。

在图 6-2-2 中，若扩展光源射出来的光不经过液体直接进入棱镜再折射出来。同样当以 90° 掠入射，经过透镜后出射光线的出射角最小，为折射极限角。凡入射角小于 90° 的，其出射角必大于折射极限角。这样，当面对 AC 面看出射光时，也会发现在极限角方位有一明暗视场的分界。由于液体所在区域换为空气，则 $n_x = 1$，则可由式 (6-2-1) 可得棱镜折射率

$$n = \sqrt{1 + \left(\frac{\cos A + \sin\varphi}{\sin A}\right)^2}$$

因此，只要知道棱镜顶角及出射极限角，便可测出棱镜折射率。

实验 3　欧姆表的制作

欧姆表作为一种可以直接测量电阻数值的电子仪器在实际应用中非常广泛。欧姆表的内部工作原理是依据物理学中的欧姆定律。在闭合电路中，电源的电动势能与内部电阻保持恒定不变时，外电阻的数值将伴随着电路中的电流发生变化，在电路的电流、电动势能、内阻三者确定的情况下，根据欧姆定律的公式就可以得出电阻数值。能否准确测量电阻阻值既取决于欧姆表的量程又同欧姆表内部电路设计有关。本实验将通过自行设计和制作欧姆表来研究欧姆表的结构并寻求提高测量精度的方法。

一、实验目的

（1）掌握欧姆表测量电阻的基本原理和方法。
（2）运用基本电学知识，设计欧姆表制作方案并制作多量程欧姆表。

二、设计要求

根据已给定的仪器，设计一个具有"×1"和"×10"双量程的欧姆表，估算电路中各元件的参数，使测量精度在2%以内。

三、实验仪器与装置

电阻箱、100 μA 表头、滑动变阻器、直流电源、定值电阻、开关、万用表等。

四、实验原理

1. 欧姆表的原理

欧姆表是测量电阻的仪表，其原理如图 6-3-1 所示，其中 R_s 为分流电阻，R_g 为表头内阻，r 为电池内阻，R_d 为限流电阻，"+"表示欧姆表的红表笔，"−"表示欧姆表的黑表笔。当接入被测电阻 R_x 时，电路中电流为

$$I = \frac{E}{R_g R_s / (R_g + R_s) + R_d + r + R_x} = \frac{E}{R_z + R_x} \tag{6-3-1}$$

式中，R_z 为欧姆表的总内阻，当欧姆表红黑表笔短接时，即被测电阻为零时，电路中的电流达到最大值 $I_{max} = E/R_z$，设计中应使此时的表头指针达到满偏。将 $I_{max} = E/R_z$ 带入式(6-3-1)消去 E 可得

$$I = \frac{R_z}{R_z + R_x} I_{max} \tag{6-3-2}$$

由式(6-3-2)可看出，只要再把微安表上的表盘刻度标成相应 R_x 的大小，就制成了一个简易的欧姆表，由于 I-R_x 函数关系为非线性关系，因此欧姆表的表盘刻度是非均匀的，随着 R_x 增大，指针偏转越小。当被测电阻 $R_x = R_z$ 时，$I = I_{max}/2$，表明指针刚好偏转到表盘的一半，所以 R_z 又称欧姆表的中值电阻，它是欧姆表重要的电学参数。

2. 欧姆表调零电路的原理

由图 6-3-1 所示欧姆表原理图很容易可以看出，随着使用时间的增加，欧姆表的电源电动势会因不断消耗而发生变化，这样必然会对测量带来很大的误差。为了解决这一问题，实际应用的欧姆表都会装有调零电路，当电池的电动势低于标准值时，可以使用调零电路增大经表头的电流；当新电池的电动势高于标准值时，可以使用调零电路减小经表头的电流。

如图 6-3-2 所示，这是一种并联式调节电路（也可采用串联式调节电路这里略），R_0 为变阻器作为调零电阻器。欧姆表中的电源一般用 1.5 V 干电池，新电池可能达到 1.6 V。为了充分利用电池又兼顾欧姆表的准确度，设计准则一般为即使电池电压降到 1.2 V，欧姆表仍能保持足够准确度。若要达到此准则，只需通过调节调零电阻器 R_0 使分流电阻增加，同时表头支路电阻减小，就可以在被测电阻为零时，仍能使表头指针达到满偏。这种调节电路中应使用电阻值较小的 R_0，才能使因电池电压变动所引起的误差较小。下面，通过对电路进行分析，给出电路中各元件具体参数。

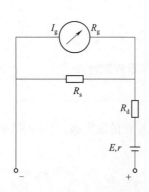 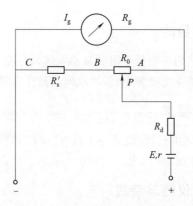

图 6-3-1　欧姆表原理电路　　　图 6-3-2　欧姆表调零电路示意图

当调零电阻器 R_0 的滑动头 P 调节至 A 端(电源电动势为 $E_{min}=1.2$ V),此时分流电阻 $R_s=R'_s+R_0$,设流过 R_d 的电流为 I,那么就有

$$I_g R_g = (I - I_g) R_s$$
$$I R_s = I_g (R_g + R_s) \tag{6-3-3}$$

当调零电阻器 R_0 的滑动头 P 调节至 B 端(电源电动势为 $E_{max}=1.6$ V),此时分流电阻 $R_s=R'_s$,设流过 R_d 的电流为 I',那么就有

$$I_g (R_g + R_0) = (I' - I_g) R'_s$$
$$I' R'_s = I_g (R_g + R_0 + R'_s) = I_g (R_g + R_s) \tag{6-3-4}$$

由式(6-3-3)和式(6-3-4)得

$$I R_s = I' R'_s \tag{6-3-5}$$

如果 R_d 的阻值足够大,那么可以近似认为调零电阻器 R_0 的调节过程中欧姆表中值电阻基本没什么改变,那么就有

$$I'/I = E_{max}/E_{min} = 1.6/1.3 = 4/3 \tag{6-3-6}$$

将式(6-3-6)代入式(6-3-5)可得

$$R_s = 4 R'_s /3$$
$$R_0 = R'_s /3 \tag{6-3-7}$$

再根据闭合回路的欧姆定律,当 P 调节至 A 端时

$$I = \frac{E_{min}}{R_d + R_{AC}} = \frac{E_{min}}{R_d + \dfrac{R_s R_g}{R_s + R_g}} \tag{6-3-8}$$

当 P 调节至 B 端时

$$I' = \frac{E_{max}}{R_d + R_{BC}} = \frac{E_{max}}{R_d + \dfrac{R'_s (R_g + R_0)}{R'_s + R_g + R_0}} \tag{6-3-9}$$

由于近似认为调零电阻器 R_0 的调节过程中欧姆表中值电阻基本不变,那么就要求

$$R_{AC} = R_{BC} \tag{6-3-10}$$

将式(6-3-7)代入式(6-3-10)可得

$$R'_s = R_g \tag{6-3-11}$$
$$R_{AC} = R_{BC} = 4 R_g /7 \tag{6-3-12}$$

现在就只剩下 R_d 的值如何确定。一般先根据表头的参数即 R_g 和 I_g 确定中值电阻 R_z,再根据 R_z

就可以得到R_d。当红黑表笔短接即待测电阻为零时,在电源电动势E的变化过程中,回路中总电流的平均值应该是I_g的两倍,即

$$R_z = \frac{\overline{E}}{\overline{I}} = \frac{\overline{E}}{2 I_g} = \frac{1.4}{2 I_g} \tag{6-3-13}$$

$$R_d = R_z - R_{AC} - r \tag{6-3-14}$$

若忽略电源内阻r,则有

$$R_d = R_z - R_{AC} = R_z - 4R_g/7 \tag{6-3-15}$$

3. 多量程式欧姆表电路的原理

图 6-3-3 所示欧姆表电路似乎可以测量任何阻值的电阻。但是,欧姆表上的面板刻度是不均匀的,当被测电阻阻值太大或太小时,其少量变化所引起表头指针变动甚微,会增大测量误差,所以只有在中值电阻的 0.1～10 倍的刻度范围内,测量结果才能有一定的精度。为此,只有多量程可切换的欧姆表才能达到实际应用的目的,且为了读数方便,一般将相邻量程的比值取为 10 或者 100。

若要使欧姆表能实现多量程切换,如图 6-3-3 所示在图 6-3-2 的基础上加入并联电阻使电路中值电阻R_z可变,通过并联不同值的电阻就能达到多量程的效果。在相同电源电压下,在基准挡的基础上并联上某一电阻R_1,使中值电阻变为原来的 1/10,那么回路总电流增大为原来的 10 倍,从而量程变为原来的 10 倍,这时对应挡位为 ×10;若并联上R_2,使中值电阻变为原来的 1/100,则量程相应变为原来的 100 倍,这时对应挡位为 ×100。

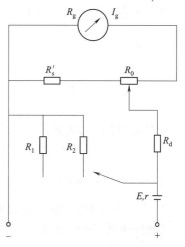

图 6-3-3 多量程式欧姆表电路

五、实验方案提示

(1) 根据提供的实验仪器,设计电路图并估算电路中各元件的参数。

(2) 确定表盘的刻度标尺,将电阻箱接在欧姆表的红黑表笔间,取电阻箱一组电阻特定的整数值,读取对应指针偏转的格数,利用所得数据绘制出欧姆表的表盘标度尺。

(3) 用设计好的欧姆表测量待测电阻的阻值。

实验 4 乱团漆包线电阻率的测定

电阻率是用来表示各种物质电阻特性的物理量,电阻率与导体的长度、横截面积等因素无关,是导体材料本身的电学性质,由导体的材料决定,且与温度有关。乱团漆包线电阻率的测定涉及天平测量质量、螺旋测微计或游标卡尺测量长度、单臂电桥测量电阻等基本实验仪器的综合运用,要求测量者能独立设计出测量乱团漆包线电阻率的方案,并使用此方案合理选择实验仪器测量电阻率,计算并分析测量中产生的误差。

一、实验目的

(1) 学习实验方案的设计。

(2) 进一步熟练基本实验仪器的使用。

(3) 进一步熟练对间接测量误差的处理。

二、设计要求

(1) 给出测量乱团漆包线电阻率的理论设计方案。
(2) 运用给定的实验仪器测量乱团漆包线电阻率,要求测定值的有效数字位达到仪器最大有效位。

三、实验仪器与装置

天平、游标卡尺、螺旋测微计、QJ-23(市电型)直流电阻电桥、乱团漆包线等。

四、实验原理

电阻率是用来表示各种物质电阻特性的物理量。在温度一定的情况下,由欧姆定律知

$$R = \frac{\rho L}{S} \tag{6-4-1}$$

式中,ρ 为电阻率;L 为材料的长度;S 为材料截面面积。

以此为理论依据给出实验方案。

五、实验方案提示

(1) 漆包线的电阻一般是低值电阻,乱团漆包线的电阻如何测量,应该如何选择仪器。
(2) 乱团漆包线比较长且没有提供米尺如何测量。

六、实验数据记录与处理(见表6-4-1~表6-4-3)

表6-4-1 漆包线质量测量数据

i	1	2	3
m/g			

$\overline{m}$ = _____ ;σ_m = _____

表6-4-2 漆包线直径测量数据

i	1	2	3
初值			
读数			
结果			

$\overline{D}$ = _____ ;σ_D = _____

表6-4-3 漆包线电阻测量数据

i	1	2	3	4	5
比例					
R_S					
R_X					

$\overline{R}$ = _____ ;σ_R = _____ ;

$\overline{\rho}$ = _____ ;σ_ρ = _____ ;E_ρ = _____

实验5　滑动变阻器特性的研究

滑动变阻器是电路元件,它通过改变自身的电阻,从而起到控制电路的作用。滑动变阻器的构成一般包括接线柱、滑片、电阻丝、金属杆和瓷筒等五部分。由外表面涂有绝缘层的铜丝或镍铬合金丝为材料的电阻丝绕在绝缘瓷筒上,瓷筒两端用引线引出,变阻器的滑片接触电阻丝并可调节到两端的距离,从而改变金属杆到电阻丝两端的电阻,这就组成了滑动变阻器。滑动变阻器在电路中可以作限流器用,也可以作分压器用。在确保安全的条件下,滑动变阻器接法不同会给电路带来不同的系统误差,因此研究滑动变阻器特性对电路的设计有非常重要的作用。

一、实验目的

(1)学习滑动变阻器限流和分压特性。
(2)学习实验方案的设计。
(3)学会设计简单的控制电路。

二、设计要求

利用给定的仪器和实验材料设计一个电路实现对给定电阻的测量,要求整个测量精度在2%以内,给出合理的实验方案,再根据设计方案进行实验操作。

三、实验仪器与装置

直流稳压电源、100 Ω 滑动变阻器、200 Ω 滑动变阻器、300 Ω 滑动变阻器、1 900 Ω 滑动变阻器、30 Ω 电阻、电压表、电流表、导线、开关。

四、实验原理

电路一般都包括电源、控制和测量三部分。三部分中测量电路是根据实验目的事先确定的,它等效于一个负载。根据要求,必须给负载提供一定的电压和电流,这就确定了电源的规格。控制电路的作用是控制负载的电流和电压达到要求,完成这一任务的电路分别称限流电路和分压电路。滑动变阻器的优点是连续可调,串联在电路中可控制电流大小,并联在电路中可控制电压。

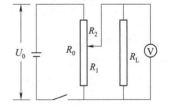

图 6-5-1　滑动变阻器分压接法

1. 滑动变阻器的分压特性

滑动变阻器的分压接法如图 6-5-1 所示,电路中 U_0 为电源电压,R_0 是起分压作用的滑动变阻器,R_L 为负载。分压电路的特点见表 6-5-1。

表 6-5-1　分压电路的特点

项　目	内　容
负载上电压调节范围 U_L	$0 \sim U_0$
负载上电流调节范围 I_L	$0 \sim U_0/R_L$
电路消耗总功率	$U_0(I_L + I_{R_1})$
电压表调节程度	$U = \dfrac{R_2 R_L}{R_1 R_2 + R_L R_0} U_0$

续上表

项 目	内 容
电压表最小调节程度 $\Delta U_{\min}$	$R_L \gg R_0$ 时，$\Delta U_{\min} = \dfrac{\Delta R_0}{R_0} U_0$
	$R_L \ll R_0$ 时，$\Delta U_{\min} = \dfrac{U_0^2}{U_0 R_L} \Delta R_0$
	R_L 与 R_0 数量级相同，属于 $R_L \gg R_0$ 和 $R_L \ll R_0$ 二者之间的过渡

注：表中 ΔR_0 为滑动变阻器电阻丝绕线一圈的对应阻值。

2. 滑动变阻器的限流特性

滑动变阻器的限流接法如图 6-5-2 所示，电路中 U_0 为电源电压，R_0 是起限流作用的滑动变阻器，R_L 为负载。分限流电路的特点见表 6-5-2。

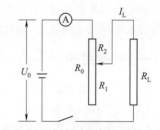

图 6-5-2　滑动变阻器限流接法

3. 滑动变阻器分压和限流接法的选择方法

滑动变阻器以何种接法接入电路，应遵循安全性、精确性、节能性、方便性原则综合考虑，灵活选取。

（1）必须选用分压式接法的情况如下：

①要求回路中某部分电路电流或电压实现从零开始可连续调节时（如测定导体的伏安特性、校对改装后的电表等电路），即大范围内测量时，必须采用分压接法。

表 6-5-2　分限流电路的特点

项 目	内 容
负载上电压调节范围 U_L	$\dfrac{R_L U_0}{R_L + R_0} \sim U_0$
负载上电流调节范围 I_L	$\dfrac{U_0}{R_L + R_0} \sim U_0/R_L$
电路消耗总功率	$U_0 I_L$
回路电流最小改变量	$\Delta I_{\min} = I_L^2 \Delta R_0 / U_0$

注：表中 ΔR_0 为滑动变阻器电阻丝绕线一圈的对应阻值。

②当用负载电阻 R_L 远大于滑动变阻器的最大值 R_0，且实验要求的电压变化范围较大（或要求测量多组数据）时，必须采用分压接法。

③若采用限流接法，电路中实际电压（或电流）的最小值仍超过 R_L 的额定值时，只能采用分压接法。

（2）可选用限流式接法的情况如下：

①测量时电路电流或电压没有要求从零开始连续调节，只是小范围内测量，且 R_L 与 R_0 接近或 R_L 略小于 R_0，采用限流式接法。

②电源的放电电流或滑动变阻器的额定电流太小，不能满足分压式接法的要求时，采用限流式接法。

③当没有很高的要求，仅从安全性和精确性角度分析两者均可采用时，可考虑安装简便和节能因素采用限流式接法。

4. 滑动变阻器作为细调电阻

当电路中只存在一个控制的滑动变阻器时，往往由于 ΔR_0 较大会导致 $\Delta U_{\min}$ 或者 $\Delta U_{\min}$ 较大达不到滑动变阻器作为控制端细调的效果，为此可以将多个滑动变阻器进行串接来实现细调。当多个滑动变阻器串接时,哪个滑动变阻器起微调作用哪个滑动变阻器起微调作用粗调都是相对的,要想改变滑动变阻器的阻值(称其为 ΔR),就必须改变滑动头的空间位置,对于同一个变阻装置(一般来说这个变阻装置总可以分解成若干相互独立的滑动变阻器,或者反过来通常可以用若干滑动变阻器来构成这样一个装置),如果改变其中一个滑动变阻器划片位置所引起的电阻变化 ΔR 小于改变另一个滑动变阻器划片位置(改变量相同)所引起的电阻变化 $\Delta R'$,那么就说前者属于微调后者属于粗调。一般来说,这样的装置不是固定的,但只要掌握了粗调、细调的概念,就可以以不变应万变。串接方式大致有两种:限流串接(见图6-5-3)、分压串接(见图6-5-4)。

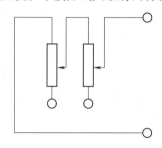

图 6-5-3　滑动变阻器限流串接

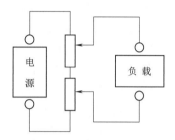

图 6-5-4　滑动变阻器分压串接

五、实验方案提示

为了设计一个电路实现对给定电阻的测量,可参考图6-5-5的实验方案。且在估算时电源电压取 3 V,电阻阻值约为 30 Ω,最终的要求是相对误差小于 2%。

六、实验数据记录与处理

实验数据记录在表 6-5-3 中,并按表格下方的公式计算不确定度及相对误差。

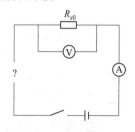

图 6-5-5　实验方案提示

表 6-5-3　实验数据记录

电压表量程 U_{max} = _____;电压表级别 k_1 = _____;
电流表量程 I_{max} = _____;电流表级别 k_2 = _____;电压表内阻 R_V = _____;

i	1	2	3	4	5	6
U						
I						
R_x						
R_{x0}						

A 类不确定度:$S_{R_{x0}} = \sqrt{\dfrac{\sum (R_{x0i} - \overline{R_{x0}})^2}{n-1}}$

B 类不确定度:$U_{R_{x0}} = \sqrt{\left(\dfrac{\partial R_{x0}}{\partial U}\Delta U\right)^2 + \left(\dfrac{\partial R_{x0}}{\partial I}\Delta I\right)^2}$

总不确定度:$S = \sqrt{(S_{R_{x0}})^2 + (U_{R_{x0}})^2}$

相对误差:$E = \dfrac{S}{R_{x0}} \times 100\%$

实验6 光电传感器特性的研究

光敏传感器是一种将光信号转换为电信号的传感器,又称光电式传感器。它可以用来检测引起光强变化的非电量,如光强、光照度、气体成分等,还可用于检测其他通过光变化反映的非电量,如零件直径、表面粗糙度、位移、速度等。由于具备非接触、响应快、性能可靠的特点,光敏传感器广泛应用于工业自动控制和智能机器人领域。

光敏传感器的工作原理是基于光电效应,即因为光的照射而使光敏材料的电学特性发生变化。光电效应分为外光电效应和内光电效应。外光电效应指电子在光的照射下逸出物体表面的现象,而内光电效应则是入射光改变物质导电率的现象。多数应用于光电控制的传感器,如光敏电阻、光敏二极管、光敏三极管、硅光电池等,都是基于内光电效应的传感器。近年来,新型光敏器件不断涌现,如高速响应的APD雪崩式光电二极管、半导体光敏传感器及CCD图像传感器,这些技术的进步推动了光电传感器的广泛应用和新一轮的发展。

一、实验目的

(1)了解光敏电阻的基本特性,测出它的伏安特性曲线和光照特性曲线。
(2)了解光敏二极管的基本特性,测出它的伏安特性曲线和光照特性曲线。
(3)了解硅光电池的基本特性,测出它的伏安特性曲线和光照特性曲线。
(4)了解光敏三极管的基本特性,测出它的伏安特性曲线和光照特性曲线。
(5)了解光纤传感器的基本特性和光纤通信的基本原理。

二、实验仪器与装置

DH-CGOP光敏传感器实验仪由光敏电阻、光敏二极管、光敏三极管、硅光电池四种光敏传感器及直流恒压源DH-VC3、发光二极管、$\Phi2.2$光纤、光纤座、暗箱(九孔板实验箱)、数字电压表、电阻箱、低频信号发生器、示波器、短接桥和导线等组成。

三、实验原理

光敏传感器的基本特性及实验原理如下:

(一)伏安特性

光敏传感器在一定的入射光强照度下,光敏元件的电流I与所加电压U之间的关系称为光敏器件的伏安特性。改变照度则可以得到一组伏安特性曲线,它是传感器应用设计时选择电参数的重要依据。某种光敏电阻、硅光电池、光敏二极管、光敏三极管的伏安特性曲线如图6-6-1~图6-6-4所示。

从上述四种光敏器件的伏安特性可以看出,光敏电阻类似于一个纯电阻,其伏安特性线性良好,在一定照度下,电压越大,光电流越大,但必须考虑光敏电阻的最大耗散功率,超过额定电压和最大电流都可能导致光敏电阻的永久性损坏。光敏二极管的伏安特性和光敏三极管的伏安特性类似,但光敏三极管的光电流比同类型的光敏二极管大好几十倍,零偏压时,光敏二极管有光电流输出,而光敏三极管则无光电流输出。在一定光照度下硅光电池的伏安特性呈非线性。

(二)光照特性

光敏传感器的光谱灵敏度与入射光强之间的关系称为光照特性,有时光敏传感器的输出电压或电流与入射光强之间的关系也称光照特性,它也是光敏传感器应用设计时选择参数的重要依据之一。某种光敏电阻、硅光电池、光敏二极管、光敏三极管的光照特性如图 6-6-5 ~ 图 6-6-8 所示。

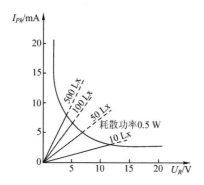

图 6-6-1 光敏电阻的伏安特性曲线

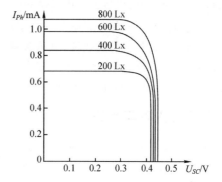

图 6-6-2 硅光电池的伏安特性曲线

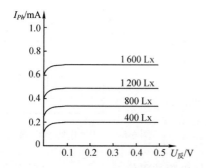

图 6-6-3 光敏二极管的伏安特性曲线

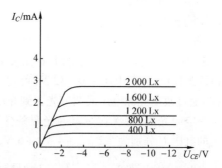

图 6-6-4 光敏三极管的伏安特性曲线

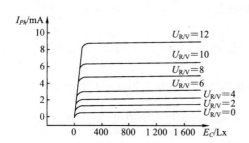

图 6-6-5 光敏电阻的光照特性曲线

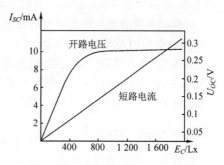

图 6-6-6 硅光电池的光照特性曲线

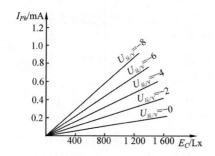

图 6-6-7 光敏二极管的光照特性曲线

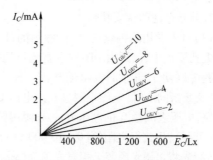

图 6-6-8 光敏三极管的光照特性曲线

从上述四种光敏器件的光照特性可以看出,光敏电阻、光敏三极管的光照特性呈非线性,一般不适合做线性检测元件,硅光电池的开路电压也呈非线性且有饱和现象,但硅光电池的短路电流呈良好的线性,故以硅光电池做测量元件应用时,应该利用短路电流与光照度之间良好的线性关系。短路电流是指外接负载电阻远小于硅光电池内阻时的电流,一般负载在 20 Ω 以下时,其短路电流与光照度呈良好的线性,且负载越小,线性关系越好,线性范围越宽。光敏二极管的光照特性亦呈良好线性,而光敏三极管在大电流时有饱和现象,故一般在做线性检测元件时,可选择光敏二极管而不能用光敏三极管。

四、实验内容与步骤

实验中对应的光照强度均为相对光强,可以通过改变点光源电压或改变点光源到各光电传感器之间的距离来调节相对光强。光源电压的调节范围为 0 ~ 12 V,光源和传感器之间的距离调节范围为 5 ~ 230 mm。

(一)光敏电阻的特性实验

1. 光敏电阻伏安特性实验

(1)按图 6-6-9 接好实验线路,将光源用的钨丝灯盒、检测用的光敏电阻盒、电阻盒置于暗箱九孔插板中,电源由 DH-VC3 直流恒压源提供,光源电压为 0 ~ 12 V(可调)。

(2)通过改变光源电压或调节光源到光敏电阻之间的距离以提供一定的光强,每次在一定的光照条件下,测出加在光敏电阻上的电压 U 分别为 +2 V,+4 V,+6 V,+8 V,+10 V 时

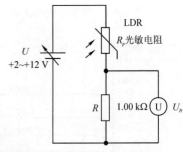

图 6-6-9　光敏电阻特性测试电路

的 5 个光电流数据,即 $I_{ph} = \dfrac{U_R}{1.00 \text{ k}\Omega}$,同时算出此时,光敏电阻的阻值 $R_p = \dfrac{U - U_R}{I_{ph}}$,以后逐步调大相对光强,重复上述实验,进行 5 ~ 6 次不同光强的实验数据测量。

(3)根据实验数据画出光敏电阻的一组伏安特性曲线。

2. 光敏电阻的光照度特性实验

(1)按图 6-6-9 接好实验线路,将光源用的钨丝灯盒、检测用的光敏电阻盒、电阻盒置于暗箱九孔插板中,电源由 DH-VC3 直流恒压源提供。

(2)从 $U = 0$ 开始到 $U = 12$ V,每次在一定的外加电压下测出光敏电阻在相对光照强度从"弱光"到逐步增强的光电流数据,即 $I_{ph} = \dfrac{U_R}{1.00 \text{ k}\Omega}$ 同时算出此时光敏电阻的阻值,即 $R_p = \dfrac{U - U_R}{I_{ph}}$。

(3)根据实验数据画出光敏电阻的一组光照特性曲线。

(二)硅光电池的特性实验

1. 硅光电池的伏安特性实验

(1)将光源用的钨丝灯盒、检测用的硅光电池盒、电阻盒置于暗箱九孔插板中,电源由 DH-VC3 直流恒压源提供,R_x 接到暗箱边的插孔中以便于同外部电阻箱相连。按图 6-6-10 连接好实验线路,开关 S 指向 1 时,电压表测量开路电压 U_{OC};开关 S 指向 2 时,R_x 短路,电压表测量 R 的电压 U_R。光源用钨丝灯,光源电压为 0 ~ 12 V(可调),串接好电阻箱(0 ~ 10 000 Ω 可调)。

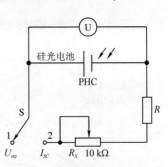

图 6-6-10　硅光电池特性测试电路

(2)先将可调光源调至相对光强为"弱光"的位置,每次在一定

的照度下,测出硅光电池的光电流 I_{ph} 与光电压 USC 在不同的负载条件下的关系(0~10 000 Ω)数据,其中 $I_{ph} = \dfrac{U_R}{10.00 \text{ k}\Omega}$(10.00 kΩ 为取样电阻 R),以后逐步调大相对光强(5~6 次),重复上述实验。

(3)根据实验数据画出硅光电池的一组伏安特性曲线。

2. 硅光电池的光照度特性实验

(1)实验线路如图 6-6-10 所示,电阻箱调到 0 Ω。

(2)先将可调光源调至相对光强为"弱光"的位置,每次在一定的照度下,测出硅光电池的开路电压 UOC 和短路电流 I_S,其中短路电流 $I_S = \dfrac{U_R}{10.00 \text{ k}\Omega}$(取样电阻 R 为 10.00 Ω),以后逐步调大相对光强(5~6 次),重复上述实验。

(3)根据实验数据画出硅光电池的光照特性曲线。

(三)光敏二极管的特性实验

1. 光敏二极管伏安特性实验

(1)按图 6-6-11 接好实验线路,将光源用的钨丝灯盒、检测用的光电二极管盒、电阻盒置于暗箱九孔插板中,电源由 DH-VC3 直流恒压源提供,光源电压 0~12 V(可调)。

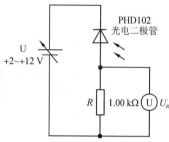

图 6-6-11 光敏二极管特性测试电路

(2)先将可调光源调至相对光强为"弱光"的位置,每次在一定的照度下,测出加在光敏二极管上的反偏电压与产生的光电流的关系数据,其中光电流 $I_{ph} = \dfrac{U_R}{1.00 \text{ k}\Omega}$(1.00 kΩ 为取样电阻 R),以后逐步调大相对光强(5~6 次),重复上述实验。

(3)根据实验数据画出光敏二极管的一组伏安特性曲线。

2. 光敏二极管的光照度特性实验

(1)按图 6-6-11 接好实验线路。

(2)反偏压从 $U = 0$ 开始到 $U = +12$ V,每次在一定的反偏电压下测出光敏二极管在相对光照度为"弱光"到逐步增强的光电流数据,其中光电流 $I_{ph} = \dfrac{U_R}{1.00 \text{ k}\Omega}$(1.00 kΩ 为取样电阻 R)。

(3)根据实验数据画出光敏二极管的一组光照特性曲线。

(四)光敏三极管特性实验

1. 光敏三极管的伏安特性实验

(1)按图 6-6-12 接好实验线路,将光源用的钨丝灯盒、检测用的光敏三极管盒、电阻盒置于暗箱九孔插板中,电源由 DH-VC3 直流恒压源提供,光源电压为 0~12 V(可调)。

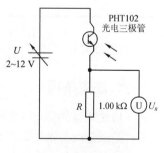

图 6-6-12 光敏三极管特性测试实验

(2)先将可调光源调至相对光强为"弱光"的位置,每次在一定的光照条件下,测出加在光敏三极管的偏置电压 U_{cE} 与产生的光电流 I_c 的关系数据。其中光电流 $I_C = \dfrac{U_R}{1.00 \text{ k}\Omega}$(1.00 kΩ 为取样电阻 R)。

(3)根据实验数据画出光敏三极管的一组伏安特性曲线。

2. 光敏三极管的光照度特性实验

(1)实验线路如图 6-6-12 所示。

(2)偏置电压 U_c 从 0 开始到 +12 V,每次在一定的偏置电压下测出光敏三极管在相对光照度为"弱光"到逐步增强的光电流 I_c 的数据,其中光电流 $I_c = \dfrac{U_R}{1.00 \text{ k}\Omega}$(1.00 kΩ 为取样电阻 R)。

(3)根据实验数据画出光敏三极管的一组光照特性曲线。

(五)光纤传感器原理及其应用

图 6-6-13 和图 6-6-14 分别是用光电三极管和光电二极管构成的光纤传感器原理图。图中 LED3 为红光发射管,提供光纤光源;光通过光纤传输后被光电三极管或光电二极管接收。LED3、PHT101、PHD101 上面的插座用于插光纤座和光纤。

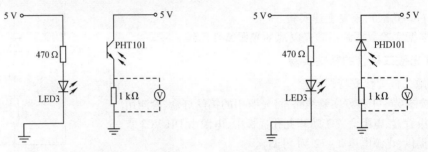

图 6-6-13　光纤传感器之光电三极管　　　图 6-6-14　光纤传感器之光电二极管

(1)通过改变红光发射管供电电流的大小来改变光强,分别测量通过光纤传输后,光电三极管和光电二极管上产生的光电流,得出它们之间的函数关系。注意:流过红光发射管 LED3 的最大电流不要超过 40 mA;光电三极管的最大集电极电流为 20 mA,功耗最大为 75 mW/25 ℃。

(2)红光发射管供电电流的大小不变,即光强不变,通过改变光纤的长短来测量产生的光电流的大小与光纤长短之间的函数。

五、实验数据记录与处理

数据处理见表 6-6-1。

表 6-6-1　数据处理表

$U_R \backslash U/\text{V}$	2	4	6	8	10
U_R					

根据公式 $I_{ph} = \dfrac{U_R}{1.00 \text{ k}\Omega}$ 和 $I_{ph} = \dfrac{U_R}{1.000 \text{ k}\Omega}$ 描出伏安特性曲线及光照特性曲线。

六、注意事项

(1)光敏器件受光口要对着发光光源。

(2)通过改变光源和光敏传感器距离达到光照度的不同。

七、分析与讨论

(1)光敏传感器感应光照有一个滞后时间,即光敏传感器的响应时间,如何测试光敏传感器的响应时间?

(2)验证光照强度与距离的平方成反比(把实验装置近似为点光源)。

第4部分 扩展实验项目

第7章 扩展实验

实验1 用拉脱法测定液体表面张力系数

液体表层厚度约10^{-10}m内的分子所处的条件与液体内部不同,液体内部每一分子被周围其他分子所包围,分子所受的作用力合力为零。由于液体表面上方接触的气体分子,其密度远小于液体分子密度,因此,液面每一分子受到向外的引力比向内的引力要小得多,也就是说所受的合力不为零,力的方向是垂直于液面并指向液体内部,该力使液体表面收缩,直至达到动态平衡。因此,在宏观上,液体具有尽量缩小其表面积的趋势,液体表面好像一张拉紧了的橡皮膜。这种沿着液体表面的、收缩表面的力称为表面张力。表面张力能说明液体的许多现象,如润湿现象、毛细管现象及泡沫的形成等。在工业生产和科学研究中常常要涉及液体特有的性质和现象。比如,化工生产中液体的传输过程、药物制备过程,以及生物工程研究领域中关于动、植物体内液体的运动与平衡等问题。因此,了解液体表面性质和现象,掌握测定液体表面张力系数的方法具有重要实际意义。测定液体表面张力系数的方法通常有拉脱法、毛细管升高法和液滴测重法等。本实验仅介绍拉脱法。拉脱法是一种直接测定法。

一、实验目的

(1) 了解WBM-1A型液体表面张力系数测定仪的基本结构,掌握用标准砝码对测量仪进行定标的方法,计算该传感器的灵敏度。

(2) 观察拉脱法测液体表面张力的物理过程和物理现象,并用物理学基本概念和定律进行分析和研究,加深对物理规律的认识。

(3) 掌握用拉脱法测定纯水的表面张力系数及用逐差法处理数据。

二、实验仪器与装置

WBM-1A型液体表面张力系数测定仪一台(其主要结构见图7-1-1);水槽一个;砝码七个;镊子一把;砝码吊盒一个;吊环一个;力敏传感器一套;连接电缆一根;底座一副;水准器一只。

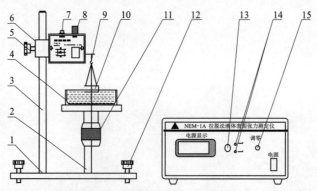

1—底板;2—升降台;3—立杆;4—水盒;5—锁紧螺钉;6—传感器部分;7—传感器接口;8—旋钮;
9—吊钩;10—吊环;11—升降旋钮;12—水平调节旋钮;13—功能切换;14—工作指示;15—调零旋钮。

图7-1-1 仪器结构示意图

三、实验原理

如果将一洁净的圆筒形吊环浸入液体中,然后缓慢地提起吊环,圆筒形吊环将带起一层液膜,如图 7-1-2 所示。使液面收缩的表面张力 f 沿液面的切线方向,角 φ 称为湿润角(或接触角)。当继续提起圆筒形吊环时,φ 角逐渐变小而接近为零,这时所拉出的液膜的里、外两个表面的张力 f 均垂直向下,设拉起液膜破裂时的拉力为 F,则有

$$F = (m + m_0)g + 2f \quad (7\text{-}1\text{-}1)$$

式中,m 为黏附在吊环上的液体的质量;m_0 为吊环质量。因表面张力的大小与接触面周边界长度成正比,则有

$$2f = \pi(D_内 + D_外)\alpha \quad (7\text{-}1\text{-}2)$$

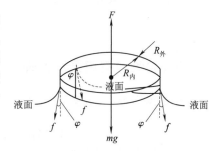

图 7-1-2　圆形吊环从液面
缓慢拉起受力示意图

比例系数 α 称为表面张力系数,单位是 N/m。α 在数值上等于单位长度上的表面张力。

$$\alpha = \frac{F - (m + m_0)g}{\pi(D_内 + D_外)} \quad (7\text{-}1\text{-}3)$$

由于金属膜很薄,被拉起的液膜也很薄,m 很小可以忽略,于是公式简化为

$$\alpha = \frac{F - m_0 g}{\pi(D_内 + D_外)} \quad (7\text{-}1\text{-}4)$$

表面张力系数 α 与液体的种类、纯度、温度和它上方的气体成分有关。实验表明,液体的温度越高,α 值越小,所含杂质越多,α 值也越小。只要上述条件保持一定,α 值就是一个常数。本实验的核心部分是准确测定 $F - m_0 g$,即圆筒形吊环所受到向下的表面张力,用 WBM-1A 型液体表面张力系数测定仪测定这个力。

四、实验内容与步骤

(1) 开机预热 15 min。

(2) 清洗塑料盒容器和吊环。

(3) 在塑料盒容器内放入被测液体。

(4) 将砝码盘挂在力敏传感器的钩上。

(5) 若整机已预热 15 min 以上,可对力敏传感器定标,在加砝码前应首先读取电子秤的初读数 U_0(该读数包括砝码盘的质量)(注:本仪器带有调零装置,可以通过调节面板上的调零旋钮,使初读数为零,力敏传感器自身亦带有机械调零旋钮,也可通过此旋钮调零,一般情况下此旋钮用作将铜片调节在磁铁中间位置使用)。然后每加一个 1 000.00 mg 砝码,读取一个对应数据(mV),记录到表格中,注意安放砝码时动作要应尽量轻巧(可待电压稳定时读数)。用逐差法求力敏传感器的转换系数 K(N/mV)。

(6) 换吊环前应先测定吊环的内外直径,然后挂上吊环,读取一个对应数据(mV),在测定液体表面张力系数过程中,可观察到液体产生的浮力与张力的情况与现象,顺时针转动升降台调节旋钮,使水槽上升,当环下沿接近液面时,仔细调节吊环的悬挂线,使吊环水平,然后把吊环部分浸入液体中,这时候,停顿片刻,待稳定后缓慢地逆时针转动升降台调节旋钮,这时液面逐渐往下降(相对而言即吊环往上提拉),观察环浸入液体中及从液体中拉起时的物理过程和现象,同时注意电压表读数变化,当吊环拉断液柱的一瞬间数字电压表显示拉力峰值 U_1 记下此刻读数(亦可将仪器面板上的测量按钮设置在峰值测量处,仪器会自动记录峰值读数)。拉断后,等待片刻,待吊

环静止后其读数值为 U_2，记下这个数值。连续做五次，求平均值。

表面张力系数为

$$\alpha = \frac{2f}{L} = \frac{(U_1 - U_2)K}{\pi(D_内 + D_外)}$$

五、实验数据记录与处理

1. 数据记录（见表 7-1-1 ~ 表 7-1-3）

表 7-1-1　用逐差法求仪器的转换系数 K（N/mV）

先记录砝码盘等作为初读数 $U_0 = $ _____ mV，然后每次增加一个砝码 $m = 1\,000.00$ mg，（该标准砝码符合国家标准，相对误差为 0.005%）

砝码质量/ $\times 10^{-6}$ kg	增重读数 U'_i/ mV	减重读数 U''_i/ mV	$U_i = \dfrac{U'_i + U''_i}{2}(i=0,1,\cdots,7)$/mV	等间距逐差/mV $\delta U_i = U_{i+4} - U_i$
0.00				$\delta U_1 = U_4 - U_0$
1 000.00				
2 000.00				$\delta U_2 = U_5 - U_1$
3 000.00				
4 000.00				$\delta U_3 = U_6 - U_2$
5 000.00				
6 000.00				$\delta U_4 = U_7 - U_3$
7 000.00				

$\overline{\delta U} = \dfrac{1}{4}(\delta U_1 + \delta U_2 + \delta U_3 + \delta U_4)$，$\overline{\delta U}$ 为 4 000.00 mg 砝码对应的电子秤的 mV 读数，则 $K = \dfrac{gm}{\overline{\delta U}} = $ _____（N/mV）

表 7-1-2　用拉脱法求拉力对应的电子秤读数

水温（室温）= _____ ℃；电子秤初数 $U_0 = $ _____ mV

测量次数	拉脱时最大读数 U_1/mV	吊环读数 U_2/mV	表面张力对应读数 $\Delta U_i = U_1 - U_2 (i=1,2,\cdots,5)$/mV
1			
2			
3			
4			
5			
平均值			$\overline{U} = $ _____

表 7-1-3　吊环的内、外直径　　　　　　　　　　　　　　单位：mm

测量次数	1	2	3	4	5	平均值
内径 $D_内$						
外径 $D_外$						

2. 数据处理

(1) 用逐差法求仪器的转换系数 $K(\text{N/mV})$。
(2) 求出内外直径的平均值。
(3) 根据五次测量的 ΔU_1、ΔU_2、ΔU_3、ΔU_4、ΔU_5,计算 α_1、α_2、α_3、α_4、α_5。
(4) 误差处理:计算表面张力系数的平均值和平均值的标准偏差

$$\overline{\alpha} = \frac{\alpha_1 + \alpha_2 + \cdots + \alpha_5}{5}$$

$$\sigma_{\alpha s} = \sqrt{\frac{\sum_{i=1}^{n}(\alpha_1 - \overline{\alpha})^2}{n-1}}$$

(5) 写出最后结果

$$\sigma_{\overline{\alpha}} = \frac{\sigma_{\alpha s}}{\sqrt{n}}$$

$$\alpha = \overline{\alpha} \pm \sigma_{\overline{\alpha}}$$

(6) 查出室温下水的表面张力系数 α 的理论值,把实验结果与此值比较求相对误差,并与实验值 $\Delta\overline{\alpha}$ 对比对实验结果进行分析。

六、注意事项

(1) 仪器使用前应预热 15 min。
(2) 实验前应清洗容器和吊环。
(3) 力敏传感器最大可测拉力为 30 g,请勿悬挂超过此质量物体,以免造成铜片永久弯曲。
(4) 在实验开始前请选择合适的量程(一般为 200 mV),不可实验过程中切换量程,以免积累误差。

七、分析与讨论

(1) 测 α 时,为什么必须在液膜破裂时记录 x_2 值?
(2) 为什么温度越高 α 越小?
(3) 实验中,为什么不能直接从水龙头接水而用桶中 24 小时以前接的水?

实验 2 声速的测量

声波是一种在弹性媒质中传播的纵波。声波的波长、强度、传播速度等是声波的重要性质,测量声速在实际应用中有着十分重要的意义。

声速可以利用它与频率和波长之间的关系($v = \lambda f$)来测量,其中波长的测量是解决问题的关键。既然声音是以波的形式传播,就有可能利用驻波法测定其波长,进而确定其波速。其中共鸣管就是测定声音在空气中传播速度的一种装置。

频率在 $2 \times 10^4 \sim 10^5$ Hz 之间的声波称为超声波,它具有波长短、能定向传播等优点。超声波在测距、定位、测液体流速、测材料弹性模量以及测量气体温度瞬间变化等方面有着广泛的应用。本实验还将利用声速测量仪测定超声波在空气中的传播速度,通过本实验可以进一步了解声波在空气中传播速度与气体状态参量的关系以及超声波产生和接收的原理,加深对相位概念的理解等。

一、实验目的

(1) 进一步熟悉信号发生器和示波器的使用。
(2) 了解超声波产生和接收的原理,加深对相位概念的理解。
(3) 用相位法和共振法测定超声波在空气中的传播速度。

二、实验仪器和装置

声速测量仪(必需)、示波器、信号发生器。

三、实验原理

声波的传播速度 v 与声波频率 f 和波长 λ 的关系为

$$v = \lambda f \tag{7-2-1}$$

可见,只要测出声波的频率和波长,即可求出声速。f 可由声源的振动频率得到,因此,实验的关键就是如何测定声波波长。

根据超声波的特点,实验中可以采用几种不同的方法测出超声波的波长。

1. 相位法

波是振动状态的传播,也可以说相位的传播。沿传播方向上的任何两点,如果其振动状态相同(同相)或者说其相位差为 2π 的整数倍,这时两点间的距离应等于波长 λ 的整数倍,即

$$l = n\lambda \tag{7-2-2}$$

利用式(7-2-2)可精确地测量波长。

由于发射器发出的是近似于平面波的声波,当接收器端面垂直于波的传播方向时,其端面上各点都具有相同的相位。沿传播方向移动接收器时,总可以找到一个位置使得接收到的信号与发射器激励信号同相。继续移动接收器,直到接收的信号再一次和发射器的激励电信号同相时,移过的距离必然等于声波的波长(由于示波器、换能器等产生的相移,实际上并不一定和声源同相,总是有一定的相位差,但这对于实验中波长的测量并无影响)。

为了判断相位以测定波长,可以利用双线示波器直接比较发射器信号和接收器信号。沿传播方向移动接收器寻找同相点即可实现,如图 7-2-1 所示。

2. 李沙育图形法

如图 7-2-2 所示,利用图形寻找同相或反相时椭圆退化为右或左斜直线的点,其优点是直斜线情况判断相位差最为敏锐。

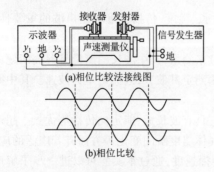

图 7-2-1 用相位比较法测波长

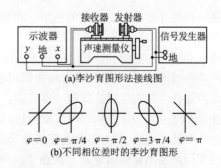

图 7-2-2 用李沙育图形法测波长

3. 共振法

如前所述,由发射器发出的声波近似于平面波。经接收器反射后,波将在两端面间来回反射并且叠加。叠加的波可近似地看作具有驻波加行波的特征。由纵波的性质可以证明,当接收器端面按振动位移来说处于波节时,则按声压来说是处于波腹。当发生共振时,接收器端面近似为波节,接收到的声压最大,经接收器转换成的电信号也最强,声压变化和接收器位置的关系可从实验中测出(见图 7-2-3)。当接收器端面移动到某个共振位置时,如果示波器上出现了最强的电信号,继续移动接收器,将再次出现最强的电信号,则两次共振位置之间的距离即为 $\lambda/2$。

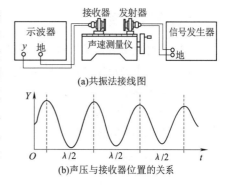

图 7-2-3　用共振法测波长

四、实验器材介绍

声速测量仪必须配上示波器和信号发生器才能完成测量声速的任务。

SW-1 型声速测量仪结构如图 7-2-4 所示。它实际上是超声波发生器(发射器)和接收器的有机组合。超声波发生器利用压电体的逆压电效应,在信号发生器产生的交变电压下,使压电体产生机械振动,而在空气中激发出超声波。本仪器把锆钛酸铅制成的压电陶瓷管(又称压电换能器)黏接在合金铝制成的阶梯形变幅杆上,将它们与信号发生器连接即可组成超声波发生器。当压电陶瓷处于一交变电场时,会发生周期性的伸缩,交变

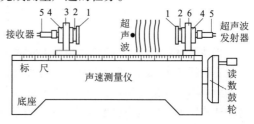

1—增强片;2—压电陶瓷管;3—可移动支架;
4—变幅杆;5—电缆线;6—固定支架。
图 7-2-4　声速测量仪示意图

电场频率与压电陶瓷管的固有频率(≥40 kHz)相同时振幅达最大值,该振动传递给变幅杆,使其产生沿轴向的振动,并通过增强片的端面在空气中激发出超声波。超声波波长很短(仅约数毫米),定向发射性能好,又由于增强片的直径比波长大得多,故可近似认为该发射器发出的超声波是平面波。超声波的接收器则是利用压电体的正压电效应,将接收到的超声振动转化为电信号。为使此电信号增强,经选频放大器放大后,再经屏蔽线传输给示波器观测。接收器被安装在可移动的机构上,这个机构包括可移动支架(其上装有指针,并通过定位螺母套在丝杆上,由丝杆带动作平移)、螺杆及带刻度的手轮等。接收器的位置可由标尺与读数鼓轮的联合读数确定。

五、实验内容与步骤

用相位比较法测定超声波的波长以求声速。

按图 7-2-1 连接仪器装置,参照说明书正确使用示波器及信号发生器。将信号源调至压电陶瓷换能器的固有频率,示波器叠加方式用"交替"或"断续",内触发电源选"Y_2",然后沿超声波传播方向移动接收器,寻找同相点,即可测出波长。

1. 用李沙育图形法测声速

按下示波器的"X-Y"键,改变接收器位置,通过李沙育图形测定超声波波长。

2. 用共振法测声速

按图 7-2-4 连接装置,示波器叠加方式用"Y_2",内触发电源亦选"Y_2"或"Y_1/Y_2",连续改变接

收器位置,观察声压变化与接收器位置的关系,由此测定超声波波长。

六、注意事项

(1) 正确使用信号发生器及示波器;实验时一般将信号源输出调至峰-峰值 $U_{P-P}=5\ V$ 左右。

(2) 用声速测量仪测定波长时,应注意单方向(一般是超声波的传播方向)移动接收器,否则将会产生螺距间隙差。

(3) 注意恰当选择示波器的"扫描速度调节(SEC/DIV)"及"电压调节(VOLTS/DIV)"的挡位,以便观察及减小测量不确定度。

七、分析与讨论

(1) 怎样寻找锆钛酸铅压电陶瓷管的固有频率?

(2) 用相位比较法测波长时,内触发电源选"Y_1"可以吗?选"Y_2"和"Y_1"有何不同?用李沙育图形法测量时有无影响?用共振法测量时应如何?

实验3　多普勒效应实验

当波源、观察者或二者同时相对于介质运动,这时观察者接收到的波的频率和波源发出的频率就不再相同了,这种现象称为多普勒效应。它是奥地利物理学家多普勒于1842年发现的。多普勒效应不仅仅适用于声波,也适用于所有类型的波,包括电磁波、光波、机械波等。这种波频率与物体速度关系的效应已经应用于日常生活和科学研究的各个方面,如医院的彩超、高速路中的测速仪,宏观的天体物理到微观的材料学(激光多普勒)等。

一、实验目的

(1) 了解多普勒效应及多普勒综合实验仪的结构和工作原理。

(2) 应用声波多普勒效应测量物体变速运动的运动学量。

二、实验仪器与装置

ZKY-DPL 型多普勒效应综合实验仪(见图7-3-1)、ZKY-DPL-3 型多普勒效应综合实验仪(见图7-3-2)、水平导轨、垂直导轨、电磁铁、光电门、滑轮、超声波发射器、超声波接收器、小车、导线支杆、细绳、砝码、弹簧等。

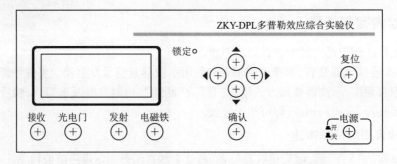

图 7-3-1　ZKY-DPL 型多普勒效应综合实验仪面板

258

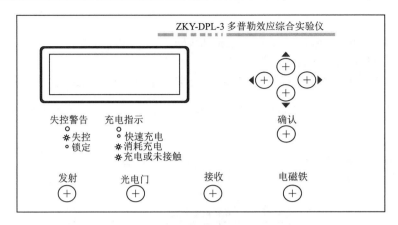

图 7-3-2 ZKY-DPL-3 型多普勒效应综合实验仪面板

三、实验原理

根据声波的多普勒效应公式,如图 7-3-3 所示,当声源与接收器之间有相对运动时,接收器接收到的频率 f 为

$$f = f_0(u + v_1\cos\alpha_1)/(u - v_2\cos\alpha_2) \tag{7-3-1}$$

式中,f_0 为声源发射频率;u 为声速;v_1 为接收器运动速率;α_1 为接收器运动方向的夹角;v_2 为声源运动速率;α_2 为声源运动方向的夹角。

若声源保持不动,接收器沿声源与接收器连线方向以速度 v 运动,则从式(7-3-1)可得接收器接收到的频率应为

$$f = f_0\left(1 + \frac{v}{u}\right) \tag{7-3-2}$$

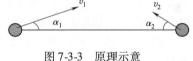

图 7-3-3 原理示意

当接收器向着声源运动时,v 取正,反之取负。若 f_0 保持不变,以光电门测量物体的运动速度,并由仪器对接收器接收到的频率自动计数,根据式(7-3-2),作 $f\text{-}v$ 关系图可直观验证多普勒效应,且由实验点作直线,其斜率应为 $k = f_0/u$,由此可计算出声速 $u = f_0/k$。

由式(7-3-2)可解出

$$v = u\left(\frac{f}{f_0} - 1\right) \tag{7-3-3}$$

若已知声速 u 及声源频率 f_0,通过设置使仪器以某种时间间隔对接收器接收到的频率 f 采样计数,由微处理器式(7-3-3)计算出接收器运动速度,由显示屏显示 $v\text{-}t$ 关系图,或调阅有关测量数据,即可得出物体在运动过程中的速度变化情况,进而对物体运动状况及规律进行研究。

四、实验内容与步骤

1. 验证多普勒效应并测量声速(水平方向实验)

实验装置如图 7-3-4 所示,让小车以不同速度通过光电门,仪器自动记录小车通过光电门时的平均运动速度及与之对应的平均接收频率。由仪器显示的 $f\text{-}v$ 关系图可看出,若测量点成直线,符合式(7-3-2)描述的线性规律,即直观验证了多普勒效应。

实验步骤:

(1)实验仪开机后,输入室温。利用◀ ▶键将室温 T 值调到实际值,按"确认"键。

(2)电磁铁吸住小车后,利用◀ ▶键调节电流值,当锁定灯熄灭就停止调节,此时谐振频率

f_0 确定并记录。

(3) 在液晶显示屏上,选中"多普勒效应验证实验",并按"确认"键。

(4) 利用▶键修改测试总次数(选六次)。

(5) 将小车吸于电磁铁上,砝码如图 7-3-4 所示悬于半空,按▼键,选中"开始测试"。

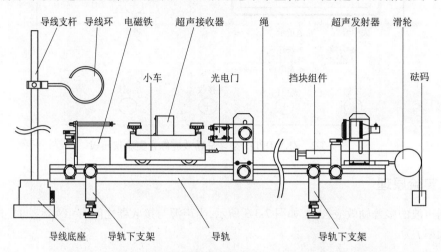

图 7-3-4　多普勒效应验证实验及测量小车水平运动安装示意图

(6) 每一次测试完成,判断本次实验是否正常(在小车滑过光电脉冲转换器时有无受阻),如正常则选择"存入",如不正常可以选择"重测",则此次数据不会进入最后的数据处理。按"确认"键后回到测试状态,并显示测试总次数及已完成的测试次数。

(7) 改变砝码质量(改变小车的运动速度),并退回小车让磁铁吸住,按"开始",进行下一次测试。(砝码有 5 块,分别为 1、2、3、4、4 倍)

(8) 完成设定的测量次数后,仪器自动存储数据,并显示 f-v 关系图及测量数据,将实验数据记入表 7-3-1 中。

2. 研究简谐振动(垂直方向)

当质量为 m 的物体受到大小与位移成正比,而方向指向平衡位置的力的作用时,若以物体的运动方向为 x 轴,其运动方程为

$$m\frac{d^2x}{dt^2} = -kx \tag{7-3-4}$$

由式(7-3-4)描述的运动称为简谐振动,当初始条件为 $t=0$ 时,$x=-A_0, v=dx/dt=0$,则方程(7-3-4)的解为

$$x = A_0\cos\omega_0 t \tag{7-3-5}$$

将式(7-3-5)对时间求导,可得速度方程

$$v = \omega_0 A_0 \sin\omega_0 t \tag{7-3-6}$$

由式(7-3-5)和式(7-3-6)可见物体做简谐振动时,位移和速度都随时间周期变化,式中 $\omega_0 = (k/m)^{1/2}$,为振动的角频率。若忽略空气阻力,根据胡克定律,作用力与位移成正比,悬挂在弹簧上的物体应作简谐振动,而式(7-3-4)中的 k 为弹簧的劲度系数。

实验步骤:

(1) 实验仪开机后,输入室温,按"确认",f_0 自动生成。在液晶显示屏上,用▼选中"变速运动测量实验"并按"确认"键。

(2)利用▶键修改测量点总数为150,用▼键选择采样步距为100 ms。

(3)接收器(重锤)充电:充电时,重锤上的电路板要与充电探针接触,充电指示灯灭表示正在快速充电,绿色表示正在涓流充电,红色表示充电探针未接触到充电器,黄色(或橙色)表示已经充满。

(4)接收器充满电后,将弹簧一端悬挂于电磁铁下端的小孔中,接收器尾翼悬挂在弹簧的另一端上(见图7-3-5),将接收器从平衡位置垂直向下拉15~20 cm,放手后,让接收器产生自由振荡(即减小外力的影响),再按"确认"键(此时要注意失锁灯应该一直是暗的)。

(5)测量完成后,显示屏上显示 v-t 图,将1~50个采样点的 v、t 值记录在表7-3-2中,并用坐标纸画出 v-t 图像。用▶键选择"数据"栏,查阅速度第1次达到最大时的采样点序号 N_{v1max} 和速度第11次达到最大时的采样点序号 N_{v11max},采样点序号 N_{v1max} 和 N_{v11max} 之间共有10个周期,求平均周期 $\overline{T}$。测量弹簧悬挂接收器之后的伸长量 Δx,接收器的质量 M 由教师给出,数据记入表7-3-3中。

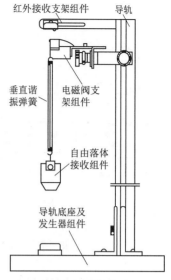

图7-3-5 简谐振动装置

3. 研究自由落体运动,测重力加速度(选做)

(1)实验仪开机后,输入室温,按"确认"键。f_0自动生成。在液晶显示屏上,用▼选中"变速运动测量实验"并按"确认"键。

(2)利用▶键修改测量点总数为8,按▼键选择采样步距为30 ms。

(3)接收器(重锤)充电:充电时,重锤上的电路板要与充电探针接触(见图7-3-6),充电指示灯灭表示正在快速充电,绿色表示正在涓流充电,红色表示充电探针未接触到充电器,黄色(或橙色)表示已经充满。

(4)接收器充满电后,重锤上的电路板要离开充电探针,把重锤往下移1 cm左右并正对发射器,选中"开始测试",按"确认"键后,电磁铁自动释放,接收器自由下落。测量完成后,显示屏上显示 v-t 图,用▶键选择"数据",将测量数据记入表7-3-4中。

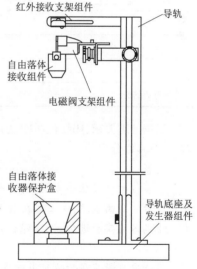

图7-3-6 自由落体运动装置

(5)用▶键选择"返回",按"确认"键后重新回到测量设置界面。重复(2)~(4)步进行新的测量。将实验数据记入表7-3-4中。

4. 其他变速运动的测量(选做)

水平方向阻尼振动的测量(见图7-3-7)和牛顿第二定律的验证(见图7-3-8),这两个实验可作为设计性实验完成。

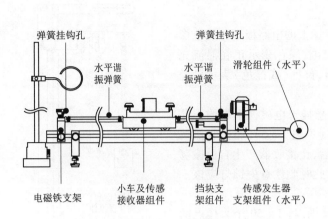

图 7-3-7 水平阻尼振动

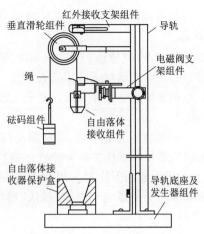

图 7-3-8 牛顿第二定律验证

五、实验数据记录与处理

1. 验证多普勒效应并测量声速（水平方向实验）

表 7-3-1 验证多普勒效应与声速的测量

$f_0 = $ _____ kHz; $T = $ _____ ℃

次数 i	1	2	3	4	5	6
v_i/(m/s)						
f_i/Hz						
砝码倍数						

数据处理要求：用线性回归法计算 f-v 关系直线的斜率 k，计算声速 u 并与声速的理论值比较，计算其百分误差。

注意：

①须待磁铁吸住小车后，再开始调谐。此时超声发生器和接收器的距离最远，保证其在最大距离下的信号强度。

②调谐及实验进行时，须保证超声发生器和接收器之间无任何阻挡物。

③六次测量完成后方可返回首页，否则数据会丢失。

④小车不使用时应立放，避免小车滚轮沾上污物，影响实验进行。

⑤小车速度不可太快，以防小车脱轨跌落损坏。

⑥安装时不可挤压连接电缆，以免导线折断，电缆接头如图 7-3-9 所示。

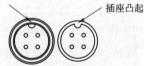

图 7-3-9 插头与插座连接示意图

附：声速的计算公式

$$u = \frac{f_0}{k} \quad \text{(m/s)} \tag{7-3-7}$$

$$u_{理} = 331.45\sqrt{\left(1 + \frac{T}{273.15}\right)} \quad \text{(m/s)} \tag{7-3-8}$$

线性回归法计算公式

$$k = \frac{\overline{v_i \times f_i} - \overline{v_i} \times \overline{f_i}}{\overline{v_i^2} - \overline{v_i}^2} = \frac{\frac{1}{6}\sum_{i=1}^{6} v_i \times \frac{1}{6}\sum_{i=1}^{6} f_i - \frac{1}{6}\sum_{i=1}^{6}(v_i \times f_i)}{\left(\frac{1}{6}\sum_{i=1}^{6} v_i\right)^2 - \frac{1}{6}\sum_{i=1}^{6} v_i^2} \quad (7\text{-}3\text{-}9)$$

2. 研究简谐振动（垂直方向）

表 7-3-2　简谐振动的测量

采样点 i	1	2	3	4	5	6	7	8	9	10
v_i/(m/s)										
t_i/s										
采样点 i	11	12	13	14	15	16	17	18	19	20
v_i/(m/s)										
t_i/s										
采样点 i	21	22	23	24	25	26	27	28	29	30
v_i/(m/s)										
t_i/s										
采样点 i	31	32	33	34	35	36	37	38	39	40
v_i/(m/s)										
t_i/s										
采样点 i	41	42	43	44	45	46	47	48	49	50
v_i/(m/s)										
t_i/s										

表 7-3-3　简谐振动的测量

M/kg	Δx/m	$N_{v1\max}$	$N_{v11\max}$

注：
①测量时必须保证接收器与发射器之间无任何阻挡物，接收器自由振荡开始后，再按"确认"键。
②做简谐振动时接收器必须充满电。
③失锁灯亮说明接收信号弱，检查重锤是否充满电、发射器是否被堵或接收器和发射器是否在一条直线上。
④$N_{v1\max}$ 和 $N_{v11\max}$ 应该到数据栏去记录而不能在图形上数。

附：角频率计算公式

$$\omega = \frac{2\pi}{T} \quad (1/\text{s}) \quad (7\text{-}3\text{-}10)$$

$$\omega_0 = \sqrt{\frac{k}{m}} \quad (1/\text{s}) \quad (7\text{-}3\text{-}11)$$

劲度系数计算公式

$$k = \frac{mg}{\Delta x} \quad (\text{kg/s}^2) \quad (7\text{-}3\text{-}12)$$

平均周期计算公式(采样步距为100 ms)

$$\overline{T} = 0.01(N_{v11\max} - N_{v1\max})\quad(\text{s}) \tag{7-3-13}$$

数据处理要求:计算角频率 ω、ω_0 并计算其百分误差。

3. 研究自由落体运动,测重力加速度(选做)

表 7-3-4　自由落体运动的测量

采样次数 i	2	3	4	5	6	7	8
相应时刻 $t_i = 0.03(i-1)/\text{s}$							
第一次实验 $v/(\text{m/s})$							
第二次实验 $v/(\text{m/s})$							
第三次实验 $v/(\text{m/s})$							
第四次实验 $v/(\text{m/s})$							

数据处理要求:计算重力加速度 g 及其不确定度。

注意:

①须将"接收器保护盒"套于发射器上,避免发射器受到冲击而损坏。

②若接收器在充电位置处下落,则其运动方向不是严格的在声源与接收器的连线方向,则 α_1(见图 7-3-10)在运动过程中增加,此时式(7-3-2)不再严格成立,由式(7-3-3)计算的速度误差也随之增加。

③ZKY-DPL-3 型多普勒效应综合实验仪采用无线的红外调制—发射-接收方式。即用超声接收器信号对红外波进行调制后发射,固定在导轨一端的红外接收端接收红外信号后,再将超声信号解调出来。由于红外发射/接收的过程中信号传输是光速,远远大于声速,它引起的多普勒效应可以忽略。

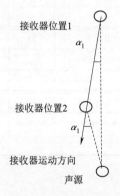

图 7-3-10　运动过程中 α_1 角度变化示意图

六、分析与讨论

(1)为什么在使用多普勒效应综合实验仪时,要求输入室温?

(2)在验证多普勒效应实验中,为什么要调谐振频率?如何调节谐振频率?

(3)影响简谐振动实验误差的主要来源是什么?

实验4　用双电桥测低电阻

电阻按其阻值的大小来分,大致可分为高电阻(100 kΩ)、中电阻(1~100 kΩ)、低电阻(1 Ω 以下)三类。不同阻值的电阻测量方法不尽相同,它们都有本身的特点。双臂电桥(又称开尔文电桥)是在单臂电桥的基础上发展而来的,是用以精确测量低值电阻的一种装置。它采用四端接线法,利用它可以消除各种附加电阻对测量结果的影响,是测量 1 Ω 以下的低值电阻的常用仪器。例如,测量技术材料的电阻率,电机、变压器绕组的电阻,低阻值线圈的电阻等。

一、实验目的

（1）了解双臂电桥测低电阻的原理和方法。
（2）了解单臂电桥和双臂电桥的关系与区别。
（3）测出所给样品的电阻值和电阻率。

二、实验仪器与装置

QJ-19A 型单双臂直流电桥（见图 7-4-1）、LM1719A 型直流稳压电源、AC15A 型检流计、标准电阻 0.001 Ω、直流安培计、滑动变阻器、待测铜 1、铜 2、铁棒、换向开关、螺旋测微计、游标尺、导线等。

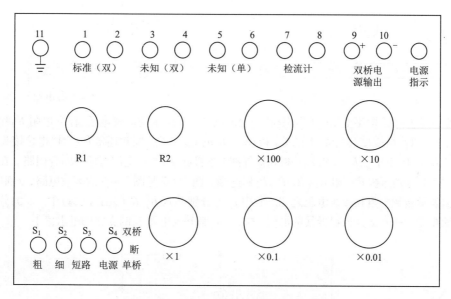

图 7-4-1　QJ-19A 型单双臂直流电桥面板

三、实验原理

用单臂电桥可以测量 10～100 kΩ 的电阻。而用它来测量 1 Ω 以下的低电阻，由于导线电阻和接点处的接触电阻存在，测量误差就很大。例如，导线电阻和接触电阻之和达 0.001 Ω 左右，所测低电阻为 0.01 Ω，则其影响可为 10%；若所测低电阻为 0.001 Ω 以下，则无法得出测量结果。为了减小误差，对单臂电桥进行改进而发展成双臂电桥，又称开尔文电桥。

考察接线电阻和接触电阻对低值电阻测量结果的影响。图 7-4-2 为测量电阻 R_x 的电路，考虑到电流表、毫伏表与测量电阻的接触电阻后，等效电路如图 7-4-3 所示。由于毫伏表内阻 R_g 远大于接触电阻 R_{i3} 和 R_{i4}，所以由 $R = U/I$ 得到的电阻是 $(R_x + R_{i1} + R_{i2})$。当待测电阻 R_x 很小时，不能忽略接触电阻 R_{i1} 和 R_{i2} 对测量结果的影响。

为消除接触电阻的影响，接线方式改成四端接法方式，如图 7-4-4 所示。A、D 为电流端钮，B、C 为电压端钮，等效电路如图 7-4-5 所示。此时毫伏表上测得电压为 R_x 的电压降，由 $R_x = U/I$ 即可准确计算出 R_x。

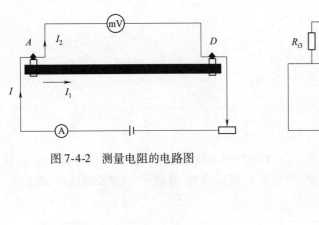

图 7-4-2 测量电阻的电路图

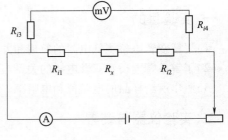

图 7-4-3 等效电路图

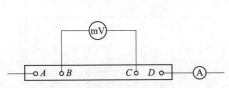

图 7-4-4 四端接法电路图

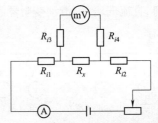

图 7-4-5 四端接法等效电路

把四端接法的低电阻接入原单臂电桥,演变成图 7-4-6 所示的双臂电桥,标准电阻 R_N 和被测电阻 R_x 都备有一对"电流接头",如 R_N 的 C_{N1} 和 C_{N2}。R_x 的 C_{x1} 和 C_{x2},同时还备有一对"电位接头",R_N 的 P_{N1} 和 P_{N2},R_x 的 P_{x1} 和 P_{x2},R_x 和 R_N 用一根粗导线 r 连接起来,并和电源组成一闭合回路。在它们的"电位接头"上分别与桥臂电阻 R_1、R_2、R_3、R_4 相连接。图 7-4-7 是图 7-4-6 的等效电路,分别用 r_1、r_2、r_3、r_4、r_1'、r_2' 表示接触电阻和接线电阻之和。其中 r_3、r_4 分别并入 R_3、R_4(几百欧姆)中。r_1、r_2 分别并入 R_1、R_2(大电阻)中,r'、r'' 并入粗导线的电阻 r 中,r_1'、r_2' 都并入电源 E 的支路的电阻值中。

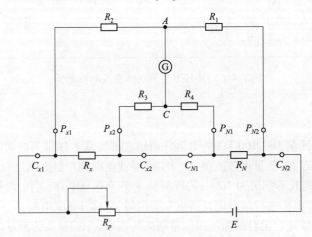

G—检流计;E—直流电源;R_1、R_2、R_3、R_4—桥臂电阻;R_N—标准电阻;
R_x—被测电阻;R_p—调节电阻;C—电源接头;P—电位接头。

图 7-4-6 双臂电桥测量原理

当电桥达到平衡时,通过检流计的电流 $I_G = 0$,A、C 两点电位相等,则可得下列方程:

$$\begin{cases} I(R_1 + r_1) = I_x R_x + I_3(R_3 + r_3) \\ I(R_2 + r_2) = I_x R_N + I_3(R_4 + r_4) \\ (I_x - I_3)r = I_3(R_3 + R_4 + r_3 + r_4) \end{cases} \quad (7\text{-}4\text{-}1)$$

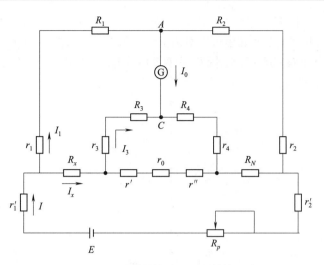

图 7-4-7 双臂电桥测量原理等效电路

因为 $R_1 \gg r_1$、$R_2 \gg r_2$、$R_3 \gg r_3$、$R_4 \gg r_4$,方程可简化为

$$\begin{cases} IR_1 = I_x R_x + I_3 R_3 \\ IR_2 = I_x R_N + I_3 R_4 \\ (I_x - I_3)r = I_3(R_3 + R_4) \end{cases} \quad (7\text{-}4\text{-}2)$$

解方程组得

$$R_x = \frac{R_1}{R_2} R_N + \frac{rR_1}{R_3 + R_4 + r} \left(\frac{R_4}{R_2} - \frac{R_3}{R_1} \right) \quad (7\text{-}4\text{-}3)$$

在制造电桥时,使电桥在调节平衡的过程中,总保持 $R_3/R_1 = R_4/R_2$,那么式(7-4-3)中包括有 r 的部分总可等于零,则被测电阻 R_x 由下式求得

$$R_x = \frac{R_1}{R_2} R_N \quad (7\text{-}4\text{-}4)$$

本实验使用 QJ-19A 型单双臂两用电桥的双臂电桥测低阻,可测量 $10^{-5} \sim 10^2\ \Omega$ 的电阻,其电路图如图 7-4-8 所示。它是根据上述原理做成的。其中 $R_{外}$、$R_{内}$ 与图 7-4-2 中 R_1、R_3 相对应,故由图 7-4-4 可得

$$R_x = \frac{R_{外}}{R_1} R_N + \frac{rR_{外}}{R_{内} + R_2 + r} \left(\frac{R_2}{R_1} - \frac{R_{内}}{R_{外}} \right) \quad (7\text{-}4\text{-}5)$$

制造电桥时,设计了可调节 $R_2 = R_1$,R_2、R_1 分别在仪器面板上,$R_{外}$、$R_{内}$ 采用两个机械联动的转换开关,同时调节它们的数值,使得 $R_{内} = R_{外} = R$,R 也在仪器面板上,其倍率分别为 $\times 100$、$\times 10$、$\times 1$、$\times 0.1$、$\times 0.01$,选择所组成的总电阻由于保持 $R_2/R_1 = R_{内}/R_{外}$,故式(7-4-5)中包含有 r 的项便等于零,被测电阻 R_x 就由下式决定

$$R_x = \frac{R_{外}}{R_1} R_N = \frac{R_N}{R_1} R$$

或

$$R_x = \frac{R_N}{R_2} R \quad (7\text{-}4\text{-}6)$$

利用双臂电桥测低电阻,能够排除或减小接线电阻和接触电阻对测量结果的影响的道理阐述如下:

(1) 被测电阻 R_x 和标准电阻 R_N 之间的接线电阻和电流接头 C_{x2}、C_{N2} 的接触电阻 r''、r' 都并入电

阻 r 中,由式(7-4-3)看出,只要保证 $R_3/R_1 = R_4/R_2$,不管 r 为何值,包含电阻 r 的项总是等于零,这样就排除了这部分接线电阻和接触电阻对测量结果的影响,但实际上由于受到指零仪——检流计的灵敏度限制,实际上对 r 有些影响,因此,在双臂电桥上,r 的数值要求尽量小($\leqslant 0.001\ \Omega$),连接导线 r 选用粗导线,尽量短。

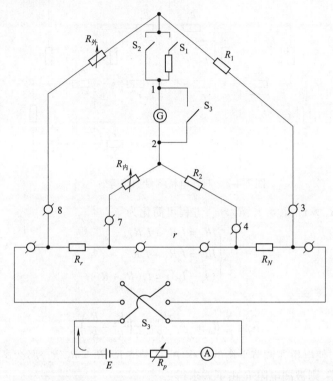

S_3—外接换向开关;A—外接安培计;R_p—外接变阻器;E—外接直流电源;
r—外接粗短导线;G—外接检流计;R_r—外接被测电阻;R_N—外接标准电阻。

图 7-4-8　QJ-19A 型双臂电桥原理图

(2) R_x 和 R_N 与电源连接的接线电阻,以及 $C_x C_{N1}$ 的接触电阻 r_1' 和 r_2' 只对总的工作电流 I 有影响,对电桥平衡无影响,故对测量结果的影响被排除了。

(3) 电位接头 P_{x1}、P_{N1}、P_{x2}、P_{N2} 的接线电阻以及接触电阻都分别包括到桥臂支路里。由于 R_1、R_2、R_3、R_4 都选择在 10 Ω 以上,实验中做到引线电阻应小于 0.005 Ω,则对测量结果影响可减小,以至排除。

四、实验内容与步骤

1. 测导电用铜棒 1、铜棒 2 的电阻

已知导电用铜电阻率 ρ 为 $0.0179 \times 10^{-6}\ \Omega \cdot m$,取长为 0.1 m,测出其电阻 R_x。

(1) 用螺旋测微器测铜棒的直径 d(不同位置测 4 次,求 d 的平均值),用米尺测其两电位接头之间的长度 L,计算出电阻

$$R_{x\text{计}} = \rho \times \frac{L}{S} = \rho \frac{4L}{\pi d^2}$$

式中,ρ 为电阻率,以 $\Omega \cdot m$ 为单位;L 以米为单位;Φ 以毫米为单位。

(2) 按图 7-4-9 连接好电路;将检流计调好其零点。

(3)根据 $R_{x\text{计}}$ 的数值,根据表7-4-1确定 $R_1 = R_2$ 和 R_N 的数值,并由式(7-4-6)确定 R 的数值,按照 R_1、R_2、R 的数值在仪器上分别调好。

(4)调节稳压电源,使输出电压为 5 V,调节变阻器使 $I = 3$ A 左右。

(5)测量时可变电阻器先放在电阻最大位置,K_4 开关拨向"双桥"位置,合上电流换向开关,按下 S_1(粗)检流计开关,调节测量盘电阻 R 使 G 指零,再按下 S_2(细),继续调节测量盘 R 使检流计准确指零,电桥平衡。

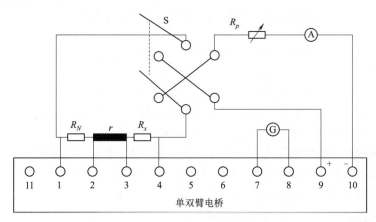

图 7-4-9 DJ-19A 型单双臂电桥接线方式

2. 按上述分别测出工业用铜棒、铁棒的电阻和电阻率

为计算 $R_{x\text{计}}$ 的需要,粗略地以 $\rho_{\text{铁}} = 0.1 \times 10^{-6}$ Ω·m,$\rho_{\text{铜}} = 0.0179 \times 10^{-6}$ Ω·m。记录表格自拟。DJ-19A 型单双臂直流电桥测低电阻时各相关电阻阻值见表7-4-1。

表 7-4-1 DJ-19A 型单双臂直流电桥测低电阻时各相关电阻阻值

R_x/Ω		R_N	$R_1 = R_2$/Ω
从	到		
10	100	10	100
1	10	1	100
0.1	1	0.1	100
0.01	0.1	0.01	100
0.001	0.01	0.001	100
0.000 1	0.001	0.001	1 000
0.000 01	0.000 1	0.001	1 000

五、注意事项

(1)电位接头之间的长度要测得准确,接头要注意接触良好,否则测得数据(R 值)涨落较大,误差大。

(2)R_x 与 R_N 之间电流接头的连接 r 粗而短。

(3)电流 $I = 3$ A 左右,不得大于很多,并且通电时间要短,按 S_2 测试后,应断开 S_2,避免连线、电阻棒变阻器发热。

(4)对 R_x 值要有估算,避免检流计因电流过大而烧坏。S_2 要瞬时按下,目的是保护检流计。

六、分析与讨论

(1) 双臂电桥与惠斯通电桥有哪些异同？
(2) 双臂电桥怎样消除附加电阻的影响？
(3) 电桥的灵敏度是否越高越好？为什么？

实验 5　电子示波器及其应用

电子示波器是现代工业生产和科学研究中应用非常广泛的测量仪器，用它可以观察和分析各种信号波形，如电流、电压、电脉冲等信号，所以，一切可以转换为电压信号的非电学量如流量、位移、速度等及其随时间变化的过程均可通过示波器进行观察和分析。由于微电子技术与计算机科学在示波器设计和生产中的应用，赋予了现代示波器记录、存储和处理信号的更加强大的功能，将过去人眼无法直接看到的电子束运动状态、信号瞬变过程以图形、曲线和字符等形式通过示波器清晰地展现在人们的面前，使得人类分析和认识快速变化的世界的能力得到进一步扩展，所以学习和掌握示波器的使用对现代工程技术人员极为重要。随着生产技术的进步和发展，示波器将朝着高清晰度、低功耗、智能化、数字化的方向发展。

一、实验目的

(1) 了解电子示波器的基本工作过程和扫描原理。
(2) 学习使用示波器观测波形。

二、实验仪器与装置

电子示波器、变压器、电阻、电容、晶体二极管、电池、导线等。

三、实验原理

1. 双踪示波器的电路原理框图

示波器主要由示波管、X 轴和 Y 轴偏转放大器、控制电路、扫描电路、电源和标准信号源等部分组成。

图 7-5-1 给出了双通道示波器的原理框图。图 7-5-1 中，被观测的信号经通道 1 (或通道 2) 输入 Y 轴后，通过放大器放大(或衰减)，加到示波器的 Y 轴偏转板上。同时，从扫描电路输出的扫描电压加到示波管的 X 轴偏转板上，这样，就能在荧光屏上重复出现被观测的信号波形。当 X 轴要输入信号时，只要将扫描电路切断即可。

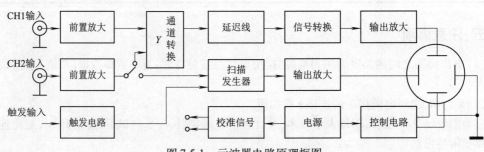

图 7-5-1　示波器电路原理框图

2. 示波管的结构与工作原理

电子示波器的种类繁多,形式多样,其基本工作原理大同小异。示波器中最基本最关键的部件之一是示波管,它是一只抽成真空的玻璃管,其内部结构如图 7-5-2 所示,它的电子枪由灯丝、阴极、栅极、第一阳极、聚焦极和第二阳极构成,其主要功能是通过灯丝潮热阴射面,发射并形成一束聚焦良好的电子束。偏转极板由两对相互垂直放置的 Y 轴偏转板和 X 轴偏转板组成,其主要作用是在两极板间加上一定电压时,可以控制电子束在竖直方向上偏转或在水平方向上偏转。荧光屏是示波管的图形显示界面,当受控电子束轰击荧光屏时,屏上的荧光物质会发出可见光。所以,向示波器输入信号时,荧光屏上会呈现出输入信号的波形,因此可以借助示波管观测和分析信号。

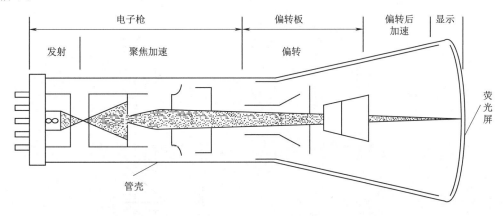

图 7-5-2 示波管结构示意图

3. 示波器显示波形的原理

在使用示波器时,通常将待测信号加在示波器的 Y 轴偏转板,而在 X 轴偏转板加入扫描电压。若在 X 轴和 Y 轴偏转板同时加入信号,则电子束将在两个相互垂直的力的共同作用下向合力方向偏转。

当示波器的两对偏转板不加任何信号时,荧光屏上只出现一个光点。若在 Y 轴偏转板或 X 轴偏转板单独施加一信号电压,面在另一偏转板不加信号时,电子束就沿着垂直或水平方向偏转。当输入频率大于 25 Hz 时,由于荧光屏的余辉和人眼的视觉作用。观察者在荧光屏上可看到一幅光滑稳定的波形。

常用示波器的扫描方式三种,即直线式扫描、圆式扫描和螺旋式扫描。直线式扫描是指电子束在时基信号作用下的光迹为一条直线;圆式扫描在测量相位和频率时用到;螺旋式扫描在特殊场合使用。本实验使用的示波器的扫描方式是直线式扫描。

直线式扫描是在示波器 X 轴偏转板上加上锯齿波扫描是信号来实现的,图 7-5-3 为锯齿波扫描电压波形;图 7-5-4 为波形合成原理图,设 U_y 和 U_x 周期相同,将一个周期分为四个相等的时间间隔,U_y 和 U_x 值分别对应光点偏离 X 轴和 Y 轴的位置,其扫描过程为:锯齿波电压在一个周期内从零值开始随时间正比地增加到峰值,而后突然降到零值,随后就周而复始地进行这样的变化。由于锯齿波电压的这一扫描作用,使得光点在荧光屏上扫过一个完整波形时,U_x 迅速降为零,从而使光点迅速向左偏移,回到开始扫描的原点,接着开始下一个周期的变化,光点随之在荧光屏上重描绘出 Y 轴输入的波形。这一呈现波形的过程,成为扫描原理。若在 Y 轴偏转板输入待测信号电压为

$$U_y = U_m \sin \omega t$$

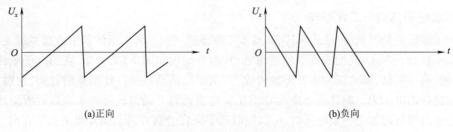

(a)正向　　　　　　　　　　　　(b)负向

图 7-5-3　锯齿波扫描电压波形

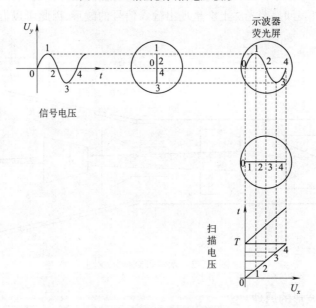

图 7-5-4　显示波形的原理

则电子束在 U_y、U_x 的共同作用下，在荧光屏上描绘的轨迹为

$$U = U_y + U_x = U_m \sin \omega t + U_x = U_M \sin \omega t$$

扫描电压的周期(或频率)可以调节，当它的周期与待测信号的周期相同时，荧光屏上将出现一个稳定的波形。当待测电压的频率 f_y 是扫描电压频率的整数倍时，即 $f_y = nf_x (n = 1,2,\cdots)$ 时，荧光屏上将出现 1,2,…个波形。为了有效稳定的显示波形，多数示波器采用触发电路和扫描电路实现同步扫描。示波器出厂时一般已调制临界触发状态，这时触发灵敏度最高。当输入的待测信号电压上升到出发电平时，锯齿波发生器便开始扫描，扫描时间长短由扫描速度选择开关控制，通过适当调节，可使所显示的波形非常稳定。实验中使用的 DF4328 型示波器采用的正是这种同步扫描方式。

四、实验器材介绍

见第 2 章第 2 节的"六、示波器的使用"。

五、实验内容与步骤

1. 定量测量输入信号的电压值

(1)调整测量的基准位置。接通电源，使示波器预热 1 min，将示波器通道选择开关 CH1 按下，把 CH1 的输入方式耦合开关 GND 按下，将 TIME、X-Y 按下，选为 X-Y 方式，则荧光屏上出现一光点。若不出现光点，可先调亮度，再调节竖直位移和水平位移旋钮，反复调节亮度和聚焦旋钮,使荧光屏上呈现一细小、亮度适中的光点,再调垂直和水平位移,将光点调到坐标原点位置。或者将TIME、X-Y开关选为TIME方式,调节扫描开关旋钮,使屏幕上出现一条横线,再调节竖直位移和水平位移旋钮,使这一条横线的起始位置与坐标原点对齐。这时基准位置就调好了。下面的测量都是以这条线为基准的。

(2)测量直流输入信号的电压值(用一节干电池)。先将CH1(或CH2)的灵敏度旋钮置于1 V/div挡,其微调旋钮顺时针方向调到校准位置,再将CH1(或CH2)的输入耦合方式开关DC按下,然后将示波器探头两端与干电池正、负极相连。此时,荧光屏上的光线(或光点)朝Y轴方向向上或向下偏离基准位置N(单位:cm),则待测电池的电动势为N(单位:V)。

(3)测量变压器输出的交流电压值(峰-峰值),计算出相应的有效值。

①将CH1(或CH2)的输入精合开关选为AC,将示波器的输入探头接到变压器"6 V"与"地"接线柱上,灵敏度选择开关置于5 V/div挡,即可在荧光屏上观察到一条竖直线。

②将CH1灵敏度微调开关置于关的位置,从屏幕坐标上读出竖直线的长度M(单位:cm),乘以灵敏度5 V/cm,就是交流电压的峰-峰值U_{P-P},交流电压的有效值为

$$U_E = \frac{U_{P-P}}{2\sqrt{2}}$$

2. 绘制波形图

观察波形,并以1:1的比例在毫米方格纸上面出两个周期的U_y-t波形图。

(1)正弦电波形。将示波器的CH1(或CH2)输入探头接到变压器的"6 V"与"地"接线柱上,将TRIGGER栏下的CH1、CH2选为CH1,TIME、X-Y开关置于TIME,扫描方式选为AUTO,扫描开关置于适当位置,可在荧光屏上观察到正弦波形。仔细调节电平(LEVEL)旋钮,使波形稳定。在坐标纸上画出该波形,并求出正弦波的周期。

(2)整流滤波波形。按图7-5-5所示正确接线,然后将示波器输入探头分别接到四种电路的输出端(即电阻R两端),调节CH1灵敏度旋钮,使荧光屏上呈现出整流或滤波波形。调节电平(LEVEL)开关,使波形相对稳定,在坐标纸上画出各电路的输出波形,要求在坐标上标出灵敏度和扫描速度示值。

六、误差分析

示波器测量误差中既有系统误差也有随机误差,系统误差主要来自Y轴偏转系统,包括偏转因子误差、非线性误差、各级放大电路放大倍数的不稳定(噪声、漂移、频率响应的起伏)以及环境因素等造成的误差。其中,非线性误差源是输出放大路和示波管;噪声所引起的误差主要来自输入电路和前置放大器;漂移所引起的误差主要来自放大电路的设计(包括稳定措

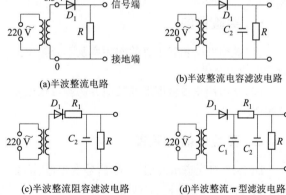

图7-5-5 整流滤波电路图

施、反馈补偿电路、耦合方式等);环境因素主要由各偏转系统间的干扰环境对示波管或显示器的磁性和电场干扰等。随机误差主要包括视差、测量方法的误差、电源不稳定造成的误差等。X轴偏转系统也会带来系统误差,但不是示波器测量的主要因素。对X轴偏转系统要求其核心部件的扫描线性误差小,频率在规定范围内连续可调以及幅度稳定性好。若一个示波器各元件和每级放大电路不能保证对误差的要求,补救的方法就是利用示波器内置的标准信号源,以提供已知

的、幅度准确的标准电压,在测试前对 Y 轴偏转因子进行校准。

七、注意事项

(1) 使用示波器前,应先接通电源预热,然后再进行光点的调节。

(2) 荧光屏上的光点不可调得太亮,应以看得清为准。应尽量避免电子束固定打在荧光屏上的某一点,以免损坏荧光屏。

(3) 示波器的所有开关及旋钮均有一定的转动范围,要弄清使用条件,不可盲目硬旋,以免示波器内部电子线路发生短路、断路或旋钮移位。若发现旋钮已经错位,可将旋钮逆时针旋到极限位置(即旋不动为止),对准起始刻度,再顺时针逐挡旋转,弄清所需示值位置。

(4) 示波器输入探头是电缆插头线,中心芯线(红接线片)为信号输入端,芯线外绝缘层中金属屏蔽网的引出线(黑接线片)为接地端,接线时不能搞混,以免信号短路。

八、分析与讨论

(1) 用示波器观测波形时,待测信号应从哪里输入?是否要加扫描电压?为什么?

(2) 如果 DF4328 型示波器使用具有 1∶10 衰减功能的探头,那么测峰-峰值为 6.3 V(电表读数)的交流电压时,CH1 的灵敏度调节开关打在哪挡读数最合理?为什么?

(3) 什么叫同步扫描?条件是什么?

(4) 接通示波器电源预热 1 min 后,若屏幕上既无亮点又无扫描线,这是什么原因?应如何调节?

实验 6 用示波器测量相位差及频率

用示波器可以直接观察电信号的波形,测定信号的幅度、周期、频率等,还可测量两个正弦信号间的相位差,并且可同时观测多个信号间的相位关系等。示波器也具有多种测频功能,而且相位及频率在测量时可同时进行,使得示波器在信号的相位差和频率的测量领域有着明显的实用性和便利性。

一、实验目的

(1) 观察两个相互垂直的同频率及不同频率的简谐振动的合成。

(2) 学习用李沙育图形及其他方法测量相位差及频率。

二、实验仪器与装置

DF4328 双通道示波器、低频信号发生器、待测频率信号源、RC 电路板、导线等。

三、实验原理

1. 用李沙育图形测量相位差

从 Y 轴和 X 轴同时输入两个正弦交流电压,则电子束在两个互相垂直的电场力作用下在荧光屏上得出图 7-6-1 中的某一种图形,称为李沙育图形。

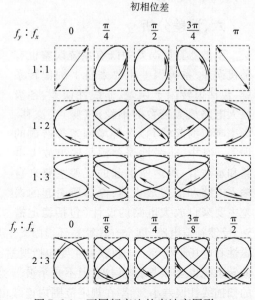

图 7-6-1 不同频率比的李沙育图形

(1) 两个互相垂直的同频率简谐振动的运动方程为

$$X = X_0 \cos(\omega t + \varphi_1) \quad (7\text{-}6\text{-}1)$$

$$Y = Y_0 \cos(\omega t + \varphi_2) \quad (7\text{-}6\text{-}2)$$

式中,X_0、Y_0 为振动的振幅;$(\omega t + \varphi_1)$ 及 $(\omega t + \varphi_2)$ 为相位;φ_1、φ_2 为初相位(也称初相)。合成后的轨迹一般情况下为椭圆,方程式为

$$\frac{X^2}{X_0^2} + \frac{Y^2}{Y_0^2} - 2\frac{XY}{X_0 Y_0}\cos(\varphi_2 - \varphi_1) = \sin^2(\varphi_2 - \varphi_1) \quad (7\text{-}6\text{-}3)$$

式中,$\varphi_2 - \varphi_1 = \varphi$ 称为相位差。现讨论如下:

① 当相位差 $\varphi = 0$(或 $2k\pi$)时,说明 Y、X 方向的振动初相相同,此时

$$\frac{X}{X_0} = \frac{Y}{Y_0} \quad (7\text{-}6\text{-}4)$$

两振动的合成轨迹是一条直线,当 $Y_0 = X_0$ 时,这条直线与 X 轴成 45°。

② 当相位差 $\varphi = \dfrac{\pi}{2}$ 时,式(7-6-3)即为

$$\frac{X^2}{X_0^2} + \frac{Y^2}{Y_0^2} = 1 \quad (7\text{-}6\text{-}5)$$

此时两振动合成轨迹为一个正椭圆。当 $Y_0 = X_0$ 时,椭圆就成为正圆。

③ 当相位差 φ 值在 $0 \sim \dfrac{\pi}{2}$ 之间时,两振动合成的轨迹也是椭圆。只是椭圆的主轴不再与原来的两个振动方向(X、Y 轴向)重合,一般称为斜椭圆。

同理,可以讨论 $\varphi = -\dfrac{\pi}{2}$ 和在 $-\dfrac{\pi}{2} \sim 0$ 之间的情况,结论与②、③相同,只是轨迹的走向与前相反。

(2) 用李沙育图形测电路的相移

为了求得两个相互垂直振动的相位差,可以对椭圆轨迹与 X 轴相交的交点 a、a' 的振动情况(见图7-6-1)进行探讨,由于这两点的纵坐标为零,故根据式(7-6-2)可得

$$Y = Y_0 \cos(\omega t + \varphi_2) = 0$$

即

$$\omega t = \pm \frac{\pi}{2} - \varphi_2$$

代入式(7-6-1)中,得

$$X = X_0 \cos\left(\pm \frac{\pi}{2} - \varphi\right) = \pm X_0 \sin\varphi$$

由图 7-6-2 可知

$$B = 2X = 2X_0 \sin\varphi$$
$$A = 2X_0$$

则有

$$\frac{B}{A} = \sin\varphi$$

$$\varphi = \arcsin\frac{B}{A} \quad (7\text{-}6\text{-}6)$$

实验时,只需测出 A、B 值,就可由式(7-6-6)计算出两振动的相位差。

2. 用李沙育图形测频率

如果两个相互垂直的谐振动频率不同,但有简单的整数比关系,利用李沙育图形,可以由一

已知频率求得另一振动的未知频率。

设 Y 方向振动和 X 方向振动的频率比为 $1:2$，则从李沙育图形可知，它们的合成轨迹如图 7-6-2 所示。作一竖直线与这合成轨迹的左边相切，再作一横直线与该轨迹的下边相切，就可得到竖直线与水平线的切点数之比为 $2:1$（见图 7-6-3 中虚线的交点数之比）。可见，Y 方向振动一次的时间，X 方向却振动了两次。设竖直线与轨迹相切的切点数为 n_y，横直线与轨迹相切的切点数为 n_x，则 Y 方向振动与 X 方向振动的频率之比为

$$f_y:f_x = n_x:n_y \tag{7-6-7}$$

这样，只要知道一个频率，就可根据李沙育图形求出另一个频率。

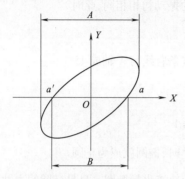
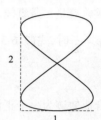

图 7-6-2　垂直振动的合成轨迹　　　　图 7-6-3　$f_y:f_x=1:2$ 的振动合成

四、实验内容与步骤

1. 观察两个相互垂直的同频率的电振动（用正弦电压表示）**的合成轨迹**

参阅"电子示波器及其应用"实验，将 DF4328 型示波器的"TIME"、"X-Y"按下，这时"CH1 输入"或"CH2 输入"即为"X 轴输入"。

（1）将信号发生器的输出电压分别接到示波器的"Y 轴输入"端及"X 轴输入"端，即将示波器探极的信号端接信号发生器的电压输出钮，探极的接地端接信号发生器的"地"。观察并记录荧光屏上显示的合成轨迹。

（2）将信号发生器按图 7-6-4 接好，这是一个阻容相移电路，A、D 间的电压 U_{AD} 与 B、D 间的电压 U_{BD} 之间存在相位差。这个相位差的大小与信号频率的大小有关，低频时，相位差趋近于零；高频时，相位差趋近于 $\dfrac{\pi}{2}$。

将示波器的 X 轴和 Y 轴探极的信号端分别接到图 7-6-4 的 A、B 端，探极的接地端与 D 端连接。调节信号发生器的频率，可以观察到荧光屏上显示出近乎直线、椭圆及近乎正椭圆的图像。

（3）测量两个相互垂直、同频率、不同相位振动的相位差 φ。

从电工学中可以知道，电阻两端的电压 U_{AB} 的相位比电容两端的电压 U_{BD} 的相位超前 $90°$，而它们的总电压 U_{AD} 可用矢量合成图表示，如图 7-6-5 所示。由图可见，总电压与电容两端的电压之间有一相位差 φ，并且有如下关系：

$$\tan\varphi = \frac{U_{AB}}{U_{BD}} = \frac{IR}{I\dfrac{1}{\omega C}} = 2\pi fCR \tag{7-6-8}$$

所以
$$\varphi = \text{art}\tan(2\pi fCR) \tag{7-6-9}$$

这是从电工学知识得到的两个相互垂直、同频率、不同相位振动的相位差。

现用实验方法来测量这一相位差。按图 7-6-4 的电路图接线,选择信号发生器的频率为 100 Hz 和 200 Hz,荧光屏上的图像为斜椭圆,如图 7-6-2 所示,测出 A、B 值,根据式(7-6-6)计算相位差,并与相位差的理论值 $\varphi = \arctan(2\pi fCR)$ 进行比较,计算两者的相对百分误差(式中 C 为电容值,R 为电阻值,f 为频率)。

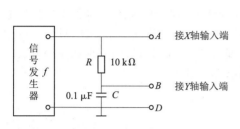

图 7-6-4 阻容相移电路

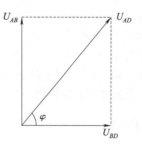

图 7-6-5 电压矢量合成图

2. 观察李沙育图形及测定未知频率

将一个频率未知的信号发生器(即固定频率的待测信号源)的输出端与示波器的 Y 轴输入探极信号端相接;将频率已知的可调信号发生器的输出端与示波器的 X 轴输入探极信号端相接。两探极的接地端分别与两信号发生器的"地"相接。调节信号发生器的频率,就能在荧光屏上显示出李沙育图形。根据李沙育图形与外接矩形边的切点数就可测定待测信号源的频率。

本实验要求调出 1∶1、1∶2、2∶1、1∶3、2∶3 的图形,并分别画出上述图形,记录每个图形对应的频率值。并求出待测信号源的频率。

五、误差分析

用示波器测相位差及频率的误差因素除了示波器的系统误差外,主要是屏幕读数误差。测量当中应尽量使两个信号输入线的长度与阻抗相同,否则也会引进附加相位差。

六、注意事项

(1)在实验过程中,不要经常通断示波器的电源,以免缩短示波管的使用寿命。如果短时间不用,可将"亮度"逆时针方向旋到尽头,截止电子束的飞出,使光点消失。

(2)操作时旋钮不要用力太大,以防发生错位、扭断。

七、分析与讨论

(1)在观察李沙育图形时,图形始终不停地转动,当 X 与 Y 偏转板上的电压频率相等时,荧光屏上的图形还是在转动,这是为什么?

(2)两个频率不同,但频率相近的电振动,在同一方向上的合振动具有特殊的性质:这个合振动的振幅随时间做周期性变化,这种现象在物理学中称为"拍"。试根据现有的实验仪器,在示波器上观察"拍"的现象。

(3)试说明除示波器外,能获得李沙育图形的其他方法。

(4)用示波器测量频率主要有哪些误差?怎样减小?

实验 7 用热敏电阻测量温度

热敏电阻是由对温度非常敏感的半导体陶瓷质工作体构成的元件。与一般常用的金属电阻相比,它有大得多的电阻温度系数值。根据所具有电阻温度系数的不同,热敏电阻分为三类:正电阻温度系数热敏电阻、临界电阻温度系数热敏电阻、普通负电阻温度系数热敏电阻。前两类的电阻急变区的温度范围窄,故适宜在特定温度范围作为控制和报警的传感器。第三类在温度测量领域应用较广,是本实验所用的热敏元件。热敏电阻作为温度传感器具有用料省、成本低、体积小、结构简易,电阻温度系数绝对值大等优点,可以简便灵敏的测量微小温度的变化。我国有关科研单位还研制出可测量从 -260 ℃ 低温直到 900 ℃ 高温的一系列不同类型的热敏电阻传感器,在人造地球卫星和其他有关宇航技术、深海探测以及科学研究等众多领域得到广泛的应用。本实验旨在了解热敏电阻—温度特性和测温原理,掌握惠斯通电桥的原理和使用方法。学习坐标变换、曲线改直的技巧和用异号法消除零点误差等方法。

一、实验目的

(1) 了解热敏电阻-温度特性和测温原理。
(2) 掌握单臂电桥的原理和使用方法。
(3) 掌握坐标变换、曲线改直的技巧和用异号法消除零点误差等方法。

二、实验仪器与装置

惠斯通电桥、汞温度计、热敏电阻、水、电炉等。

三、实验原理

1. 半导体热敏电阻的电阻-温度特性

某些金属氧化物的半导体(如 Fe_3O_4、$MgCr_2O_4$ 等)的电阻与温度的关系满足

$$R_T = R_\infty e^{\frac{B}{T}} \tag{7-7-1}$$

式中,R_T 为温度 T 时的热敏电阻阻值;R_∞ 为趋于无穷时热敏电阻的阻值;B 为热敏电阻的材料常数;T 为热力学温度。金属的电阻与温度的关系满足

$$R_{t2} = R_{t1}[l + a(t_2 - t_1)] \tag{7-7-2}$$

式中,a 是与金属材料温度特性有关的系数;R_{t1}、R_{t2} 分别对应于温度 t_1、t_2 时的电阻值。根据定义,电阻的温度系数可由式(7-7-3)来决定

$$a = \frac{1}{R_t} \cdot \frac{dR_t}{dt} \tag{7-7-3}$$

式中,R_t 是温度为 t 时的电阻值。由图 7-7-1(a)可知,在 R-t 曲线某一特定点作切线,便可求出该温度时的半导体电阻温度系数 a。由式(7-7-1)和式(7-7-2)及图 7-7-1 可知,热敏电阻的电阻-温度特性与金属的电阻-温度特性比较,有三个特点:

(1) 热敏电阻的电阻-温度特性是非线性的(呈指数下降),而金属的电阻-温度特性是线性的。

(2) 热敏电阻的阻值随温度的增加而减小,因此温度系数是负的 $\left(a \propto \dfrac{B}{T^2}\right)$,金属的温度系数是正的 $\left(a \propto \dfrac{dR}{dt}\right)$。

(3) 热敏电阻的温度系数约为 $-(30-60) \times 10^{-4}$ K^{-1},金属的温度系数为 4×10^{-4} K^{-1}(铜),两者相比,热敏电阻的温度系数几乎大几十倍。所以,半导体电阻对温度变化的反应比金属电阻灵敏得多。

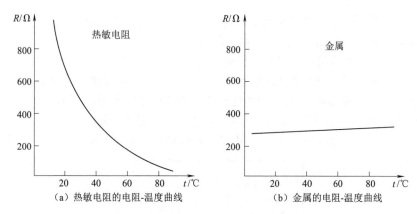

(a) 热敏电阻的电阻-温度曲线　　(b) 金属的电阻-温度曲线

图 7-7-1　热敏电阻和金属的电阻-温度曲线

从经典电子论可知,金属中本来就存在着大量的自由电子,它们在电场力的作用下定向移动而形成电流,所以金属的电阻率较小,一般为 $10^{-5} \sim 10^{-6}$ Ω·cm。当温度升高时,金属原子振动(热运动)加剧,增加了对电子运动的阻碍作用。故随着温度的升高,金属电阻近似呈线性缓慢增加。在室温情况下,半导体的电阻率介于良导体(约 10^{-6} Ω·cm)和绝缘体(约 $10^{14} \sim 10^{22}$ Ω·cm)之间,其范围通常是 $10^{-2} \sim 10^{9}$ Ω·cm,其特有的半导电性质,一般来自热运动、杂质或点阵缺陷。在半导体中,大部分电子是受束缚的,当温度升高时,依靠原子的振动(热运动),把能量传给电子,其中某些电子获得较高的能量脱离束缚态而变成自由电子(同时产生空穴),被释放的自由电子与空穴参与导电。温度越高,原子的热运动越剧烈,产生的自由电子的数目就越多,导电能力越好,电阻就越低。虽然原子振动的加剧会阻碍电子的运动,但在温度不太高的情况下(一般在 300 ℃以下),这种作用对导电性能的影响,远小于电子被释放而改善导电性能的作用,所以温度上升会使半导体的电阻值迅速下降。

2. 单臂电桥的工作原理

半导体热敏电阻和金属电阻的阻值范围,一般为 $1 \sim 10^{6}$ Ω,需要较精确测量时常用电桥法。单臂电桥是应用很广泛的一种仪器。仪器面板及内部接线如图 7-7-2(a) 和 (b) 所示,单臂电桥的原理如图 7-7-2(c) 所示。四个电阻 R_0、R_1、R_2、R_x 组成一个四边形,即电桥的四个臂,其中 R_x 就是待测电阻。在四边形的一对对角 A 和 C 之间连接电源 E,而在另一对对角 B 和 D 之间接入检流计 G。当 B 和 D 两点电位相等时,G 中无电流通过,电桥便达到了平衡。平衡时必有 $R_x = \frac{R_1}{R_2} R_0$,$R_1/R_2$ 和 R_0 都已知,R_x 即可求出。R_1/R_2 称电桥的比例臂,由一个旋钮调节,它采用十进制固定值,共分 0.001、0.01、0.1、1、10、100、1 000 七挡。R_0 为标准可变电阻,由有四个旋钮的电阻箱组成,最小改变量为 1 Ω,保证结果有四位有效数字。$R_x = \frac{R_1}{R_2} R_0$ 是在电桥平衡的条件下推导出来的。电桥是否平衡是由检流计有无偏转来判断的。而检流计的灵敏度总是有限的。如实验中所用的张丝式检流计,其指针偏转一格所对应的电流约为 10^{-6} A,当通过它的电流比 10^{-7} A 还小时,指针的偏转小于 0.1 格,就很难察觉出来。假设电桥在 $R_1/R_2 = 1$ 时调到平衡,则有 $R_x = R_0$,这时若把 R_0 改变一个微小量 ΔR_0,电桥便失去平衡从而有电流 I_G 通过检流计,如果 I_G 小到检流计察觉不出来,那么人们仍然会认为电桥是平衡的,因而得到 $R_x = R_0 + \Delta R_0$,ΔR_0 就是由于检流计灵敏度不够高带来的测量误差,引入电桥灵敏度 S 定义为

$$S = \frac{\Delta n}{\Delta R_x / R_x} \tag{7-7-4}$$

式中,ΔR_x 为在电桥平衡后 R_x 的微小改变量(实际上待测电阻 R_x 若不能改变,可通过改变标准电阻 R_0 来测电桥灵敏度),Δn 越大,说明电桥灵敏度越高,带来的测量误差就越小。例如,$S=100$ 时就是当 R_x 改变 1% 时,检流计可以有一格的偏转。通常可以察觉出 1/2 格的偏转,也就是说,电桥平衡后,只要 R_x 改变 0.5% 就可以察觉出来。这样,由于电桥灵敏度的限制所带来的测量误差肯定小于 0.5%。电桥的测量误差,除了检流计灵敏度的限制外,还有桥臂电阻 R_1、R_2 和 R_0 的不确定度带来的误差。一般来说,这些电阻可以制造得比较精确(误差为 0.2%),标准电阻的误差为 0.01% 左右。另外,电源电压的误差,也对电桥的测量结果有影响。

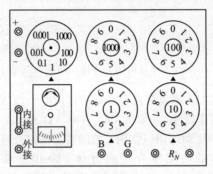

(a)面板图

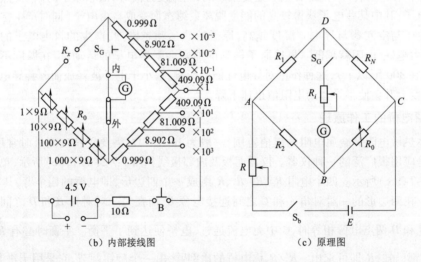

(b)内部接线图　　　　　(c)原理图

图 7-7-2　单臂电桥原理

四、实验内容与步骤

(1)按照图 7-7-3 接线,先将调压器输出调为零,测室温下的热敏电阻阻值,注意选择单臂电桥合式的量程。先调电桥至平衡得 R_0,改变 R_0 为 $R_0+\Delta R_0$,使检流计偏转一格,求出电桥灵敏度;再将 R_0 改变为 $R_0-\Delta R_0$。使检流计反方向偏转一格,求电桥灵敏度。求两次的平均值。(为什么要用这种方法测量?)

(2)调节变压器输出进行加温,从 15 ℃ 开始每隔 5 ℃ 测量一次 R_t,直到 85 ℃。撤去电炉,使水慢慢冷却,测量降温过程中,各对应温度点的 R 值。求升温和降温时的各 R 的平均值,然后绘制出热敏电阻的 R_t-t 特性曲线。在 $t=50$ ℃ 的点作切线,由式(7-7-3)求出该点切线的斜率 $\dfrac{\mathrm{d}R}{\mathrm{d}t}$ 及

电阻温度系数 α。

(3)作 $\ln|R_t|\text{-}\dfrac{l}{T}$ 曲线,确定式(7-7-1)中的常数 R_∞ 和 B,再由式(7-7-3)求 α(50 ℃时)

$$\alpha = \frac{1}{R_t} \cdot \frac{dR_t}{dt} = -\frac{B}{T^2} \qquad (7\text{-}7\text{-}5)$$

(4)比较式(7-7-3)和式(7-7-5)两个结果,试解释那种方法求出的材料常数 B 和电阻温度系数 α 更准确。

注意: 在升温时要尽量慢(调压器输出要小一些)。升温过程中,电桥要跟踪,始终在平衡点附近。

五、分析与讨论

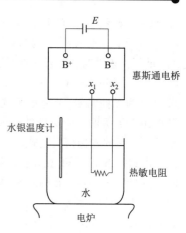

图 7-7-3 测量装置原理图

(1)如何提高电桥的灵敏度?
(2)电桥选择不同的量程时,对结果的准确度(有效数字)有何影响?

实验 8 光 栅 衍 射

衍射光栅是根据多缝衍射原理制成的一种光学元件,它是由大量等宽等间距的平行狭缝所组成的精致的光栅,在 1 cm 内,刻痕可以多达一万条以上,所以刻划光栅是一件较难的技术。在光栅上,缝的宽度 a 和刻痕的宽度 b 之和,$a+b$ 称为光栅常数。

光栅是一种分光装置,主要用来形成光谱,以衍射光栅为色散元件组成的摄谱仪和单色仪也是物质光谱分析的基本仪器之一,光栅衍射原理也是晶体 X 射线结构分析和近代频谱分析与光学信息处理的基础。在本实验中,将利用透射光栅来观察衍射光谱,并测量光栅常数或单色光波长。

一、实验目的

(1)观察光栅衍射现象。
(2)用光栅衍射测定汞原子光谱的波长。
(3)进一步学会调整使用分光计。

二、实验仪器与装置

低压汞灯、分光计、光栅等。

三、实验原理

光栅是由大量等间距的平行狭缝组成的,一般制作在一块透明的光学玻璃的表面。利用透射光工作的光栅称透射光栅,而利用反射光工作的光栅,称为反射光栅。若光栅的透光部分宽度为 a,不透光部分宽度为 b,则

$$d = a + b \qquad (7\text{-}8\text{-}1)$$

式中,d 称为光栅常数,常见的光栅每厘米宽度刻有数千条刻痕。

当一束波长为 λ 的单色平行光垂直照射一光栅常数为 d 的光栅上时,即发生衍射现象。若在光栅后置一透镜,在透镜的焦平面将出现一系列的明条纹。这是由于光波通过光栅的每一狭缝,均发生衍射。来自每一狭缝,其衍射角为 θ 的各衍射光(即偏离原方向角度为 θ 的各衍射光),经

过透镜后聚焦于平面上的同一点 P，相互干涉，如图 7-8-1 所示。根据光栅衍射理论可知，只有当衍射角 θ 满足下述条件时，才能形成明纹。

$$d\sin\theta = k\lambda \quad (k = 0, \pm 1, \pm 2 \cdots) \quad (7\text{-}8\text{-}2)$$

式中，d 为光栅常数；λ 为单色光波长；k 为衍射条纹级数；θ 为 k 级明纹所对应的衍射角。式(7-8-2)即为光垂直入射的光栅衍射公式。

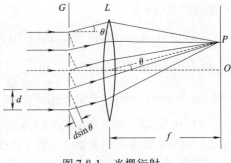

图 7-8-1　光栅衍射

由式(7-8-2)可知，在光栅常数 d 一定的情况下，对同一级明纹(k 一定)，衍射角 θ 的大小与波长有关。因此，当入射光为各种不同波长的光组成的复色光时，除零级明纹外，各色光因衍射角各不相同将各自分开，形成衍射光谱；波长 λ 越大，θ 也越大，形成的条纹偏离中央零级明条纹越远。因此只要测得某一级明条纹中各色光相对应的衍射 θ 就可由式(7-8-2)算出各色光的波长。

本实验就是要利用光栅衍射现象来分析汞灯所发出的复色光是由哪些单色光组成，并用光栅衍射公式测定这些单色光的波长。

四、实验内容与步骤

1. 调整分光计
按"分光计的调整与使用"调整好分光计。

2. 调整低压汞灯
将低压汞灯对准平行光管的狭缝位置，使它均匀地照射在狭缝上。

3. 测量衍射角
(1) 首先使平行光垂直地入射到光栅上。
①将望远镜对准平行光管，并且使得目镜中的十字准线的垂直线处在狭缝像的中间位置上。
②把光栅装好，如图 7-8-2 所示正确放置在载物台上，先用目视法使光栅平面和平行光管轴线大致垂直。然后以光栅面作为反射面，左右慢慢地移动载物台，使得亮十字落在十字准线的上垂直线上。调好后，固定载物台，并调节载物台水平调节螺钉，使亮十字水平线与分划板上十字水平线重合。这样，平行光管射出的平行光就能垂直照射在光栅上。否则，式(7-8-2)将不适用。

(2) 分别依次测出各种波长的衍射谱线和中心零级明纹的角位置。
①测量时，可将望远镜移至最左端，从左向右，依次测出黄1、黄2、绿、青、蓝、紫、中央明纹、紫、蓝、青、绿、黄2、黄1 等谱线的位置。
②为使叉丝精确对准光谱线，必须使用望远镜微动螺钉来对准。
③为消除分光计刻度的偏心误差，测量每一条谱线时，两个游标都要读数，然后取其平均值。

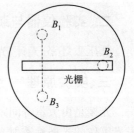

图 7-8-2　放置光栅

(3) 求出各衍射角 θ，各谱线坐标读数与中心相应坐标读数相减，并求出 ±1 级各谱线衍射角的平均值。
(4) 将各色光衍射角的平均值代入式(7-8-2)求各衍射谱线的波长。

五、实验数据记录与处理

原始实验数据均应记录表 7-8-1，根据算出的各衍射角，由式(7-8-2)计算出各谱线的波长，并与下面各标准值相比较，求出百分误差。各种谱线波长的标准值为 $\lambda_{黄1} = 579.1$ nm，$\lambda_{黄2} = 577.0$ nm，

$\lambda_{绿}$ = 546.1 nm, $\lambda_{青}$ = 491.6 nm, $\lambda_{蓝}$ = 435.8 nm, $\lambda_{紫}$ = 404.7 nm。本实验中光栅常数为 $d = 1/300$ mm。

表 7-8-1　实验原始数据

条纹 k	+1					0	−1				
谱线	黄1	黄2	绿	青	蓝	紫	中央明纹	紫	蓝	青	绿	黄2	黄1
左游标													
右游标													
衍射角													

数据处理见表 7-8-2。

表 7-8-2　数据处理

σ_A(A 类不确定度)	
$\Delta_仪$(分光计刻度盘最小刻度的一半)	
$\sigma_B = \dfrac{\Delta_仪}{\sqrt{3}}$	
$\sigma = \sqrt{\sigma_A + \sigma_B}$	
$\theta = \dfrac{\theta_左 + \theta_右}{2} + \sigma$	
$\lambda = d\sin\theta/k$	

六、注意事项

(1) 不允许用手触及光栅表面,也不能用擦镜纸或脱脂棉去揩拭。不得对着光栅讲话,以防唾沫溅到光栅上。

(2) 汞灯的衍射比较弱,注意细心观察。读取分光计上衍射角,应看清楚弯游标上的刻度,注意不能读错。

(3) 汞灯点亮后,需预热几分钟才能正常工作,熄灭后要冷却几分钟才能再起动。因此,汞灯一经点亮,就不要轻易熄灭。

七、分析与讨论

(1) 如何正确调节分光计,使平行光管出射的平行光垂直入射到光栅上?

(2) 衍射角 $\bar{\theta}$ 如何求出?

八、相关资料

(1) 光的衍射效应最早是由弗朗西斯科·格里马第(Francesco Grimaldi)于 1665 年发现并加以描述,他也是"衍射"一词的创始人。这个词源于拉丁语词汇 diffringere,意为"成为碎片",即波原来的传播方向被"打碎"、弯散至不同的方向。格里马第观察到的现象直到 1665 年才被发表,这时他已经去世。他提出"光不仅会沿直线传播、折射和反射,还能够以第四种方式传播,即通过衍射的形式传播"。

(2) 菲涅尔指的是光源-衍射屏、衍射屏-接收屏之间的距离均为有限远,或其中之一为有限远的场合,或者说,球面波照明时在有限远处接收的是菲涅尔衍射场。例如,圆孔衍射、圆屏衍射菲涅尔衍射、泊松亮斑。

(3) 夫琅禾费是指衍射屏与两者的距离均是无限远的场合,或者说,平面波照明时在无穷远处接收的是夫琅禾费衍射场。概略地看,菲涅尔衍射是近场衍射,而夫琅禾费衍射是远场衍射。不过,在成像衍射系统中,与照明用的点光源相共轭的像面上的衍射场也是夫琅禾费衍射场,此时,衍射屏与点光源或接收屏之距离在现实空间看,都是很近的。

(4) 1818 年,法国科学院举行了一次征文比赛,提出的题目是利用实验判定光的衍射,并且根据实验推导出当光线通过物体附近时的运动状况。菲涅尔提交了一篇论文采用了横波观点,加以严密的数学推理,合理地解释了光的衍射、偏振现象。但是数学家泊松是粒子论者,他强烈反对光的波动说,他不相信菲涅尔的结论,并对其进行了严密审阅。他用数学方法计算得出结论:如果光是一种波,当光照在一个圆盘上时,在阴影中间就会相应出现一个亮斑。影子里怎么可能出现亮斑呢?泊松觉得非常荒谬,其实在当时其他任何人看来也是很可笑的。后来菲涅尔当众进行了实验,大家发现在圆盘阴影的正中间奇迹般得出现了一个亮斑,所有人都惊呆了。泊松本想打击光的波动学说,却阴差阳错提供机会再次证明了光的波动性,光的粒子说开始崩溃了。圆盘阴影中央的亮点,则被误导性地称为"泊松亮斑"。菲涅尔最终得到了评委们的一致肯定而捧获比赛的大奖。菲涅尔又继续开创性地假设光是一种横波,成功地用横波理论解释了偏振现象。鉴于他在光的波动理论领域的巨大贡献,菲涅尔被誉为"物理光学之父"。

实验 9　驻波——弦振动实验

驻波显示了波的干涉特性,它在声学、光学、无线电工程学等方面都有着广泛的应用。本实验通过对弦振动驻波现象的观察和测量,使学生加深对驻波的认识和理解。并体会在多参数实验中,如何合理安排好实验。

一、实验目的

(1) 观察弦振动形成的横驻波的特性。
(2) 通过不同途径,测量弦线上横波的传播速度。分析、比较其结果。
(3) 研究弦振动时波长与张力的关系。

二、实验仪器与装置

电动音叉、滑轮、滑块驻波实验仪、测量弦线密度的天平等。

三、实验原理

1. 驻波

设有两列频率相同、振幅相同、初相位为零的简谐波。分别沿 Ox 轴正方向和 Ox 轴负方向传播,如图 7-9-1 所示。它们的波动方程分别为

$$y_1 = A\cos\frac{2\pi}{T}\left(t - \frac{x}{v}\right)$$

$$y_2 = A\cos\frac{2\pi}{T}\left(t + \frac{x}{v}\right)$$

两波相遇各点的位移为两波各自引起位移的叠加结果,即

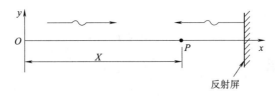

图 7-9-1　驻波形成原理示意图

$$y = y_1 + y_2$$
$$= A\cos\frac{2\pi}{T}\left(t - \frac{x}{v}\right) + A\cos\frac{2\pi}{T}\left(t + \frac{x}{v}\right)$$
$$= \left(2A\cos\frac{2\pi}{\lambda}x\right)\cos\frac{2\pi}{T}t$$

上式显示，波动的振幅 $2A\cos\frac{2\pi}{\lambda}x$ 虽与时间无关，但它是位置 x 的函数。这说明各点的振幅随着距原点的距离 x 的不同而不同，但并不移动，形成驻波。

当 $x = \pm(2K+1)\frac{\lambda}{4}$ 时（其中 $K = 0,1,2,\cdots$），这些点的振动幅度始终为零，称为波节。当 $x = \pm K\frac{\lambda}{2}$ 时（$K = 0,1,2,\cdots$），这些点的振幅最大，等于 $2A$，称为波腹。相邻两波节（或波腹）之间的距离恰为 $\frac{\lambda}{2}$。因此在驻波实验中，只要测得相邻两波节（或波腹）间的距离，就可以确定其波长。

2. 弦线上横驻波的传递速度

如图 7-9-2 所示，将细线的一端固定在电动音叉的末端，另一端跨过滑轮 E 系以砝码 W。音叉作为振源，它所发出的波沿细线向滑轮一端传播，受到劈形滑块 R_1（滑块 R_1 较滑块 R_2 为高）的阻碍反射回来。入射波和反射波在细线上合成为驻波。

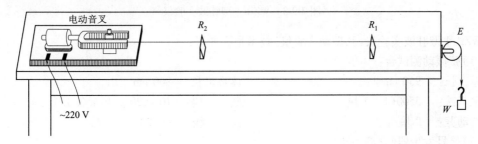

图 7-9-2　实验仪器与装置

音叉振动一次在弦上产生一个波，波长为 λ。设音叉振动的频率为 ν，则波速为 v，即

$$v = \nu\lambda \tag{7-9-1}$$

若这个时候 R_1 与 R_2 之间的距离，即弦长 l 上有 n 个半波长，则波长 $\lambda = \frac{2l}{n}$，弦线上的波速为

$$v = \nu\frac{2l}{n} \tag{7-9-2}$$

可以证明在线密度（单位长度的质量）为 ρ，张力 T 的弦线上，横波的传播速度

$$v = \sqrt{\frac{T}{\rho}} \tag{7-9-3}$$

波长 $\qquad\qquad\qquad\lambda = \dfrac{1}{\nu}\sqrt{\dfrac{T}{\rho}}\qquad\qquad$ (7-9-4)

四、实验器材介绍

1. 传统实验装置

用图 7-9-2 所示电动音叉做振源的装置是传统的实验装置。主要缺点有二:一是若干台电动音叉同时振动发出的声音,使实验者难以安心实验;二是音叉频率基本是固定的,无大的变化,致使实验内容单调。现用金属导线(弦线),通过由信号发生器提供的频率可以改变的低频信号,在导线下面放一块磁铁,这样载流导体在磁场中因受安培力的作用,按信号频率作横向振动而产生横波。再由入射波和反射波相干而形成驻波。

2. WZB-4 型驻波实验仪

WZB-4 型驻波实验仪如图 7-9-3 所示。图中 AA'、BB' 为连接弦线和信号发生器的两对接线柱,A 和 A',B 和 B' 已经连接好。C 为定位杆,上有小孔,弦线穿过小孔,可以定位弦线的位置。R_1、R_2 为两块劈形滑块,用以调整弦线的振动区长度 l(简称弦长)。D 为一测量标尺,用以测量金属滑块之间的距离。M 为磁铁,E 为滑轮,以挂连钩砝码。每组砝码三个。10 g 砝码一个,20 g 砝码一个,40 g 砝码一个。

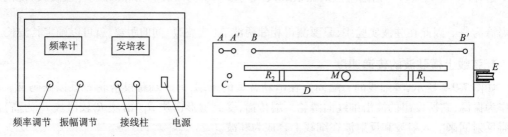

图 7-9-3　WZB-4 型驻波实验仪

WZB-4 型驻波实验仪(弦振动实验仪)技术指标如下:

(1)弦振动测试台:

总　　长:950 cm　　　　　　　　读数区长:800 cm

磁　　铁:3500GS　1 块　　　　　砝　　码:10 g、20 g、40 g 各 1 个

滑动劈:2 块　　　　　　　　　　弦　　线:$\phi 0.23$

(2)信号发生器(含频率计)

频率范围:40~210 Hz　　　　　　频率细调:1 Hz

显示方式:LED 数显　　　　　　　最大电流:>1 A

本信号发生器的特点是,输出功率大,频率范围窄。狭窄的频率范围可以增加调节的细度。

(3)平均相对误差 <3%。

测量弦线密度的天平,实验室自备。

五、实验内容与步骤

(1)测定弦线的线密度:取约 2 m 长的漆包线,在天平上称其质量,求出线密度 ρ(或者由实验室预先称好给出)。刮去漆包线两端的漆层,穿过定位杆 C 的小孔,端接到接线柱 A'。另一端跨过滑轮 E 系上砝码 W。然后再接到接线柱 B',构成一个导电回路。系砝码时请注意,从砝码到接

线柱 B' 间的弦线要松些,不能紧绷。信号发生器的输出,接接线柱 A 和 B。

(2) 观察弦线上的驻波:将弦长 l 设置为一定长度。在砝码钩上增减砝码,改变弦线的张力 T,仔细调节信号频率 ν 和信号强度,使弦线上产生若干波形清晰、稳定的驻波等。

与此类似,选定一定的砝码质量和信号频率,仔细调节弦长 l,使弦线上产生若干波形清晰、稳定的驻波。

通过这部分实验,体会在调节过程中的一些实验技巧。例如,如何选择弦长 l、张力 T、振动频率 ν 以及振幅强度,磁铁放在弦线下的什么位置较好,怎么样才算是波形清晰、稳定的驻波等,以便顺利地进行以下的定量测量。这种先定性观察后定量的实验过程,是实验者应该养成的良好习惯。

(3) 如弦线不变,张力不变,弦长 l 也不变,调节振动频率 ν,测量弦线上横波的传播速度,并将数据记录在表 7-9-1 中。

(4) 如弦线不变,张力不变,振动频率也不变。调节弦长 l,测量弦线上横波的传播速度,并将数据记录在表 7-9-2 中。

改变张力,重复以上 (3)、(4) 两组实验。

分析以上 (3)、(4) 两组在理论上应当相等的实验结果,存有差异的原因。并用 $v = \sqrt{\dfrac{T}{\rho}}$ 公式计算得到的结果分析对比。

(5) 研究弦线上横波的波长与张力的关系,如弦线不变,振动频率也不变,改变弦线中张力若干次。仔细调节弦长 l,使波形清晰、稳定。

今对式 (7-9-4) 求对数得

$$\ln \lambda = \frac{1}{2} \ln T + \ln \left(\frac{1}{\nu \sqrt{\rho}} \right)$$

可见 $\ln \lambda$ 和 $\ln T$ 间是线性关系。作 $\ln \lambda$-$\ln T$ 图,求出图线的斜率 α 和截距 b。检查是否和 $\dfrac{1}{2}$ 与 $\ln \left(\dfrac{1}{\nu \sqrt{\rho}} \right)$ 相吻合,并将数据记录在表 7-9-3 中。

改变振动频率,重复以上实验。

六、数据记录和处理

表 7-9-1　改变频率时横波的传播速度

线密度 $\rho =$ ＿＿＿＿ kg/m;张力 $T =$ ＿＿＿＿ N;弦长 $l =$ ＿＿＿＿ m

n						平均值
ν/Hz						
$v = \nu \dfrac{2l}{n}$ /(m/s)						

表 7-9-2　改变弦长时横波的传播速度

线密度 ρ ＿＿＿＿ kg/m;张力 $T =$ ＿＿＿＿ N;频率 $\nu =$ ＿＿＿＿ Hz

n						平均值
l/m						
$v = \nu \dfrac{2l}{n}$ /(m/s)						

表 7-9-3　改变张力时横波的传播速度

线密度 ρ = _____ kg/m；张力 T = _____ N；频率 ν = _____ Hz

砝码质量 $m/\times 10^{-3}$ kg						
张力 T/N						
半波数 n						
弦长 l/m						
波长 λ/m						
$\ln \lambda$						
$\ln T$						

作 $\ln \lambda$-$\ln T$ 图，从图求得：

斜率 a = _____；理论值 a = _____；截距 b = _____；理论值 b = _____。

七、分析与讨论

(1) 如果在载流导线的下方放两块磁钢，其中一块的 S 面朝上，这时另一块应放在导线下的什么位置，驻波的波腹将增大或减小？这块磁铁向上的一面是 S，还是 N？将其中一块的 N 面朝上，它们又应分别放在什么位置，驻波的波腹增大或者减小？为什么？这与你对驻波的理解吻合吗？

(2) 本实验弦线的线密度是用天平称得的，某些实验教材则是用公式

$$\nu = \frac{n}{2l}\sqrt{\frac{T}{\rho}}$$

求得的，并且在后续实验中，以此计算机得到的线密度 ρ，计算波速 v，合适吗？为什么？

实验 10　磁悬浮实验

磁悬浮是磁性原理和控制技术综合应用的技术，这一技术被用在了很多行业。其中最典型的两大应用领域是磁悬浮列车和磁悬浮轴承。磁悬浮列车的原理就是将列车的车厢用磁力悬浮起来，列车可以以非常高的速度运行；磁悬浮轴承通过磁场力将转子和轴承分开，实现无接触的新型支承组件。

物理实验中使用的磁悬浮导轨，它有一个导轨，导轨上有两个滑块，在导轨和滑块上分别装有永磁体，使导轨和滑块相对应表面呈相同的极性，利用同极性磁极相斥的原理，使滑块脱离导轨作无接触运动，减少运动阻力，提高力学实验准确度，加深对力学知识理解。

一、实验目的

(1) 加深理解物体运动时所受外力与加速度的关系，学习矢量分解。
(2) 掌握匀变速直线运动规律，学习作图处理实验数据。
(3) 消减系统误差，测量滑块上行和下行平均加速度，获得重力加速度 g。
(4) 学习磁悬浮导轨的使用，会水平调整等。
(5) 学习毫秒计使用。

二、实验仪器与装置

磁悬浮导轨、毫秒计等。

三、实验原理

1. 瞬时速度测量

直线运动物体，在 Δt 时间内，发生的位移为 Δs，则其在 Δt 时间内的平均速度为

$$v = \Delta s / \Delta t$$

当 $\Delta t \to 0$ 时，平均速度趋于一个极限，即

$$v = \lim \Delta s / \Delta t = \lim \bar{v}$$

为物体的瞬时速度。但瞬时速度的测量非常困难，只能在一定误差范围内，以尽可能用短时间 Δt 内的平均速度近似替代瞬时速度。

2. 匀变速直线运动

由图 7-10-1 所示，从高向低沿摩擦很小的斜面滑行的物体 m，忽略空气阻力的情况下，可视为匀变速直线运动。相关公式如下：

$$v = v_0 + at$$
$$s = v_0 t + \frac{1}{2}at^2$$
$$v^2 = v_0^2 + 2as$$

由图 7-10-2 所示，斜面上 P 位置作为起点放置第一光电门，在低一点位置 P_0 放置第二光电门，从 P 点静止开始下滑，用毫秒计测量 P_0 处的 t_0 及 v_0；然后移第二光电门至 P_1 点，从 P 点静止开始下滑，测量 P_1 处的 t_1 及 v_1；再移第二光电门至 P_2 点，从 P 点静止开始下滑，测量 P_2 处的 t_2 及 v_2；……测量 P_3 处的 t_3 及 v_3。以 t 为横坐标，v 为纵坐标作 v-t 图，若图形是一条斜直线，说明物体做匀变速直线运动，斜直线的斜率就为加速度 a，截距为 v_0。

同样取 $s_i = P_i - P_{i-1}$，作 $\frac{s}{t}$-t 图和 v^2-s 图，若为直线，则说明物体做匀变速直线运动，二斜直线的斜率分别为加速度 $\frac{1}{2}a$ 和 $2a$，截距分别为 v_0 和 v_0^2。

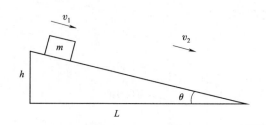

图 7-10-1 匀变速直线运动

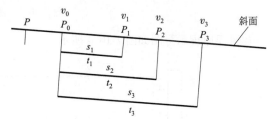

图 7-10-2 滑块运动示意图

3. 消减系统误差

滑块在磁悬浮导轨上运动，侧面摩擦力及磁场的不均匀性对滑块还产生阻力作用，用 F_f 表示，即 $F_f = ma_f$，而 a_f 作为加速度的修正系数。具体 a_f 的获取，先调整磁悬浮导轨为水平状态，推滑块以一定的初速度从左（斜面状态的高端）向右运动，测出加速度值 a_f，多次测量，求出平均值。用以对测量值 a_0 进行修正，实际加速度 $a = a_0 - a_f$，消减阻力的影响。

4. 重力加速度 g 的测定

由图 7-10-1 所示，沿斜面向低滑行的物体，其加速度为

$$a = g\sin\theta$$

由于 θ 角小于 $5°$，所以 $\sin\theta \approx \tan\theta$，得

$$g = a/\sin\theta = \frac{a}{h}L$$

测出 $\sin\theta$ 或者 L、h 的值，再把测得的 a 代入上式，就可测定重力加速度 g。

5. 系统质量保持不变，改变系统所受外力，考察加速度 a 和外力 F 的关系

据牛顿第二定理 $F = ma$，$a = \frac{1}{m}F$，斜面上 $F = G\sin\theta$，故

$$a = kF$$

由图 7-10-1 所示，设置不同的角度 $\theta_1, \theta_2, \theta_3, \cdots$ 的斜面，测出物体运动的加速度 $a_1, a_2, a_3, \cdots$，作 a-F 拟合直线图，求出斜率 k，$k = 1/m$，即可求得 $m = 1/k$。

四、实验器材介绍

1. 磁悬浮导轨

由图 7-10-3 所示，磁悬浮导轨是一个 1.5 m 长有机玻璃凹形槽，槽底中间紧贴一连串强磁性钕铁硼磁钢，形成一条磁钢带。另外在滑块底部也紧贴一连串强磁性钕铁硼磁钢。滑块放入凹形槽，两条相对的磁钢带磁场极性相同，产生斥力（磁悬浮力），使滑块向上浮起，直至与重力平衡。滑块左右有槽壁限挡，使其始终保持在磁钢带上方。

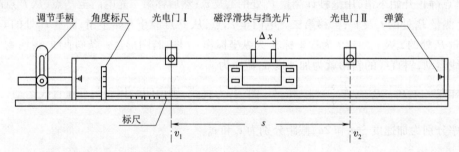

图 7-10-3 实验装置

磁悬浮原理示意图如图 7-10-4 所示。

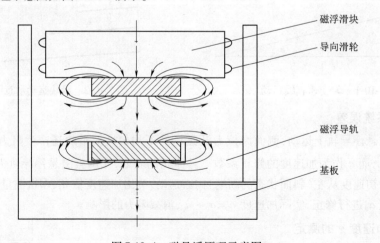

图 7-10-4 磁悬浮原理示意图

根据实验要求,调节手柄可改变磁悬浮导轨一端高度,使其成为斜面(有角度指示)。

2. 仪器使用

毫秒计按功能选 ⎍⎍ 计时模式。

磁悬浮导轨配有两个滑块,用于研究运动规律。每个滑块上部装有 U 形挡光片。

有机玻璃凹形槽上方装有两个可移位的光电门,滑块上部的 U 形挡光片若完整经过第一光电门,其二个臂遮挡光电门的红外光束二次(见图 7-10-5),产生二个电脉冲信号,使毫秒计测出二次挡光时间间隔 Δt_1;类似地,经过第二光电门的二次挡光时间间隔 Δt_2;以及滑块从第一光电门滑行到第二光电门所经历的时间间隔 Δt。

已知挡光片的二个臂之间距离为 Δx,可计算出挡光片通过第一光电门和第二光电门的平均速度,即

$$v_1 = \Delta x / \Delta t_1$$
$$v_2 = \Delta x / \Delta t_2$$

调节手柄可改变磁悬浮导轨一端高度,使其成为斜面(有角度指示)。斜面倾斜角为 θ,其正弦值 $\sin\theta$ 为 h 和 L 的比值,沿斜面向低滑行的滑块,其重力在斜面方向分量为 $g\sin\theta$。

为使测出的平均速度更接近挡光片中心处的瞬时速度,毫秒计已作图 7-10-6 所示处理,从 v_1 增加到 v_2 所需时间已修正为 $t = t' - \frac{1}{2}\Delta t_1 + \frac{1}{2}\Delta t_2$。根据测得的 Δt_1、Δt_2、t 和输入的挡光片的二个臂之间距离 Δx 值,经运算,得 v_1、v_2、a_0。

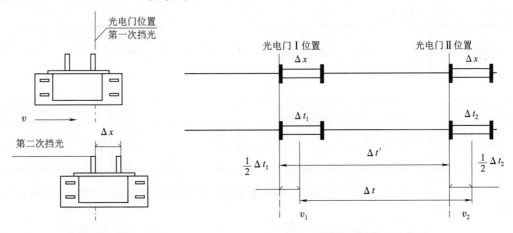

图 7-10-5　同一挡光片的两次挡光　　　　图 7-10-6　瞬时速度修正示意图

五、实验内容与步骤

1. 调整磁悬浮导轨水平度

两种方法:

(1)水平仪放入凹形槽内底部,调节导轨一端的支撑脚,使导轨水平。

(2)轻推一个滑块在磁悬浮导轨中以一定的初速度从左向右作减速运动,测出加速度;再反向做一次,比较二次加速度值,若相近,说明导轨水平。

检查第一、二光电门是否与毫秒计相连;要测量记录挡光片尺寸参数。

2. 利用匀变速直线运动求重力加速度

调整导轨为斜面(见图 7-10-1),倾斜角为 θ(不小于 2°为宜)。把第一光电门放到导轨的 P_0

处,第二光电门依次放到 $P_1, P_2, P_3, \cdots$ 处。及每次使滑块由同一位置 P 从静止开始下滑,依次测得挡光片 Δx 通过 $P_0, P_1, \cdots, P_i$ 处光电门的时间为 $\Delta t_0, \Delta t_1, \cdots \Delta t_i$ 及由 P_0 到 P_i 的时间 t_i。将数据记录在表 7-10-1 中。

3. 改变倾斜角求重力加速度 g

二光电门之间距离固定为 S。改变斜面倾斜角 θ,滑块每次从同一位置下滑,依次经过二光电门,记录其加速度 a_0,对 a_0 进行误差修正后得 a,由

$$g = a/\sin\theta = \frac{a}{h}L$$

计算重力加速度 g,跟当地重力加速度 $g_{标}$ 相比较,求出百分误差。相关记录和处理的数据填入表 7-10-2 中。

4. 考察加速度 a 和外力 F 的关系

称量滑块质量标准值 $m_{标}$,利用上一内容的实验数据,计算不同倾斜角时,系统所受外力 $F = m_{标}g\sin\theta$,据 $a = kF$ 作 a-F 拟合直线图,求出斜率 k,$k = 1/m$,即可求得 $m = 1/k$。比较 m 和 $m_{标}$,并求出百分误差。相关记录和数据的处理填入表 7-10-3 中。

六、数据记录和处理

表 7-10-1 利用匀变速直线运动求加速度 g

$P_0 = $ _____;$\Delta x = $ _____;$\theta = $ _____

i	P_i	$S_i = P_i - P_0$	Δt_0	v_0	Δt_i	v_i	t_i
1							
2							
3							
4							
5							

根据 $v^2 = v_0^2 + 2as$,以 S_i 为横坐标,v_i^2 为纵横坐标作图,求出斜率 $k = 2a$,得 $g = a/\sin\theta$ 与公认值比较得百分差 E 值。

表 7-10-2 改变倾斜角求重力加速度 g

$\Delta x = $ _____;$S = S_2 - S_1 = $ _____;$a_f = $ _____

i	θ_i	a_{0i}	a_i	$\sin\theta_i$	g_i	平均值 $\bar{g}$	百分差 E
1							
2							
3							
4							
5							

(1)根据 $g = a/\sin\theta$,分别算出每个倾斜角度下的重力加速度 g;
(2)计算测得的重力加速度的平均值 $\bar{g}$,与本地区公认值 $g_{标}$ 相比较,求出 $E_g = |\bar{g} - g_{标}|/$

$\dfrac{}{g_{标}} \times 100\%$。

表 7-10-3 考察加速度 a 和外力 F 的关系

$\Delta x = $ _____;$S = S_2 - S_1 = $ _____;$m_{标} = $ _____

i	θ_i	$\sin \theta_i$	$F = m_{标}\, g \sin \theta$	a_i
1				
2				
3				
4				
5				

七、注意事项

(1) 两滑块质量实验室提供。

(2) 滑块两侧四只滑轮要保持灵活,不能碰撞,不能长期置于凹形槽内,防止滑轮轴承被磁化。

八、分析与讨论

(1) 如何由平均速度的测量计算得出物体在某一点的瞬时速度?

(2) 挡光片宽度 Δx 的设置有何讲究?

九、相关资料

数显计时计数毫秒仪的外观如图 7-10-7 所示。

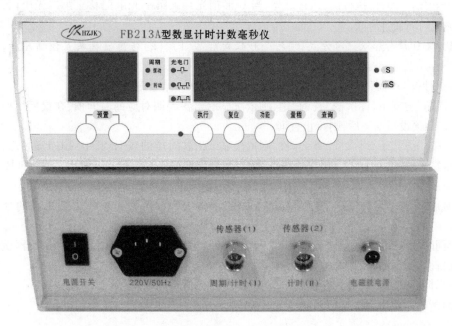

图 7-10-7 FB213A 型数显计时计数毫秒仪的外观

数显计时计数毫秒仪的操作说明书如下:

(1) FB213A 计时仪采用编程单片机,具有多功能计时、存储和查询功能。可用于单摆、气垫导轨、马达转速测量及车辆运动速度测量等诸多与计时相关的实验。

(2) 该毫秒仪通用性强,可以与多种传感器连接,用不同的传感器控制毫秒仪的启动和停止,从而适应不同实验条件下计时的需要。

(3) 毫秒仪"量程"按钮可根据实验需要切换两挡:99.999 s 分辨率 1 ms,9.999 9 s 分辨率 0.1 ms。

(4) 毫秒仪"功能"按钮可根据实验需要切换五个功能:摆动周期、转动周期、双计时、单 U 计时和双 U 计时,转换至某个功能下,该功能对应的指示灯点亮;

切换到两种"周期",左窗口二位数码管点亮,可"预置"测量周期个数并显示,随计数进程逐次递减至"1",计数停止,恢复显示预置数。

切换到三种"计时",左窗口二位数码管熄灭。

(5) 在两种"周期"方式下,按"执行"键,"执行"工作指示亮(等待测量状态),由传感器启动测量,灯光闪烁,表示毫秒仪进入测量状态。在每个周期结束时,显示并存储该周期对应的时间值,在预设周期数执行完后,显示并存储总时间值,然后退出执行状态。

(6) 在三种"计时"方式下:

① ⊓ 单 U 计时按执行键执行灯亮(等待测量状态),当 U 形挡光片从单个光电门通过。执行灯灭,存下第一个通过时间数据,按相同步骤可存下第二个数据、第三个数据……一共可存 20 个数据,存满后,若继续操作下去,将从第一个数据起,逐个被覆盖。

② ⊓⊓ 双 U 计时按执行键,执行灯亮,当 U 形挡光片从第一光电门通过,显示其通过时间的第一个数据,执行灯开始闪烁,U 形挡光片移动到第二光电门,显示第一至二光电门间通过时间的第二个数据,再从第二光电门通过,显示其通过时间的第三个数据,执行灯灭;查询时;1 显示 t_1 时间,2 显示 t_2 时间,3 显示 t_3 时间,4 显示 t_1 速度(5 cm/ms),5 显示 t_3 速度(5 cm/ms)。

③ ⊓⊓ 双计时按执行键,执行灯亮,当 U 形挡光片入第一光电门移至第二光电门,显示第一至二光电门间通过时间。

注意: 双 U 计时和双计时方式,须把毫秒仪背后第(1)、(2)传感器插头互换插座插。(小车先通过传感器 2,再通过传感器 1)

(7) 毫秒仪"查询"按钮可查询五个功能工作方式下存储数据。

在"周期"方式下,逐次按"查询"键,则依次显示出各周期对应的时间值,在最后周期显示出总时间值,在预设周期完后,则停止查询。

在"计时"方式下,逐次按"查询"键,则依次显示出各对应的数据:其中双 U 计时方式可查询四组存储数据,每组五个。(如在按"执行"键后发现周期窗口有数值,按"复位"键后再按"执行"键)

查询完毕后,一定要按下"复位"键退出查询。在查询时可按量程键得到更高的分辨率的数值。

(8) 同时按"复位"和"功能"键 5 s 以上,则存储的数据全部清零。但仍然保留预设周期数(直至重新设置新的周期数值才会改变)。

(9) 周期方式或计时方式在执行中,均可按"复位"键退出执行。

(10) 断电后保留上次执行功能。